中国隧道及地下工程修建关键技术研究书系

KEY CONSTRUCTION TECHNOLOGY
OF SUPER LONG AND LARGE DIAMETER SEWAGE DISCHARGE STEEL PIPE
IN COMPLEX ENVIRONMENT

复杂环境下超长大直径
污水排海钢管
施 工 关 键 技 术

林四新　施有志　林　晓　等/编著

人民交通出版社股份有限公司
北　京

内 容 提 要

本书依托厦门市前埔污水处理厂污水排海工程实践，针对复杂地质及周边环境条件下大直径钢管顶管施工，以及海域环境下超长大直径管道的拖运、沉管等技术难题，开展了临海顶管工作井和管沟的支护、止水技术，复杂地层的顶管施工技术，大直径钢管的拼装、溜放和沉管，以及海洋生态环境保护等方面的研究，形成一套较为完整的技术先进、安全可靠、进度快、成本低、绿色环保的污水排海钢管施工技术体系，丰富了大直径管道在陆域及海上敷设的设计理论和施工经验。

本书共分4篇13章，主要内容包括绪论、陆域顶管施工、海域沉管施工、海洋环境保护等。

本书可供从事大直径顶管、海上沉管施工的工程技术人员参考，也可供高等院校相关专业师生学习使用。

图书在版编目（CIP）数据

复杂环境下超长大直径污水排海钢管施工关键技术 / 林四新等编著. — 北京：人民交通出版社股份有限公司，2023.4

ISBN 978-7-114-18421-5

Ⅰ. ①复… Ⅱ. ①林… Ⅲ. ①污水处理厂—污水处置—大口径管道—管道施工—厦门 Ⅳ. ①X505

中国版本图书馆 CIP 数据核字（2022）第 255759 号

Fuza Huanjing xia Chaochang Dazhijing Wushui Paihai Gangguan Shigong Guanjian Jishu

书　　名：复杂环境下超长大直径污水排海钢管施工关键技术
著 作 者：林四新　施有志　林　晓　等
责任编辑：李　梦
责任校对：席少楠　卢　弦
责任印制：张　凯
出版发行：人民交通出版社股份有限公司
地　　址：（100011）北京市朝阳区安定门外外馆斜街3号
网　　址：http://www.ccpcl.com.cn
销售电话：（010）59757973
总 经 销：人民交通出版社股份有限公司发行部
经　　销：各地新华书店
印　　刷：北京印匠彩色印刷有限公司
开　　本：787×1092　1/16
印　　张：19.75
字　　数：455千
版　　次：2023年4月　第1版
印　　次：2023年4月　第1次印刷
书　　号：ISBN 978-7-114-18421-5
定　　价：148.00元

前言

随着我国社会经济的发展和城市化水平的快速提高,城市的用水量急剧增加,而城市生活和生产产生的污水也持续增加。根据住房和城乡建设部发布的《城市建设统计年鉴》数据,2010—2019 年我国污水排放量逐年增长,2010 年仅为 378.70 亿 m^3,2018 年突破 500 亿 m^3,2019 年增至 554.65 亿 m^3。巨大的污水排放量对本已严峻的城市环境问题雪上加霜。对于内陆城市,为了避免环境污染或者将这种污染降至最低程度,污水一般要经过二级甚至二级以上处理后才能排放,处理成本较高。对于沿海城市,由于其有利的地理位置,既可以选择污水二级(或二级以上)处理并岸边排放的方式,也可以选择污水一级处理并深海排放的方式。海洋本身具有巨大的物理、化学、生物自净能力,海洋中的污染物会因海洋环境动力作用而被迅速稀释和输移。污水排海工程通过科学的规划和设计,把经过适当预处理的生活和工业废水,经过严格的工程措施,流经扩散器释放到稀释扩散能力强的海域,利用海洋的自净能力,达到消除污染物的目的。从总投资(基建投资加运行费用)来看,这种污水深海排放与常规的污水二级处理相比,可节约 1/3 ~ 1/2 的基建投资和运行管理费用,占地面积减少 30% ~ 40%,经济效益是巨大的。因此,污水的深海排放,在今后很长时间内具有广阔的应用价值。

我国的污水深海排放工程起步较晚,相关技术标准也不太成熟,特别是缺乏系统研究复杂地质与海洋环境下,采用大直径钢管的敷设施工技术及环境保护措施。基于此,本书作者团队依托厦门市前埔污水处理厂污水排海工程,针对复杂地质及周边环境条件下大直径钢管顶管施工,以及海域环境下超长大直径管道的拖运、沉管等技术难题,开展了临海顶管工作井和管沟的支护、止水体系,复杂地层的顶管施工技术,大直径钢管的拼装、溜放和沉管以及海洋生态环境保护方面的研究,形成了大直径污水排海钢管敷设工程的理论与技术体系,并通过总结整理使其成为一套较为完整、技术先进、安全可靠、进度快、成本低、绿色环保的污水排海钢管施工技术,丰富了大直径管道在陆域及海上敷设的设计理论和施工技术。

本书把全生命周期环境保护理念贯穿污水深海排放工程的建设过程,系统阐述了大直径钢管污水深海排放工程的理论与技术。全书共分为 4 篇 13 章:第 1 篇为绪论，包括3章，系统介绍污水深海排放的发展现状、主要施工方法及依托工程的概况；第2篇为陆域顶管施工，包括4章，详细介绍临海顶管工程工作井的支护及防水技术，并从减小对环境的影响角度，研究顶管设备的配置及施工参数控制方法；第3篇为海域沉管施工，包括4章，详细分析超长大直径污水排海钢管在浮运、沉管中管道的力学特征，系统介绍大直径钢管的拼装、防腐、溜放和沉管等施工技术；第4篇为海洋环境保护，包括2章，主要介绍污水排海工程的海洋环境影响评价及生态环境保护措施。

本书由中交第三航务工程局有限公司、厦门理工学院等单位组织编写，其中，中交第三航务工程局有限公司林四新、林晓及厦门理工学院施有志教授为主要作者，参加本书编写的还有：中交第三航务工程局有限公司薛宏伟、赖银波、唐芳明、苏茂森、邓光晟、何森鑫、刘金江、林靖伟、杨雪薇、王睿炘、叶家辉、陈泽章、吕钟，厦门市政排水管理有限公司张建全，厦门市政城市开发建设有限公司吴舟波、王木祥、王亚根、缪其伍、吴学良、郭真真。全书由厦门理工学院施有志教授策划、统稿及校对。

本书在编写过程中，得到了厦门中拓建设工程有限公司、厦门拓疆建设工程有限公司、上海市政工程设计研究总院（集团）有限公司、厦门市建设工程质量安全监督站等单位的大力支持和帮助，自然资源部第三海洋研究所提供了环境影响评价资料。在此向所有编写人员及为本书编写提供支持和帮助的单位和个人表示衷心感谢！

由于作者水平有限，书中难免存在疏漏和不足之处，敬请各位专家和读者不吝赐教，多提批评指导意见，以利修正。

作　者

2022年12月

目录

第1篇　绪　　论

第2篇　陆域顶管施工

第3篇　海域沉管施工

第4篇 海洋环境保护

Key Construction Technology

of Super Long and Large Diameter Sewage Discharge Steel Pipe in Complex Environment

复 杂 环 境 下 超 长 大 直 径 污 水 排 海 钢 管 施 工 关 键 技 术

第 1 篇

绪　论

第1章
CHAPTER 1

污水深海排放工程概述

1.1 污水深海排放工程原理

污水处置是所有现代城市所面临的重大环境工程问题。对于内陆城市，为了避免环境污染或者为了将这种污染降至最低程度，污水一般要经过二级甚至二级以上处理后才能排放。根据处理工艺以及处理后的标准，污水处理可分为以下三级：

(1)污水一级处理(又称污水物理处理)：通过简单的沉淀、过滤或适当的曝气，以去除污水中的悬浮物，调整氢离子浓度指数(pH值)及减轻污水的腐化程度的工艺过程。处理可由筛选、重力沉淀和浮选等方法串联组成，除去污水中大部分粒径在100μm以上的颗粒物质。筛滤可除去较大物质；重力沉淀可除去无机颗粒和相对密度大于1的有凝聚性的有机颗粒；浮选可除去相对密度小于1的颗粒物(油类等)。废水经过一级处理后一般仍达不到排放标准。

(2)污水二级处理：污水经一级处理后，再经过具有活性污泥的曝气池及沉淀池的处理，使污水进一步净化的工艺过程，常用生物法和絮凝法。生物法是利用微生物处理污水，主要除去一级处理后污水中的有机物；絮凝法是通过加絮凝剂破坏胶体的稳定性，使胶体粒子发生凝絮，产生絮凝物而发生吸附作用，主要是去除一级处理后污水中无机的悬浮物和胶体颗粒物或低浓度的有机物。经过二级处理后的污水一般可以达到农灌水的要求和废水排放标准，但在一定条件下仍可能造成天然水体的污染。

(3)污水三级处理(又称深度处理)：污水经二级处理后，进一步去除污水中的其他污染成分(如氮、磷、微细悬浮物、微量有机物和无机盐等)的工艺处理过程，主要方法有生物脱氮法、凝集沉淀法、砂滤法、硅藻土过滤法、活性炭过滤法、蒸发法、冷冻法、反渗透法、离子交换法和电渗析法等。

然而，对于沿海城市，由于其有利的地理位置，在选择污水处置途径上比内陆城市具有更大的灵活性。为了满足近岸水域水质目标，沿海城市既可以选择污水二级(或二级以上)处理并岸边排放的方式，也可以选择污水一级处理并深海排放的方式。这种选择的本质是确定污水处理的适当程度与处理后污水的排放点。

污水深海排放所依据的基本原理是利用海洋的自净能力。进入海域的污染物质通常经历三种净化过程，即物理过程、化学过程和生物过程。在这三种过程中，物理过程是最基本和最重要的，它主要是指污染物在海洋中的混合与输送过程，包括颗粒物质的沉降、沉积和再悬浮过程。而其他两种过程对于确定污染物的归宿和危害是重要的。

污水中某一有害污染物对环境的危害主要取决于它的浓度,只要其浓度低于某环境容许标准,便不会损害水域的基本功能。因此,根本问题是如何降低污染物的浓度。显然,有两种不同的方法可以达到同样的目的。一种是将污水进行处理,即通过物理、化学或生物方法从污水中去除该污染物,其效果用去除率来表示。另一种方法是将污水排放到大水体(江河湖海)中,利用混合和输送过程降低该污染物的浓度,其效果用稀释度来表示。从减小污染物对环境危害的角度,去除率与稀释度是等价的概念。例如,去除率为90%,相当于稀释度为10。在现代污水排放工程设计中,一般可使初始稀释度达到100以上,这相当于污染物去除率为99%。而通常的污水二级处理系统,其去除率最大只能达到95%。

随着对海洋环境认识的深化,人们发现海洋本身具有巨大的物理、化学、生物自净能力,海洋中的污染物会因海洋环境动力作用而被迅速稀释和输移,且海洋面积广阔,占地球表面积的近71%,因此,相对于江河湖泊,海洋具有更大的环境承受能力。

正是由于污水排海巨大的潜力,人们开始将污水排放从陆地转向了海洋,经过不断积累经验和改进,形成了现在相对较完善的污水排海处置技术。污水排海工程通过科学的规划和设计,把经过适当预处理的生活和工业废水,经过严格的工程措施,流经扩散器释放到稀释扩散能力强的海域,利用海洋的自净能力,达到消除污染物的目的。通过污水处理厂将污水集中收集、处理后,经过中继泵站输送将污水打入高位井,在压、重力作用下经放流管压至扩散器系统,通过上升管上的喷口进行排放,使污水与周围水体迅速混合,从而被高度稀释,以达到要求的环境排放标准。污水排海工程的系统构成及基本设计形式如图1-1所示。因此,污水深海排放工程所依据的原理主要是利用污水在海洋中的混合与输送,达到净化水质、保护环境的目的。

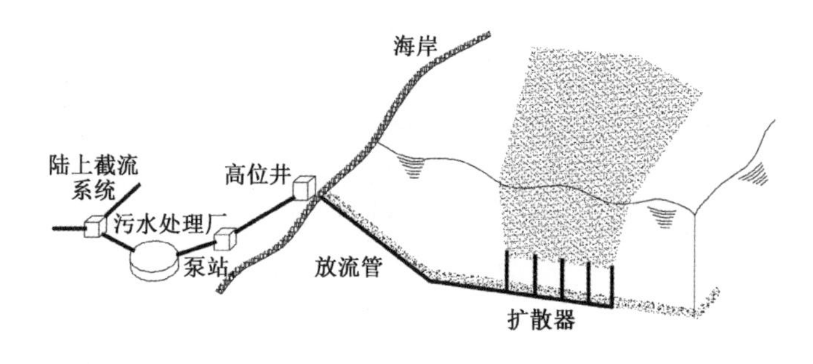

图1-1　污水排海工程系统示意图

1.2　污水深海排放工程发展概述

1.2.1　国外污水深海排放工程发展概述

污水排海技术的应用始于国外,其最早可追溯到19世纪后期英国哈里奇(HarWich)污水排海工程。由于早期人类对海洋的认识有限,技术也很不成熟,因此当时的排海工程形式比较简单,污水没有任何前期预处理,直接通过管道将其在岸边或近岸水下排放,污水排放工程一般只是一条放流管,末端开口,即不带扩散器,如图1-2所示。

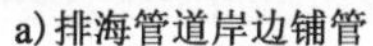

a) 排海管道岸边铺管　　b) 排海管道海上铺管

图 1-2 排海管道铺管现场

这种形式的排放起到的稀释效果并不明显，有的污水不仅没有被稀释，反而在海面上形成了油膜、混浊云斑等稳定的污水场，不仅影响了靠近海边人们的正常生活，也对近海海洋生物造成了严重的危害。

到了 20 世纪 30 年代，人们开始注意到，在放流管尾部加扩散器可将污水与海水进行最大程度的掺混，从而避免形成稳定的污水场。此后，人们开始在排海前将污水进行一级或二级预处理，并达到一定标准后排入海洋，污水海洋处置开始形成较科学的工程系统。在 20 世纪 60 年代以前，扩散器的喷口并没有经过严格的水力设计，为保证喷射水流互不干扰，各喷口的间距一般都设置得很大，但这也因此增加了扩散器的长度，从而增加了管道的水力损失，也增加了工程造价。20 世纪 60 年代以后，排海工程开始采用密排型喷口，其间距和喷口直径通过严格设计，并通过控制射流角度也能达到相同的效果，但造价大大降低。可见，扩散器是污水排海工程中的重要组成部分，主要包括放流管、上升管和喷口三个部分，其基本形式是沿着管道轴线设置多个出水口，污水在由出水口排出后，在自身动量和海洋环境动力作用下与周围水体迅速掺混从而被高度稀释。扩散器的射流结构直接决定着污水的稀释效果，是排海处置工程实现环保达标排放的保障。

世界上污水排海工程主要分布在美国东、西部海岸，欧洲北海沿岸，地中海沿岸等地。美国 1960 年仅在南加利福尼亚湾内就有 7 处一级处理之后排海工程；到了 1985 年，美国西海岸排海管道达到 250 处，美国排海管排放的污水大部分经过一级处理，少部分经二级处理，排海口处水深大多为 20 ~ 40m，最深处达 120m。

英国和新西兰的大型污水排海管道工程分别超过 40 处和 20 处；加拿大不列颠哥伦比亚省，仅一省的滨海岸就有 20 多个污水深海排放工程；以拥有广阔海岸线的国家澳大利亚为例，每年排放到自然环境中的污水总量约为 1.38 亿 m^3，全国海岸线上共有 274 个排污管道，其中 149 个将污水排放到沿海水域，另外 125 个排入河流水域中。另外一些发达国家，如荷兰、德国、丹麦等北海沿岸国家也建成了不少排海管道工程。污水经过一级处理后，排海工程一般离岸几公里到十多公里，排放口深度在30 ~ 100m 之间。目前，世界上已建的最大污水深海排放工程为美国波士顿(Boston)的污水排海工程，其放流管长达 14km，扩散器最深处为 125m，污水日排放量为 $180 \times 10^4 m^3$。

不仅限于发达国家,部分发展中的沿海国家也建成了多处大型污水排海管道工程,例如南非、菲律宾,以及中东部分国家。

据联合国统计,世界上约有一半人口生活在距离海岸线60km的区域内,四分之三的大都市位于海岸线附近。由于污水深海排放具有显著的环境效益和经济效益,它已成为当今世界许多沿海城市解决污水出路问题的主要途径之一。因此,发展污水深海排放技术,可以保护环境,促进经济的发展,保障人民身体的健康,是实现地球可持续发展的重要举措。

1.2.2 我国污水深海排放工程发展概述

在实施规范的排海处理前,我国沿海城市污水经过正规处理排入海洋的只有很少一部分(全国工业废水处理率为36%,城市污水处理率仅为3%),绝大部分污水未经处理直接入海,而且是岸边排放,自由乱排,导致近岸部分海域受到不同程度的污染,石油类污染普遍严重,并存在不同程度的有机物污染和富营养化,而且还有继续发展的趋势。为减轻沿海城市污水排放压力,国家从"六五"期间开始研究废水离岸处置工程,代表性工程为深圳市污水深海排放工程。"七五"期间,沿海沿江地区及港口地区,如上海、海南、宁波、杭州、大连、青岛、烟台、武汉、天津、威海和嘉兴等地,已规划或实施了海洋(江河)处治工程。

我国对污水深海排放工程也进行了大量的环境影响监测。上海市合流污水治理一期工程竹园排放口($170\times10^4 m^3/d$)建成后,从连续三年的水质监测结果来看,大部分水质指标在污水排放前后未见明显变化。上海市星火开发区排海工程($10\times10^4 m^3/d$)于1993年投入运行至今,每年均对附近海域进行水质监测,在排放口扩散器东西两侧10km范围内,设9个断面取样分析。多年的监测资料表明,排放口扩散器附近2km处的水质与10km处的水质无明显差异,从一定程度上反映了工程没有对环境造成负面影响。

随着我国对海洋生态环境保护的加强,海洋生态红线陆续颁布,近岸海域污水、废水排放的监管也日趋严格。我国《污水海洋处置工程污染控制标准》(GB 18486—2001)针对不同类型的海域提出混合区的允许范围。《核动力厂取排水环境影响评价指南(试行)》提出,对于开放海域一个核动力厂址所有机组不符合当地水质标准的区域垂向投影最大包络范围不超过$3km^2$。

我国环境保护部2017年发布的《近岸海域污染防治方案》,明确提出以改善近岸海域环境质量为核心,严格控制污染物排放,开展生态保护与修复,进一步提高污染源排放控制的精细化水平。由于排放口污染物浓度往往超过标准限值,为将超标污染物控制在较小区域,环保部门在排口周围设置"监管混合区"。例如,世界银行《污染防治手册》对申请其贷款的热电厂规定,高温废水排放到环境水体后,距离排放口100m处温升不得超过3℃。射流初始稀释能力是排放口设计成功与否的关键因素,决定了污染物是否可以在较小区域尽快达标。

目前,我国为了获得环保要求的水质目标、保护近岸水环境质量,沿海市政污水、工业废水、电厂温排水通常采用离岸排放方式,通过放流系统将污水送至末端扩散器再排入海域。

1.3　污水深海排放工程的优越性

污水深海排放工程专指污水一级处理并深海排放的形式。因此,讨论优越性时,主要是将其与污水二级处理并岸边排放的形式相比较。

(1)污水深海排放的污染物比二级处理并岸边排放造成的浓度低

对于典型的污水深海排放工程,它造成的受纳水体中污染物的浓度要比污水二级处理并岸边排放造成的浓度低。为了便于分析,定义总等效稀释度为s_T,污水处理的污染物去除率为R,排放后初始稀释度为s_I,则s_T与R及s_I的关系为:

$$s_T = \frac{s_I}{1 - R} \tag{1-1}$$

排污点附近水体中某一污染物的浓度为:

$$C = \frac{C_0}{s_T} \tag{1-2}$$

式中:C_0——原污水中该污染物的浓度。

污水二级处理的去除率最大可达到90% ~95%(相当于稀释度为10 ~20),岸边排放的初始稀释度假定为5,由式(1-1)计算可得,污水二级处理并岸边排放所能获得的总等效稀释度为50 ~100。

污水一级处理的去除率最大可达到65%(相当于稀释度为3)。典型的深海排放一般很容易达到80 ~100以上的初始稀释度。这样,污水一级处理并深海排放所能获得的总等效稀释度为240 ~300以上。

以上的分析表明,即使在排污点附近,污水一级处理并深海排放造成的浓度也要比污水二级处理并岸边排放造成的浓度低。

(2)污水深海排放的排污点选择比岸边排放更灵活

一般来说,深海排污点的选择有一定的灵活性,可以避开一些重要的水域或保护区,例如海水浴场和水产养殖区。而岸边排放点的选择性很有限,因为岸边通常都是最重要的区域。

(3)污水深海排放使污染物的不利影响减少

深海水域的水动力因素一般要比岸边强得多。例如对于海湾,越靠近湾口,海水交换能力越强。因此,深海排污将使污染物在湾内或保护区内的滞留时间减少,从而使污染物的不利影响也减小。

(4)污水深海排放对岸边海水浴场的影响较少

当考虑岸边海水浴场细菌学水质标准时,深海排放比岸边排放更为有利。深海排放使污水到达海水浴场前要经过一段时间。在这段时间,大肠杆菌等细菌的浓度一方面由于再稀释(物理稀释)而减小,另一方面由于细菌的自然衰亡而大大减小。相反地,岸边排放无法利用再稀释和海水灭菌的作用,而通常采用的加氯灭菌法又必然增加污水的处理费用和污染负荷。

(5)污水深海排放对去除有毒物质的效果更佳

污水二级处理一般只对去除生化需氧量(BOD)、化学需氧量(COD)最有效,而对一些毒性重金属和有机化合物,其去除效果很小或根本无效。例如象双对氯苯基三氯乙烷(DDT)、多氯联苯(PCB)等保守性有毒物质,最好的办法是在污染源进行控制。由于深海排放能够提供高稀释倍数,因此可以使这些物质对环境的危害远比岸边排放为小。另一方面,污水中含有的一些营养物质经过稀释后对海洋生态环境并无损害,有时还有利。因此,污水二级处理系统将这类营养物质一律去除有时并不必要。

(6)污水深海排放相比于污水二级处理较为可靠

污水二级处理系统工艺复杂,其发生故障的可能性要大于污水一级处理系统。并且,当其发生故障时,将导致岸边水域污染。而污水一级处理系统一般较为可靠,即使处理过程偶然发生故障,由于较高的初始稀释仍使危害较小。

(7)污水深海排放更容易适应将来水质要求的变化

随着人们生活水平的提高,对环境质量的要求也越来越高。深海排放比岸边排放更容易适应将来水质要求的变化。例如,可以增加一些设备,利用新技术来处理目前尚未处理的某些污染物或新的污染物,而不必抛弃现有的处理系统。

以上都是关于环境效益方面的比较。至于经济方面的比较要取决于具体情况。一般来说,污水二级处理系统不但需要较高的基建投资,而且需要较高的运行费用。而污水一级处理系统连同海洋放流管及扩散器的基建投资可能也较高,但运行费用却很低。因此,从总投资(基建投资加运行费用)看,这种污水深海排放同常规的污水二级处理相比,可节约1/3~1/2的基建投资和运行管理费用,占地减少30%~40%,效益是巨大的。

1.4 污水深海排放工程在我国的发展前景

随着我国社会经济的发展和城市化水平的快速提高,城市的用水量也在急剧增加,而城市生活和生产产生的污水也必然会持续增加。根据住房和城乡建设部的《城市建设统计年鉴》数据,2010—2019年我国污水排放量逐年增长,2010年仅为378.70亿m^3,2018年突破500亿m^3,2019年增至554.65亿m^3。巨大的污水排放量对本已严峻的城市环境问题雪上加霜。此外,由于水资源有限,我国江河湖泊的环境承受能力已达到极限,大部分水系都已受到了不同程度的污染,传统的污水排放方式正在经历巨大的考验,污水排放也因此成为当前城市规划及建设中亟待解决的问题。

我国拥有18000多千米的海岸线,4亿多人口生活在沿海地区。沿海地区是目前国内经济最发达的地区,沿海工农业总产值占全国总产值的60%左右。由于沿海地区港口发达、人口集中,部分污水和落后生产工艺产生的"三废"带来的环境问题日益严重。据统计,目前沿海城市与港口排放污水量约为全国日排放污水量的1/5。这些污水存在着岸边排放、无组织排放的乱排现象,致使近岸海域环境受到污染,有机物和石油类污染普遍严重,并存在富营养化导致的赤潮危害(图1-3)。沿海城市及港口污水的出路问题已成为影响我国港口及航海事业发展的重要因素。而相对于内陆,沿海城市有着天然的地理优势,其污水除了回收利用和渗入地下外,其余大部分可以排向海洋。

图 1-3 沿海地区出现的赤潮现象

随着我国沿海经济和港口建设的飞速发展,港口及各类产业园区的日常污水量越来越大,虽然有部分污水可以实现利用,但就目前工艺而言,若达到污水全部回用仍需较长时间,剩余部分污水如果不能得到较好处置或随意排放,会对港口周边的生态环境造成较大影响。同时,近年来国家对于港口污水处置的要求逐渐提高以及港口污水量的逐渐增加,也对港口污水的处置问题提出了更高的要求。

深海排放工程通过合理利用海洋的稀释净化能力,为沿海城市及港口的污水处置提供了一个新的方法,能够减小污水对周边环境的影响,为我国沿海城市健康发展提供了有力保障,其发展前景也是广阔的。

第2章
CHAPTER 2

污水深海排放工程的主要施工方法

2.1 陆域段管道铺设方法和设备

2.1.1 陆域段管道铺设方法

污水排海工程一般从陆地上的污水处理厂引出,因此从污水处理厂到海边的管道属于陆域段,埋设方法可采用明挖法及非开挖技术,而非开挖技术以顶管法为多。

2.1.1.1 明挖法

明挖法施工包括沟槽开挖、管基施工、管道铺设、管道连接、管道回填等工序。由于明挖法需要征地拆迁,施工过程需要基坑开挖及支护,因此对环境的破坏较大,在城市建设中已较少采用。

2.1.1.2 非开挖技术

由于传统的开挖施工方法有诸多弊端,不仅会污染环境、破坏城市道路,堵塞交通,还会提高建设成本,降低工作效率,目前在城市中管道施工多采用非开挖技术。顶管技术、定向钻技术、盾构技术一起被称为当今三大非开挖技术。在管道埋设施工中,一般以顶管技术为主。顶管技术具有以下优点:

(1)不破坏地下现有管线、地面建筑物,不影响其正常使用。

(2)施工周期短,效率高、成本低;地上各项活动不受影响,保持交通畅通,不影响城市居民正常工作和生活。

(3)施工占地面积少,对城市土地紧缺十分有利,节约用地。

(4)由于顶管是暗挖施工,减少了沿线大量的拆迁工作。

(5)地下管线施工噪声小,噪声污染低,有利于保护环境。

虽然顶管技术具有上述优点,但作为一种暗挖方式,将不可避免地对施工周围区域土体造成扰动,打破了土中的原始应力平衡,进而使得地面土体产生下陷或隆起,甚至会造成邻近建(构)筑物产生不均匀沉降。因此,采用顶管施工技术,应关注施工对土体的扰动及对周边建(构)筑物的影响。

2.1.2　顶管工程主要设备

2.1.2.1　顶管工程配套系统

顶管技术是基于后背支撑条件的一种非开挖地下管道施工方法，其基本原理是借助主顶和中继间的顶推力将顶管机从工作井内穿过一层层土体到达接收坑内被吊起，与此同时把掘进的管道铺设在两个工作井之间。图2-1为顶管施工作业示意图。

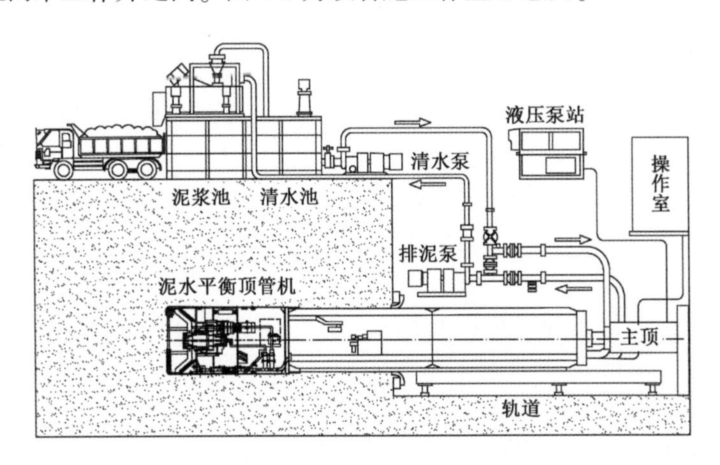

图2-1　顶管施工作业示意图

(1)工作井与接收井

顶管机最先开始工作的场所是工作井，所有的顶进设备都安放在工作井，工作井中安放有千斤顶、铁环、后靠背等物。工作井内顶管机后座墙靠背给以油缸支撑力，使之顶管产生向前的推力。接收井是顶管区段完成后用以吊出顶管机的施工场所。顶管从工作井内由顶管机向前顶进一节安装一节，整个顶管区段完成之后顶管机从工作井内吊出，整个流程就基本结束。工作井和接收井需要开挖深基坑，并采用地下连续墙、沉井、钢板桩或型钢水泥土搅拌桩墙(SMW工法)等进行支护。

(2)主顶装置与中继站

主顶装置一般由操纵台、油管、油缸、油泵四部分组成。油缸的推进与回缩受操作台控制，有电动和手动两种，通过电磁阀或电液阀可以实现电动操作。油缸的主要作用是产生顶力，通过连接油泵与油缸之间的油管来传输压力，油缸一般对称地安置在管壁四周。

长距离掘进过程中一般需要中继站，每个中继站内布置许多千斤顶，它们将顶进管道推进一定距离。中继站回缩是通过后面的中继站来实现的，通过反复操作，很长的一段管道便可以分解为若干段进行顶进，直到所有顶管完成，便可依次拆除中继站中的油缸，合拢中继站。

(3)顶管机

目前一般采用机械式顶管机，主要有泥水式顶管机、气压式顶管机、土压式顶管机等。不管哪一种形式，顶管工程中它的主要功能是保证方向正确、取土合格等。

(4)顶铁

顶铁的形状各异，主要包括矩形、弧形、环形和U形。顶铁的目的是使顶力均匀分布在管道断面上。为了弥补油缸行程与管子长度之间的不足，一般可以采用弧形或 U 形顶铁。

(5)基坑导轨

基坑导轨主要铺设在工作井内，它是由两根平行的箱形钢梁焊接而成，起着为管道顶进提供支撑和导向的作用，同时也是稳固顶铁的支架。

(6)顶管管材

多管节和单管节是顶管的两种不同形式。其中，多管节大多数为钢筋混凝土管，管接口之间必须采用可靠的连接，如 T、F 等形式，从而保障不会渗漏。如果管节为钢管，需要采用焊接，并进行一定的防腐处理。

(7)后背墙

顶力的反作用力传到后方土体是通过后座墙来实现的。随着工作井的不同，后座墙存在不同的结构形式。若工作井为地下连续墙或沉井，可以利用井后的井壁来构筑墙体；若工作井为钢板桩，需要在工作井后方与钢板之间砌筑一座厚度为 0.5 ~ 1.0m、与工作井相同宽度的钢筋混凝土墙，可以实现将反力较均匀地作用到土体中。

(8)出土装置

采用土砂泵、电拖车是土压式顶管施工出土的主要方式；在泥水式顶管施工中，则采用泥浆泵管道输送泥水。

(9)起吊设备

起吊设备主要有履带式起重机、汽车起重机和门式行车，使用最为广泛的是门式行车。门式行车的优点是工作性能优良、操作方便；缺点是拆卸转换费用高，转移很不方便。受行车的吨位不同的影响，管子的口径级别也不同。

(10)测量设备

测量设备一般使用水准仪、激光经纬仪、激光测距仪等。目前主要采用激光经纬仪来进行机械式顶管施工，可以纠正顶管施工过程中产生的上下、左右偏差。

(11)注浆系统

注浆系统由注浆设备、拌浆设备及管道组成。拌浆就是将注浆材料与水掺混后形成浆体材料；注浆是通过注浆泵来完成的，注浆泵可以控制注浆的压力和；注浆管道划分为总管和支管，总管一般安置在管道的一侧，支管是将总管中的浆液输送到所有注浆孔中去通道。

2.1.2.2 顶管机的分类

(1)泥水平衡式顶管机

泥水平衡式顶管机是一种以全断面切削土体，以泥水压力来平衡土压力和地下水压力，又以泥水作为输送弃土介质的机械自动化顶管机。泥水平衡式顶管机工作的基本原理是泥水护壁，即在施工中，要使挖掘面保持稳定，必须向泥水仓注入一定压力的泥水。泥水在压力作用下向土体内部渗透，在开挖面形成一层泥皮。泥皮的作用，一方面阻止泥水继续向土体内部渗漏，另一方面泥水的压力通过泥皮作用在开挖面以防止坍塌。

(2)土压平衡式顶管机

土压平衡式顶管机的工作原理是，利用顶管机的刀盘切削和维持机内土压仓的切削土体压力抵抗开挖面的土、水压力达到土体稳定;并以顶管机的顶速(即掘削量)为常量进行控制,达到使土压仓内的土、水压力与掘削面的土、水压力保持平衡,从而使开挖面的土体保持稳定,控制地表的沉降和隆起。

(3)泥水平衡式顶管机和土压平衡式顶管机的区别

①施工的连续性不同。土压平衡式顶管机将切削产生的泥渣土通过螺旋机排到机内,然后用专门的泥土压送装置或人力手推车送到地面。这种方法在时间上存在着一定的间隙,使得作业无法连续进行。泥水平衡式顶管机利用泥水把切削下的泥土转化成泥浆,使用排泥泵排出工作井外。这种方法可以进行连续不断地作业。

②适应的土质不同。土压平衡式顶管机可适用于淤泥土到砂砾土等不同土质,但对于地下水的变化适应性较差。泥水平衡式顶管机可适用于大部分土层,通过调整注入水压可以平衡切削断面的地下水压力,尤其适用于地下水较高的土层,但不适用于渗水性高的土层。

③口径不同。由于土压平衡式顶管机需要安装螺旋输送机出土,因此其口径不能过小,一般口径在1500mm以上;而泥水平衡式顶管机不受此限制,其口径范围为400~4000mm。

2.2　海域段管道铺设方法

目前海域段管道的常用铺设方法有两大类:铺管船法和拖管法。

2.2.1　铺管船法

铺管船法是利用安装在铺管船上的专用铺管设备进行管道铺设的方法,这也是目前应用较为广泛的管道铺设方法。这种铺设方法需要专门的铺设船只,尤其适合较深水域的管道铺设,常用的主要有S形铺管法、J形铺管法及卷管式铺管法。

铺管船的管道铺设(包括S形和J形)均涉及在铺管船上连接海管节、焊接、检测和现场进行海管节涂层施工,这些工作均在铺管船上一系列不同的工作站中完成。

2.2.1.1　S形铺管法

S形铺管法是当前最常采用的海洋铺管方法,在船上托管架的支撑及海水浮力的共同作用下管道弯曲成类似S形曲线,形成拱弯区和垂弯区两个区段,如图2-2所示。

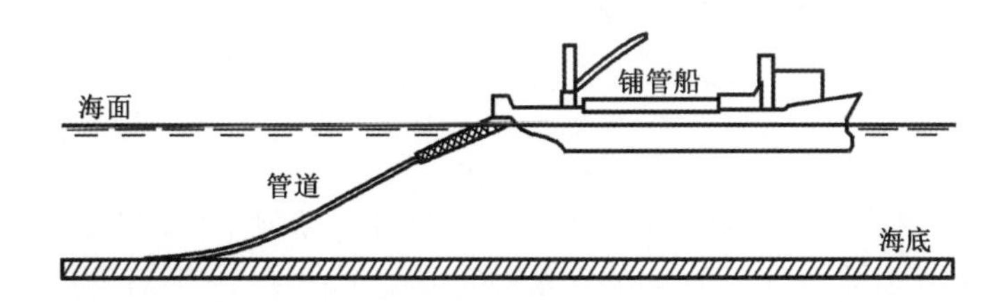

图2-2　S形铺管法

铺设过程中对管道在拱弯区和垂弯区的曲率的调节可以通过控制管道的张力、拖管架的方向和曲率等而加以控制,在管道离开导管架时,管道进入海中的角度越接近竖直方向,铺管船上张紧器的张拉效果越好。但经过一段时间的发展海洋管道型号逐渐加大,管道朝向从水平方向到竖直方向的改变所需要的空间也越来越大,因此为满足管道敷设时的空间需求,铺管船上的拖管架近些年由最普通的直线式逐渐向曲线式、分节式等新型结构发展。

典型的S形铺管船如Allseas公司的Solitaire号,钢管铺管能力最大达60in(1in =0.0254m),如图2-3所示。

图2-3　S形铺管船Solitaire号

2.2.1.2　J形铺管法

J形铺管法与S形铺管法的最大区别在于在采用J形铺管法进行铺设时,管道进入水中的角度通常接近垂直,管道受力而弯曲成类似J形曲线,如图2-4所示。因此本方法多用于深水和超深水海域的海洋管道敷设。

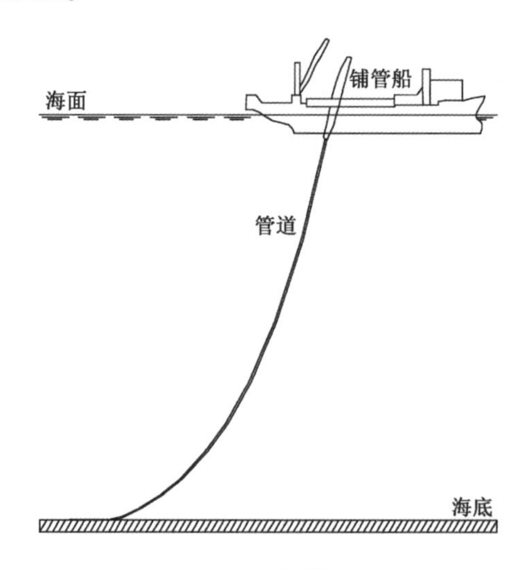

图2-4　J形铺管法

为保证整个铺设过程的安全性,在选用J形铺管法时,一般采用调节铺管塔倾角和管道张力,以达到改善整个管道受力的目的。在本方法的铺设过程中,由于对管道的焊接、密封性测试等工序都需要在接近垂直的方向上完成,因此在技术上实现难度相对较大。

典型的J形铺管船如意大利塞班(Saipem)公司的Castorone号(Castorone号铺管船由意大利Saipem投资,由烟台中集来福士海洋工程有限公司负责建造),钢管铺管能力最大达48in(含护套为60in),如图2-5所示。

图 2-5　J 形铺管船 Castorone 号

目前世界上铺管船铺管能力最大为 60in，而船舶设备能力、钢管材质和安装地区水深等因素对铺管船的实际能力都有很大的影响，需要根据实际项目具体分析。

2.2.1.3　卷管式铺管法

卷管式铺管法就是利用专业卷管设备将作业前已经在陆地制好的管道（一般是中小直径的柔性管道）卷在专用滚筒上后再进行海上铺设，如图 2-6 所示。

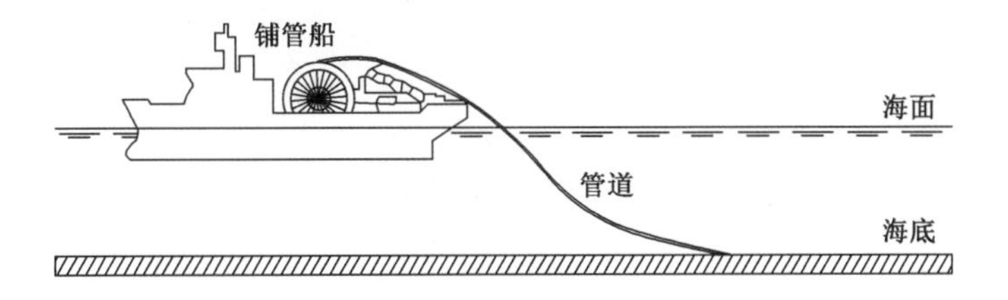

图 2-6　卷管式铺管法

卷管式铺管法广泛应用于英国北海和墨西哥湾的管道安装，最大安装尺寸达 18in。采用卷管式铺管法铺设时由于大部分操作比如管线的连接、滚卷等都已经在陆地上完成，因此管道可以极快的速度铺设。

典型的卷管式铺管船如 Saipem 公司的 Lewek Constellation 号，软管铺管能力最大达 24in，如图 2-7 所示。

图 2-7　卷管式铺管船 Lewek Constellation 号

目前世界上卷管式铺管船船铺管能力最大为24in,而船舶设备能力、软管材质和安装地区水深等因素对铺管船的实际能力都有很大的影响,需要根据实际项目具体分析。

2.2.2 拖管法

拖管法铺设是将作业前已经预先在陆地上制备好的、一定长度的管道通过牵引船拖拉至预定位置后,将管道连接完整后再下沉至海底的铺设方法。在这种情况下,比较困难的海管制造程序可以在陆上进行。拖管法根据牵引过程中管道所处的海水深度可分为以下四种方法:

(1)底拖法。

(2)离底拖法。

(3)浮拖法。

(4)可控深度拖法。

2.2.2.1 底拖法

底拖法就是指在整个牵引管道进行铺设的过程中管道始终处于海床上,如图2-8所示。

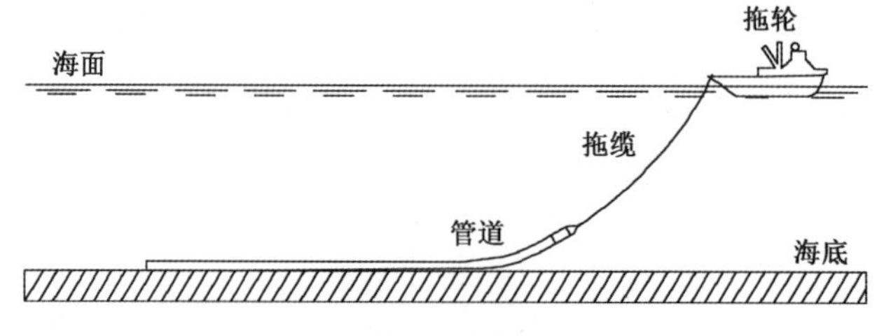

图2-8 底拖法

采用底拖法进行铺管的过程中由于管道始终与海床接触摩擦,因此对牵引船的动力也有一定的消耗,同时其要求管道外表面的抗磨层相比较其他拖管法要更加厚实。采用底拖法进行铺管的过程中管道整体全程都处于海底,风、浪等对其的阻力几乎可以忽略,因此管道的整体受力状态较好。

2.2.2.2 离底拖法

离底拖法就是利用捆绑在管道上的浮筒和链接的海底拖链来进行重力平衡,使管道在牵引过程中保持既离海床一定距离又不漂浮在海面的状态,如图2-9所示。

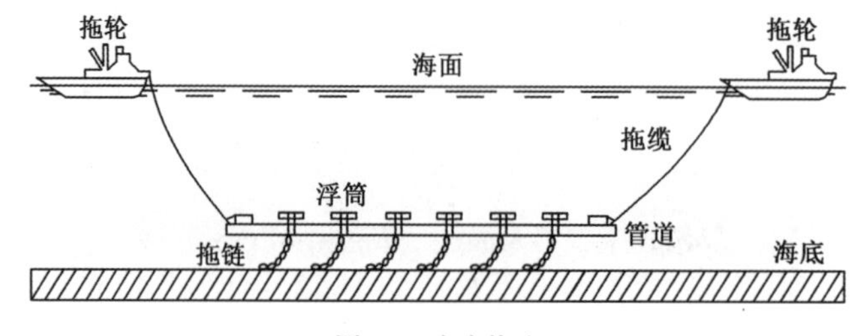

图2-9 离底拖法

拖链是离底拖法铺设的关键设备，除了在竖直方向上平衡浮力外，还因为与海床的摩擦能提供一定的摩擦力，利于维持管道在牵引过程中的稳定性。由于在整个牵引过程中管道处于悬浮状态，受力相对较小，因此离底拖法对管道外部的保护性要求较低，但是为保持管道悬浮状态，对浮筒的拆除时机与数量提出了更高的要求，铺设难度较浮拖法更大。

2.2.2.3　浮拖法

浮拖法就是预先在陆地上连接好的管段上捆绑一定数量的浮筒，然后通过牵引船拖拉至预定位置沉放安装的方法，如图2-10所示。

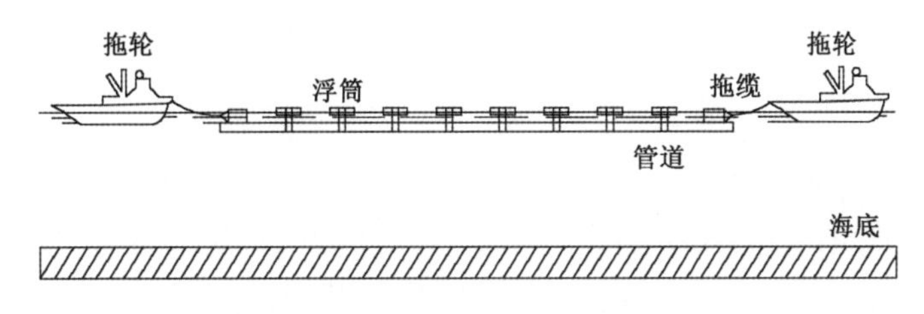

图2-10　浮拖法

采用浮拖法进行铺设时管道主要依靠浮筒的浮力在海面漂浮，因此在牵引过程中管道受风、浪、流的影响较大，管道在海流和波浪作用下容易发生偏移或过大变形，因此在管道铺设前必不可少地需要针对铺设过程进行准确的分析计算。

2.2.2.4　可控深度拖法

可控深度拖法又称为水下浮拖法，它和浮拖法类似，但是通过在管道上安装配重链，使得管道悬浮于特定水深，因此在牵引过程中避免了风和浪的影响，如图2-11所示。可控深度拖法已经在北海应用到450m水深范围的60多条集束管道和立管的安装。

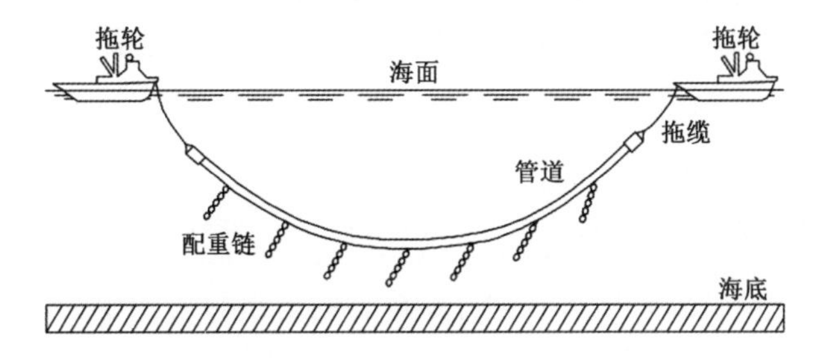

图2-11　可控深度拖法

2.2.3　各种方法对比分析

在工程实际中，为保证施工过程的安全以及较高的工作效率，铺管方式的选择往往需要依据所拥有的设备设施、具体海况等实际情况来进行优选。表2-1给出了海域段管道不同铺设方法的对比情况。

海域段管道铺设方法对比 表 2-1

铺设方法	铺管船法			拖管法			
具体铺设方法	J 形铺管法	S 形铺管法	卷管法	底拖法	离底拖法	浮拖法	可控深度拖法
设备要求	高	高	高	中	低	低	低
适用水深	深	较深	较深	中等	中等	中等	中等
铺设速度	中等	较快	快	较慢	较慢	较慢	较慢
管道材质要求	无	无	柔性	无	无	无	无
沉放难度	小	小	小	小	中	大	中
浮筒性能要求	无	无	无	高	高	低	高
浮筒数量	无	无	无	少	多	多	多
海况要求	较低	较低	较低	中	中	较高	中

铺管船法由于其操作简单且可靠性高而被大量应用于海洋工程,大多应用于墨西哥湾、北海等海域,但是其铺设直径受到船舶设备、管道材质和铺设水深的限制,目前 J 形铺管法和 S 形铺管法的最大铺管直径为 60in。而拖管法铺设由于其铺设过程中的不可控因素较多、受外界环境影响较大,实施过程相对复杂,但是对于直径很大的海管铺设有一定的优势。1973 年,我国首次运用浮拖法成功敷设了东营—黄岛输油管道;1998 年,我国采用浮拖法成功铺设埕岛海底双层保温输油管道。越来越多的海洋管道铺设工程实际积累了宝贵的操作经验,同时随着工程量的不断大型化以及控制的逐渐精细化,也为进一步研究管道铺设方法提出了更高的要求。

2.3 海域段管道吊装技术

吊装是海洋工程施工中的重要一步,大部分海上施工均需要起重船在海上实施吊装作业来完成。随着我国海洋工程的日益发展,海上施工的吊装重量在不断增大,必须通过吊装分析以确保吊装作业安全可靠,保证被吊装结构、吊装索具及施工船舶的安全。

2.3.1 吊装作业技术要点

2.3.1.1 环境荷载

浅海环境主要施工荷载包括风、浪、流、冰等,在海上吊装过程中,风、浪、流对起重船影响较大,所以工程技术人员及施工管理人员在用起重船作业时,必须认真考虑环境因素对吊装工作的影响。如在埕岛海区,当出现北风或偏北风 5 级或 5 级以上时,应停止一切海上吊装作业;当出现南风或偏南风天气时,应严格执行操作规程,6 级或 6 级以上严禁施工;为安全起见,起重船就位或导管架就位必须选择在平流期,起重船就位应根据当地日常海流往复流方向,在顺流方向就位。

2.3.1.2 安全系数

安全系数是吊装技术中的重要问题。索具计算时,必须按规范规定的安全系数计算,因为若用较小安全系数的索具吊大型构件时,一旦产生冲击荷载将很容易导致事故的发生;要根据起重物的不同或起重方式的差异合理、规范地选择吊装索具及配套机具的安全系数。

2.3.1.3 索具磨损

索具磨损主要是指索具老化或损伤。如钢丝绳出现断丝、抽芯或挤压,卡扣出现裂纹等问题。它是施工中容易被忽略的问题,是事故发生的一大隐患。施工前,起重工和吊装技术人员必须严格做好索具的检查工作,对发现的索具磨损,应结合实际情况,按规范要求,合理折合安全系数。

2.3.1.4 起重船性能

起重船性能问题是制定吊装方案的关键和前提。制定施工方案时,必须提前做好吊装设备参数的收集和现场调研工作,这将有助于吊装方案的顺利进行。什么样的工作环境,什么样的构件适合哪个起重船去完成,这在施工前必须作出详细的调查和分析。

2.3.1.5 构件装配误差

大型构件吊装前,必须注意做好构件之间装配差的测量工作。如吊装前,过渡段与平台之间的测量和调整工作,过渡段之间误差如果太大,要提前处理,否则平台一旦被吊上再进行处理就会使工作处在很被动的境地或造成不必要的经济损失,这是在吊装工作中应该特别注意的问题。

2.3.2 吊装作业规范

在海洋工程领域,已有诸多计算平台吊装分析的规范、准则用于指导海洋平台结构吊装分析计算,其中包括美国API规范、英国LOC设计规范、挪威DNVGL设计规范等。具体设计时,一般由建设单位指定吊装规范。

2.3.2.1 API规范

美国石油学会(API)负责石油和天然气工业用设备的标准化工作,以确保该行业所用设备的安全、可靠和互换性。海洋石油平台结构吊装分析选用的API规范为:*API RP 2A Recommended Practice for Planning, Designing and Construction of Fixed Offshore Platforms-WSD 21st Edition, ERRATA AND SUPPLEMENT 2*,即《海上固定平台的规划、设计与建造的推荐做法——工作应力设计法(2021版增补2)》。

2.3.2.2 LOC规范

伦敦海事保险公司(LOC)是一家独立的海洋工程咨询调查机构,对海上平台的安装实施提供第三方海洋工程勘察与审批。其运用专业的工程审批经验和丰富的项目经验,总结了一套应用于海洋平台施工安全的设计规范做法,即《海上施工指南——海上吊装》(*Guidelines for Marining Operations-Marine Lifting*)。

2.3.2.3 DNVGL 规范

挪威船级社(DNVGL)是一家业务全面一体化的技术保障和咨询公司,对于海上平台的施工及安装具有丰富的项目经验,其 DNVGL 设计规范广泛应用于海洋石油工程设计安装领域。海上施工选用的规范为:《海上作业和海事保修》*Marine Operations and Marine Warranty*, DN-VGL-ST-N001。

2.3.2.4 其他规范

国际海事承包商协会(IMCA)也制定了《吊装施工指南》(*Guidelines for Lifting Operations*),主要注重作业流程方面,具体分析参数还需根据上述规范要求。另外,许多石油企业根据 API、LOC、DNVGL 等规范中对于吊装的要求,也制定了自己的企业标准,一般不对外公布,用于内部使用。

2.3.3 海底管道安装工程案例

2.3.3.1 塔博达(Taboada)排海管道项目

位于秘鲁利马市的 Taboada 污水处理管道采用了高密度聚乙烯管(HDPE 管),内径 3000mm,管道总长 3900m,安装水深 20m。根据管道较为柔软的特性,采用了岸上建造-海上浮拖-注水下放的施工方法,如图 2-12 ~ 图 2-14 所示。

图 2-12 岸上建造

图 2-13 海上浮拖

图2-14　注水下放(S形)

该项目的特点为：

(1)管道采用高密度聚乙烯(HDPE)材质,内径达3000mm。

(2)安装区域位于太平洋,水深达20m。

(3)环境条件恶劣,气温最高20℃,最低-5℃。

(4)采用浮拖法运输,压载设计难。

(5)管道焊接技术要求高。

(6)水上安装难度大。

2.3.3.2　樟宜(Changi)排海管道项目

位于新加坡樟宜的排海管道采用了混凝土管,单节管道长8.4m,质量105t,内径3000mm。管道海上段4900m,水深50m。采用了岸上建造-驳船运输-海上安装的施工方法,如图2-15、图2-16所示。

图2-15　岸上建造+驳船运输

图2-16　海上安装

图2-16中用于海上安装的是阿尔塔(Arta)浮式平台,上部配有400t的门式起重机,专门用于混凝土管道的下放安装。

该项目的特点为:

(1)管道材质为钢筋混凝土,内径达3000mm。

(2)单节管道长8.4m,质量105t。

(3)海上段上面为4900m,水深50m。

(4)采用浮式平台Arta安装,无潜水员协助。

(5)采用400t门式起重机,一次安装两根管道。

第3章
CHAPTER 3

厦门市前埔污水处理厂污水排海工程概况

3.1 工程简介

厦门市前埔污水处理厂于1999年完成了一期工程建设，一期工程规模10万m^3/d。一期工程建设时铺设一根DN1500的玻璃钢管（即现有排海管），管线长1870m，排放规模为20万m^3/d，于2002年12月建成。二期扩建规模15万m^3/d，并将一期规模由10万m^3/d改为5万m^3/d。二期总规模为20万m^3/d。前埔污水处理厂三期（提标）工程是基于一、二期的工程，使20万m^3/d的水量实现达“一级A”标准排放，尾水排放方式为深海排放，排放点为厦门市石渭头排放口。2018年厦门市政水环境有限公司将现有排海管排放口迁移至厦门文昌鱼保护区外进行排放。2019年12月，改造段排海管已完成改造施工并投入使用。

前埔污水处理厂服务范围为厦门市东排水分区，包括厦门本岛整个东部地区。目前实际平均接纳的污水量20.0万m^3/d。近年来，随着厦门岛东部开发强度的不断增大，经济和人口迅猛增加，厦门岛东部地区污水产生量随之明显上升，前埔污水厂一、二期目前已满负荷运营。随着厦门城市化进程的不断加快和经济社会的高速发展，前埔污水处理厂服务范围内的人口还会持续增加，区域污水量持续上升。同时，筼筜厂收集范围已建的新北1号泵站将污水“西水东调”输送至前埔厂片区，现状日均输送水量已达到3.2万m^3/d（设计规模为旱季7.0万m^3/d，雨季11万m^3/d）；岛内截污工程的实施带来新的污水增长量。

为提升前埔污水处理厂的污水处理能力，减少污染物的直接排放量，因此，计划建设前埔污水处理厂三期工程（扩建），拟扩建20万m^3/d规模（预留10万m^3/d土建规模）污水处理设施，扩建后前埔污水处理厂总规模达到40万m^3/d，远期最终规模将达到50万m^3/d，排水执行《城镇污水处理厂污染物排放标准》（GB 18918—2002）一级A排放标准。而现有的排海管道已经无法满足前埔污水厂三期工程（扩建）的排放需求，需新建规模为30万m^2/d的永久排放管工程。

前埔污水处理厂三期工程（排海管）海域段施工项目，建设地点位于厦门市思明区东部海域，厦门岛与小金门岛之间。管道总长度为2.53km，分为陆域段和海域段，陆域段自前埔污水处理厂出水箱涵沿会展南五路至环岛路下海点，路径长度约0.62km；海域段管道自下海点至排放点，路径长度约1.907km。本章从工程的设计及施工方面，对管道的路由选择、管材选用、防腐以及施工方案等进行详细的介绍。

3.2 排海管道设计方案

3.2.1 排放口比选

根据福建海洋研究所编制的《前埔污水处理厂三期工程(排海管)排污口设置论证报告书》,根据相关法律法规、标准、规范、海洋功能区划及项目周边的海域特征,选择3个排污口方案进行比选。3个排污口位置如图3-1所示,排污口X1位于上屿东北侧约1.23km,排污口X2位于上屿东北侧约1.05km,排污口X3位于上屿东北侧约0.91km。

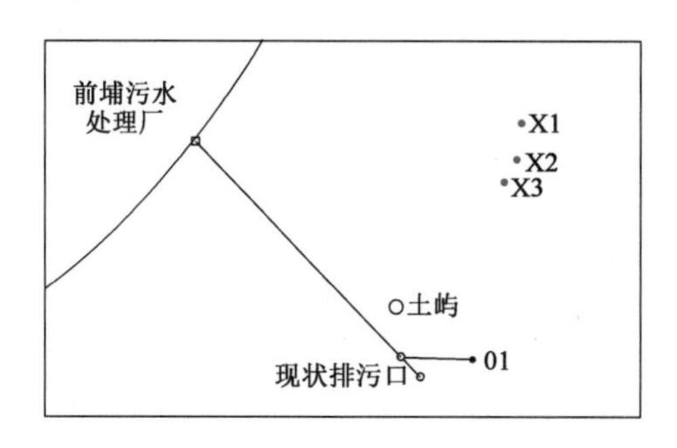

图3-1 预选排污口位置示意图

根据实测水深地形数据的插值结果,X1排污口处水深约7.1m,X2排污口处水深约10.3m,X3排污口处水深约10.2m,3个排污口的水深条件与水动力条件都较好,且各排污方案的污染叠加扩散对黄厝文昌鱼保护区的影响均很小,方案比选见表3-1。

排污口方案比选表 表3-1

排污方案	方案一(X1)	方案二(X2)	方案三(X3)
工程量	新建段放流管1925m(含90m扩散器),工程量略大	新建段放流管1905m(含90m扩散器),工程量适中	新建段放流管1845m(含90m扩散器),工程量略小
施工难度	管线周边未发现礁石、抛石,施工条件较好	管线周边未发现礁石、抛石,施工条件较好	管线周边未发现礁石、抛石,施工条件较好
地质类型	浅层地质主要为淤泥混砂和粉质黏土	浅层地质主要为淤泥混砂和粉质黏土	浅层地质主要为淤泥混砂和粉质黏土
扩散条件	排污口水深7.1m,水深条件一般,管道略长,水头损失略大,扩散器与水流方向夹角较小,扩散效果一般	排污口水深10.3m,水深条件较好,管道略短,水头损失适中,扩散器与水流方向夹角较大,扩散效果较好	排污口水深10.2m,水深条件较好,管道最短,水头损失略小,扩散器与水流方向夹角最大,扩散效果较好

续上表

排污方案	方案一(X1)	方案二(X2)	方案三(X3)
与周边开发活动的适宜性	厦门岛东部海域基本不存在水产养殖活动,沿海岸线主要为沙滩旅游资源,岸线北侧建有香山游艇码头港池,与排污口距离1.3km以上,浅水区时有游艇出航,深水区分布航道,排污口X1、X2、X3分别与规划刘五店航道边坡线相距830m、700m和680m,与规划香山游艇航道边线相距400m、280m和165m,与其航道保护范围相距300m、180m和65m。适宜排污口建设		
与福建省海洋功能区划的符合性	排污口X1、X2、X3位于厦门岛东部海域旅游休闲娱乐区,用途管制为保障旅游基础设施、浴场、游乐场用海,兼容跨海桥梁、海底工程等用海。符合要求		
与福建省生态红线的符合性	排污口X1、X2、X3位于海洋生态红线保护区外,污水排放混合区范围很小,不会影响到周边的海洋生态红线保护区,符合要求		
与福建省近岸海域环境功能区划的符合性	排污口X1、X2、X3位于厦门东部海域二类区(FJ112-B-Ⅱ)内,主导功能为新鲜海水供应、旅游、航运、厦门文昌鱼保护、渔业用水,辅助功能为浴场、纳污,近远期执行二类水质标准。符合要求		
与福建省海洋环境保护规划的符合性	排污口X1、X2、X3位于"2.2-15厦门岛东南部旅游环境保护利用区",保护海岸景观和沙滩资源,控制周边陆源污染物排放,近远期执行二类水质标准。符合要求		
与厦门珍稀海洋物种国家级自然保护区总体规划的符合性	排污口X1位于保护区外围保护地带(中华白海豚),与保护区(文昌鱼)距离588m,尾水排放污染扩散及管沟施工泥沙扩散涉及保护区(文昌鱼)的影响范围最小	排污口X2位于保护区外围保护地带(中华白海豚),与保护区(文昌鱼)距离433m,尾水排放污染扩散及管沟施工泥沙扩散涉及保护区(文昌鱼)的影响范围较小	排污口X3位于保护区外围保护地带(中华白海豚),与保护区(文昌鱼)距离341km,尾水排放污染扩散及管沟施工泥沙扩散涉及保护区(文昌鱼)的影响范围较大
综合评价	符合福建省海洋功能区划及相关规划要求,与周边开发利用活动相适宜,符合规划航道距离要求,污染物叠加扩散对文昌鱼保护区的影响最小,扩散条件一般,可作为备选排污口	符合福建省海洋功能区划及相关规划要求,与周边开发利用活动相适宜,符合规划航道距离要求,污染物叠加扩散对文昌鱼保护区的影响较小,扩散条件较好,可作为推荐排污口	符合福建省海洋功能区划及相关规划要求,与周边开发利用活动相适宜,符合规划航道距离要求,污染物叠加扩散对文昌鱼保护区的影响较大,不推荐

经综合比选,3个方案的水头损失、工程量及施工难度基本相近,方案二(X2)、三(X3)的水深条件及扩散效果相对方案一(X1)较好,从海洋环境影响程度分析,方案二(X2)施工期管道沟槽开挖产生的泥沙扩散及运营期尾水污染扩散涉及文昌鱼保护区的面积较小。因此,综合考虑排污扩散条件和海洋环境影响程度,选择方案二(X2)作为本项目的排污口。

3.2.2　管道路由比选

拟选排污口X2作为本工程排海口,按照推荐的排放点采用以下两种方案进行路由比选,如图 3-2 所示。

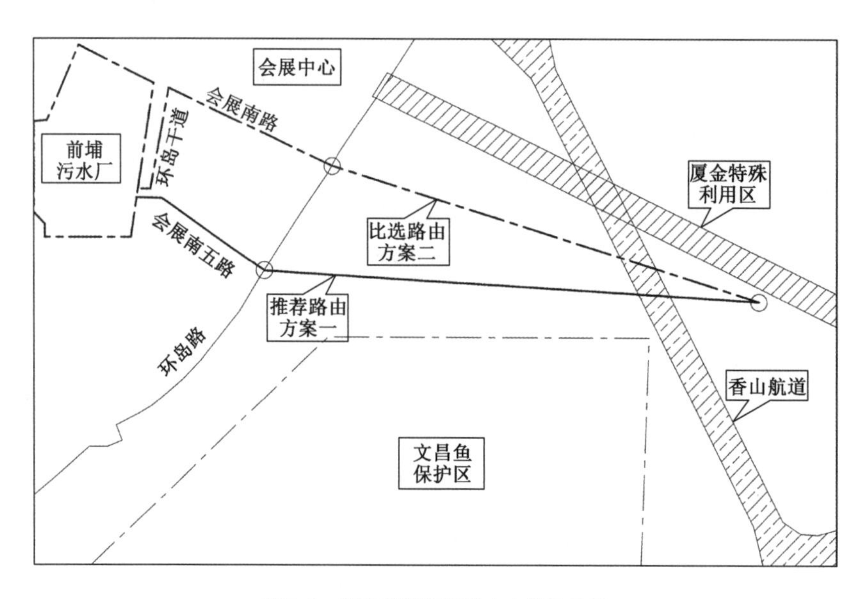

图 3-2　新建段排海管路由方案示意图

3.2.2.1　比选方案一

方案一的起点位于厂区内排水箱涵预留口，排海管道向南穿越环岛干道，沿会展南五路至环岛路下海点 A，如图 3-3a）所示。下海点 A 位于环岛干道和会展南五路交叉口东侧沙滩，临近前埔污水厂一、二期工程尾水排海管原下海点，现状为会展南路人造沙滩。管道下海后沿直线向东铺设，穿越香山游艇码头航道后至推荐排放点，如图 3-3b）所示。海域段管道所经路由无礁石分布，采用开槽铺管方式施工时，管道埋深较浅，所经地层多为淤泥质土、粉质黏土和中砂，开槽难度较小。但方案一海域段管道路由距离文昌鱼保护区距离 150m，为防止管槽开挖和回填时悬浮泥沙对文昌鱼保护区的影响，施工时采用水下防污帘进行污染防治。

a）下海点A区域位置

b）海域段路由

图 3-3　方案一路由示意图

方案一陆域管道长度约615m,海域段管道长度约为1.92km(含排放管道),排海管道总长度约2.54km。

3.2.2.2　比选方案二

方案二的起点位于厂区内排水箱涵预留口,排海管向南穿越环岛干道,沿环岛干道西侧向北至会展南路路口,继续沿会展南路向东南至下海点B。根据现有的管道分布情况,无法找到合适的管道铺设排海管道,需将辅道内通信、污水、雨水管道迁改至东侧人行道下,新建排海管道铺设于东侧及东侧辅道下,如图3-4所示。

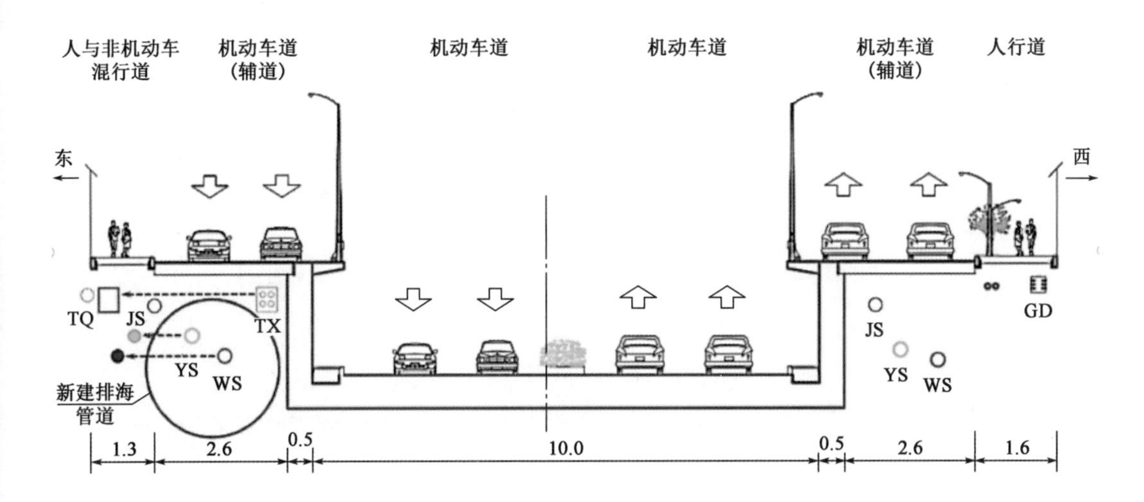

图3-4　环岛干道管位横断面示意图(尺寸单位:m)

JS-给水管线;YS-雨水管线;WS-污水管线;GD-供电管线;TQ-天然气管线;TX-通信管线

下海点B位于环岛路和会展南路交叉口东侧沙滩(图3-5)。管道下海后沿直线向东铺设,穿越香山游艇码头航道至推荐排放点。海域段管道路由距离文昌鱼保护区最小距离约250m。

a)下海点B区域位置

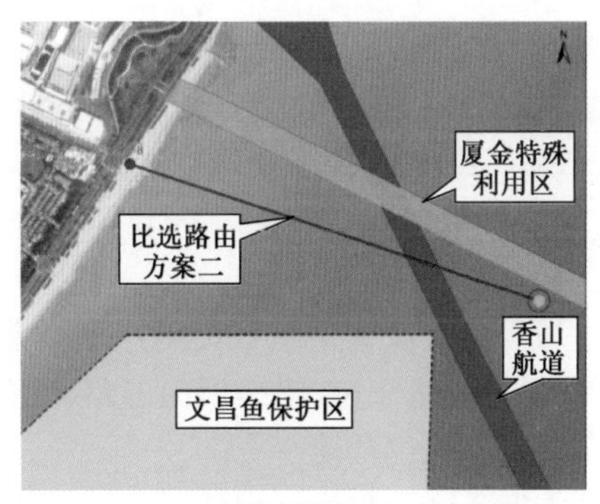

b)海域段路由

图3-5　方案二路由示意图

方案二海域段管道自下海点到排放点位直线铺设，根据周边海域的浅剖资料和海图可以看出，海域段管道所经路由无礁石分布，采用开槽铺管方式施工时，管道埋深较浅，所经地层多为淤泥质土、粉质黏土和中砂，开槽难度较小。方案二海域段管道路由距离文昌鱼保护区距离250m，为避免施工过程中悬浮泥沙对文昌鱼保护区造成破坏，施工过程中采用水下防污帘进行污染防止。

方案二陆域段管道长度约1.15km，海域段管道长度约为1.72km，排放管总长度2.87km。

3.2.2.3 比选结果

新建段排海管道路由两个方案对比见表3-2。

路由方案比选表　　表3-2

路由方案	路由方案一	路由方案二
陆域管道可实施性	管道路由管位充裕，具备实施条件，施工难度较小	管道路由现状市政管道复杂，无可用管位，需要对现有管道进行全线搬迁，施工难度大，工期长
下海点	下海点距离会展中心距离较远，施工期间对会展中心周边景观影响较小	下海点位于会展中心正对面，对会展周边的景观影响严重
海域管道	海域管道路由地质较好，利于施工，但管位距离文昌鱼保护区仅有150m，施工期间需要采取防污染措施	管道路由距离文昌与保护区约250m，但施工期间仍可能对文昌鱼保护区造成影响，需要采取保护措施
整体管道	整体管道长度较短，水头损失小，有利于污水厂尾水排放	整体管道长度较长，水头损失略大，需要更高的排放水头，较为耗能
对周边海洋开发的影响	管道穿越香山航道，施工期间需取得相关单位的同意； 管道距离厦金特殊利用区较远，有利于厦金利用区的开发	管道穿越香山航道，施工期间需取得相关单位的同意； 管道距离厦金特殊利用区较近，不利于厦金特殊利用区的开发

综上，考虑到预选海域之间的海洋开发现状及陆域管道路由和下海点周边情况，根据本项目附近区划规划，最终确定方案一作为排海管的推荐路由，其中陆域路由长度615m，海域部分路由长度为1910m(含排放管90m)。

3.2.3 陆域段设计方案

陆域部分放流管采用DN2800钢管，起点位于前埔污水处理厂出水箱涵向东穿越现状厂区围墙，横穿环岛干道，沿会展南五路北侧人行道向东南方向铺设至环岛路路口登陆点，下海点位于环岛路东侧沙滩。

本方案管道全程位于现状道路内，管道需要穿越环岛干道和环岛路，受现有市政管道限制，不具备开挖条件按，因此，穿越此两处路口采用顶管施工，其余会展南五路段管道采用开槽埋管施工。顶管施工需要设置3座顶管工作井/接收井，如图3-6所示。

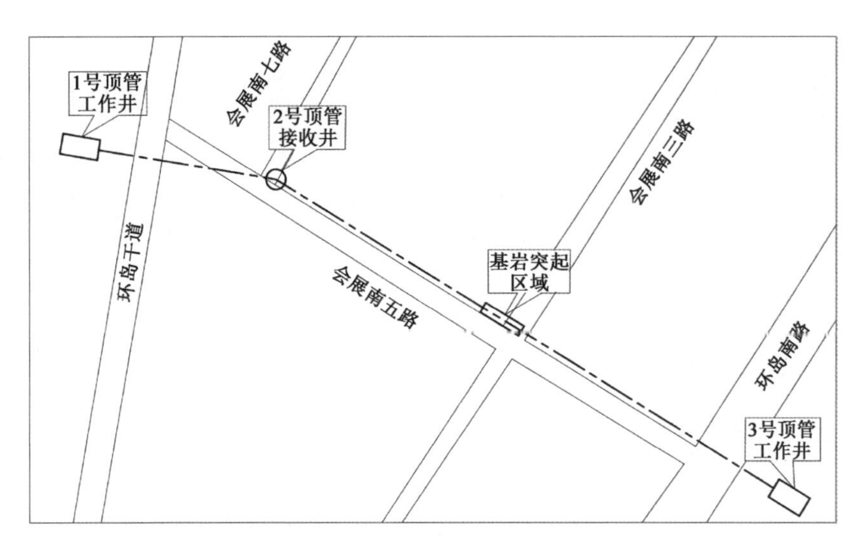

图3-6 顶管井布置示意图

1 号顶管工作井位于前埔污水处理厂红线内,作为穿越环岛干道顶管起始井;2 号顶管接收井位于会展南七路和会展南五路交叉口,作为穿越环岛干道顶管接收井;3 号顶管接收井位于会展南五路与环岛路交叉口东侧,利用工作井支护对现状护岸和抛石层基础进行拆除,同时作为穿越环岛南路顶管工作井。

受市政管道高程限制,顶管施工高程无法避让会展南三路微风化岩层,采用支护开挖的方式,对 BK0 +340 处微风化孤石进行拆除,确保顶管施工顺利进行。

3.2.4 海域段设计方案

新建排海管道工程海域段是自陆域段管道登陆点至排放点,由放流管、扩散管、上升管及喷口四部分组成,如图 3-7 所示。

新建段排海管建设后,结合原有 DN1600 排海管,实现双管排放,在双管排放条件下,远期高峰时 DN1600 和 DN2800 管道流量分别为 2.149m^3/s 及 6.532m^3/s。

(1)放流管

本工程选择 1 根 DN2800 的排海管。放流管及扩散管的埋深取决于该处海底的稳定和冲刷深度以及地质条件。采用铺管船(BK0 +000 ~ BK1 +380)结合沉管(BK1 +380 ~ BK1 +820)施工的方式,管道平均埋设深度 7.5m。放流管部分长度 1820m,高峰时管内流速 v =0.99m/s,满足自净流速要求。

(2)扩散管

扩散管越长,排放口近场稀释效果越好。但扩散管越长,工程造价也越高,同时也受到航道的制约。本工程排放管长度为 90m。

(3)上升管

上升管:排放管扩散段上设置 7 根 DN800 的上升管,上升管间距为 15m。上升管与排放管的面积比一般为 0.6 ~0.7。高峰时新建排海管流量为 6.09m^3/s,单根上升管管内流量约为 0.87m^3/s,上升管管内流速 v =1.73m/s,上升管流速为放流管流速 1.7 倍。

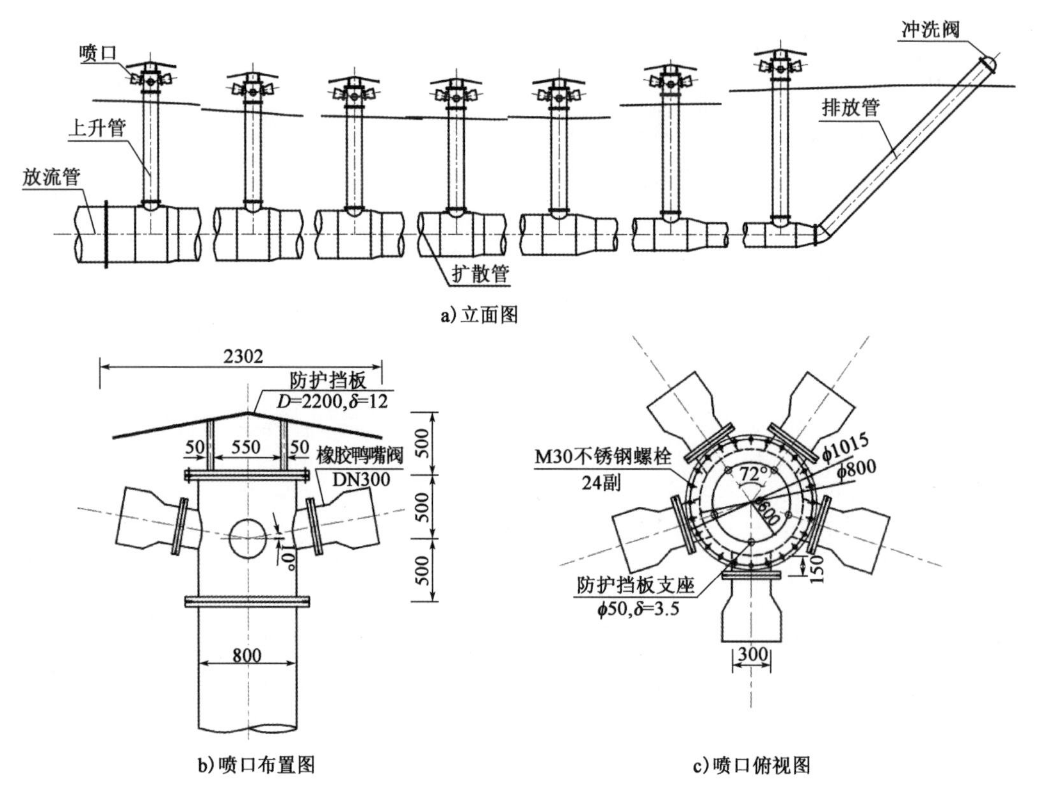

图3-7 排海管道大样图(尺寸单位:mm)

(4)喷口

在每根上升管端部设置5个DN300喷口,在既定设计流量下,喷口总面积决定了喷口流速的大小。喷口射流速度直接影响到污水从喷口射流后的一段距离的近场稀释及防止漂浮物靠近喷口效果。喷口总面积控制在放流管截面积的60%~70%以内。在污水海洋处置工程中,为取得较高的初始射流稀释度,使扩散段上的初始稀释度分布均匀,一般要求根据排放量的变化排放管喷口流速为1.5~3.0m/s。本工程高峰排水量为6.09m^3/s,单个喷口流量为0.145m^3/s,喷口处流速为2.95m/s,满足喷口流速要求。为运营期的航行安全和保护喷头,上升管露出海床部分采用柔性喷头。

喷口采用仰角射流。为了尽可能提高初始稀释效果,又不致使羽流过快地接触到海床或过早冒出水面,取喷口与水平面仰角10°。

为防止喷口被海洋生物入侵和泥沙淤埋,在喷口处设置止回阀,止回阀的功能是根据流量和水头的大小自动控制阀门的开启面积以达到一定的流速。

3.2.5 管道防腐和阴极保护

(1)管道防腐

①海域段排海管内防腐:采用无溶剂环氧防腐涂料,厚度≥600μm,生产加工工艺采用自动高压无气喷涂一次成膜。环氧防腐涂料固体含量在98%以上,属重防腐蚀性涂料,涂层附着力≥5.5MPa,耐盐雾性(400h)<2。

②海域段排海管外防腐：采用加强级三层挤压聚乙烯层，即底涂环氟粉末、中间层胶黏剂、面层高密度聚乙烯防护层，防护层应满足《埋地钢质管道聚乙烯防腐层》(GB/T 23257—2017)要求，补口应采用环氧底漆/辐射交联聚乙烯热收缩带三层结构。

(2)阴极保护

排海管采用牺牲阳极法阴极保护，保护年限50年，阳极采用铝-锌-铟系合金，等间距布置，一字布置焊接于钢管外壁。延伸管段牺牲阳极材料见表3-3。

延伸管段牺牲阳极材料表　　表3-3

项目	阳极块总数(块)	阳极块规格(mm)	备注
参数	390	1500×(148+178)×170	净质量114kg，毛质量120kg

阳极块安装示意如图3-8所示。

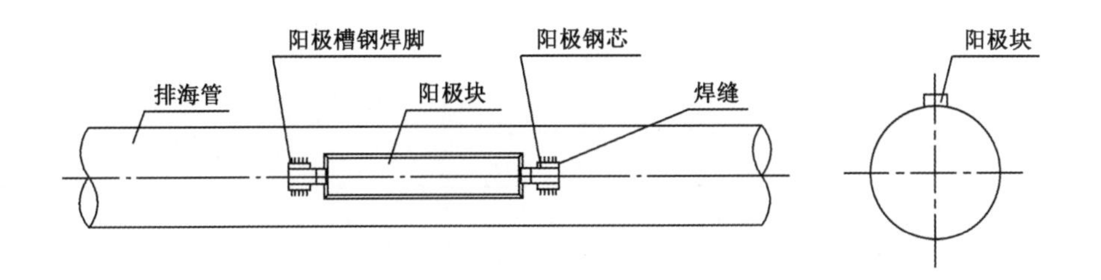

图3-8　阳极块安装示意图

3.3 排海管道施工方案

3.3.1 施工方案比选

3.3.1.1 陆域段施工方案比选

本工程陆域段管道起点位于前埔污水处理厂排水箱涵，终点位于会展南路南侧沙滩，管道全长约为615m。根据前述路由比选，管道路由穿越环岛干道，沿会展南路五路铺设，穿越环岛路至下海点。考虑到环岛干道属于城市快速路，日常车流量较大，且会展南五路与环岛干道路口下方市政管道复杂，管径较大、埋深较深，开挖施工对城市交通影响极大，同时穿越现状市政管道难度极大，如图3-9所示。因此，考虑穿越环岛干道路口采用顶管施工。因此，本项目仅对会展南五路段管道进行开挖、顶管施工方案对比。

根据比选结果，开槽方案工程造价较高，并且由于大量的管道迁改造成实际施工准备周期较长，同时大面积开挖对景观、交通影响较大。因此陆域段管道推荐采用顶管方案进行施工，见表3-4。

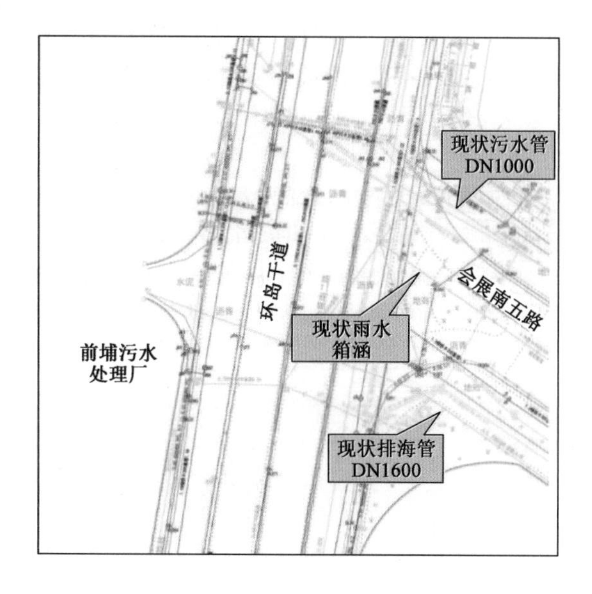

图 3-9　会展南五路—环岛干道路口地下管线情况示意图

陆域段施工方案比选表

表 3-4

序　号	项　目	顶管方案	开槽埋管方案
1	是否穿越微风化岩层	是	否
2	不可控因素	穿越微风化岩层，可能存在孤石分布	顶管段存在不确定因素，开槽埋管段较为可靠
3	交通影响	影响局部车辆和人流通行	围挡范围较大，对车辆和人流通行影响较大
4	工程造价	较低	较高
5	施工周期	作业面较为单一，施工周期受限于会展南五路顶管进度	可多作业面同时展开，有效缩短工期；但管线迁改工作周期长，且需分两期迁改
6	施工难度	岩层顶管对施工单位和施工机械要求较高，施工难度较大	不涉及岩石顶管，开槽埋管施工难度较小；但管道保护量较多，存在风险

顶进分为两段，长度分别约 132m 和 442m，采用焊接钢管顶管施工工艺；设置顶管工作井 2 座及接收井 1 座，其中 1 号顶管工作井规格为宽度(B)×高度(H)=10.45m×4.70m，井底设计高程为 -4.50m；3 号顶管工作井规格为 $B \times H$=14.50m×5.60m，井底设计高程为 -7.94m；2 号顶管工作井规格为直径 9m，井底设计高程为 -4.43m。1 号工作井至 2 号工作井设计坡度为 1‰，3 号工作井至 2 号工作井设计坡度为 7.45‰，3 座井均采用明挖施工，基坑采用排桩支护。工程顶管工作井位置如图 3-10 所示。

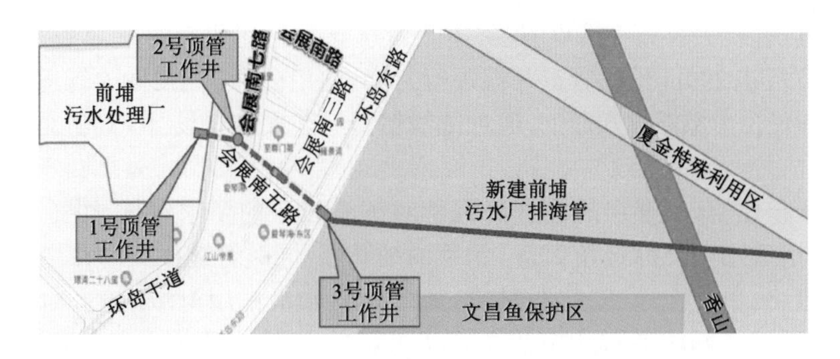

图3-10　前埔污水处理厂污水排海工程顶管工作井平面布置

3.3.1.2　海域段施工方案比选

鉴于原路由与新路由距离很近，新路由很可能也存在中风化岩层；同时由于厦门地区孤石分布广泛，岩土工程详勘报告也提到，不排除孤石存在的可能。如果在新路由也采取顶管施工工艺并一次性顶进的话，施工过程不确定因素很多，如遇障碍，清障措施对周边海域的影响同样很严重。因此，新路由采用开槽浅埋的方式施工。为减缓施工期悬浮泥沙对文昌鱼保护区核心区的影响，对水深3m以上（理论最低潮面）的管道开挖范围采用4m^3抓斗挖泥船进行施工，对水深3m以下的管道开挖范围采用8m^3抓斗挖泥船进行施工。

本工程海域段管道选择铺管船法和拖管法进行比选，见表3-5。

铺管船法和拖管法方案比选表　　表3-5

序　号	项　目	铺管船法方案	拖管法方案
1	作业方式	铺管船上拼装，边铺设边前进	陆上（岸边）加工，漂浮至地点沉放
2	管道下水	在船上各焊接站焊接，经检验后从尾部托管架下水	选择有利的地形、岸滩制作加工管段，然后顺坡或设置滑道漂浮下水
3	作业条件	海上作业条件与铺管船的性能有关，普通铺管船遇有大风浪或特殊情况难以中断作业	浮运、拖运、沉放过程中都受到海上气象、海况条件等限制，中断作业往往会带来较大损失
4	使用设备	有一艘铺管船及其船队，运送单节管或双节管的码头和制管场地	采用焊接驳船在海上连接各管段，在浮运、拖航、沉放过程中需要较多的监护、联络、控制船
5	管道的重量调节	多数是靠托管架来调节管道入水角和入水以前在管道上施加的预张力，用以改善管道下水铺设时的受力状态	为了控制管道下沉的顺序和速度，改善下沉过程中管道的受力情况和减少管道变形，需要调节管道浮力或负浮力
6	适用条件及范围	适用于离岸较远的长距离管道，在海上适应性较好	小规模的管道工程，比较经济；适用于海面平静、风浪较小的海域
7	铺设长度	适用于管道长、水深适宜、与岸不相连的管道	一般每根管段以300～1000m长为宜，然后在海面驳船上对焊连接，一般越短越有利
8	工期与造价	铺管速度比较快，但应用铺管船费用高	对于短管道，当地条件适合时，在工期、造价方面都比较有利
9	防水性能	管节采用焊接连接，整体密闭性好	管道如采用分次下沉，水下连接困难，密闭性差

根据离岸近、管径大等施工特点，最终本工程选择采用优化后的拖管法方案，改进之处为利用封堵的盲板将290m长的管道两端进行封堵，利用公称直径2.8m管道自身的排水浮力不借助浮箱即可自由漂浮在水面上，通过抛锚艇拖运至安装现场，由3艘350t起重船进行安装。

与铺管船法相比，自然漂浮的拖管法沉管对沉管设备的要求较低，可采用现有市面设备，无须专门改造适用于公称直径2.8m钢管的铺管船；同时管道接头均在岸上焊接完成更能保证管道质量；且单节拖运、安装耗时短，大大减少船机占用海域时间，利于该海域通航安全，海洋生态环境。同时通过水下法兰连接及接头包封处理技术能保证水下管道连接质量。

3.3.2 海上段沉管工程概况

3.3.2.1 拖运可行性分析

海域段管道自下海点至排放点，路径长度约1907m。由于管道拼接及出运地点在香山游艇码头北侧沙滩沿岸海域，而管道沉放位置在刘五店航道以西香山游艇码头以南海域，因此需要将管道拖运至沉放区域进行安装，拖运方案如图3-11所示。

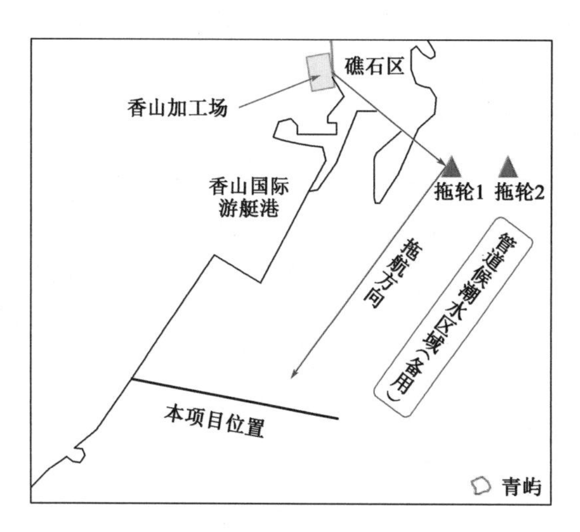

图3-11 管道拖运方案

本项目管道公称直径达2.8m，远超目前世界上所有铺管船的能力范围，且安装区域水深较浅，因此只能采取拖管法进行安装运输。管道拖运一般有两种方式：一是干拖，即采用驳船进行管道运输；二是湿拖，即采用拖管法进行湿式运输。

第一种方式：干拖。采用驳船进行干拖运输管道对装船地点要求高。管道拼接及出运地点在沙滩沿岸，此处场地开阔，适于进行拼接作业，但是靠近海域处水深较浅，若考虑采用驳船进行管道运输，则需启用起重船资源。起重船一般吃水较大，吊装作业必须在涨潮后才能进行，施工间隙较短，作业风险较大。

第二种方式：湿施。采用拖管法进行湿式运输，根据前述四种拖管法的介绍，可以看出浮拖法是最为简单的作业方法。本项目管道直径较大,壁厚较薄,若管道两端封闭,管道即可自由悬浮在水中,为浮拖法的实施提供了自然的便利条件。如果浮拖法能够实现的话,其他三种方法也能实现,因为其他三种方法均是通过在管道上添加配重链、浮筒等设备来保证管道位于可控的区域来进行运输。

浮拖法相比于其他三种方法,技术和设备要求最低,仅对海况要求较高。

3.3.2.2 拖运施工方案

初步确定的施工方案如下:首先需要在陆上预制场地将管道连接成一定长度的管段,然后对管道进行表面处理,涂上涂刷防腐层和焊接阳极块,选择一个合适的海况条件拖拉至目标海域。整个浮拖过程需要在复杂的风浪和海流作用下保证管道的安全,除了首端主拖轮外,还应在尾端配备一条尾拖轮,为管道提供一定的张力,控制管道的漂移和变形。此外,还应当配备一定数目的辅助拖轮,以防止管道在海流和波浪侵袭下发生偏移或过大变形。

(1)管道拼接

本项目中,管道在香山加工场地上由 11.6m 长的管节拼接成长度 290m 管道。管道拼接在专门搭建的钢平台上进行施工。管道接长到设定长度后经检测、补涂防腐后用盲板封堵管道两端合使其密封,再由液压油顶顶升焊管平台,使管道在重力作用下沿滑道滚动下水,下水选择涨潮水位在 4.5m(潮位)时进行。

(2)管道拖运

管道下水后,由抛锚艇将管道拖运至 150m 外深水区域交至拖轮,由拖轮将管道拖出深水区,并完成拖轮编队。本项目管道拖运采用两艘拖轮和两艘抛锚艇“秦航工 57 号”组成拖运编队,如图 3-12 所示。

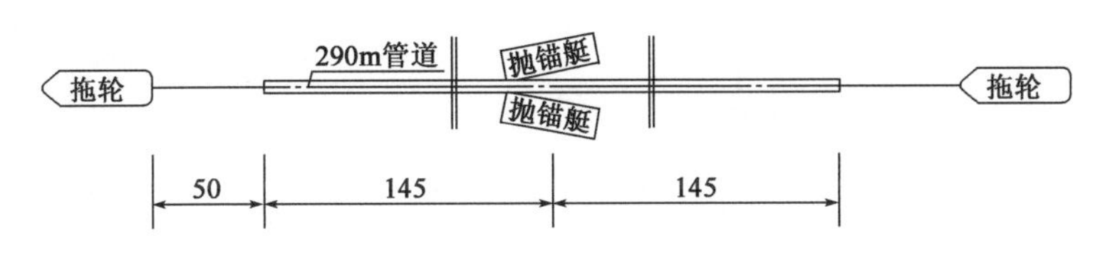

图 3-12 管道拖运示意图(尺寸单位:m)

(3)施工船舶资源

施工拟投入的船舶资源见表 3-6,拖轮采用“三航拖 2003”,具体参数见表 3-7;抛锚艇采用“秦航工 57 号”,具体参数见表 3-8。

施工拟投入的船舶资源 表 3-6

序号	船机设备名称	规　　格	单位	数量	使用部位或功能
1	拖轮	1670kW	艘	1	起重船、管道拖带
2	全回转拖轮	900kW	艘	1	起重船、管道拖带
3	抛锚艇	1500hp	艘	2	协助起重船、挖泥船起抛锚,管道拖带、压重块安装、混凝土包封

注:1hp = 745.7W。

"三航拖 2003 号"拖轮主要参数表　　表 3-7

参数	总长(m)	船长(m)	船宽(m)	型深(m)	空载吃水深度(m)	满载吃水深度(m)	主机额定功率(kW)
数值	37.3	32.00	10	4.5	2.8	3.5	809

"秦航工 57 号"抛锚艇主要参数表　　表 3-8

参数	总长(m)	船长(m)	船宽(m)	型深(m)	空载吃水深度(m)	满载吃水深度(m)	主机额定功率(kW)
数值	30.8	28.8	8.6	2.6	—	1.5	227

3.3.2.3 沉管施工方案

由于钢管长度为 290m，根据管道的长度、起重船性能及钢管的特性，拟采用双抬吊的主方法进行施工。本工程管道沉放采用 2 艘 350t 起重船。起重船吊装如图 3-13 和图 3-14 所示。

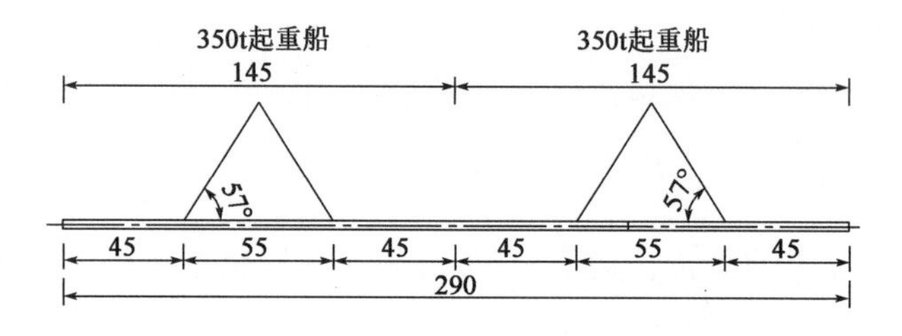

图 3-13　起重船吊装示意图(正面)(尺寸单位:m)

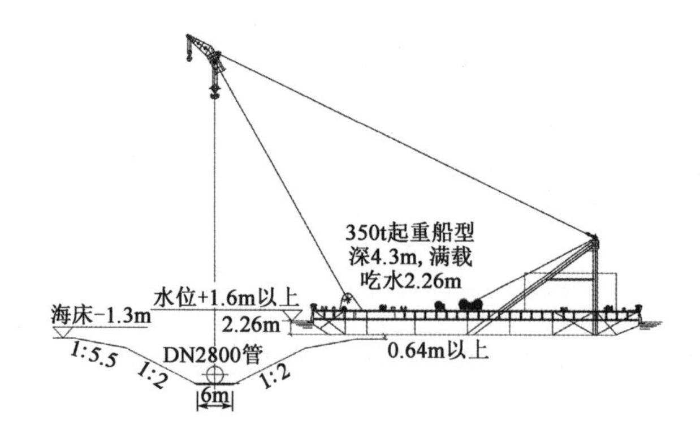

图 3-14　起重船吊装示意图(侧面)

(1)管道起吊

管道由两只吊钩起吊，每个吊点处由 2 根钢丝绳受力，钢丝绳与钢管夹角约 60°，吊绳示意图如图 3-15 所示。

挂钩完成后，再次检查钢丝绳吊点位置，在确认无误后两船将管道吊离水面约 0.5m。

在起吊过程时，由一名起重指挥负责指挥两船同时起吊，起吊时通过起重船重量显示器显示的设定重量调整各起重船吊重及吊重分配。

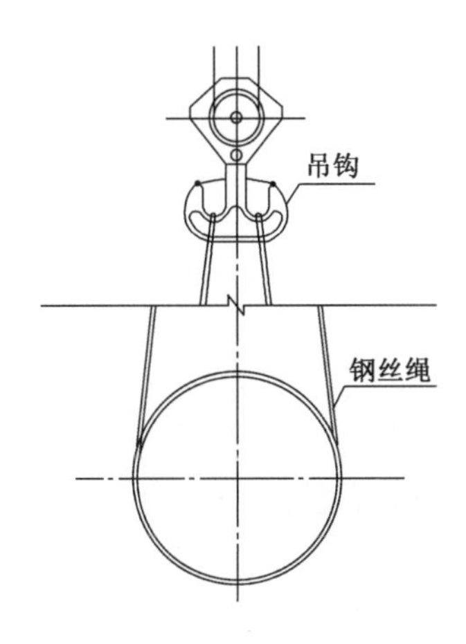

图 3-15 吊绳示意图

其后将抛锚艇停靠到管道端部，由抛锚艇小吊杆下的吊钩吊住盲板上预留的耳板，人工拆下盲板与法兰的连接螺栓，将封堵管道的盲板拆下后吊到起重船甲板上放置。

(2)管道注水

管道安装前，在管道两端系上测量绳，分别用机动艇拉住，以便随时测量管道入水深度。所有准备工作完成后，由测量人员再次测量管道端头位置，同时将管道靠到定位桩侧，当轴线及起点位置复测无误后开始沉管作业。

由一名经验丰富的起重工指挥两船进行沉放作业。

两船同时缓慢下钩使管底入水约 20cm，管道缓慢进水，当管口两端不向管内进水时再次松放 20cm，再次使管道进水。通过多次反复操作，将管道内完全注入海水，管内空气全部排出后将管道调平。

(3)管道下放

水流较缓时，测量人员再次检查管道端头位置及轴线，在确认无误时两船同时松放管。

管道松放时，指挥人员根据管道两端测量的入水深度指挥两船的松放速度，通过调整两船的松放速度，使管道两端高差小于 300mm，最后将管道沉入到基槽垫层上。

管道沉到基床后，由潜水员探摸管道是否贴靠在定位桩上，如有误差时移动管道，使管道贴靠定位桩，然后复测管道里程、高程，在确认无误后拆除钢丝，进入下一根管道安装单元。

(4)施工船舶资源

施工拟投入 2 艘 350t“秦航工 36 号”起重船，用于管道安装、沉拔定位桩。

“秦航工 36 号”为变幅式不旋转臂架式起重船，最大起重能力 350t，可座底海滩，主要参数见表 3-9。

“秦航工 36 号”主要参数 表 3-9

参数	总长(m)	船长(m)	船宽(m)	型深(m)	空载吃水深度(m)	满载吃水深度(m)
数值	91.82	60	20.4	4.3	1.9	2.26

3.4 本章小结

(1)通过对排放口进行三个方案的比选认为,方案二施工期管道沟槽开挖产生的泥沙扩散及运营期尾水污染扩散涉及文昌鱼保护区的面积较小,选择方案二(X2)作为本项目的排污口。

(2)通过对两个管道路由方面的比选,考虑到预选海域之间的海洋开发现状及陆域管道路由和下海点周边情况,根据本项目附近区划规划,最终确定方案一作为排海管的推荐路由,其中陆域路由长度615m,海域部分路由长度为1910m(含排放管90m)。

(3)陆域段管道全程位于现状道路内,管道需要穿越环岛干道和环岛路,受现有市政管道限制,不具备开挖条件按,因此,穿越此两处路口采用顶管施工,并设置3座顶管工作井/接收井。

(4)管道防腐采用内防腐和外防腐方式,构筑物内外防腐为环氧煤沥青一底三面;排海管采用牺牲阳极法阴极保护,保护年限50年,阳极采用铝-锌-铟系合金阳极,等间距布置,一字布置焊接于钢管外壁。

(5)海域段采用铺管船和沉管的施工方式。拖运施工包括管道拼装、管道拖运、沉管施工包括管道起吊、注水、下放等过程。

第 2 篇
陆域顶管施工

第4章
CHAPTER 4

临海区域顶管工作井基坑支护与防水技术

污水排海管一般分为陆域段和海域段，陆域段一般采用顶管施工。顶管施工过程复杂，为顶进设备提供一个有效、可靠的工作空间，需要施工顶管工作井。顶管工作井深度较深，一般需要开挖深基坑，且结构空间性强，受力更为复杂。本次研究对象为污水排海管顶管的基坑，由于邻近海边，地质条件较为复杂，尤其是对高透水性地层，基坑的防渗及稳定性提出更高的要求。

本章基于厦门前埔污水处理厂排海管工程，建立顶管部分的工作井基坑与明挖暗埋部分的管沟基坑三维数值模型，分析基坑在开挖过程基坑的围护桩内力及变形、周边土体的应力及变形；分析将顶管工作井与明挖部分中隔墙中间开洞过程中，基坑围护结构的变形和受力影响，并结合工程现场实测的数据分析基坑的力学效应；分析顶管顶推力作用下，反力墙后土体压力的动态变化规律；再进一步对影响反力墙受力及变形的各因素展开分析；最后，结合工程现场实测分析，总结出一些对后续类似大直径顶管施工的结论。

4.1 工作井基坑支护与防水设计

4.1.1 工作井基坑支护与防水方案

4.1.1.1 1号顶管工作井

1号顶管工作井采用灌注桩围护结构，采用直径1000mm、间距1150mm（ϕ1000mm@1150mm）灌注桩，其中顶管穿越洞口位置采用玻璃纤维筋；灌注桩内侧挂网喷射60mm厚C20混凝土，钢筋网片规格为单层直径8mm的HPB300级钢筋、横向间距200mm、纵向间距200mm（ϕ8mm@200mm×200mm），固定钢筋网片土钉采用C22螺纹钢，长度1.5m、横向间距1.15m、纵向间距1.5m（L=1.5m@1.15m×1.5m）；外围采用ϕ800mm@500mm单排旋喷桩施作止水帷幕，灌注桩间补打旋喷桩，冠梁采用尺寸1400mm×800mm（宽度×高度）的钢筋混凝土，腰梁采用双拼H型钢，型钢高度700mm、宽度300mm、腹板厚度13mm、翼缘厚度24mm（H700mm×300mm×13mm×24mm）的钢围檩，共3道钢腰梁，腰梁四个角落采用双拼H700mm×300mm×13mm×24mm型钢支撑。

1号顶管工作井基坑内净尺寸为11.65m×5.9m×14.13m（长度×宽度×高度），顶管施工结束后利用原有内衬主体施工成钢筋混凝土汇流井，汇流井内净尺寸为10.45m×4.7m×

13.88m;混凝土壁厚600mm,底板厚650mm。1号工作井支撑平面图如图4-1a)所示,剖面图如图4-1b)所示。

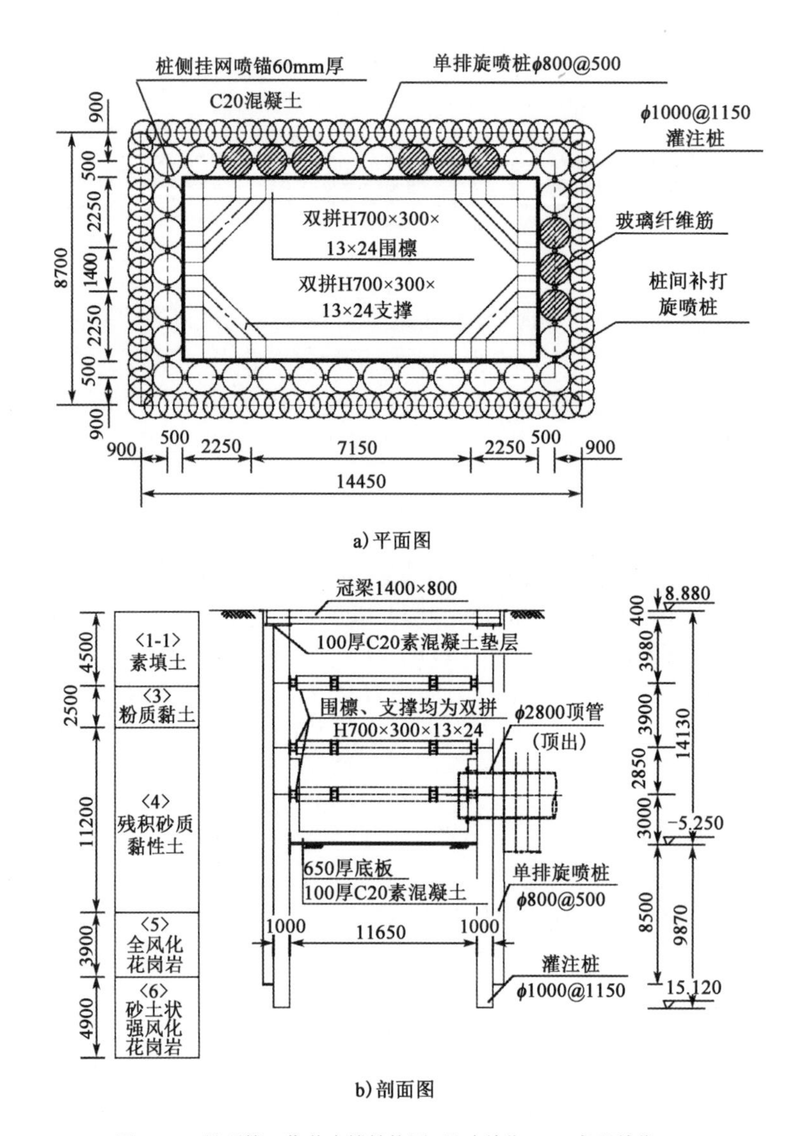

图4-1 1号顶管工作井支撑结构图(尺寸单位:mm;高程单位:m)

4.1.1.2 2号顶管接收井

围护结构形式同1号顶管工作井,冠梁采用1400mm×800mm钢筋混凝土,内支撑采用1000mm×800mm钢筋混凝土环梁,共2道钢筋混凝土环梁。

2号顶管接收井基坑内径9.0m,深度13.24m,底板采用600mm厚素混凝土。施工完毕后,回填恢复路面。2号顶管接收井支撑平面图如图4-2a)所示;剖面图如图4-2b)所示。

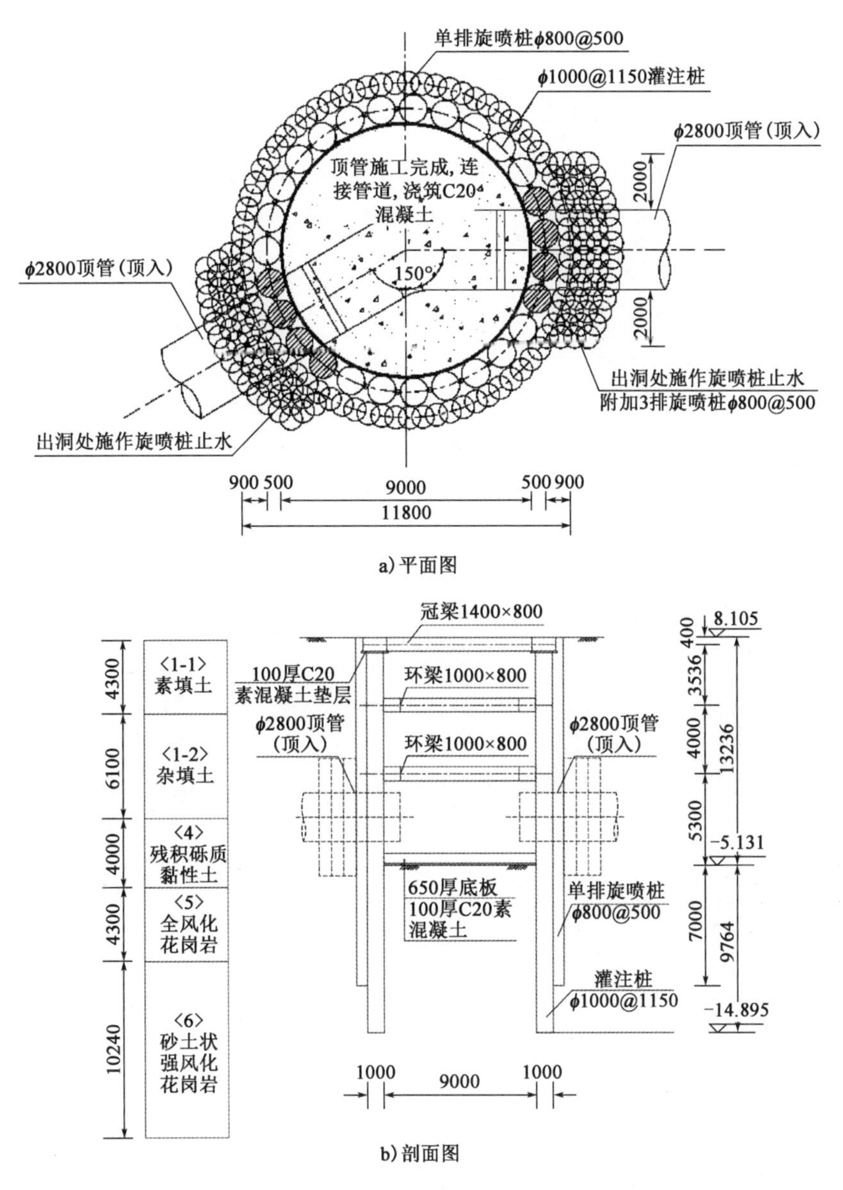

图4-2 2号顶管接收井支撑结构图(尺寸单位:mm;高程单位:m)

4.1.1.3 3号顶管工作井

3号顶管工作井采用φ1000mm@750mm咬合桩围护结构,素混凝土桩桩长24m,配筋桩桩长28m,其中顶管穿越洞口位置钢筋混凝土桩采用玻璃纤维筋。冠梁采用1400mm×800mm钢筋混凝土,腰梁采用双拼H900mm×300mm×16mm×28mm钢围檩,共3道钢腰梁,冠梁、腰梁四个角落采用双拼H700mm×300mm×13mm×24mm支撑。3号顶管工作井基坑内净尺寸15.5m×6.2m×14.05m,底板混凝土厚度600mm。施工完毕后,回填恢复驳岸。3号工作井支撑平面图如图4-3a)所示,剖面图如图4-3b)所示。

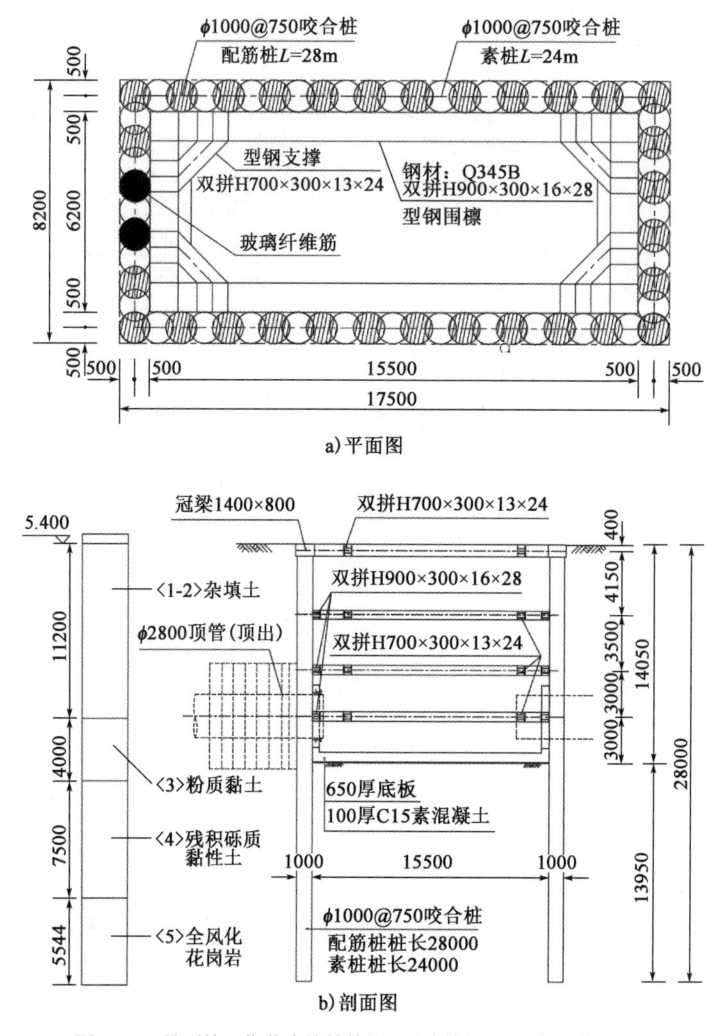

图4-3　3号顶管工作井支撑结构图(尺寸单位:mm;高程单位:m)

4.1.1.4　沙滩围堰段深基坑

沙滩围堰段深基坑采用咬合桩围护结构,φ1000mm@750mm咬合桩,素混凝土桩桩长22m,配筋桩桩长26m;工作井冠梁采用1400mm×800mm钢筋混凝土,腰梁采用双拼H500mm×300mm×11mm×18mm钢围檩,共3道钢腰梁,冠梁、腰梁采用双拼H500mm×300mm×11mm×18mm支撑。沙滩围堰段深基坑内宽度4.8m,深度12.8～13.3m,基坑施工完后恢复沙滩。沙滩段工作井支撑平面图如图4-4a)所示,剖面图如图4-4b)所示。

4.1.2　咬合桩施工技术

本工程咬合桩施工位于3号井及沙滩围堰段,桩径为1000mm,共计4714m咬合桩。施工前采用1台φ2000mm的套管进行清障作业,挖除底部抛石层,回填素土;清障完成后进行导墙施工,投入2台φ1000mm、360°全回旋切削机进行咬合桩施工。具体施工工艺流程如图 4-5 所示。

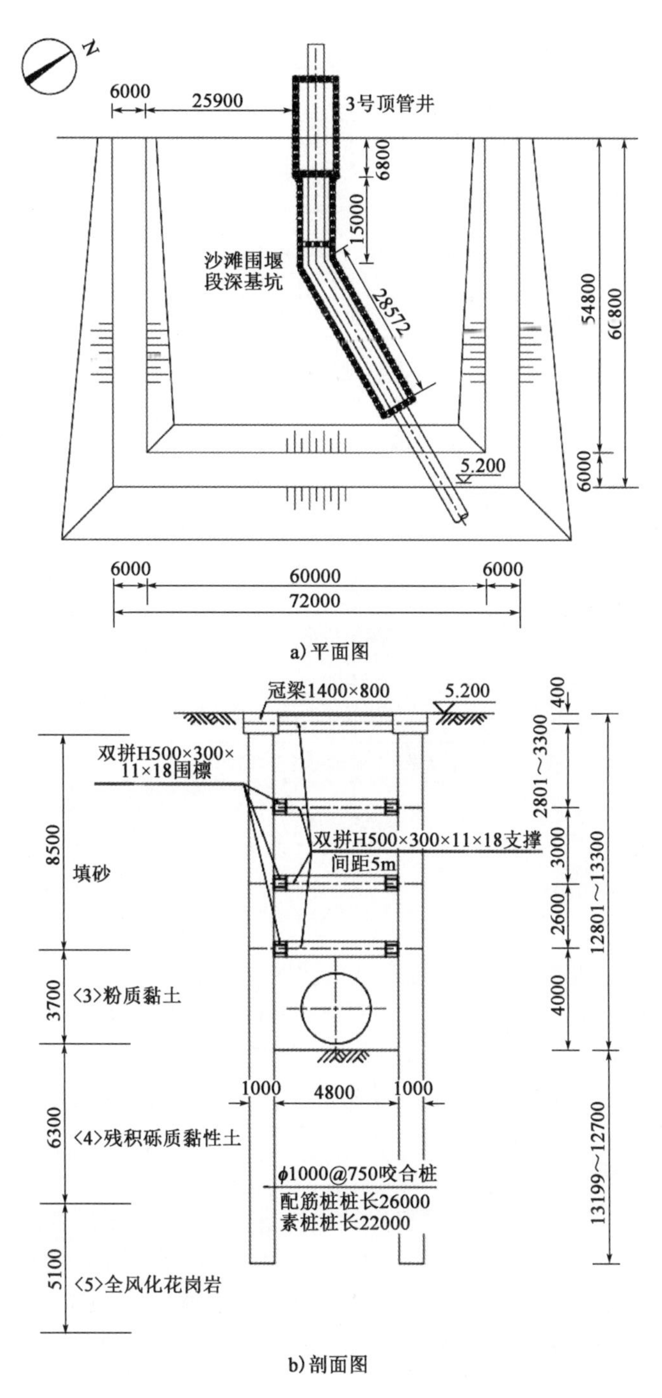

图 4-4　沙滩段深基坑支撑结构图(尺寸单位:mm;高程单位:m)

(1)清障施工

采用 360°回旋切削机,按清障平面布置图测量放样后将直径 2000mm 套管置于需清除障碍物的位置,开始旋回转往下压,采用冲锤冲碎障碍物后用抓斗清理干净,清除障碍物后桩孔回填采用普通土回填压实,拔出套管。

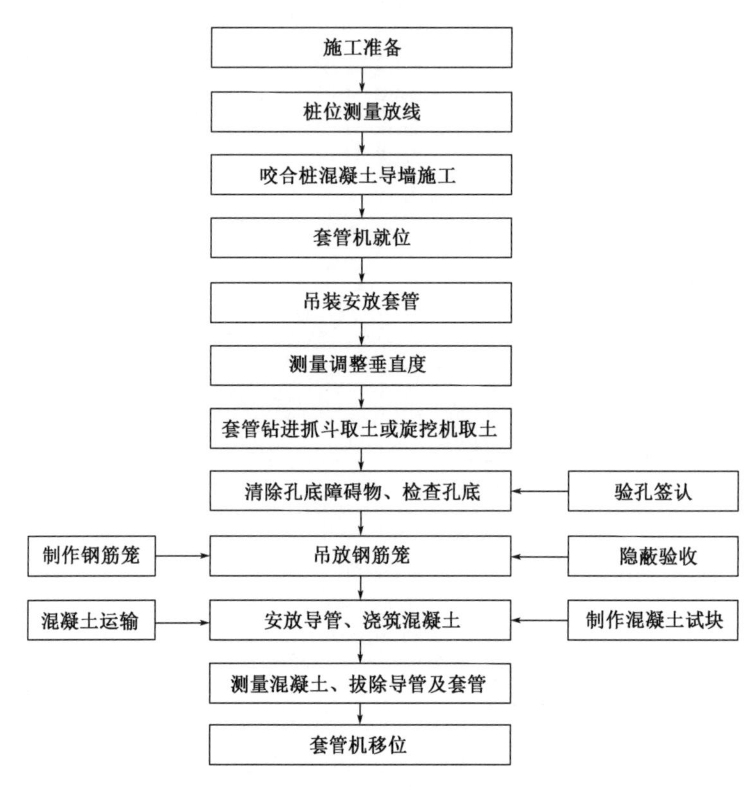

图 4-5 咬合桩施工工艺流程图

(2)导墙施工

咬合式排桩施工前,桩顶上部沿咬合式排桩两侧先作钢筋混凝土导墙,导墙采用现浇钢筋混凝土结构,混凝土强度为 C20 混凝土。导墙顶面宜高出地面 100mm。

导墙上的定位孔直径比咬合桩直径大 30mm,导墙厚度为 350mm,导墙宽度为 1.5m,导墙钢筋采用单层双向布置,钢筋级别 HRB400,直径为 10mm,纵横间距采用 150mm。

(3)咬合桩施工

①钻机就位

钻机安放前,将桩孔周边地面夯平,确保钻机机身安放平稳,钻机就位时确保钻头中心及桩位中心在同一铅垂线上,其对中误差小于 10mm 钻机就位后,测量护筒顶高程。同时填写报验单,经监理工程师对钻机的对中、钻杆垂直度检查验收合格后,方可钻进。正式钻孔前,钻机要先进行运转试验,检查钻机的稳定和机况,确保咬合桩成孔施工能连续进行。

②成孔取土

定位后,在导槽孔与钢套管之间用木塞固定,防止钢套管端头在施压时位移。吊装安放第一、第二节套管,埋设第一、第二节套管的垂直度是决定桩孔垂直度的关键,在套管压入过程中,用全站仪或测锤不断校核垂直度。当套管垂直度相差不大时,固定钻机下夹具,利用钻机上夹具来调整垂直度;当套管垂直度相差较大时,一般应拔出套管来重新埋设,有时也可将钻机前后左右移动一下使之对中。取土成孔先压入带刃尖的第一节套管（每节套管长度为8m），压入深度2.5～3m，然后用抓斗从套管内取土，一边抓土，一边下压套管，要始终保持套管底口超前于取土面且深度不小于2.5m；第一节套管全部压入土中后（地面以上要留1.5m，以便于接管）检测成孔垂直度，如不合格则进行纠偏调整，如合格则安装第二节套管。下压取土，直到设计孔底高程。

③吊装钢筋笼

钢筋笼焊接完成后，经自检合格后，报监理工程师验收。验收合格并经监理许可，才能进行钢筋笼吊装。用履带式起重机主副钩三点起吊、人工扶笼入孔、缓慢下放入孔。

④混凝土灌注

本工程咬合桩采用厂拌商品C30水下混凝土，水下混凝土法灌注施工，灌注方式采用起重机+导管系统。开始灌注混凝土时，导管应提离孔底0.5m，混凝土初灌量应确保能埋住导管2m，然后将套管搓动后提升20～30cm以确定机械上拔力是否满足要求。不能满足时，则应采用起重机辅助起吊。灌注过程中应确保混凝土高出套管端口不小于2m防止上拔过快造成断桩事故。

⑤拔管成桩

一边灌注混凝土，一边拔管，应注意始终保持套管底低于混凝土面2.5m以上。

4.1.3　反力墙加固技术

本项目需要对反力墙进行专项设计，主要通过在钢筋混凝土竖井结构墙中加强钢筋配比，同时对反力墙区域墙体加厚处理，即部分增加了墙体厚度，设计如图4-6所示。为了增加后座墙的整体刚度，在区域的钢筋混凝土后座墙竖井内侧单独增加厚度30mm的钢板。混凝土的强度等级为C40，在达到其设计强度的80%以上时才可以承受顶进力。

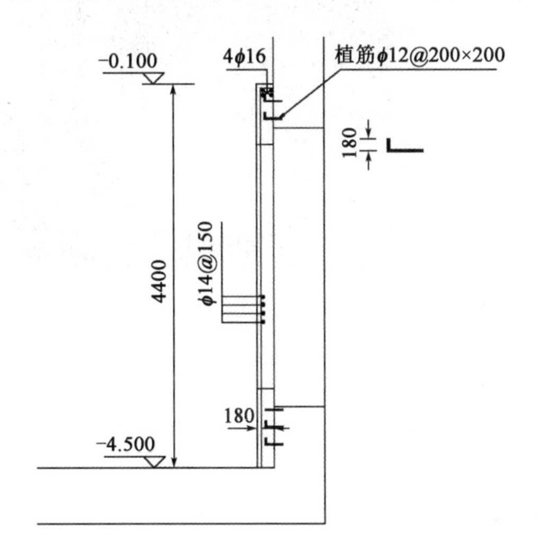

图4-6　反力墙区域墙体加厚处理（尺寸单位：mm；高程单位：m）

为满足管道顶进，在井壁设置后靠背。后靠背采用型钢结构，具有足够的刚度和强度，后靠背支撑预埋件在井壁施工时提前预埋。推进油缸支座安装在后靠背前面，直接顶在后靠背上，当后顶进油缸顶进设备及管道向前顶进一行程后（2m），缩回千斤顶，吊装下一管节放于基座上再次顶进,使顶管机向前顶进。后靠背的横向宽度应能够保证后顶进系统传递的顶力准确作用在后靠背上。为了保证顶进时后靠背稳定,用预埋钢板和型钢作为后靠背的斜支撑进行纵向加固。

在安装后靠背时,后靠背左右偏差控制在 ±10mm 以内,高程偏差控制在 ±5mm 以内,上下偏差控制在 ±10mm 以内。始发轨道水平轴线的垂直方向与后靠背的夹角 < ±2‰,顶管姿态与设计轴线竖直趋势偏差 <2‰,水平趋势偏差 < ±3‰。为确保顶管机始发姿态,基座高程控制在 0 ~ +5mm 以内,线路中心线控制在 ±5mm 以内,预抬头考虑 5mm,防止顶管机进入地层后低头,线路中心线控制在 ±5mm 以内。

4.1.4 进出洞门密封

洞口密封是为顶管在进洞时防止地层中水土外泄所用,由于洞门与顶管外径有一定的间隙,为了防止顶管机进洞时水土从该间隙中流失,在洞圈周围安装由帘布橡胶板、扇形压板等组成的密封装置,作为洞口的防水措施。本项目洞门密封采用双道橡胶帘布,橡胶板再生胶比例小于 20% ,提高洞门密封质量。

工作井施工时,在洞门处预埋了圆环板,预埋圆环板与井壁钢筋网片焊接成一整体。安装前应提前在橡胶帘布上预制螺栓孔,安装后采用 ϕ12mm 以上钢丝绳固定翻板,并通过 1.5t 手动倒链调节紧固量。安装完成的洞门密封如图 4-7 所示。

图 4-7 接收井洞门密封安装图

4.2 工作井基坑施工力学效应分析

4.2.1 数值分析模型的建立

4.2.1.1 数值模型设计

3 号工作井与沙滩段深基坑,基坑范围主要为〈1-2〉杂填土、〈3〉粉质黏土、〈4〉残积砾质黏性土、〈5〉全风化花岗岩,地下水位埋深0.5m。结合上文平面设计图及地层分布情况,建立工程地质模型,如图4-8所示。范围为长80m(*Y*轴)、宽70m(*X*轴),地层考虑深度35m,地面高程5.4m。3号工作井与沙滩段深基坑,其空间位置关系如图4-9所示。

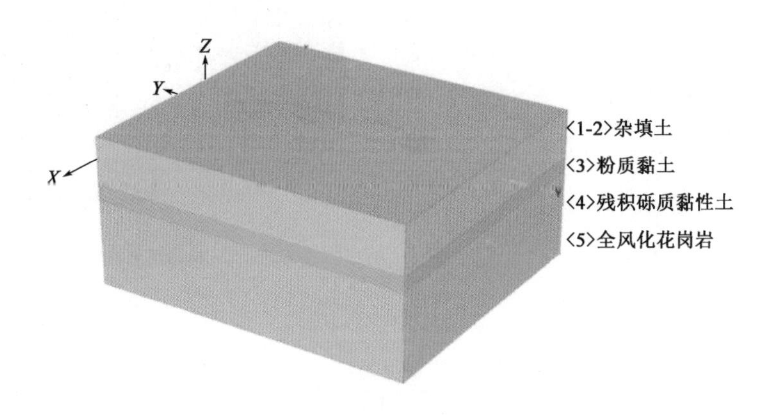

图4-8　工程地质模型(地层分布)

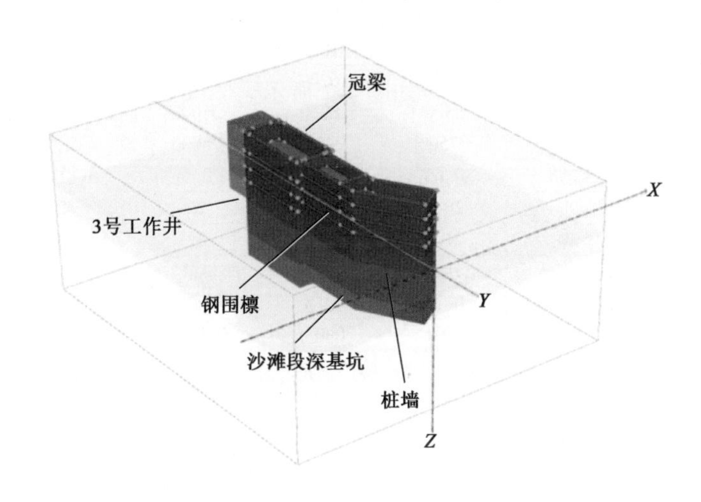

图4-9　3号工作井与沙滩段深基坑位置关系模型图

整个模型划分网格时,在基坑附近适当加密网格,共划分85914个实体单元,122452个节点,网格模型如图4-10所示。

4.2.1.2　模型参数

本工程模型中,岩土体均假定为弹塑性材料,采用基坑工程分析中得到高度认可的土体硬化模型(HS模型)模拟。HS模型作为高级本构模型,涉及的输入参数比常规的莫尔-库仑模型(MC模型)要多,除了基本的重度γ、黏聚力c、内摩擦角φ之外,还需要输入与应力路径相关的三个刚度参数E_{50}^{ref}、E_{oed}^{ref}、E_{ur}^{ref},反映刚度参数应力相关水平的指数m。结合工程勘察报告及前期研究的成果,综合确定计算参数,见表4-1、表4-2。

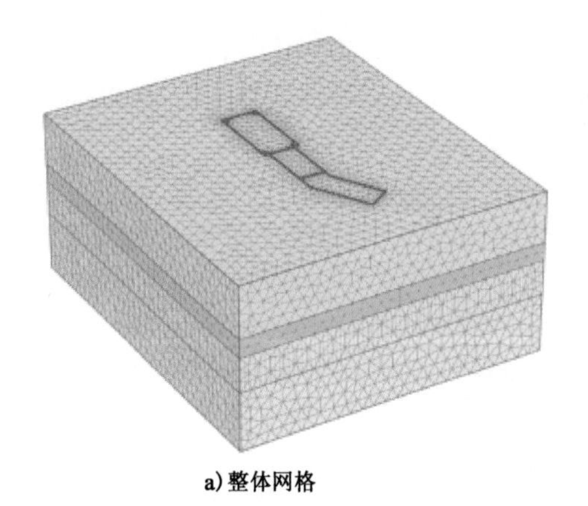

a) 整体网格

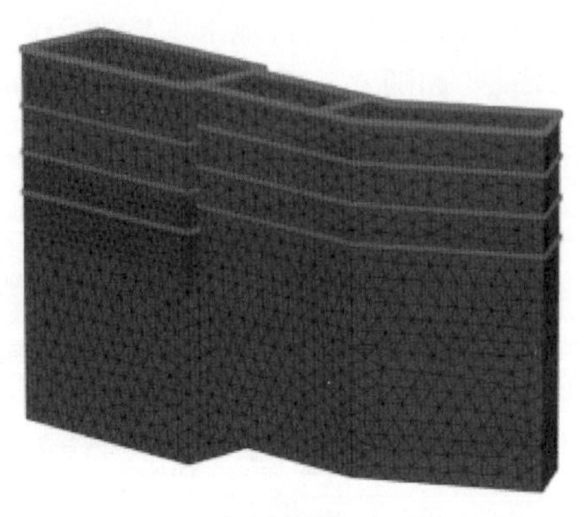

b) 内部网格

图 4-10 网格模型

岩土体物理力学参数 表 4-1

材料名称	填砂〈1-3〉	粉质黏土〈3〉	残积砾质黏性土〈4〉	全风化花岗岩〈5〉	旋喷桩	C30 混凝土
本构模型	HS 模型	HS 模型	HS 模型	HS 模型	MC 模型	线弹性模型
γ(kN/m^3)	18.5	19	18.2	20	20	18.5
E_{50}^{ref} (kN/m^2)	6000	5500	6200	25000	弹性模量 1×10^5	弹性模量 3×10^7
E_{oed}^{ref} (kN/m^2)	6000	5500	6200	25000		
E_{ur}^{ref} (kN/m^2)	24000	27500	24800	75000		
m	0.55	0.65	0.5	0.5	泊松比 0.3	泊松比 0.15
c'_{ref} (kN/m^2)	8	28.2	20.8	26	240	—
φ'	28	21.8	28.3	32	43	—
ν_{ur}	0.2	0.2	0.2	0.2	—	—
R_{inter}	0.8	0.75	0.8	1	1	1
$k_x = k_y = k_z$ (m/d)	0.5	0.0015	0.036	0.0052	0.001	—

注:表中各参数意义为:γ 为重度;E_{50}^{ref} 为三轴固结排水剪切试验的参考割线模量;E_{oed}^{ref} 为固结试验的参考切线模量;E_{ur}^{ref} 为三轴固结排水卸载-再加载试验的参考卸载再加载模量;m 为与模量应力水平相关的幂指数;c'_{ref} 为有效黏聚力;φ' 为有效内摩擦角;$\gamma_{0.7}$ 为割线剪切模量衰减为 0.7 倍的初始剪切模量 G_0 时对应的剪应变;G_0^{ref} 为小应变刚度试验的参考初始剪切模量;v_{ur} 为卸载再加载过程泊松比;R_{inter} 为界面折减系数;k_x、k_y、k_z 为渗透系数。

结构材料模型参数表 表 4-2

模型及参数	单位	咬合桩	围檩
本构模型	—	线弹性模型	线弹性模型
厚度 d	m	0.833	
重度 γ	kN/m^3	5	
弹性模量 E	kN/m^2	3.0×10^7	2.0×10^8
泊松比 v	—	0.15	0.15

4.2.1.3 模拟工况

根据施工工序,首先,3 号顶管基坑 A 处管道完成,预留接头,海陆连接段基坑 B 管道完成,预留接头;然后,开挖海陆连接段基坑 C;最后,基坑 A 与基坑 C 处及基坑 B 与基坑 C 处采用绳锯破除洞门。为了逐步模拟上述施工顺序,每道支撑对应一次开挖,共设置了 11 个施工阶段。开挖基坑前,将位移重置为零。具体施工模拟过程,见表 4-3。各工况模型剖面图如图 4-11 所示。

施工过程模拟表　　表 4-3

阶段编号	模拟内容
CS0	初始应力平衡
CS1	施工咬合桩
CS2	施工冠梁并开挖基坑 A、B
CS3	第二道围檩并开挖基坑 A、B
CS4	第三道围檩并开挖基坑 A、B
CS5	第四道围檩并开挖基坑 A、B
CS6	基坑 A、B 开挖到底
CS7	开挖基坑 C
CS8	基坑 C 第二道围檩并开挖
CS9	基坑 C 第三道围檩并开挖
CS10	基坑 C 第四道围檩并开挖到底
CS11	破除基坑 A 与基坑 C 及基坑 B 与基坑 C 的洞门

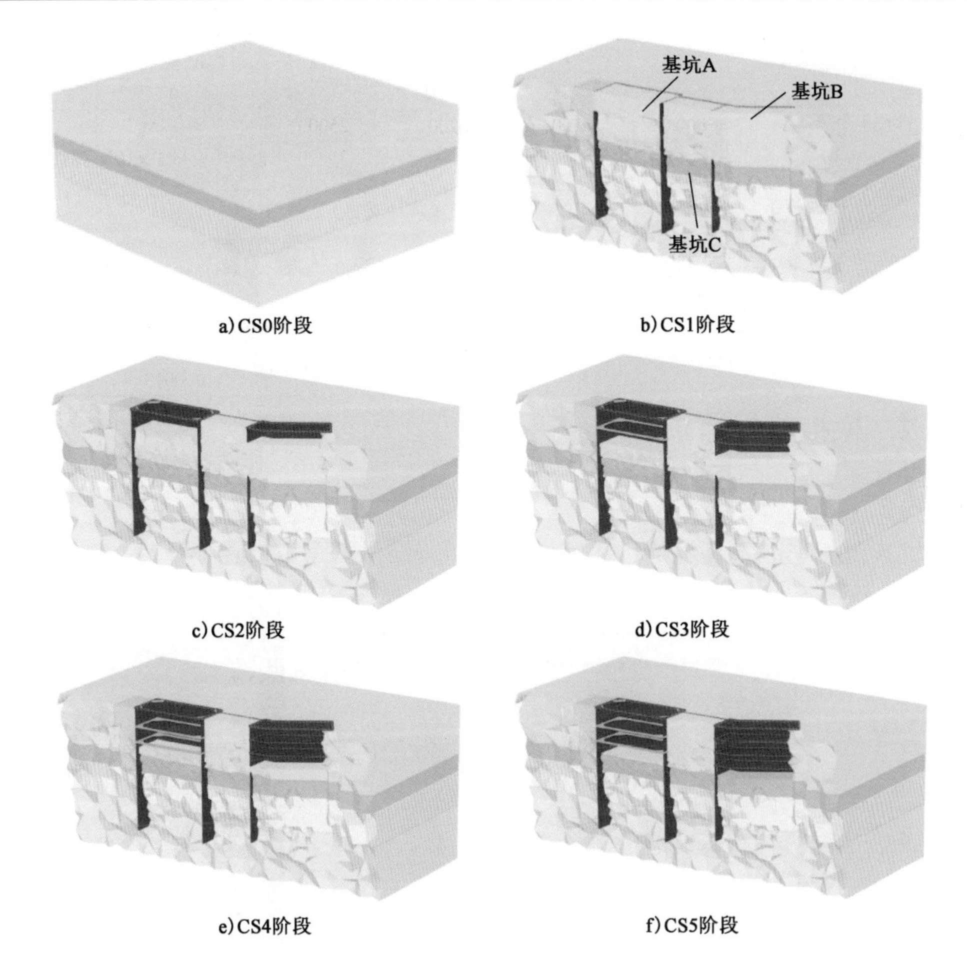

a）CS0阶段　b）CS1阶段

c）CS2阶段　d）CS3阶段

e）CS4阶段　f）CS5阶段

图 4-11

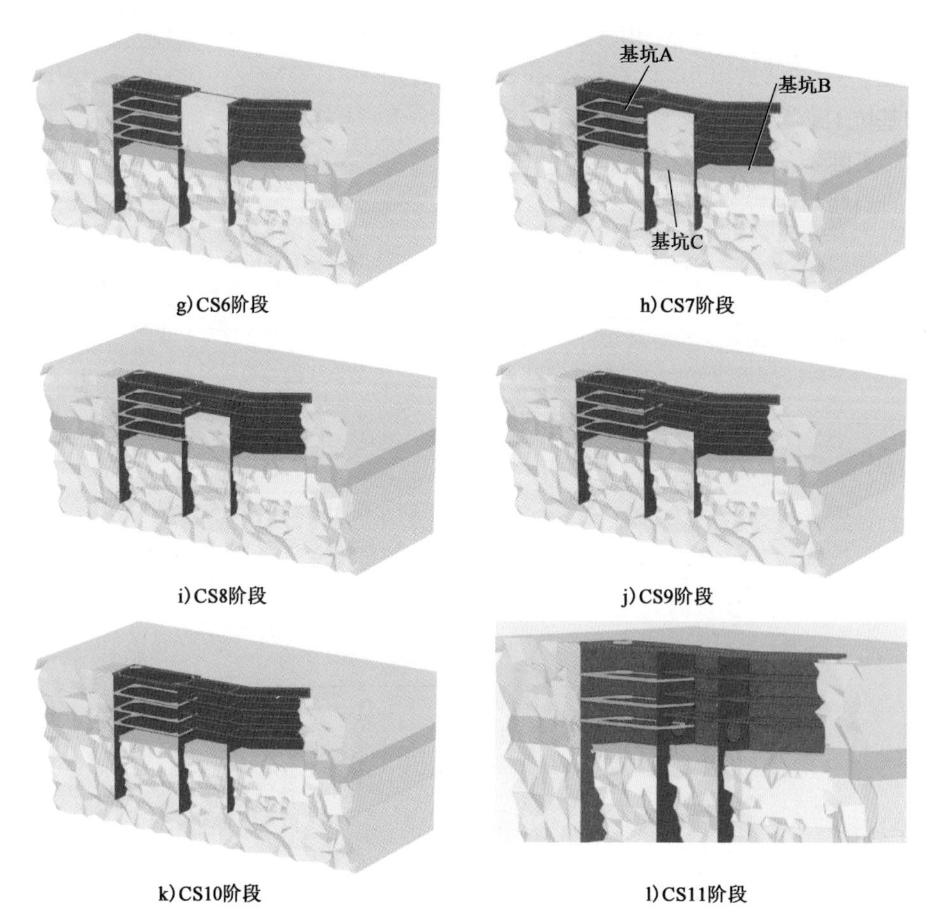

图4-11 各工况模型剖面图

4.2.2 模拟分析结果

4.2.2.1 地表沉降规律

深基坑A、B、C先后开挖完成,最终引起地表沉降结果如图4-12所示。

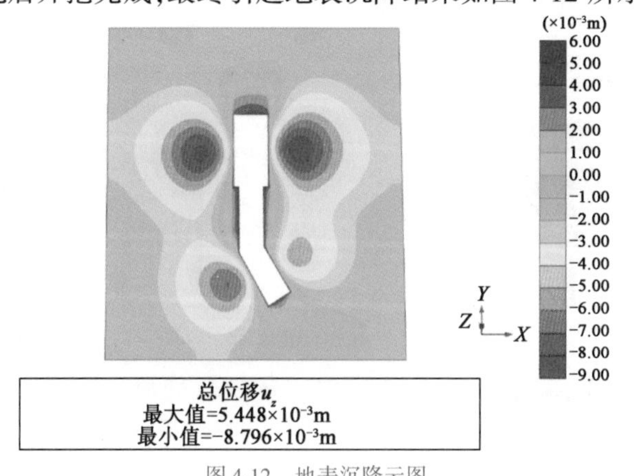

图4-12 地表沉降云图

由图4-12可以看出，沉降区域主要分布在基坑长边外侧（红色区域），地表沉降值最大达到8.796mm。3号工作井（基坑A）长边两侧沉降值最大。这主要是因为基坑A开挖深度比基坑B和基坑C深1m，且基坑的宽度也更大。得力于设计上的围檩加强，坑外沉降值控制效果较理想。实际施工中，应加强3号工作井的周边地表的监测。因此，下文分析将侧重分析3号工作井的挡墙与围檩变形和内力。

4.2.2.2　基坑挡墙水平变形规律

挡墙总位移云图如图4-13所示。

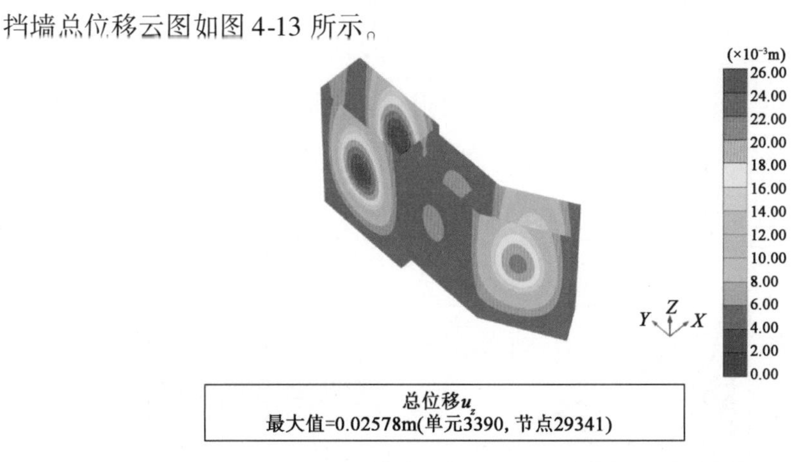

图4-13　3号工作井与沙滩段基坑施工完成后挡墙总位移

3号工作井两面长边挡墙变形最大，与坑外最大沉降区域的位置相对应，可见，挡墙变形可能是坑外变形的主要诱因。输出长边挡墙分别对应3号工作井5步开挖的水平变形，如图4-14所示。

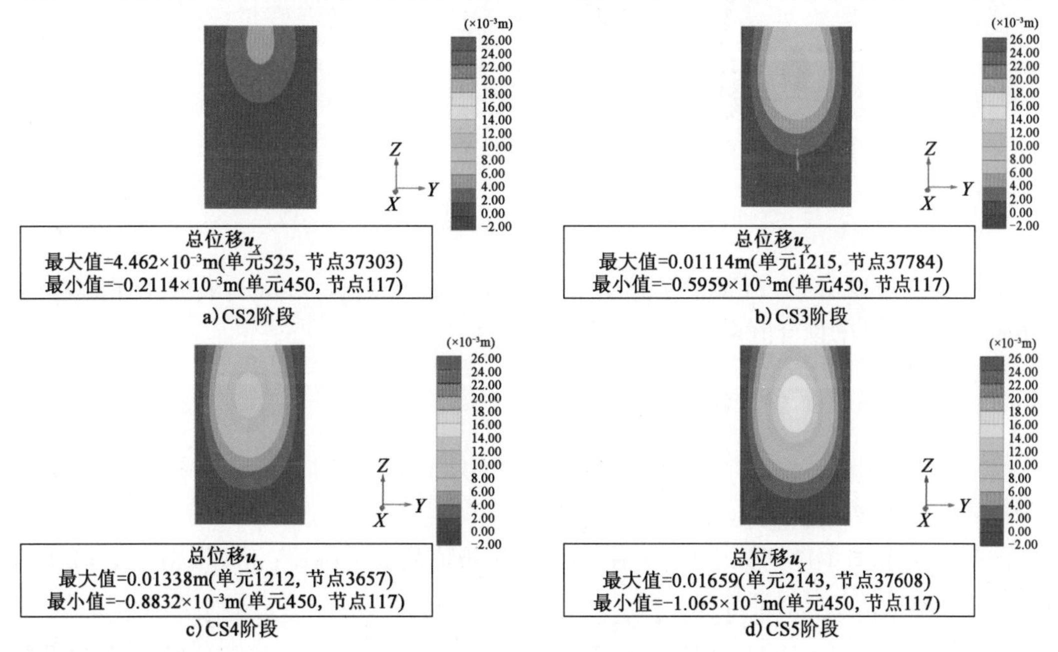

a）CS2阶段　b）CS3阶段　c）CS4阶段　d）CS5阶段

图　4-14

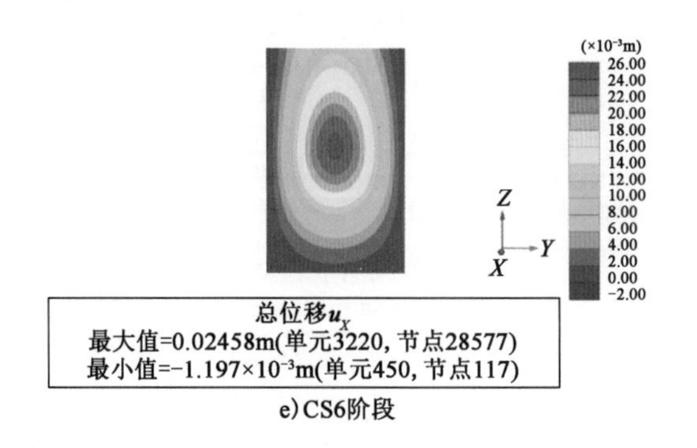

e)CS6阶段

图4-14　3号工作井基坑开挖过程引起的挡墙水平位移

通过图4-14可以看出,随着开挖挡墙的水平位移逐渐增大,且极值位置向下移动。提取该挡墙中心位置的剖线,建立挡墙水平位移的曲线图,如图4-15所示。

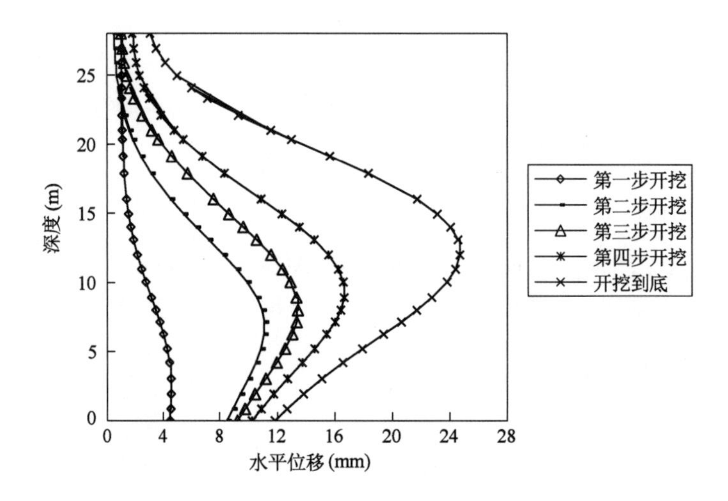

图4-15　3号工作井开挖阶段挡墙水平位移曲线

从图4-15可以看出,在最后一步开挖时,挡墙变形增长了8mm,最大水平位移达到24.6mm,小于设计的预警值40mm,属于安全范围。

4.2.2.3　基坑挡墙弯矩分布规律

CS6阶段基坑挡墙弯矩分析如图4-16所示。3号工作井每一步开挖过程中,选择最不利墙体位置输出弯矩云图(图4-17)研究变化规律。

由图4-16和图4-17可以看出,随着开挖,弯矩极值从155.6kN·m增长到852.0kN·m。极值位置随着开挖过程逐渐加深。

将墙体中心竖向剖线的弯矩提取出来,生成3号竖井5次开挖工况的弯矩曲线,如图4-18所示。

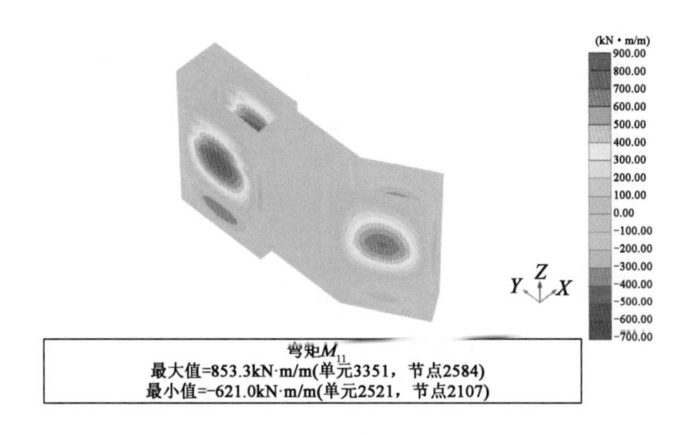

图 4-16 CS6 阶段挡墙弯矩

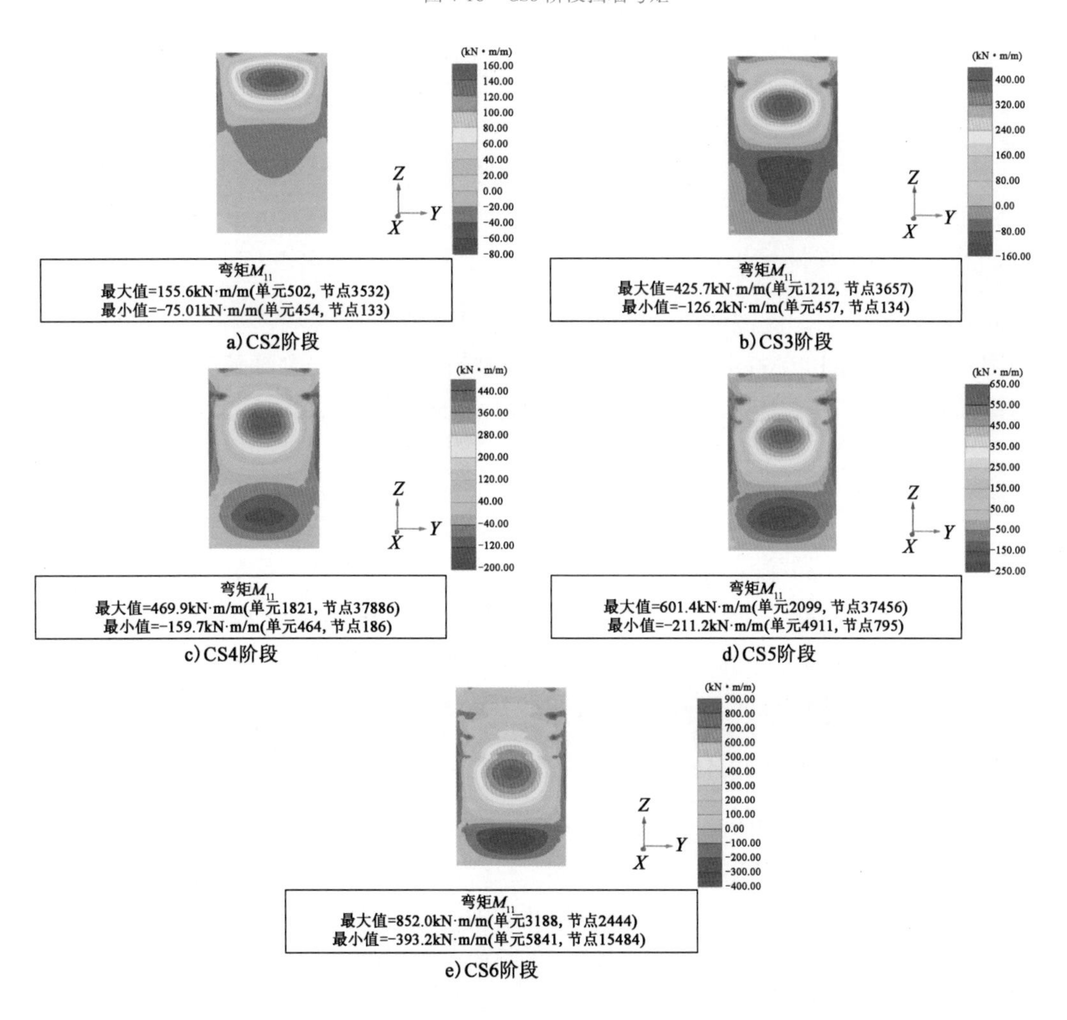

图 4-17 3 号工作井基坑开挖过程挡墙弯矩变化

由图 4-18 可以看出,挡墙的弯矩极值在最后一步开挖时,增长了 203kN·m,增长幅度较大,应该在最后一步开挖加强监测。弯矩极值位于桩深度 14m 附近,即坑底附近。桩的反弯位置在深度 21m 深度附近。

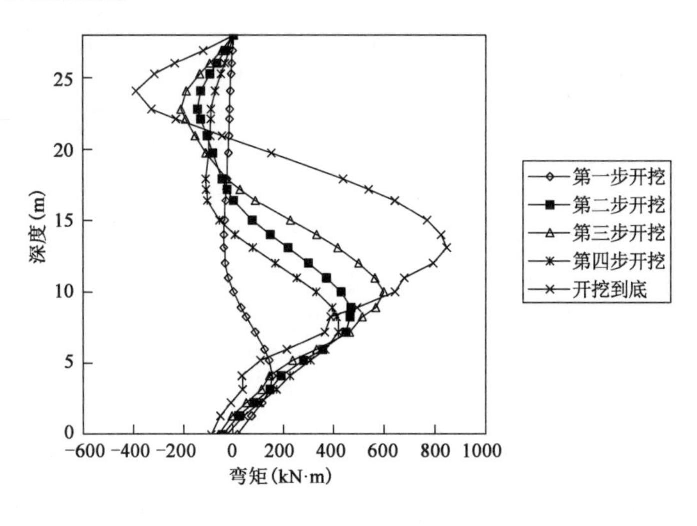

图 4-18　开挖阶段挡墙弯矩分布

4.2.2.4　围檩与斜撑的内力分析

不同开挖阶段,3 号竖井围檩的支撑轴力分布如图 4-19 所示。

由图 4-19 可以看出,斜撑的轴力较大,随着开挖过程,从 698.6kN 增长到 2378kN,小于原设计斜撑预警值 3000kN。其中,当基坑开挖到底时,第三道支撑的轴力最大,应作为监控的重点对象。

4.2.2.5　破除洞门对结构内力的影响

破除洞门前后墙体的轴力云图如图 4-20 所示。

从图 4-20 可知,基坑 A 与基坑 B 和基坑 A 与基坑 C 的隔墙,在基坑开挖完成,主要起到支撑来自坑外土体的 X 方向水平的力,形成轴力 N_2。破除洞门之前,轴力 N_2 最大值 2267kN/m,破除洞门后,洞顶和洞底局部形成应力集中,达到 4744kN/m。

4.2.3　工程现场实测分析

为观测基坑开挖过程中围护桩的变形情况,在 3 号井基坑工程现场布设深层水平位移监测点,监测点布置如图 4-21 所示。

深层水平位移布置在 3 号工作井两面长边挡墙围护桩内,通过对开挖阶段 CX7 监测点的深层水平位移对进行重点分析,监测图如图 4-22 所示。

由图 4-22 可以看出,随着开挖挡墙的水平位移逐渐增大,且极值位置向下移动,整体趋势与模拟分析相近。但现场施工时因咬合桩整体性较好,且因工期原因整体混凝土标号较设计约提高了一个强度等级,故而深层最大水平位移 18.6mm 小于模拟分析数值 24.6mm。

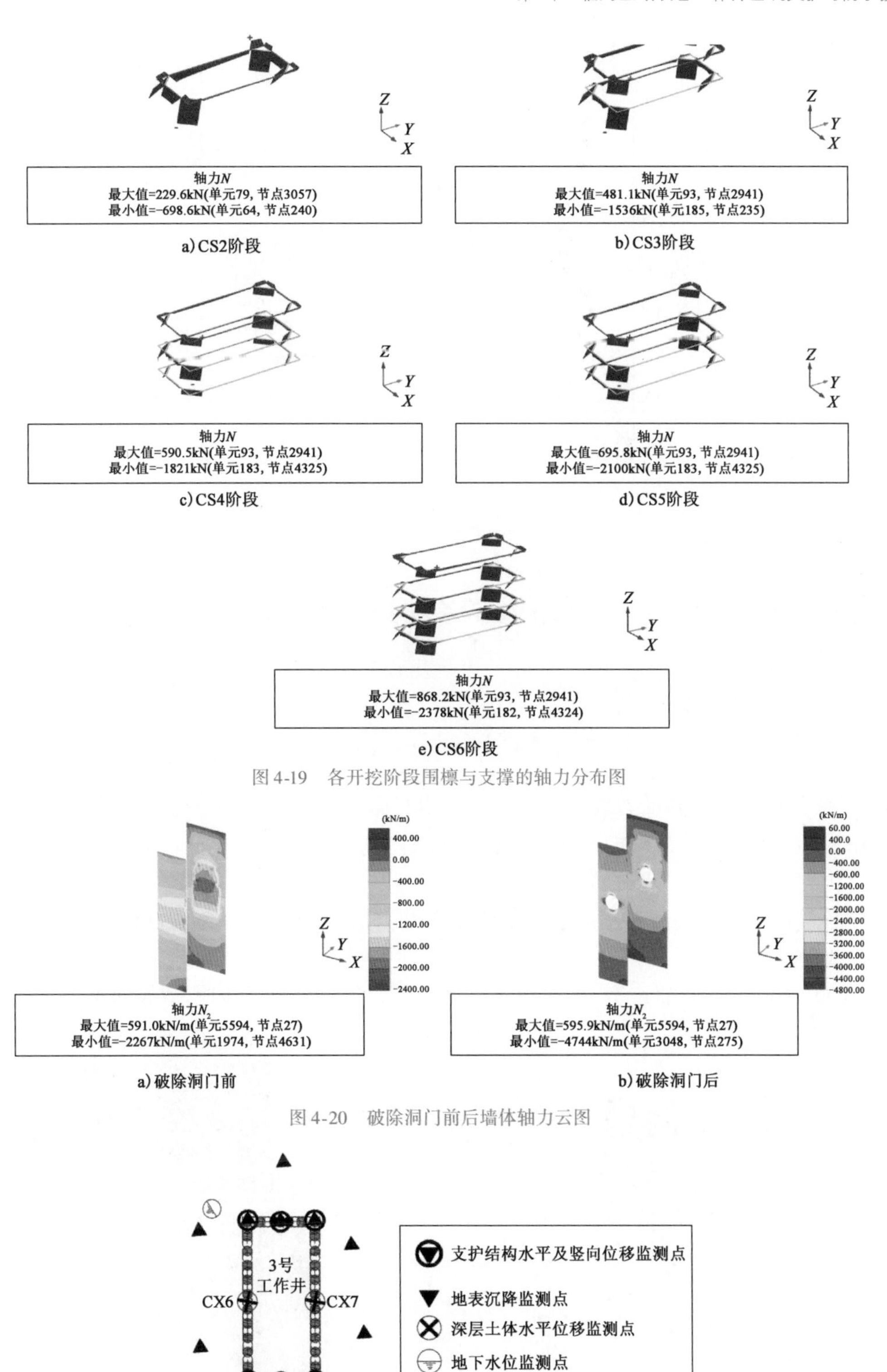

图4-19 各开挖阶段围檩与支撑的轴力分布图

图4-20 破除洞门前后墙体轴力云图

图4-21 监测平面图

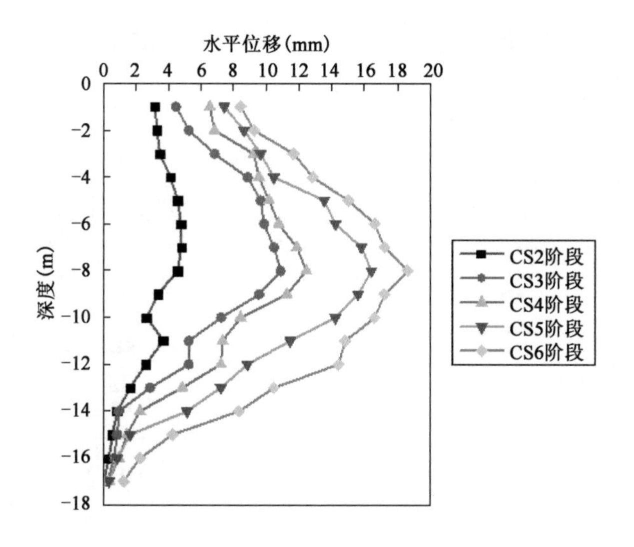

图 4-22　CX7 开挖阶段深层水平位移图

4.3　顶管施工对反力墙的影响分析

4.3.1　数值分析模型的建立

4.3.1.1　数值模型设计

为了研究 3 号工作井反力墙与墙后土体的相互作用,建模时应考虑:

(1)3 号工作井开挖与支护过程,形成的历史应力。

(2)内衬与加强背板,增强背墙刚度。

(3)顶管前已完工的沙滩围堰段深基坑咬合桩,对墙后土体有一定限制作用。

(4)土体为非线性材料,土-结构共同作用。

建模范围长 45m(*Y* 轴),宽 50m(*X* 轴),地层考虑深度 35m,几何模型如图 4-23 所示。

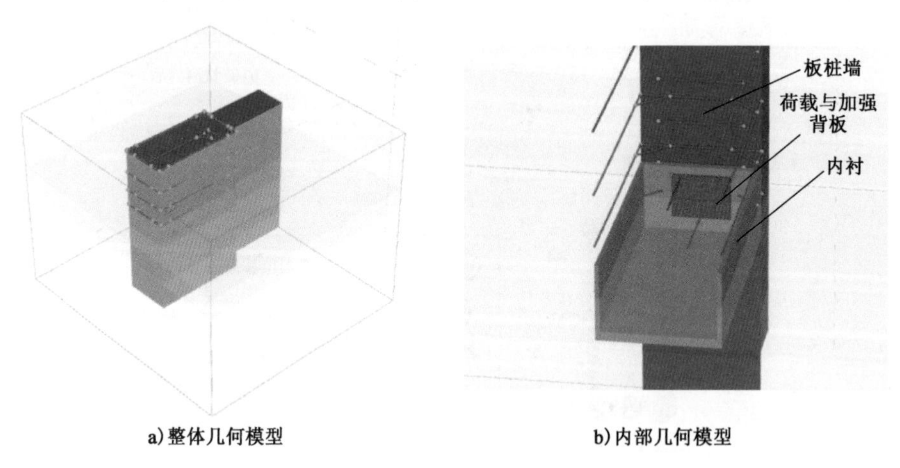

a)整体几何模型　　b)内部几何模型

图 4-23　3 号工作井几何模型

整个模型划分网格时,在隧道、路面附近适当加密网格,共划分98142个实体单元,154205个节点,网格模型如图4-24所示。

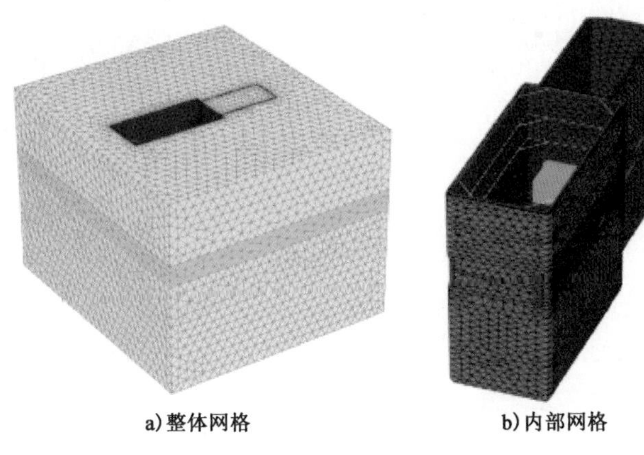

图4-24　网格模型

4.3.1.2　模拟工况

根据前文模拟开挖过程,3号顶管井开挖到底后,进行施工工序的添加用于分析千斤顶力对反力墙的作用,其中千斤顶力根据原设计不超过8000kN。具体施工模拟过程见表4-4,各代表工况模型剖面图如图4-25所示。模型参数见表4-1。

施工过程模拟表　　表4-4

阶段编号	模拟内容
CS0	初始应力平衡
CS1	施工围护桩与旋喷桩
CS2	施工冠梁并开挖3号工作井
CS3	第二道围檩并开挖3号工作井
CS4	第三道围檩并开挖3号工作井
CS5	第四道围檩并开挖3号工作井
CS6	3号工作井基坑开挖到底
CS7	施工底板拆除第四道支撑
CS8	施工内衬
CS9	激活千斤顶荷载

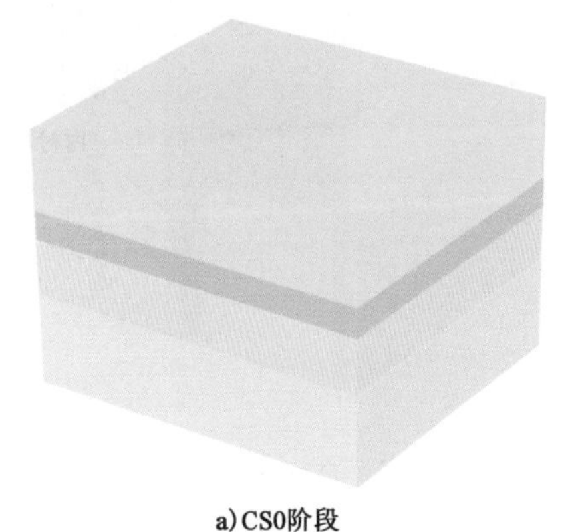

a)CS0阶段

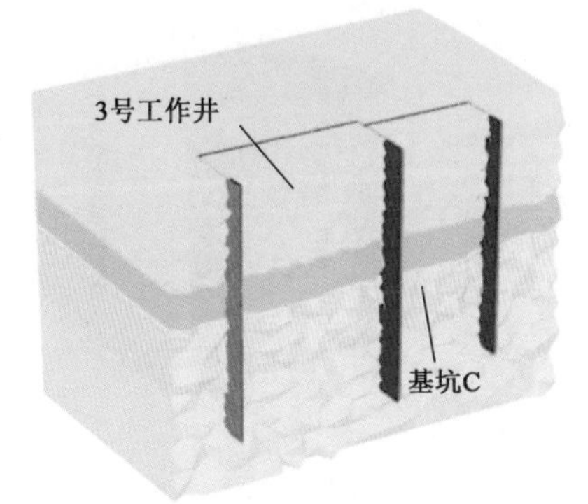

b)CS1阶段

图　4-25

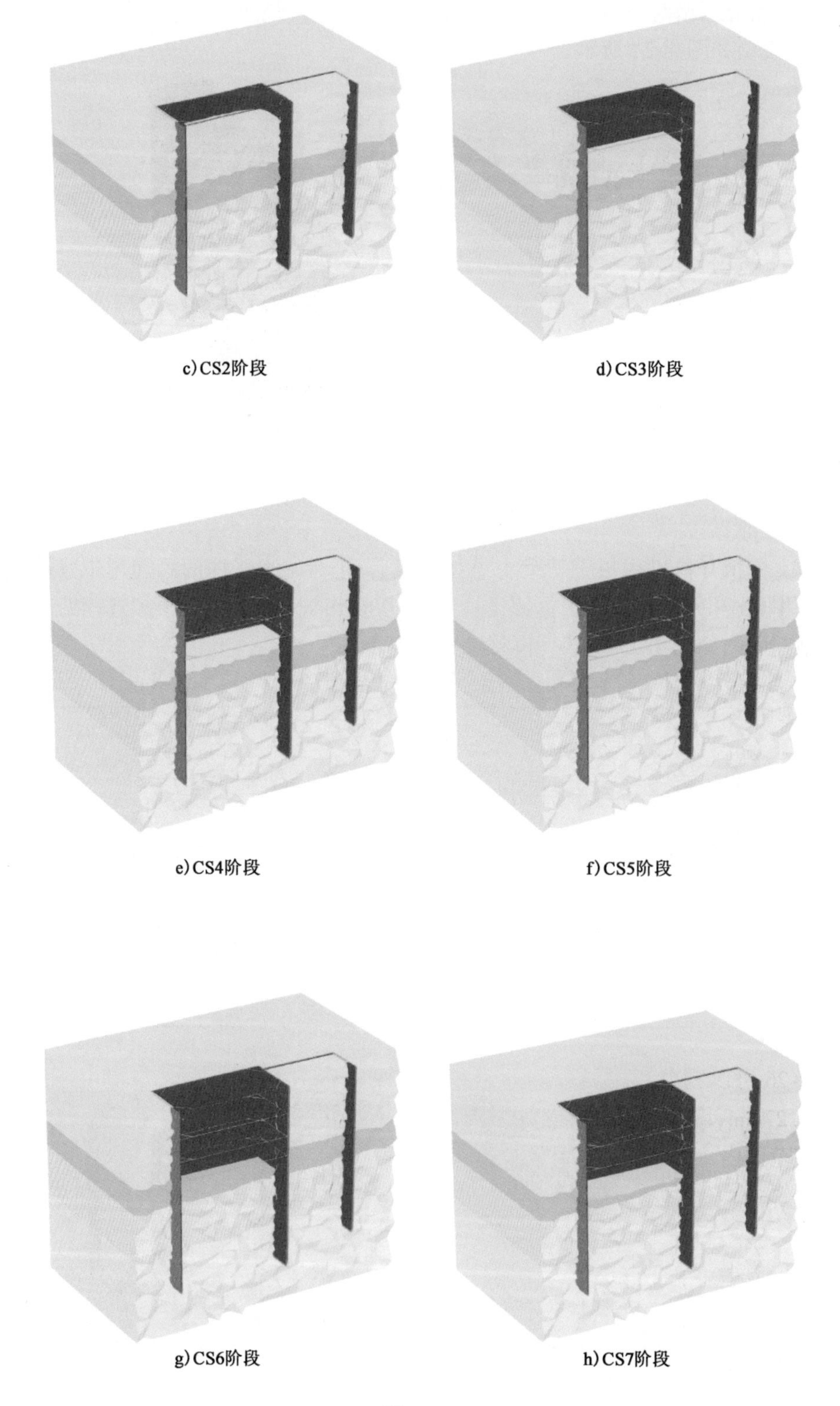

c)CS2阶段

d)CS3阶段

e)CS4阶段

f)CS5阶段

g)CS6阶段

h)CS7阶段

图 4-25

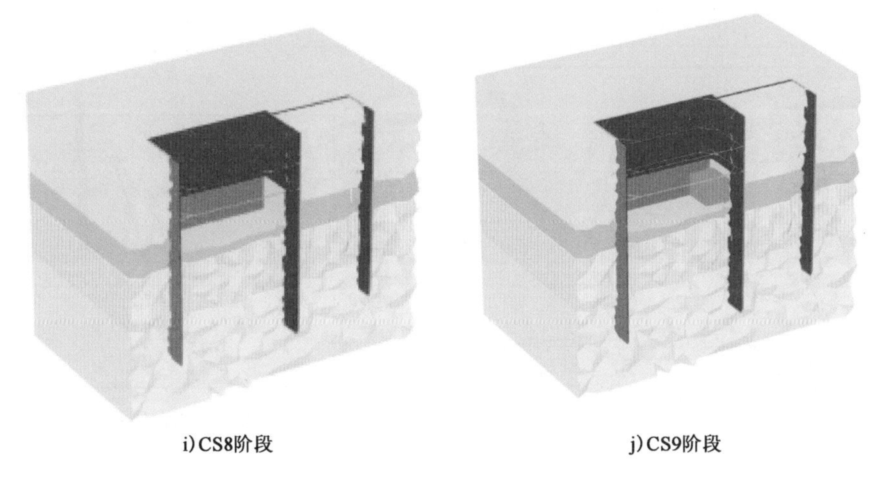

图 4-25　各工况模型剖面图

4.3.2　顶管施工对反力墙影响分析结果

4.3.2.1　反力墙变形

顶管作用力(8000kN)作用到反力墙,墙体发生新增的水平位移,如图 4-26 所示。

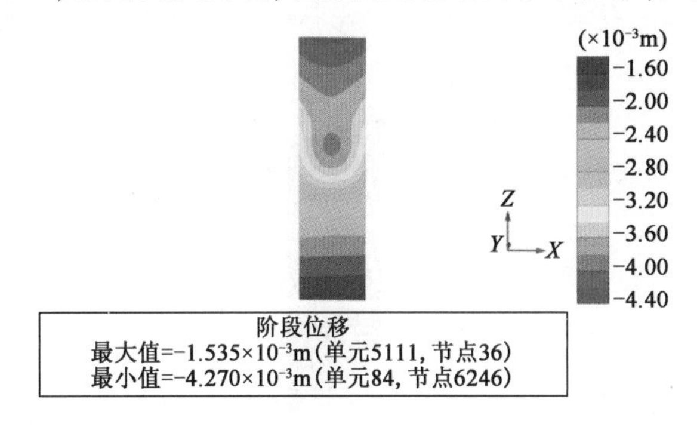

图 4-26　反力墙水平位移增量

由图 4-26 可以看出,墙后土体的变形和应力在千斤顶力作用区域显著增长。墙体水平位移最大值 4.27mm,墙体上半部向坑外发生位移。根据分析结果可以判定墙和墙后土的变形值是在合理范围内。

4.3.2.2　墙后土压力增长

墙后土压力增量分布如图 4-27 所示。

由图 4-27 可知,该分布模式比较符合拟正态分布曲线,土压力增量的最大值为 4.51kPa,量值较小。影响范围在高程 -1 ~ 8m 之间,表明原设计合理。由于本项目围护桩和围檩的刚度较大,考虑了土-结构共同作用、三维空间施工过程等作用。从图 4-27b)可以看出,在围护墙拐角位置,墙后土压力增量降低到 0kPa。由此说明,长边墙体对反力墙的限制作用十分显著，不应该忽略。

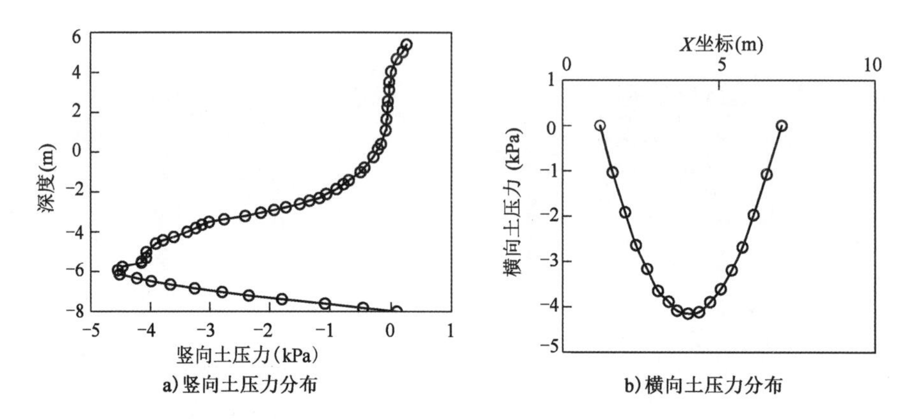

图 4-27　墙后土压力分布

4.3.2.3　平面应变对比验证

墙后土压力与参考文献[41]～[43]相比，小了一个数量级。为此，建立拟平面应变模型，从而忽略长边挡墙及其接触土体的摩擦力对反力墙提供的约束作用。假定模型无开挖施工影响，保持地层、结构等其他条件不变，如图 4-28 所示。施工阶段设置：在应力平衡的基础上，施加千斤顶力，获得墙后土压力增量。

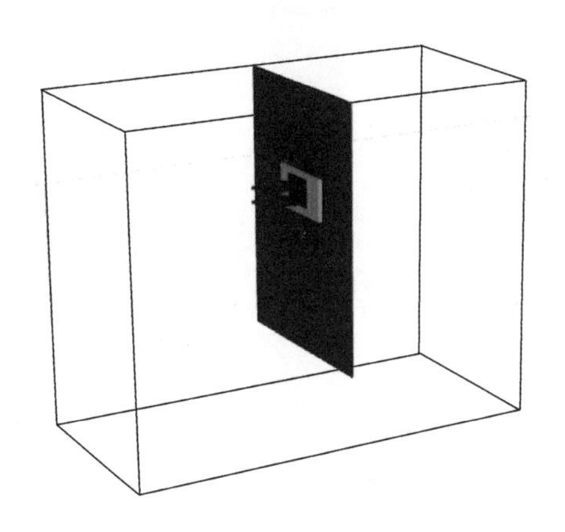

图 4-28　平面应变反力墙几何模型

图 4-29 所示为反力墙附加水平位移，图 4-30 所示为反力墙后附加土压力分布（平面应变无开挖）。

由图 4-29 和图 4-30 可知，墙体最大水平位移从原设计模型的 4.27mm 增加到 19.8mm。墙体后土体的反力最大值达到 67.2kPa。分布规律及量值都与参考文献中的结果较相似。

分析认为，有限元方法全面考虑各因素，获得的结果比结构-荷载或者弹性地基法具有更高的可靠性。计算对比表明，不建议忽略长边挡墙及其接触土体的摩擦力对反力墙提供的约束作用。

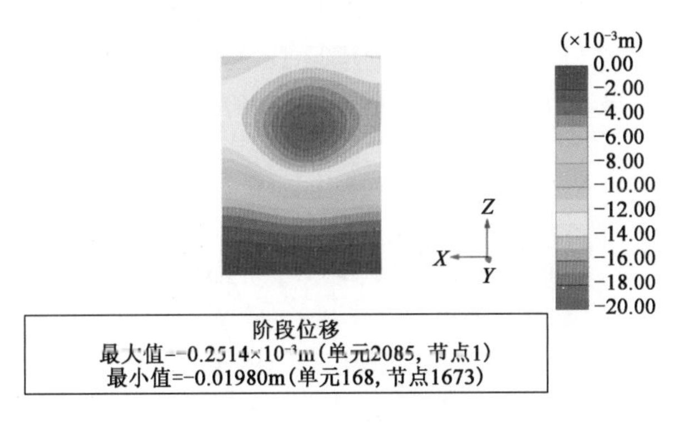

图4-29 反力墙附加水平位移

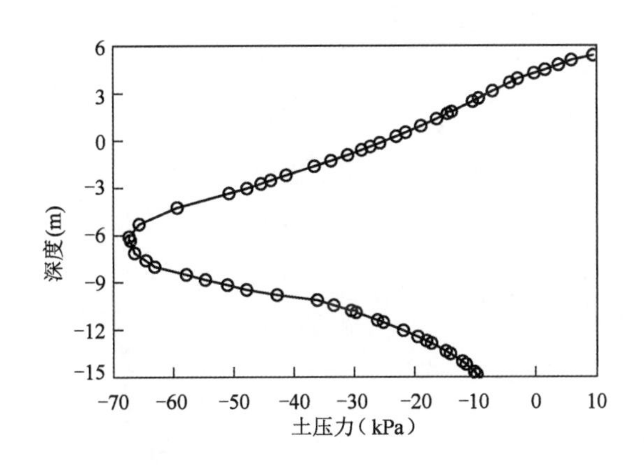

图4-30 反力墙后附加土压力分布(平面应变无开挖)

如果按照参考文献[65]的方法,假设不考虑土体变形影响和井壁与土体之间的摩阻力。可能过高地估计反力墙后土体的压力增量,为设计带来浪费。

4.3.3 顶管施工的参数敏感性分析

4.3.3.1 千斤顶荷载高度变化

千斤顶荷载大小和范围不变,将荷载中心向上分别移动2m和4m,计算结果如图4-31所示。

由图4-31可以看出,随着荷载向上移动,墙后土体的刚度会随着埋深变浅而降低。本文采用的HS土体本构模型考虑了刚度与应力的相关属性,因而土体提供的反力也更低。增量极值与荷载中心高程一致。

4.3.3.2 顶管直径变化

原设计加强背板的水平宽度4m,竖向高度3m,均布荷载667kPa,总千斤顶力8000kN。为了考虑直径变化带来的千斤顶力增长和加强背板的面积增长，保持均布荷载667kPa不变，分别创建模型“竖向增长1m”和“竖向与水平均增长1m”，即水平尺寸与竖向尺寸分别是4m和4m、5m和4m，相应的荷载从8000kN分别增长到10672kN和13340kN，计算结果如图4-32所示。

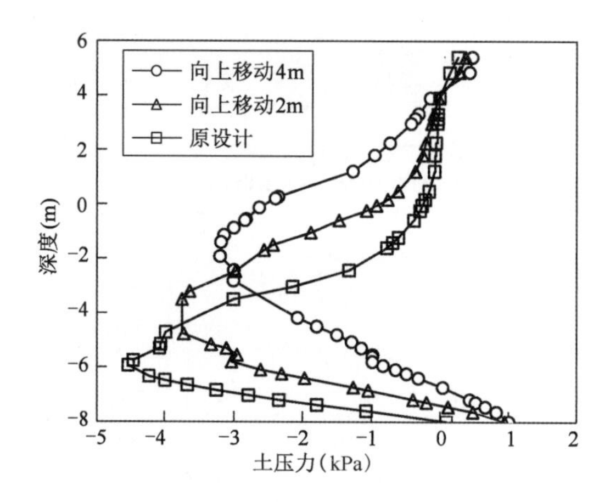

图4-31　反力墙后附加土压力分布对比(千斤顶荷载高度变化)

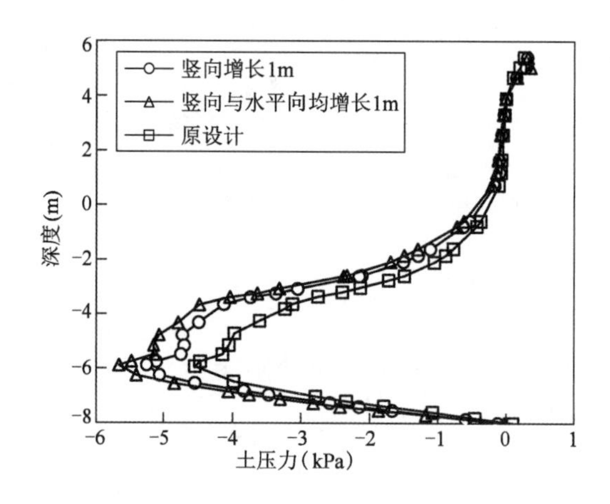

图4-32　反力墙后附加土压力分布对比(顶管直径变化)

由图4-32可知，墙后土压力峰值随着顶管直径的增大而增加大，分布形态与范围基本保持不变。土压力增量最大为5.72kPa，仍然较小，当前工况可以满足顶进更大直径的顶管施工。

4.3.3.3　围护结构变化

围护结构的减少势必增加墙后土体的作用反力。为此，建立模型分别为“取消加强背板”和“取消背板与内衬”。由于咬合桩需要满足基坑开挖的要求，因此保持其厚度不变，计算结果如图4-33所示。

由图4-33可以看出，随着围护结构的减少，墙后土体反力随之增加，但仍在合理范围。从墙后土压力的指标来看,可以取消加强背板,但是从围护结构整体性角度来讲,内衬与加强背板可作为3号工作井的安全储备。

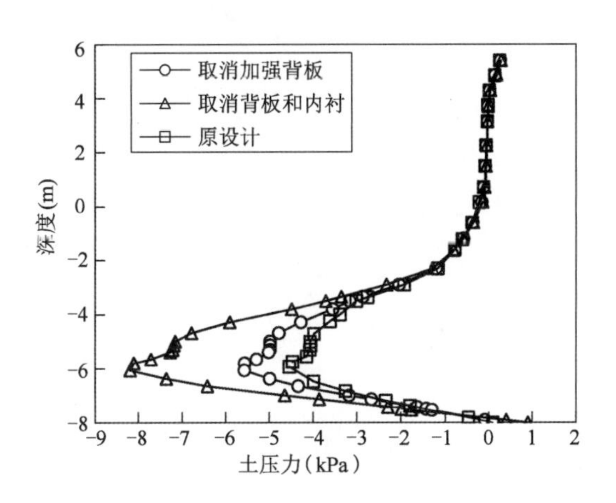

图4-33 反力墙后附加土压力分布对比(围护结构变化)

4.3.4 工程现场实测分析

为监测施加顶力后反力墙的变形情况,在3号工作井基坑工程现场布设支护结构水平位移监测点,选取支护结构水平位移监测点PH18与模拟反力墙变形的点进行对比,监测点布置如图4-34所示。

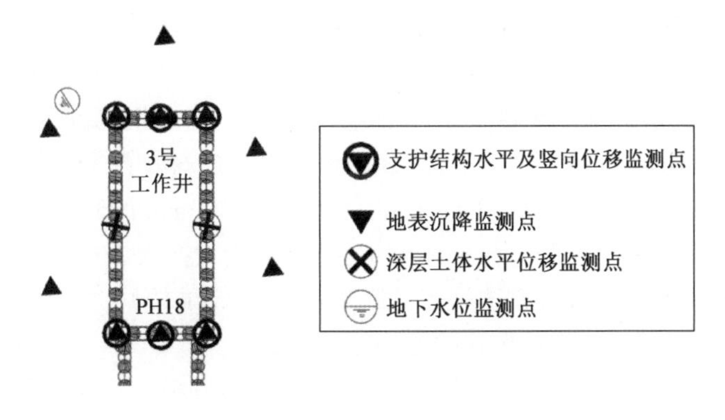

图4-34 监测平面图

围护桩的水平位移PH18布置在顶力作用反力墙处。绘制出反力墙位移随施工阶段的变化曲线,如图4-35所示。

由图4-35可知,在2020年11月5日顶管开始顶进,激活千斤顶荷载的CS9阶段时墙体发生新增水平位移,且位移值最大为2.78mm与模拟计算值4.27mm相近。因该监测点位于围护结构对应冠梁所取的孔内,与计算围护桩的位置略有偏差,差值1.49mm,考虑力传递的衰减,故实测数据会略小于模拟数据。

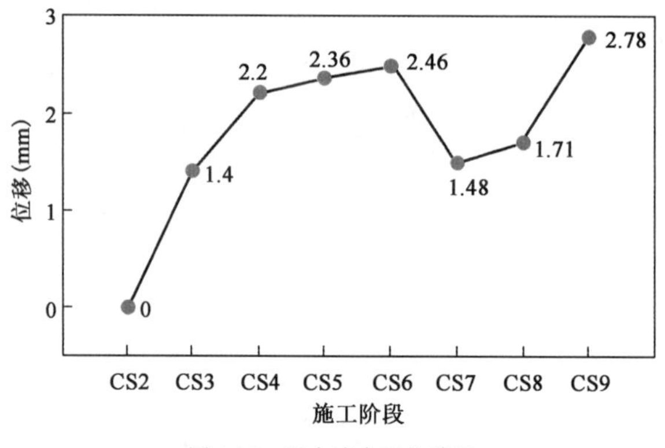

图 4-35　反力墙水平位移图

4.4 本章小结

1 号工作井位于前埔污水处理厂三期厂区内,邻近环岛干道,2 号工作井位于会展南五路与会展南七路交叉路口处,该路段为双向两车道市政道路,周边存在居民楼房,地下管线复杂。3 号工作井位于环岛路护岸沿线,基坑范围内存在现状防浪块护岸、靠近大海,基坑的止水效果特别重要。

(1)针对不同的工作井采用不同的基坑支护方法,确保了顶管的顺利始发及基坑内施工安全。1 号工作井采用灌注桩围护结构;ϕ1000mm@ 1150mm 灌注桩(其中顶管穿越洞口位置采用玻璃纤维筋);内侧挂网喷锚 60mm C20 混凝土(单层 ϕ8mm@ 200mm × 200mm 钢筋网片,固定钢筋网片土钉采用 C22 螺纹钢,L = 1.5m@ 1.15m × 1.5m),外围采用 ϕ800mm@ 500mm 单排旋喷桩施作止水帷幕;2 号工作井围护结构形式同 1 号工作井,冠梁采用 1400mm × 800mm 钢筋混凝土,内支撑采用 1000mm × 800mm 钢筋混凝土环梁,共 2 道钢筋混凝土环梁;3 号顶管工作井采用 ϕ1000mm@ 750mm 咬合桩围护结构,素混凝土桩桩长 24m,配筋桩桩长 28m。

(2)咬合桩桩径为 1000mm。施工前采用 1 台直径 2000mm 的套管进行清障作业,挖除底部抛石层,回填素土;清障完成后进行导墙施工,咬合桩施工投入 2 台 ϕ1000mm 360°全回旋切削机进行软咬合桩施工。通过该方法施工的基坑的止水效果较好,能保证涨潮时在沙袋围堰内的 3 号工作井也不渗水,满足工作井的使用要求。

(3)通过对工作井基坑的施工力学效应数值模拟分析发现:

①沉降区域主要分布在基坑长边外侧,地表沉降值最大达到 8.796mm。咬合桩挡墙的最大水平位移达到 24.6mm,小于设计的预警值 40mm,属于安全范围。

②咬合桩弯矩极值达到 852.0kN · m,极值位置随着开挖底高程变动,斜撑的轴力较大,随着开挖过程,达到 2378kN,小于原设计斜撑预警值 3000kN,结构受力在安全范围。

③破除洞门之前,隔墙的水平轴力 N_2 最大值 2267kN/m,破除洞门后,洞顶和洞底局部形成应力集中,轴力 N_2 达到 4744kN/m,值得注意。

④通过现场实测分析可知随着开挖挡墙的水平位移逐渐增大,且极值位置向下移动,在现场有效控制下,深层水平位移可以从 24.6mm 降低至 18.6mm。

(4)通过顶管施工对反力墙的影响分析发现:

①在顶管千斤顶力作用下,反力墙墙后土压力分布符合拟正态分布规律。

②采用拟平面应变的模型进行分析,即可忽略长边墙在 Y 方向对反力墙的限制作用,计算获得的反力墙墙后土体压力比原设计大出 10 倍以上;同理,若采用结构-荷载法或者弹性地基梁法,不考虑土体变形影响和井壁与土体之间的摩阻力,则可能过高地估计反力墙墙后土压力增量。

③不同因素的变化分析显示,将作用荷载中心向上分别移动 2m 和 4m,墙后土压力增量极值高程与荷载中心高程相同,极值随着荷载中心上移而降低;随着顶管直径和荷载的增大,墙后土压力极值显著增加,分布形态与范围基本不变;随着围护结构的减少,取消加强背板和内衬,墙后土压力随之显著增大;分布形态与范围基本不变。

④通过现场实测分析可知,随着千斤顶顶力的施加,墙体发生新增水平位移,且位移值最大。因分析位置略有差异,实测位移 2.78mm 略小于模拟位移 4.27mm,差值 1.49mm。

第5章
CHAPTER 5

顶管掘进装备优化配置及施工控制技术

5.1 顶管施工常见问题及应对措施

5.1.1 顶管管材的选择

目前主要的顶管管材包括钢管、钢筋混凝土管、玻璃钢管、球墨铸铁管、陶土管等。其中，钢筋混凝土管具有强度高、造价低、性能好的优势，所以应用最为广泛，其他集中管材也各有优势与缺陷，见表5-1。

不同顶管管材优缺点　表5-1

管材	钢筋混凝土管	钢管	玻璃钢管	铸铁管	陶土管
优点	强度高、成本低、防腐性能高、适用于长距离顶进、寿命长、施工效率高	重量轻、顶进阻力小、密封及抗渗能力强、抵抗压力性能好	重量轻、承压能力强、内壁光滑、使用寿命长、适用于长距离顶进	允许顶力大	防腐性强、成本经济、地面沉降小、使用长距离顶进
缺点	止水性和抗渗性能不好、厚重	防腐性弱，造价贵、寿命短、施工进度慢，只适用于短距离、浅覆土和直线顶进	成本高、不可曲线顶进、过程复杂，难以推广应用	造价贵、需特殊防腐	大刚度、容易碎裂、仅适用于中小管道

5.1.2 顶管设备的选择及配置

顶管设备主要是指用于顶进管道的顶管机，在管道的最前端，顶管机作为控制方向和速度的机车。顶进方法决定顶管设备的选择，主要考虑地层、管顶覆土、土质等因素。中国非开挖技术协会行业标准《顶管施工技术及验收规范(试行)》给出了顶管机选型的一些参考说明，但是实际施工中无法采用，主要原因是内容模棱两可、含糊不清，实际无法操作。中国工程建设协会标准《给水排水工程顶管技术规程》(CECS 246—2008)第12.3节也给出了顶管机选择方面的相关说明，但是内容从实际施工角度来看过于简单。文献[45]给出的顶管机及施工方法选择方法见表5-2，可作为初选参考。初选完毕后还要结合工期、地下障碍物具体情况、地下有无有毒气体及施工所在位置的场地等进行综合考虑。

顶管方法及设备比选　　表 5-2

使用条件				顶管机类型								
				工具管		半机械式顶管机			机械式顶管机			
				手掘式	挤压式	网格水冲式	反铲式	气压式	加泥土压式	普通泥水式	破碎型泥水式	泥浆式
直径(mm)		2000 以上	大直径	★	★	★	★	★	★	★	★	★
		1200 ~ 1800	中直径	☆	☆	△	×	△	☆	★	★	☆
		1000 以下	小直径	×	×	×	×	×	×	★	★	×
顶距(m)		1000 以上	超长距离	×	×	★	×	☆	★	★	★	★
		300 ~ 1000	长距离	×	×	★	☆	☆	★	★	★	★
		300 以下	一般距离	★	★	★	★	★	★	★	★	★
覆土深度(m)		5.0 以上	深覆土	★	★	★	★	★	★	★	★	★
		2.0 ~ 5.0	一般覆土	★	△	★	☆	☆	★	★	★	★
		1.25 ~ 2.0	浅覆土	×	×	×	×	×	★	△	△	△
土质	黏性土	有机土	$N=0$	×	★	☆	×	☆	★	☆	☆	☆
		黏土	$N=0\sim10$	☆	☆	☆	×	☆	★	★	★	☆
		粉质黏土	$N=10\sim30$	☆	△	☆	△	★	★	★	★	☆
	砂性土	粉砂	$N=10\sim15$	△	×	★	△	★	★	★	★	☆
		松软砂土	$N=10\sim30$	△	×	☆	△	☆	★	★	★	★
		固结砂土	$N\geqslant30$	☆	×	△	★	☆	★	★	★	★
	砂砾土	松软砂砾	$N=10\sim40$	△	×	★	△	△	☆	☆	☆	★
		密实砂砾	$N\geqslant40$	☆	×	△	★	×	☆	☆	☆	★
		含卵石砂砾	$N=40\sim45$	△	×	×	△	△	☆	△	☆	★
		卵石层	$N=45\sim50$	△	×	×	△	△	△	×	△	★
	岩土	硬土	$N\geqslant50$	★	×	×	☆	×	★	★	★	×
		软岩	抗压强度 < 15MPa	☆	×	×	×	×	★	△	★	×
地下水		无地下水		★	×	△	★	—	★	×	×	☆
		渗透系数(m/s)	$>1.0\times10^{-3}$	△	×	×	△	×	★	△	△	★
		渗透系数(m/s)	$<1.0\times10^{-7}$	☆	△	☆	△	☆	★	★	★	☆
地面沉降要求		很高	5 ~ 10mm	×	×	×	×	×	★	★	★	☆
		较高	10 ~ 50mm	×	×	×	×	×	★	★	★	☆
		一般	50 以上	★	×	☆	☆	☆	☆	☆	☆	★
超过管外径 1/6 以上的障碍物				★	×	☆	★	★	×	×	☆	×

注:1. ★为首选适用。

2. ☆为次选适用。

3. △为有条件(即采取一定的辅助措施后)适用。

4. ×为不适用。

5.1.3 施工控制措施

5.1.3.1 注浆减阻措施

通常顶管机头比后续管节大2~5cm，管节和土体之间存在空隙，利用压浆泵将搅拌好的触变泥浆，通过注浆主管道和支管道进入管外壁形成泥浆套，由管-土摩擦转换为管-液摩擦，利用触变泥浆的胶体性能、触变性起到减阻和支撑周围土体的作用，如图5-1所示。

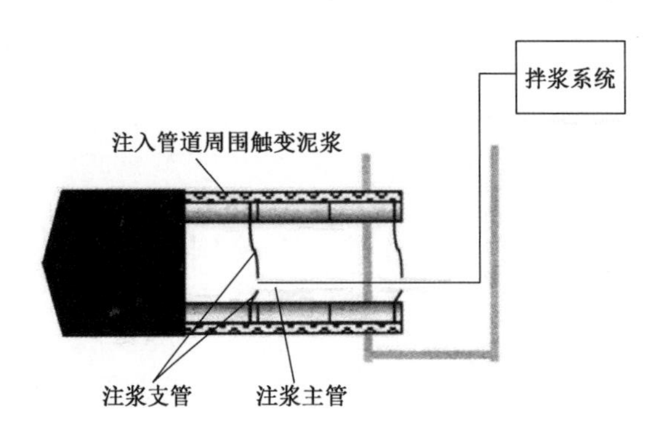

图5-1 触变泥浆减阻原理

在顶管施工的过程中触变泥浆的主要作用为：一是起润滑的作用，减少顶管外壁所承受的巨大摩擦力；二是起填补和支撑的作用，浆液填补了管道与土体之间的空隙，同时还减小土体的变形使土体保持稳定。

一般情况下，减阻材料选用膨润土。膨润土具有触变性，可以减小顶进过程的摩阻力。在实际的施工过程中要准确查明土层情况，尽可能根据土层类型计算出所需土压力，以此来确定膨润土悬浮液的注入压力。此外，还需要对土壤颗粒大小进行分析与记录，对于细粒土，要求悬浮液的膨润土含量较低，而对于粗粒土来说，需要浆液的膨润土含量较高，只有这样才能确保支撑作用的有效发挥。

在施工过程中，在注浆压力较高的情况下，会出现膨润土沿着管子四周扩散的现象，这会导致因膨润土悬浮液沿刃脚向前流动，并且又在切削刃上流出来的危险。因此，需要加强对顶进过程膨润土悬浮液状态的观察。

5.1.3.2 顶力计算

顶力计算是顶管施工中最重要的基础工作，千斤顶的顶力需要克服顶进过程中的各种阻力。同时，在顶进过程中，顶力经常受到各种外部因素的影响。因此，在顶管工程前精确计算顶力有利于合理确定背部强度、管道强度、千斤顶数量和吨位。此外，它是单坑顶进工程长度和尺寸的设计依据，与中继间的设置，工作井和接收井的数量以及整体工程造价直接相关。

5.1.3.3 纠偏措施

管道偏离轴线主要是由于作用在工具管的外力不平衡造成的，外力不平衡的主要原因有：

(1)推进管线不可能绝对在一定直线上。

(2)管道截面不可能绝对垂直于管道轴线。

(3)管节之间垫板的压缩性不完全一致。

(4)顶管迎面阻力的合力不与顶管后端推进顶力的合力重合一致。

(5)推进的管道在发生挠曲时,沿管道纵向的一些地方会产生约束管道挠曲的附加抗力。

若偏心度太大,将会使管节接头压损或管节中部出现环向裂缝。

纠偏控制是指顶管机的设计轴线保持或顶管偏移控制,使用顶管机的校正装置或其他措施,改变或纠正顶进方向,减少偏差。纠偏时要注意纠偏角度的控制,纠偏角要小,使纠偏曲线相对平缓回到设计线路。纠偏还应及时,在顶进中一旦发现机头偏差超出预先设定值就应当进行纠偏操作。同时有高程偏差和中心偏差时,先纠正偏差较大的。顶管纠偏普遍采用调整纠偏千斤顶的编组操作,若管道偏左则千斤顶采用左伸右缩方法,反之亦然。例如,本项目直接采用顶管机内配置 8 台 1000kN 纠偏油缸进行纠偏控制。

5.2 顶管掘进装备选型及配置优化

本工程陆域段全长约 613.421m,顶管段长 575m,管内径为 2800mm,管外径 2830mm。顶进分为两段,长度分别为 132m 和 442m。1 号 ~2 号段顶进地质主要为土层,采用 1 台喇叭口破碎刀盘泥水平衡顶管机施工。2 号 ~3 号段地质复杂,顶管穿越残积土、微风化花岗岩、强风化花岗岩、粉质黏土和砾质黏土等多种地层,地质变化频繁,岩石最高抗压强度为 115MPa。同时顶进轴线上有多块孤石,对顶管设备的选型及施工参数的控制提出较高的要求。

为满足本工程施工要求,工程选用泥水平衡复合刀盘破岩式顶管机,设备可操作性强,工效高,地层适应能力强,刀盘开口率 25%,在常规土层可以实现快速顶进,在岩石层可开舱进行刀具检查更换作业,具备岩石层和孤石的顶进能力。钢管外径为 2830mm,顶管机机壳外径为 2880mm,刀盘最大切削外径为 2910mm。

5.2.1 顶管机选型

5.2.1.1 泥水平衡复合刀盘破岩式顶管机

顶管机主要由切削破碎系统、驱动系统、纠偏及液压系统、壳体、机内进排泥系统、测量显示系统、电气操作系统等组成,如图 5-2 所示。

壳体之间由纠偏油缸连接。壳体之间间隙里有密封圈,它能确保在纠偏过程中此间隙里不会发生渗漏。同时,在前、中、尾壳体连接处焊有防偏转装置的插销,有效地防止前、中、尾壳体的相对偏转。

电气控制系统和纠偏油泵均安装在中壳体内,中壳体的左边是电气柜,右边是机内纠偏油泵站。操作人员通过机外操纵台来操纵和控制顶管机的所有动作。在操纵台的立面板上有一只机内状态显示器和一只数字显示的倾斜仪表,能够清楚地反映出顶管机的工作情况,以及顶管机在顶进过程中所处的水平方向的姿态,以便于判断高程纠偏的效果和顶管机的趋势。

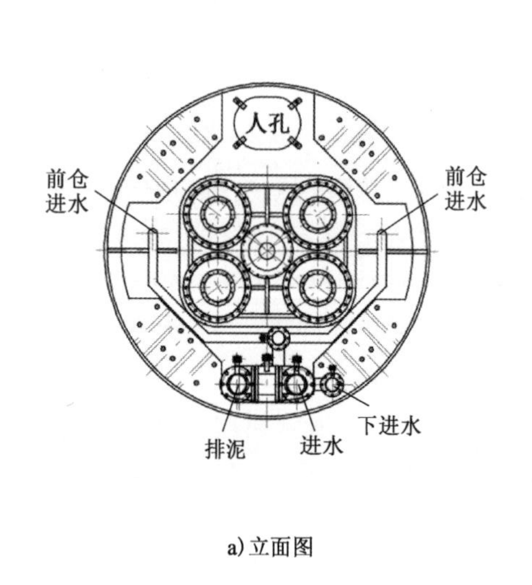

a)立面图

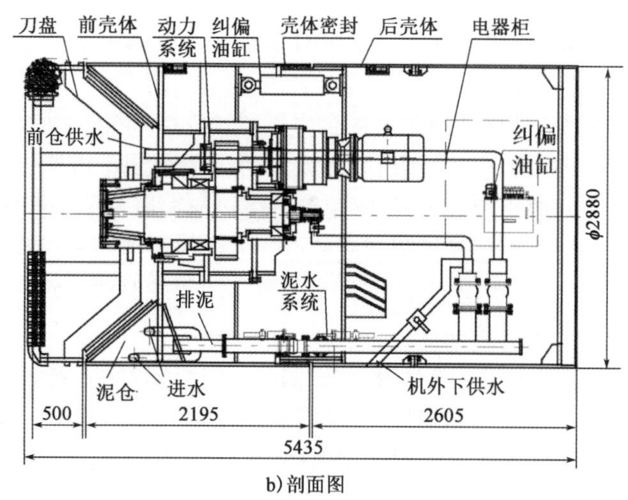

b)剖面图

图 5-2　泥水平衡复合刀盘破岩式顶管机结构图(尺寸单位:mm)

切削破碎刀盘由放射状的切削刀具排刀盘的正面上。刀盘与驱动箱之间有一组特殊的密封装置(多齿橡胶密封),它能确保在工作过程中封住泥土和水,不让其侵入到机内。

刀盘由 4 台行星减速器带动,电动机功率为 45kW。

机内进水排泥系统球阀是通过油缸来控制,它们由进水、排泥、旁通组成。

球阀的油缸控制方式是点动的。纠偏系统由液压动力源、控制阀、纠偏油缸及管路等组成。液压动力源所采用的油泵为柱塞泵,它的工作压力一般调定在 20 ~ 25MPa。安装在阀板上的溢流阀为叠加阀,是用以调定系统压力的,其中 4 组阀是控制进水排泥系统球阀的,还有 4 组是控制纠偏油缸的。为了确保在纠偏以后使纠偏油缸的行程不变,在每组纠偏油缸中均安装了液压锁。同时,又为了防止受到较大推力及纠偏时 4 台油缸能正常工作,本液压回路中还设有保护性的阀可确保动作可靠。

机外电气操纵台的立面板主要是仪表显示板、水平面板主要是控制按钮板。在立面板上有数据显示、电源电压表、电流表、换相开关、报警指示等。水平面板上主要控制按钮有:电源的通与断;刀盘的转运、停止;纠偏油泵及油缸的动作;机内进排泥阀的动作等,都是通过操纵人员按下相关的按钮来实现的。泥水平衡复合刀盘破岩式顶管机主要性能参数见表 5-3。

泥水平衡复合刀盘破岩式顶管机主要性能参数表　　表 5-3

项　目	参　数	项　目	参　数
单次最大顶进距离	≥1000m	最大破岩能力	120MPa
最大开挖直径	2910mm	刀盘转速	0 ~ 4r/min
驱动功率	45kW × 4 台	刀盘扭矩	885kN · m
滚刀数量(14in)	15 把	刀盘开口率	25%
进排浆管径	150mm	进仓通道尺寸	400mm × 600mm

刀盘及破碎结构的设计如图 5-3 所示。

14in 滚刀在刀盘上的布置,主要考虑了滚刀类型、径向布置与周向布置。径向布置主要根据相邻滚刀间距确定，根据岩石的饱和抗压强度不同，本工程岩体抗压强度按照最高120MPa考虑。

为了提高设备耐用性，刀盘支腿堆焊耐磨条。盾体承压隔板为锥形板焊接，形成一个“破碎仓”，在锥板上焊有硬质合金耐磨条，此耐磨条为双层结构，硬质合金部分与渣土接触，本体与盾构锥板焊接，这样既保证其可焊性又可以达到破岩的效果。在锥形板下部，设计有“筛孔”过滤小粒径石块。

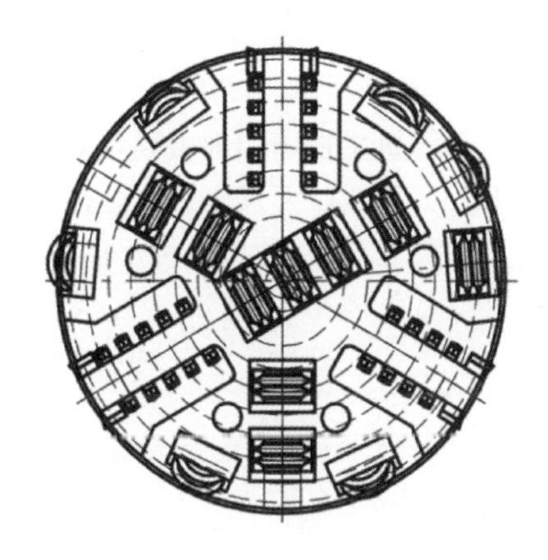

图5-3 刀盘结构设计图

注：刀盘开门率25%

顶管机刀盘开口率为25%，分两次破碎，刀盘滚刀第一次破碎，刀盘牛腿与锯齿形格栅二次破碎。允许进入二次破碎仓的石块直径≤200mm，超过200mm的石块滚刀进行破碎。进入二次破碎后，由破碎牛腿破碎成≤65mm的碎石经过65mm直径的格栅孔进入排浆管道。二次破碎结构示意图和实物图如图5-4、图5-5所示。

a）刀盘牛腿示意图

b）盾体承压隔板示意图

图5-4 二次破碎结构示意图

图5-5 二次破碎结构实物图

5.2.1.2 喇叭口破碎刀盘泥水平衡顶管机

顶管机主要由切削破碎系统、驱动系统、纠偏及液压系统、壳体、机内进排泥系统、测量显示系统等组成。刀盘安装合金撕裂刀，可撕裂中风化和部分孤石，混凝土块等障碍物，机舱具有二次破碎功能，适应各种不同地层长距离顶管施工。喇叭口破碎刀盘泥水平衡顶管机主要性能参数见表5-4。

喇叭口破碎刀盘泥水平衡顶管机主要性能参数表　　表5-4

项　目	参　数	项　目	参　数
单次最大顶进距离	≥1000m	适应地质条件	土层、砂层、强风化岩、局部中风化岩、回填土，具有二次破碎功能
最大开挖直径	2900mm	刀盘转速	0～2r/min
驱动功率	37kW×4台	刀盘扭矩	1180kN·m
进排浆管管径	150mm	纠偏油缸	8个
设备尺寸(直径×长度)	2900mm×4500mm	刀盘仓通道尺寸	400mm×600mm

5.2.2 顶管机的设备配置

(1)喷嘴

可单独或联合使用，满足不同地层要求。破碎和挖掘仓中的喷嘴直径可便利更换，满足不同喷射压力要求。刀盘喷嘴直径30～50mm，喷嘴安装数量4个，最大喷射压力6bar。

(2)主驱动模式

为满足小断面开舱作业条件，采用三排滚珠回转支撑轴承，采用电机驱动模式，考虑空间受限，采用风冷方式降温。

(3)泥水系统

顶管机泥水循环系统示意图如图5-6所示。

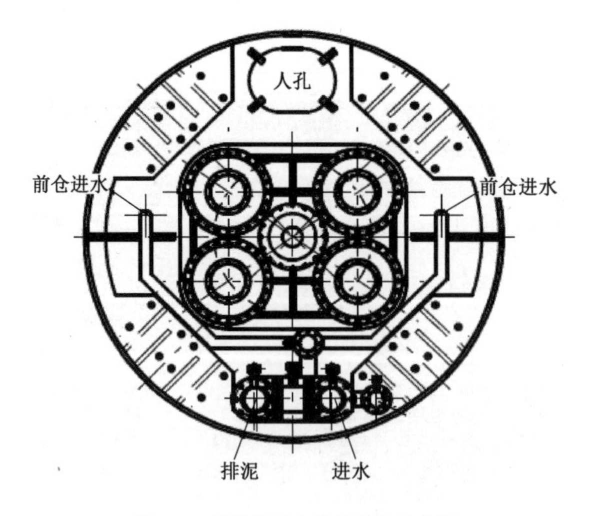

图5-6　顶管机泥水循环系统示意图

顶管机泥水循环系统采用6in(DN150)管路,其中面板有4路冲水管路,上部两侧配置2路3in(DN75)进水管路与刀盘直接冲水,下部备用2路3in(DN75)进水管,可单独管路,必要时2条进水管大水量进水冲刷。上部2路进水管路主要用于顶进施工时的大流量冲洗,下部2路备用管路用于出渣口堵塞时的反冲。

井下布置1台55kW,扬程50m,流量200m³/h的渣浆泵;同时在管内布置3台接力泵,布置位置分别为机后第一节管放置1个,机头后120m,机头后270m。接力泵功率30kW,扬程45m,流量200m³/h。地面配置一台功率55kW,处理量250m³/h的泥水分离设备用于渣土和泥浆分离,泥浆沉淀后由泥浆车运送至指定排放点。

(4)主顶配置

本项目主顶油缸配置4×3000kN动力系统,最大推力12000kN。

(5)测量系统

主机内配置激光光靶,利用布置于工作井的激光经纬仪将激光束打在掘进机的光靶上,通过观察光靶上的光点位置来判断管道在顶进过程中的高低和左右偏差。

(6)注浆系统

其主要功能就是起减摩作用,由拌浆、注浆和管道三部分组成。通过注浆系统能使顶进的管道周边与土层之间形成一个很好的浆套层,浆套层能把管道包裹起来,具有良好的润滑和减摩作用,有利于管道的顶进。注浆泵型号为ZJB-85/180。

(7)纠偏系统

顶管机内配置8台1000kN纠偏油缸,可进行上下左右纠偏,纠偏角度2.5°,油缸纠偏动作由地面操作台控制。顶进时管道偏离设计轴线,则启用纠偏油缸减小偏差,使管道轴线达到设计要求,纠偏时宜采用小角度纠偏,宜勤纠微调,在顶进中纠偏。

5.3 顶管穿越复合地层的施工控制技术

5.3.1 残积土地层顶进控制措施

(1)掘进参数控制

为了保证顶管残积土掘进期间,适应地层特性,满足控制地表沉降、轴线控制等要求,为顶管司机提供统一的参考数据。顶管掘进参数见表5-5。

顶管掘进参数表　　表5-5

序号	参数名称	参数值	备注
1	掘进面水压力	≥静水压力0.1~0.2bar	
2	泥浆流量	≥150m³/h	
3	刀盘转速	1~2r/min	
4	推进速度	≤17mm/min	
5	刀盘扭矩	80~120bar	当连续大于120bar时,空转破碎

续上表

序号	参数名称	参数值	备注
6	推进压力	70～100bar	
7	导向油缸行程	70～80mm	
9	泥浆相对密度	≥1.05	

注:1. 顶管司机反映实际情况到调度室,及时通知项目总工批准后,方可进行参数调整(根据现场实际情况进行适当调整)。
2. 1bar=0.1MPa。

(2)注意事项

①采用泥浆掘进。

②严格控制开挖面泥水压力,防止出现开挖面水土压力波动和负抽吸现象发生。

③严格控制泥浆性能指标,低于性能指标应立即停止掘进,进行泥浆配制,达标后再进行掘进。

④掘进完成后,切回旁通循环,连通管应处于打开状态,继续维持开挖面的泥水压力稳定。

5.3.2 岩石(孤石)层顶进控制措施

本工程存在岩石层,在岩石层施工时设备方向较难控制,而本次配置的顶管机不仅有4组行程可以自由控向,同时专门设置有锥式破碎机构,掌子面掘削产生的渣土进入刀盘仓后,在高强、耐磨破碎臂及破碎筋共同作用下得以破碎。渣土与泥浆混合后,经由出渣孔进入泥水环流系统排出,有效解决了硬岩段岩石破碎难的问题。

在全断面岩层掘进过程中,应采用较低的刀盘转速和顶进压力,应严格控制泥浆的各种性能指标,包括黏度、切力、密度和析水率等。掘进时应密切监测单环出渣量的变化。一旦发现出渣量明显异常,立即停止掘进分析原因。调整泥水环流参数,选择更为合理的泥浆泵转速、供排泥浆流量、泥水压力等。避免出渣不畅,在刀盘堆积堵塞。同时应避免刀盘旋转、泥水冲刷等原因对地层造成扰动。必要时,需要安排作业人员进入刀盘仓检查有无其他异常情况。岩石段顶进施工现场如图5-7所示。

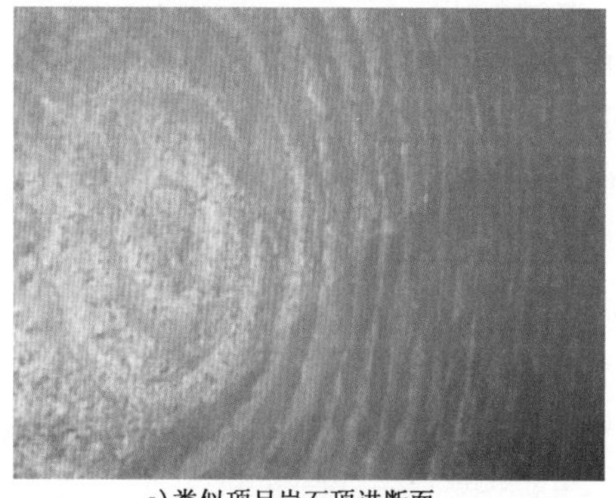

a)类似项目岩石顶进断面

b)本项目咬合桩顶进断面

图5-7 岩石段顶进施工现场

岩石地层由于岩屑的存在往往会发生岩屑抱死管节的现象。施工前管节设计冲洗孔，必要时对管节外部进行冲洗作业。管节采用A、B两种管材，两种管材按1∶1设置于前面40m管节处，冲洗孔间距6m。施工完成后对管节冲洗装置采用堵头进行封堵并按照管节内防腐要求做好防腐。管节冲洗孔如图5-8～图5-10所示。

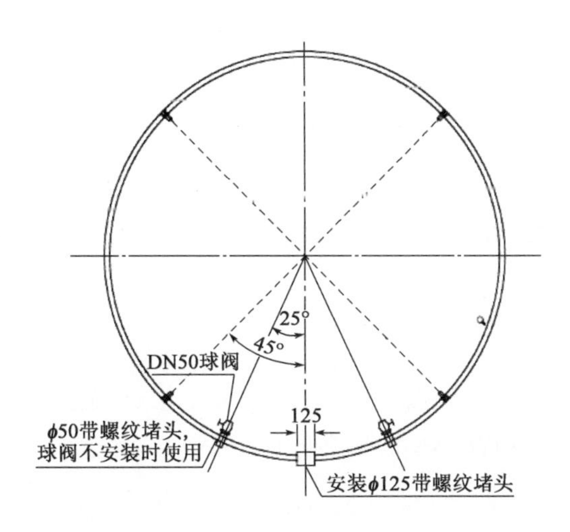

图5-8 管节注浆孔及冲洗孔设置示意图（尺寸单位：mm）

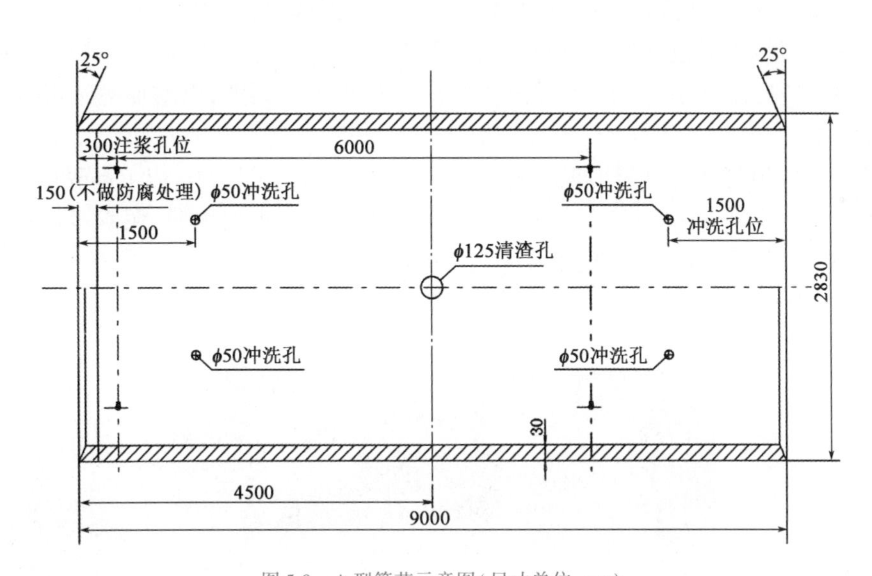

图5-9 A型管节示意图（尺寸单位：mm）

5.3.3 砂层顶进控制措施

本项目靠近海边砂层松散，水量大，施工时可能出现掌子面垮塌，导致地面沉降。顶管穿越砂层时，将采取如下措施，以减少对地层扰动，保障施工安全。

（1）顶管采取泥水平衡模式掘进，适当增大顶管机的推进速度，降低刀盘转速，确保土仓压力以稳定开挖面，应严密监测和控制地表沉降。

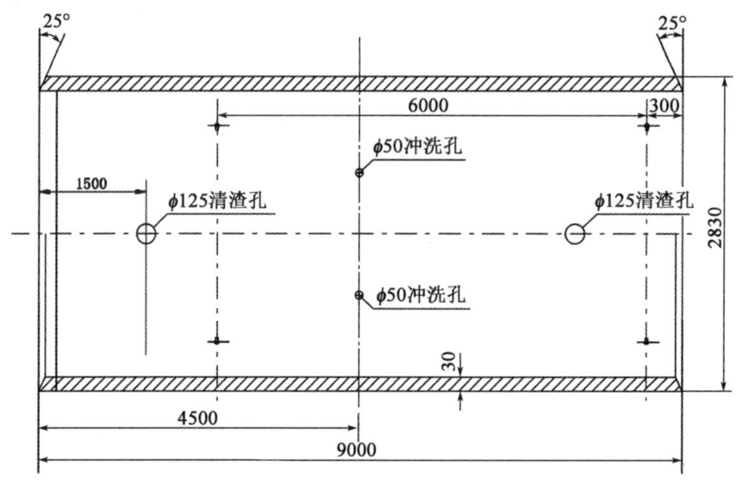

图 5-10　B 型管节示意图(尺寸单位:mm)

(2)采用膨润土泥浆进行携渣,改善泥水管道中砂、土、水混合物的流动性,使其成为一种塑性流动体,满满地通过泥水管道带出,避免堵管。

5.3.4　残积土(砂层)与岩石层过渡段顶进控制措施

(1)过渡段下部为硬岩层,上部为残积土或砂层,“下硬上软”,在掘进时受下硬上软的影响,容易造成顶管机头上扬趋势与控向困难。宜采用较低推力和适中转速掘进。

(2)在过渡段掘进刀盘转速宜控制在 2.5r/min,刀盘油压控制在 80 ~ 150bar 范围内,管道垂直姿态可根据岩石层软硬变化、掘进过程的变化趋势进行调整,以增加对下部岩层切削作用,保持直线度。

(3)针对砂层顶管施工可能出现的突涌现象,施工时首先采用60s 以上高黏度泥浆进行泥水循环,泥浆将有效携渣;同时依靠泥水平衡在刀盘前掌子面形成泥膜;泥水平衡通过泥浆压力进行平衡施工,在砂卵石地层顶进时,泥水压力设置宜大于地层水土压力 0.1 ~ 0.2bar 以平衡掌子面水土,其施工原理如图 5-11 所示。

图 5-11　掌子面施工原理图

(4)上部砂层下部岩石的上软下硬地段易发生设备抬头现象,因此施工前应拟根据现场实际情况对进入岩层前及离开岩石后上部小部分砂区域地质改良。当砂层密实度较小,较为疏松时,可采用注浆加固实施,注浆加固区域为:快到岩石前后覆盖填砂区前后左右各3m,同时应满足顶管管道上部3m空间,并进行空洞检测,同时加强中后期的监测频率。经探测,本项目砂层密实度较高,在顶进过程中未实施加固措施,采用较慢的速度直接顶进过了。

5.4 顶管减阻泥浆控制技术

5.4.1 注浆目的

(1)减小摩阻力

在顶管机和顶管管道向前顶进施工时,顶管机壳体外壁、顶管管道外壁会与土体发生摩擦,产生摩擦阻力。为了减小顶管机、管道顶进推力降低摩擦阻力,向管道外部与地层空隙压注一定量的润滑减阻泥浆,在顶管机、顶管管道与地层之间形成一层泥浆套,起到润滑减阻的作用,是目前顶管施工中减小顶管机和顶管管道受到摩擦阻力非常有效的一项技术措施。

(2)防止地表沉降、管道抱死

由于顶管机的掘进直径大于管道外径,在管道顶进过程中,管道和地层之间会存在空隙,此时管道上方的土体会在自然作用或外力作用下塌落,造成地表沉降,而且塌落的土体会包裹管道,造成管道顶进困难甚至是抱死,所以,应及时地向管道和地层之间空隙注入泥浆,防止地表沉降和管道抱死,如图5-12所示。

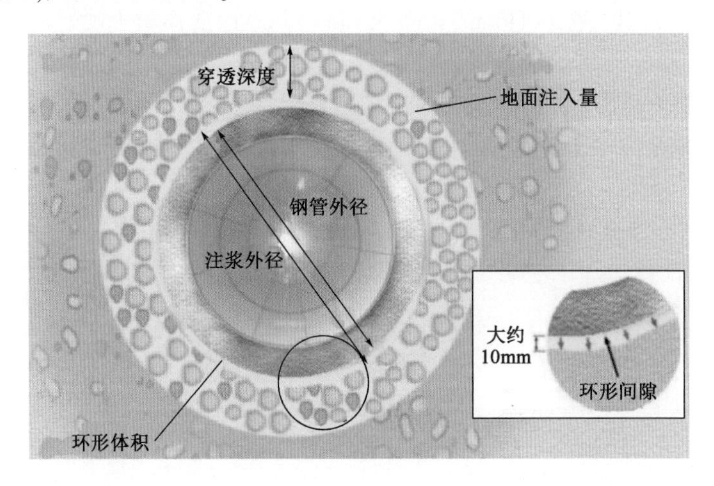

图5-12　注浆润滑效果图

5.4.2 注浆原则

润滑注浆应遵循“先注后顶、随顶随注、及时补浆、全线补浆”和“同步注浆与补浆相结合”的原则。

在顶管初始顶进阶段,从顶管机尾部 0 ~ 20m 的管节,应采取密集注浆方式,该范围内的所有注浆孔都应注浆,确保管道外壁和土体之间的间隙能形成均匀、稳定、连续的泥浆套,为之后的顶进减阻奠定基础。

润滑注浆管路在管道内的均匀布置,每一节管节设置注浆管路。每个注浆孔处设置阀门,在主管路上设置注浆压力表,注浆孔处注浆压力控制在 5bar 以内。

5.4.3 浆液配比试验

浆液配比(包括材料组成、技术指标等)由工程现场实验室根据地质状况、顶进距离等确定,并在实际使用中不断调整,以达到最佳润滑效果。

(1)泥浆配方

①配方 1:4% ~ 6% 非开挖专用膨润土 + 0.1% 羧甲基纤维素(CMC) + 1% 改性淀粉(DFD) + 0.6%-CT 植物胶 + 2% 磺化沥青粉(FT-1)。

②配方 2:6% ~ 10% 非开挖专用膨润土 + 2% FT-1。

③配方 3:8% ~ 10% 非开挖专用膨润土 + 0.5% CT 植物胶 + 2% FT-1。

④配方 4:3% ~ 5% 非开挖专用膨润土 + 0.2% CMC + 2% FT-1。

(2)配方特点

①配方 1:具有合适的黏度、良好的降失水性、良好的动塑比和润滑性,推荐用于各种黏土含量较高地层的顶管掘进。

②配方 2:具有合适的黏度、较好的降失水性、良好的动塑比,推荐用于含有大量砂、卵砾石的地层,以及松散破碎段地层。

③配方 3:具有较高的黏度、良好的降失水性和润滑系数,推荐用于洞门处补浆。

④配方 4:具有合适的黏度、良好的动塑比和润滑系数,推荐用于硬岩段顶管掘进。

考虑到本项目邻近海域,海水对于润滑浆液有影响,施工前现场进行泥浆配比试验,加入适量抗盐剂及纯碱,提高海域润滑泥浆性能。

5.4.4 注浆方案

(1)注浆量及压力的确定

注浆量应首先计算出理论注浆量,然后根据理论注浆量、地质状况等确定实际注浆量。实际注浆量可用如下公式计算:

$$V = 2\pi \cdot (R_1^2 - r_2^2) \cdot l \cdot f \tag{5-1}$$

式中:V——实际注浆量(m^3);

R_1——顶管机开挖直径(m);

r_2——顶管管道外径(m);

l——顶进长度(m);

f——实际注浆量与理论计算注浆量之间的差异系数,通常取 1.5 ~ 3.0。

通常顶管机尾部后 0 ~ 20m 内的顶管管道应充分注浆,以形成一个稳定、完整的泥浆套。之后管节注入的泥浆是用以不断补充,使浆套保持连续。如果有较长时间停止顶进,注浆工作也不能停止,必须每隔 3 ~4h 全线补注一次润滑泥浆。

顶管机尾部后 0 ~20m 内的顶管管道同步注浆量通常为地层间隙的 2 ~3 倍,其后面的同步注浆量为 1.5 ~2 倍。对于顶管曲线段超挖、顶管纠偏、地层特别松散、裂隙发达、透水性强等地段,注浆量可以适当提高,通常不超过地层空隙的 5 ~6 倍。

(2)注浆时间

按照“先注后顶、随注随顶、及时补浆”的原则,注浆作业时间应从顶管顶进前开始,与顶管顶进同步进行,并根据工程现场的实际情况在停止顶进的时候进行适当补浆。

5.4.5　注浆孔的布置

注浆孔按照每个断面 4 个布置,圆周方向相互间隔 90°分布(图 5-13)。相邻断面上的注浆孔可平行布置或交错布置。注浆孔安装在管节插口位置。每个注浆孔安装球阀。顶管机尾部的后续几节管节应连续设置注浆孔。

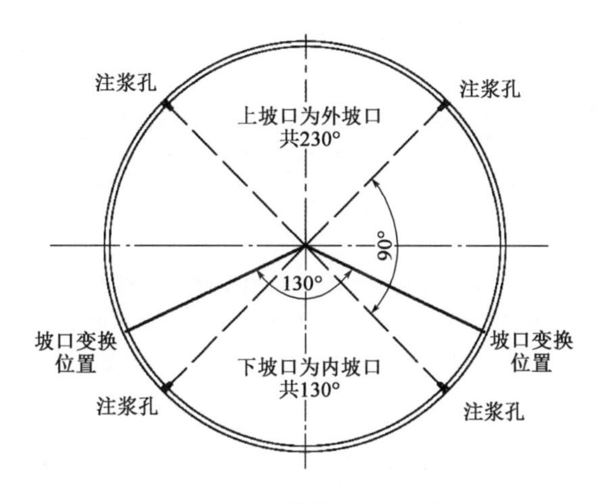

图 5-13　注浆孔分布示意图

在工作井的顶管管道洞口周围应预埋注浆孔,顶管始发、正常顶进时可用于注入润滑泥浆,管道贯通需要封闭洞门时可用于注入水泥浆封水。

5.4.6　浆液制备

为了保证本工程润滑泥浆的供应充足,润滑泥浆制备采用两台制浆机,一台为自动注浆润滑系统自带,用于顶管顶进时同步制浆,另一台为额外配备,用于提前制备浆液,以备浆液供给不足或同步制浆机故障。

浆液制备应按配合比要求将各原材料计量准确、拌制均匀,并具有以下特性:

(1)制备的浆液具有很好的稳定性,静置 24h 应无离析现象。

(2)在输送和注浆过程中应成胶状液体,具有较好的流动性。

(3)注浆后静置一段时间应呈胶凝状(俗称豆腐脑状),具有一定的固结强度。

(4)顶管管道顶进时,泥浆被扰动后应成胶状液体。

施工中应及时对泥浆的黏度、相对密度、pH 值、注浆压力、注浆量等进行检测。

5.4.7 操作注意事项

(1)员工作业前要熟悉注浆设备及配比,了解注浆工艺。

(2)膨润土进入现场时要按要求进行储存,防止潮湿。

(3)制备膨润土浆液时要搅拌均匀,无颗粒状,防止堵管。

(4)安装注浆及空气管路时,快速接头确保紧固,防止漏浆漏气。

(5)控制电缆需挂起,防止接头处进入浆液或电缆损坏。

(6)注浆作业应按照技术要求进行,防止爆管或注浆不足。

(7)设备长时间停机或维修时,需要定期注浆以防管道抱死。

(8)施工完成后需及时将管壁与土层之间的触变泥浆置换成水泥砂浆(或含粉煤灰),以减少地面沉降。

5.4.8 注浆质量控制

为了使注浆产生良好的效果,保证注浆质量,从施工开始到注浆结束,对注浆过程的每个环节都需要严格控制。注浆质量控制要点见表5-6。

注浆质量控制要点　　表5-6

项　目	控制要点
浆液质量控制	(1)每次注浆前都要认真检查泥浆罐中浆液的黏度,保证黏度符合要求; (2)浆液要搅拌充分,配置后要陈放24h后方可使用,保证充分水化; (3)泥浆罐上方应设置防雨棚,防止雨水掺入泥浆后影响性能
注浆压力的调整与控制	(1)注浆压力不宜过高,避免因压力过高而产生冒浆或地层压裂,不能在管壁与地层之间形成泥浆套; (2)当注浆压力过大时,调整浆液黏度或注浆速度、浆液配比,以保证注浆压力的持续和平稳
观察注浆泵的工作情况	注浆过程应仔细观察注浆泵的工作情况,发现注浆泵工作异常或注浆泵发生阻塞要及时处理,尽快恢复正常注浆
掌握好压水量	(1)每次注浆后,都应压入一定量的清水,以防因浆液较稠而在管路与注浆泵中凝固; (2)压水量应仔细计算,过多过少都不行。过多,靠近注浆管附近浆液被水稀释,浆液性能被破坏;过少,浆液会在管路中凝结
形成环状浆液	(1)顶管管节采用钢管; (2)膨润土泥浆通过管节内壁的压浆孔入口进入到管节焊缝周边环形间隙中,泥浆在充满环形间隙后,向土体中扩散,这样点状浆液出口变成了环状浆液出口,形成有效的泥浆护套,提高压浆质量,取得良好的减阻效果

(1)注浆前,应检查注浆设备、管路及其他设施的密封性,保证注浆压力、注浆量,避免跑浆、漏浆。

(2)注浆时,注浆压力应逐步升至控制压力,稳定控制压力均匀注浆。

(3)注浆遇有机械故障、管路堵塞、接头渗漏等情况时,经处理后方可继续注浆、顶进。

(4)施工期间,应定期取样,以检验泥浆各项性能指标,并根据实际情况进行调整。

(5)浆液应严格按配比拌制。

(6)浆液的黏度、相对密度、流动性、pH 值、失水率等指标应在施工过程中根据实际注浆效果进行调整优化。

(7)应采用同步注浆和补浆相结合的方式注浆,保证管道外围形成连续、稳定的泥浆套。

(8)对于顶管曲线段超挖、顶管纠偏、地层特别松散、裂隙发达、透水性强等地段,注浆量应适当提高。

(9)避免管节接口、中继间、工作井洞口及顶管机尾部等部位的水土流失和泥浆渗漏,并确保管节接口端面完好。

本工程泥浆存储采用两种方式:一种为自动注浆润滑系统自带储浆罐储浆;另一种为泥浆池或泥浆箱储浆。前者为顶管顶进时同步注浆的临时储浆,储浆量小;后者为防止注浆供给不足进行储浆,储浆量大。

润滑泥浆由注浆泵通过注浆管路输送到管道和顶管机内,然后地面操控将泥浆注入地层。

5.5　本章小结

2 号 ~3 号顶进段地质复杂,顶管穿越残积土、微风化花岗、强风化花岗、粉质黏土和砾质黏土等多种地层,地质变化频繁,岩石最高强度约 115MPa。同时顶进轴线上有多块孤石,对顶管设备的选型及施工参数的控制提出较高的要求。

(1)通过配置岩土复合顶管机,刀盘选用 14in 破岩滚刀 15 把,刀圈为进口材料,还布置了切削土高强合金刮刀;有 4 组 8 台纠偏千斤顶在地面操作台控制,可以自由调整机头掘进方向,同时专门设置有锥式破碎结构,掘削产生的岩石进入刀盘仓后,在高强耐磨破碎臂和喇叭口破碎筋共同作用下得以破碎,渣土与泥浆混合后,经由出渣孔进入泥水环流系统排出,有效解决了硬岩段岩石破碎难的问题。

(2)通过对顶管机进行以下改进:①泥仓喇叭口面板上设计为组合多孔排泥,孔径为 65mm,排渣孔开孔总面积为管径截面积的 7% ~8%;②喇叭口上布置 4 路 3in 进水管线用于冲刷稀释刀盘切削下的泥土,更有利于渣土从排泥孔排出,有效解决了顶管机在土层掘进普遍存在的功效低、顶进速度慢的问题。

(3)通过顶管掘进过程控制,顺利并提前完成了基岩凸起段掘进。在全断面岩层掘进过程中,应采用较低的刀盘转速和顶进压力,应严格控制泥浆的各种性能指标,包括黏度、切力、密度和析水率等。掘进时应密切监测单环出渣量的变化。一旦发现出渣量明显异常,立即停止掘进分析原因。调整泥水环流参数,选择更为合理的泥浆泵转速、供排泥浆流量、泥水压力等。避免出渣不畅,在刀盘堆积堵塞。同时应避免刀盘旋转、泥水冲刷等原因对地层造成扰动。必要时,需要安排作业人员进入刀盘仓检查有无其他异常情况。

第6章
CHAPTER 6

复杂地质条件下顶管施工力学分析

在城市隧道工程施工中,由于顶管法在建设费用上优势显著,在条件允许的情况下,大量工程选择使用顶管技术进行隧道开挖。影响顶管施工控制的影响因素多,开挖面推力、地质条件、钢管结构、千斤顶力、注浆减阻、掘进速率等对顶管掘进姿态及地面沉降控制有重要影响。顶管法施工对地层参数的变化极为敏感,在不同的地区,由于地层分布差异及岩土体物理力学性质的差异性,不能直接照搬其他地区的施工经验,同时也不应依靠单一手段来进行沉降控制。因此,仍需结合具体的工程,针对典型的地层进行针对性研究及探讨,研究关键施工参数对不同地层中顶管隧道施工引起的地层变形的影响规律,为顶管施工安全和地表沉降控制提供参考。

本章以厦门市前埔污水处理厂尾水引至环岛路外侧海域进行深水排放工程为背景,该工程需新建1条DN2800的排放管道,长度为2520m,其中陆域段自前埔污水处理厂出水箱涵出口沿会展南五路、穿越环岛路至下海点。3号工作井至2号工作井之间需施工1条DN2800管线,长度为442m,排放管均采用钢管。工程经过〈1〉残积土、〈2〉砂层、〈3〉岩石层、〈4〉上软下硬层。地层软硬差异较大,如果控制不好,可能引起顶管姿态偏移,地表产生较大的扰动,引起周边土体的变形。

钢管由于管道比较薄,刚度较小,长距离顶进时容易发生整体屈曲,超大直径管道极易发生局部的屈曲,这导致管道的应力分布情况变得非常复杂,对工程安全造成了严重威胁。特别是在复杂地质条件下,顶管与周边土体的相互作用,更加重了钢管的变形,因此,研究复杂地质条件下钢顶管的受力特性,以及顶管对周边土体的影响规律,对于大直径、长距离顶进管道的设计和施工具有重要意义。

结合依托工程特征,本章主要内容如下:

(1)不同地层顶管三维数值建模方法。分别对本工程经过的残积砂质黏性土、砂层、岩石层中顶管掘进过程进行数值仿真模拟。分别模拟顶管经过不同土层引起的地层变形规律。

(2)不同顶管施工参数对地层的扰动规律。选择本工程穿越较多的土层作为典型地层,根据施工参数变化,分析顶管对施工扰动的范围,考虑掘进机正面顶推力、侧面摩阻力、土结构协同变形等因素,分别对土体深层水平位移进行了分析。评价实际顶进过程中管-土相互作用效应以及顶管对周边土体的影响。

(3)顶力计算的经验公式与管-土界面摩擦特性。顶力是顶管工程中关键技术参数,它涉及管土间的摩擦系数、顶进长度、顶进机械、施工工艺、管材强度等重要方面。研究现有顶管的顶力计算公式,结合本工程的地层情况及实际顶力值,获得厦门地区钢管顶管顶力计算的经验公式,并提出公式中参数的取值范围建议。

6.1 顶管掘进三维数值模拟方法

6.1.1 数值模型概况

基于 PLAXIS 3D 岩土有限元数值分析平台,建立顶管机-注浆-复合地层-地下水相互作用的三维数值模型。采用刚度迁移法模拟复合地层隧道顶管推进施工过程,比较全面、细致地考虑各施工因素,如开挖面支护压力、千斤顶推力、顶管机超挖、机身与土体相互作用、折减系数、壁后注浆的时空变化性质、地下水压力等等,研究地表或隧道周围地层中位移的大小和分布情况,地表沉降随顶管机掘进的动态变化规律,以及钢管管道的变形和内力情况。

(1)整体模型设计

前埔污水处理厂三期工程(排海管)顶管区间主要穿越三类地层组成的复合地层,即中砂、残积砂质黏性土和微风化花岗岩。顶管外径 2.83m,管道厚度 30mm,管道长度 6m 或 9m,隧道底部高程为 -4.0m。建模时分别考虑顶管隧道埋入三种地层情况,分别对应顶管与土岩复合地层的三类相对位置关系,即顶管横断面完全位于中砂层,完全位于残积砂质黏性土层,完全位于微风化花岗岩,如图 6-1 所示。

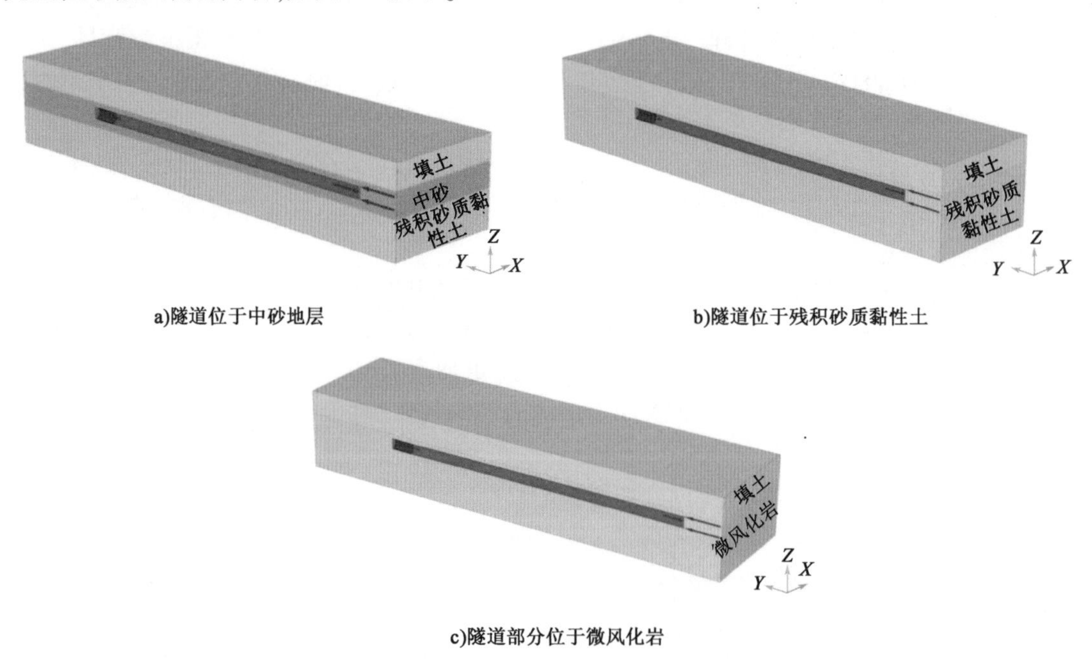

a)隧道位于中砂地层

b)隧道位于残积砂质黏性土

c)隧道部分位于微风化岩

图 6-1 顶管与土岩复合地层的三类相对位置关系

为了提高计算效率,取一半隧道建模,沿隧道轴线方向(Y 轴)模型长度 80m,沿隧道横向(X 轴)模型宽度 30m,模型高度自地表向下($-Z$ 轴)取至 21m 深度。模型四周侧边界设置水平约束,底部边界设置固定约束。根据钻孔柱状图,地下水位埋深取 1m。

以顶管隧道完全位于中砂地层的情况为例,三维网格模型如图 6-2 所示。

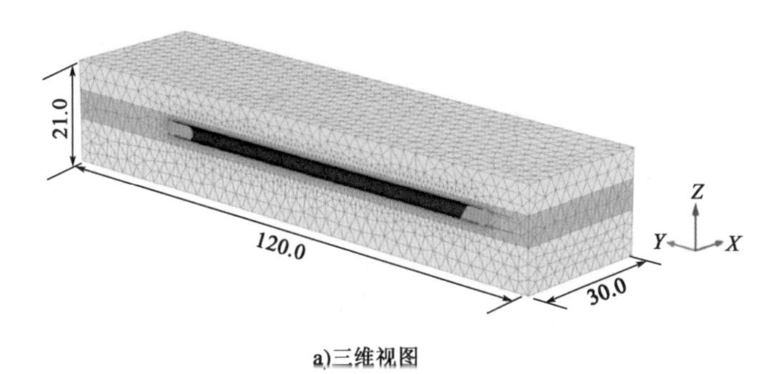

a)三维视图

b)左视图

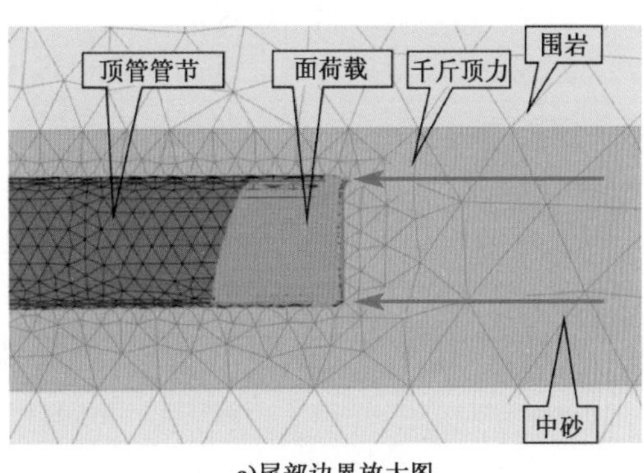

c)尾部边界放大图

图 6-2 顶管隧道三维网格模型(尺寸单位:m)

(2)单元及材料

围岩采用 10 节点高阶四面体实体单元进行模拟,围岩力学行为采用小应变土体硬化模型(HSS 模型)进行描述,注浆层行为采用界面单元进行描述(结合泥浆力学属性与数值模拟估算获得,后面章节再做具体分析)。管道钢管采用板单元模拟,顶管机采用板单元模拟。顶管机和管道钢管假定为线弹性材料,顶管机质量 45t。

(3)千斤顶力的模拟

根据开挖面压力以及管道的摩擦力等因素综合确定。按照资料经验以及前方掌子面压力换算确定,根据实测,不同的穿越地层千斤顶压力不同。

(4)刀盘超挖模拟

顶管机机壳外径为 2890mm,刀盘超挖直径 2950mm 采用断面收缩率(C)来模拟这一因素引起的地层损失。标准模型输入值为 2% 左右。

(5)开挖面支护压力(N)

开挖面支护压力根据静止土压力及水压力确定。输入随深度变化的均布荷载。

(6)模型中围岩参数

参数根据项目工程地质资料概化而来,结构单元参数根据结构设计资料及单元特性选取,模型基本输入参数见表 6-1、表 6-2。

(7)尾部

模拟顶管尾部千斤顶力同时,施加一个平衡面力用于平衡边界的土体压力。

围岩材料计算参数　　表 6-1

参　数	填　土	中　砂	残积砂质黏性土	微风化岩
$\gamma(\mathrm{kN/m^3})$	18.5	19.0	18.2	26.0
E_{50}^{ref} $(\mathrm{kN/m^2})$	6000	1.35×10^4	6200	莫尔-库仑模型，$E=1.5\times10^6$ $\mathrm{kN/m^2}$，$\nu=0.25$
$E_{\mathrm{oed}}^{\mathrm{ref}}$ $(\mathrm{kN/m^2})$	6000	1.35×10^4	6200	
$E_{\mathrm{ur}}^{\mathrm{ref}}$ $(\mathrm{kN/m^2})$	24000	4.05×10^4	24800	
m	0.55	0.50	0.50	—
c'_{ref} $(\mathrm{kN/m^2})$	8.0	1.0	20.8	300.0
φ' (°)	28.0	32.0	28.3	48.0
$\gamma_{0.7}$	4×10^{-4}	2.5×10^{-4}	2.5×10^{-4}	—
G_0^{ref} $(\mathrm{kN/m^2})$	5×10^4	8×10^4	9×10^4	—
界面折减系数 R_{inter}	—	0.4	0.4	0.4

板单元材料参数　　表 6-2

项目	$\gamma(\mathrm{kN/m^3})$	d (m)	E $(\mathrm{kN/m^2})$	ν	长度(m)
顶管机	520*	0.016	2×10^8	0.00	6
管道	78.5	0.015	2×10^8	0.00	6

注:标*为折算顶管相关设备重量之后的重度。

6.1.2　顶管掘进施工过程模拟

顶管隧道施工过程模拟具体说明如下:

(1)顶管机就位。顶管机身完全进入地层中,开挖面距开挖起点6m,围岩由顶管机支承,开挖面上作用支护压力。为了消除边界效应,顶管尾部设置在距离边界10m位置,尾部土体采用支护压力保持平衡。

(2)顶管推进1环(6m)。顶管机和开挖面向前推进1环,尾部第1环管道,管道壁后同步注浆。管道端面承受千斤顶力。根据实测,前进84m,千斤顶力从800kN增加到1600kN。

(3)按第(2)步所述方法继续向前推进,直至达到指定位置。

图6-3所示为顶管机推进到第3、6、9、13节顶管的模型图。

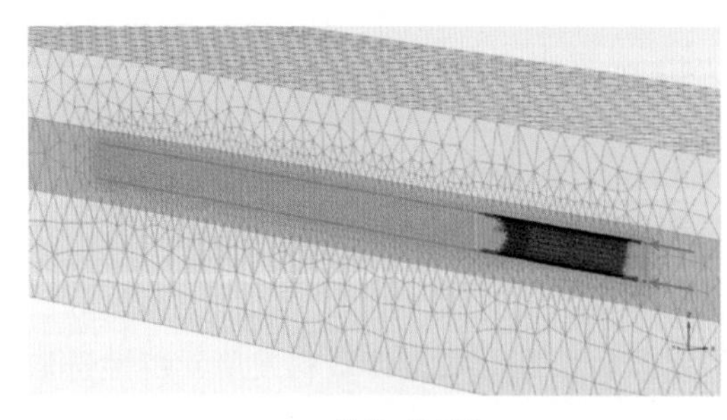

a)推进3节顶管

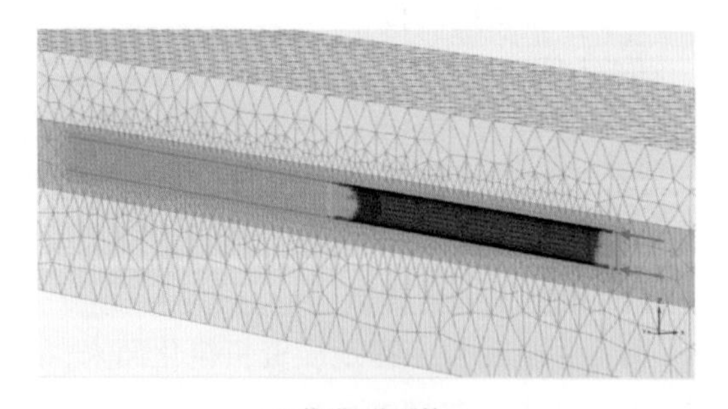

b)推进6节顶管

图　6-3

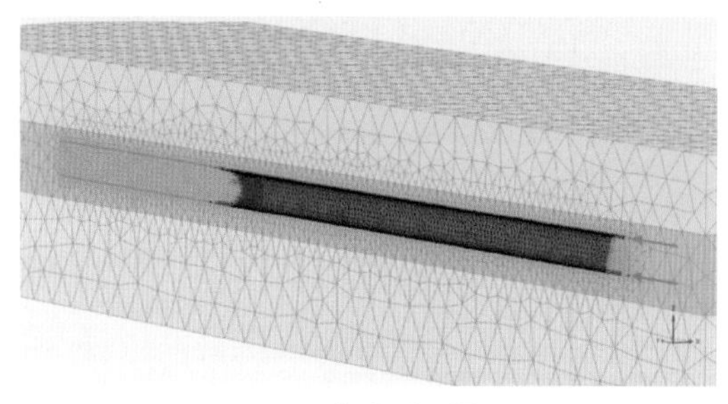

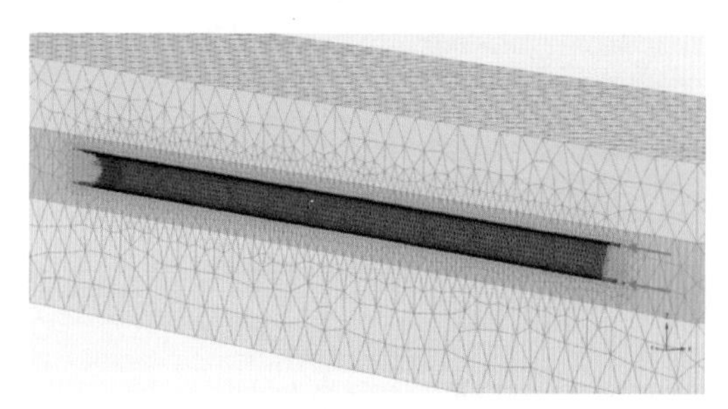

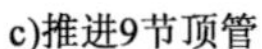

c)推进9节顶管　　d)推进13节顶管

图 6-3　顶管推进过程模拟示意图

下面以第 6 节管片顶进为例,具体说明顶管施工模拟过程中的模型设置方法,见表 6-3。

顶管顶进第 6 节管片的模型设置说明　　表 6-3

步　骤	说　明
1	冻结第 5 顶管板单元收缩
2	用顶管材料组替换第 5 顶管范围内的板单元
3	增加尾部端面的千斤顶力
4	冻结原开挖面上的支护压力
5	冻结原开挖面前方一环范围内的土体
6	激活原开挖面前方一环板单元及接触面
7	激活新的开挖面支护压力
8	激活顶管机收缩,设定收缩率

6.1.3 数值模拟方案

考虑隧道分别位于中砂、残积砂质黏性土和微风化岩的情况,分别对顶管隧道开挖面支护力 N,顶管超挖引起的收缩率 C 和泥浆润滑折减系数 K 进行变化,研究顶管在掘进时,施工参数 N、C、K 对地表沉降和围岩水平变形响应的影响规律,见表 6-4,进而为控制地表环境和周边地下管线变形,提供参考依据。

数 值 模 拟 方 案　　表 6-4

工　况	模 型 编 号	施 工 参 数		
		开挖面支护力 N(kPa)	顶管收缩率 C(%)	泥浆折减系数 K
工况一:中砂土层	1-1(标准模型)	140	2	0.4
	1-2(N 变化)	120	2	0.4
	1-3(N 变化)	160	2	0.4
	1-4(C 变化)	140	1.6	0.4
	1-5(C 变化)	140	2.4	0.4
	1-6(K 变化)	140	2	0.2
	1-7(K 变化)	140	2	0.6

续上表

工　况	模型编号	施工参数		
		开挖面支护力 N(kPa)	顶管收缩率 C(%)	泥浆折减系数 K
工况二:残积砂质黏性土	2-1(标准模型)	140	2	0.4
	2-2(N变化)	120	2	0.4
	2-3(N变化)	160	2	0.4
	2-4(C变化)	140	1.6	0.4
	2-5(C变化)	140	2.4	0.4
	2-6(K变化)	140	2	0.2
	2-7(K变化)	140	2	0.6
工况三:微风化岩	3-1(标准模型)	140	0.2	0.4
	3-2(N变化)	120	0.2	0.4
	3-3(N变化)	160	0.2	0.4
	3-4(C变化)	140	0.1	0.4
	3-5(C变化)	140	0.3	0.4
	3-6(K变化)	140	2	0.2
	3-7(K变化)	140	2	0.6

6.2 不同地层顶管掘进施工扰动数值分析

6.2.1 中砂地层顶管掘进扰动分析

6.2.1.1 开挖面支护压力 N 的影响

在顶管掘进时维持开挖面稳定是保证施工安全的关键,一旦开挖面失稳,将造成土体过度变形甚至塌陷,导致周围建筑物破坏等一系列严重后果。为了平衡刀盘前面的水土压力,需要给泥浆或土仓内的土体施加适当的压力。当隧道开挖面支护压力设计值较大时,不仅会诱发产生地表隆起,且易造成顶管刀盘的较大磨损,经济性不好;而开挖面支护压力设计值太低又会造成地表沉降过大,甚至发生开挖面坍塌现象,安全性得不到保障。

(1)顶管掘进段支护压力 N 的设定

对于隧道穿过土层相对单一,地形平坦或者坡度、起伏不大,隧道线型平缓的情况,支护压力设定已经积累了大量的工程经验。一般选择顶管中心支护压力介于其主动土压力和静止土压力之间,即:

$$N_{\min} = \gamma' h \tan^2\left(\frac{\pi}{4} - \frac{\varphi'}{2}\right) - 2c \cdot \tan\left(\frac{\pi}{4} - \frac{\varphi'}{2}\right) + \gamma_w H \tag{6-1}$$

式中:γ'——土体浮重度;

h——土体表面到顶管中心的竖直距离;

γ_w——水的重度；

H——水平面到顶管中心的竖直距离；

其他符号含义同前。

对于无黏性土，$c=0$。

$$N_{max}=\gamma' h\cdot(1-\sin\varphi')+\gamma_w H \tag{6-2}$$

取 N_0 为顶管中心的支护压力值，按照已有工程经验，则有：

$$N_{min}\leqslant N_0\leqslant N_{max} \tag{6-3}$$

把土体参数代入式(6-1)、式(6-2)即可得顶管中心支护压力可设定范围。可以得出：在一般情况下，支护压力设定值有一定的选择范围，这将有利于施工单位根据具体情况进行调整。例如：需要严格控制沉降则适当加大支护压力等。实际上支护压力还需要结合地层特性进行设定。

本章标准模型的顶管底部支护压力值根据该处水头压力值90kPa和土体水平有效压力50kPa综合考虑确定，标准模型（模型1-1）的顶管顶部支护压力值设为90kPa + 50kPa = 140kPa。对比模型（模型1-2、模型1-3）的支护压力值相对标准模型分别降低和提高20kPa（换算为掌子面合力141kN），即模型1-2、模型1-3的开挖面支护压力N分别设为120kPa和160kPa。

(2)开挖面前方土体变形

图6-4所示为开挖面支护压力 N 分别取120kPa、140kPa和160kPa时，开挖面前方土体的位移矢量。

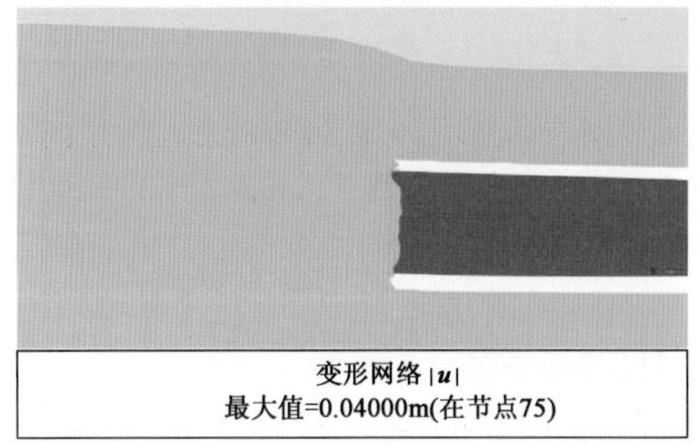

a) N=120kPa

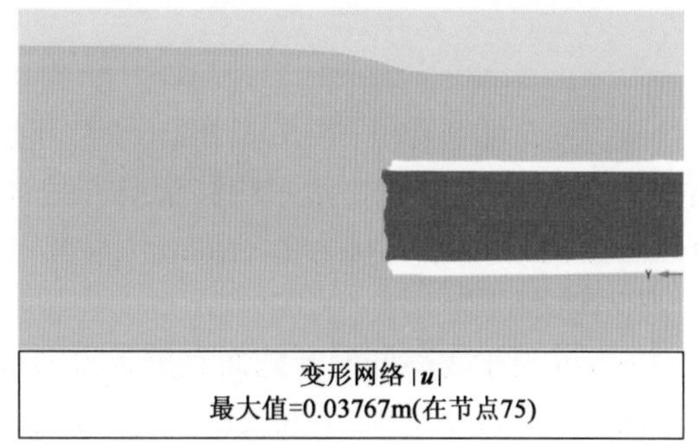

b) N=140kPa

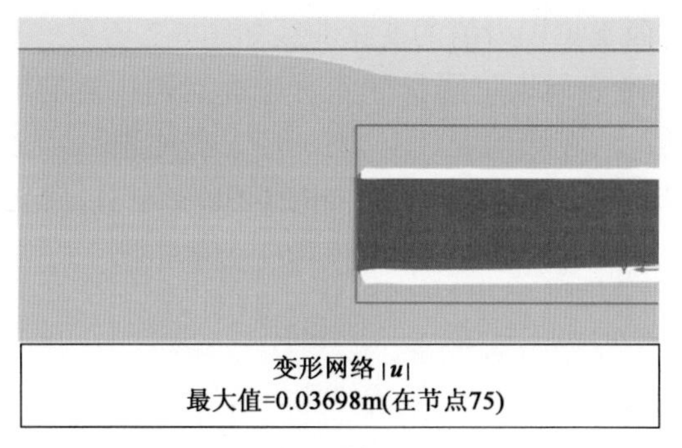

c) N=160kPa

图6-4 不同支护压力下开挖面前方土体总位移变形网格图

从图6-4可以看出，当 N = 120kPa时，开挖面发生向隧道内的位移，说明该压力值略低于维持开挖面静态平衡的压力值；当 N = 140kPa时，开挖面附近土体以竖向变形为主，开挖面向隧道内部的位移趋势减弱，表明此时设定的支护压力值虽仍略低但已接近开挖面静态平衡压力值；当 $N = 160\text{kPa}$ 时，开挖面附近土体产生向开挖面前方的近似水平位移，说明该支护压力值略大于开挖面静态平衡压力值。

图 6-5 给出了开挖面设置不同支护压力值时对应的开挖面沿隧道轴向的水平位移情况。

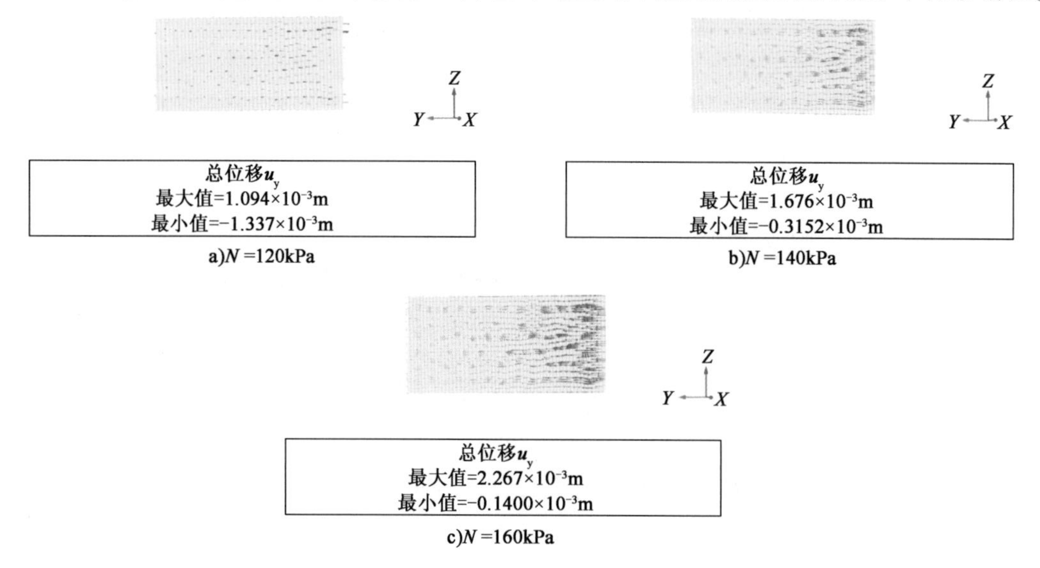

图 6-5　不同支护压力下开挖面前方土体水平位移矢量图

从图 6-5 可以看出，当 $N = 120\text{kPa}$ 时，开挖面最大水平位移为 -1.34mm，指向隧道内部；当 $N = 140\text{kPa}$ 时，开挖面水平位移指向开挖面前方，但最大水平位移 1.68mm；当 $N = 160\text{kPa}$ 时，开挖面最大水平位移为 2.27mm，位移方向指向开挖面前方。

(3) 地表沉降

图 6-6 所示为不同的开挖面支护压力下地表沉降分布情况。

从图 6-6 可以看出，不同支护压力下地表沉降分布特征基本一致，均质地层中顶管引起的地表沉降分布较稳定，线路上沉降值差异变化不明显。

地表最大沉降随开挖面支护压力值的变化曲线如图 6-7 所示。

从图 6-7 可见，总体上地表最大沉降量随着开挖面支护压力的增加变化不显著。由于顶管直径较小，掌子面压力较小，在当前埋深下，附加应力在地表已经完全消散。

上述结果说明，支护压力控制在土体平衡力的 140kPa 左右，变化幅度不超过 20kPa，则对地表沉降无影响。

6.2.1.2　顶管收缩率 C 的影响

(1) 顶管周边土体位移

顶管机一般直径尺寸分为顶管机外径和刀盘开挖直径，为了增加顶管在土体中的灵活性，同时利于减小机身与周围土体之间的摩阻力，刀盘开挖直径一般大于顶管机外径，这显然会引起一定的地层损失。同时，顶管的直径比顶管机外径也要小一些。顶管机尾部形成的间隙如图 6-8 所示。

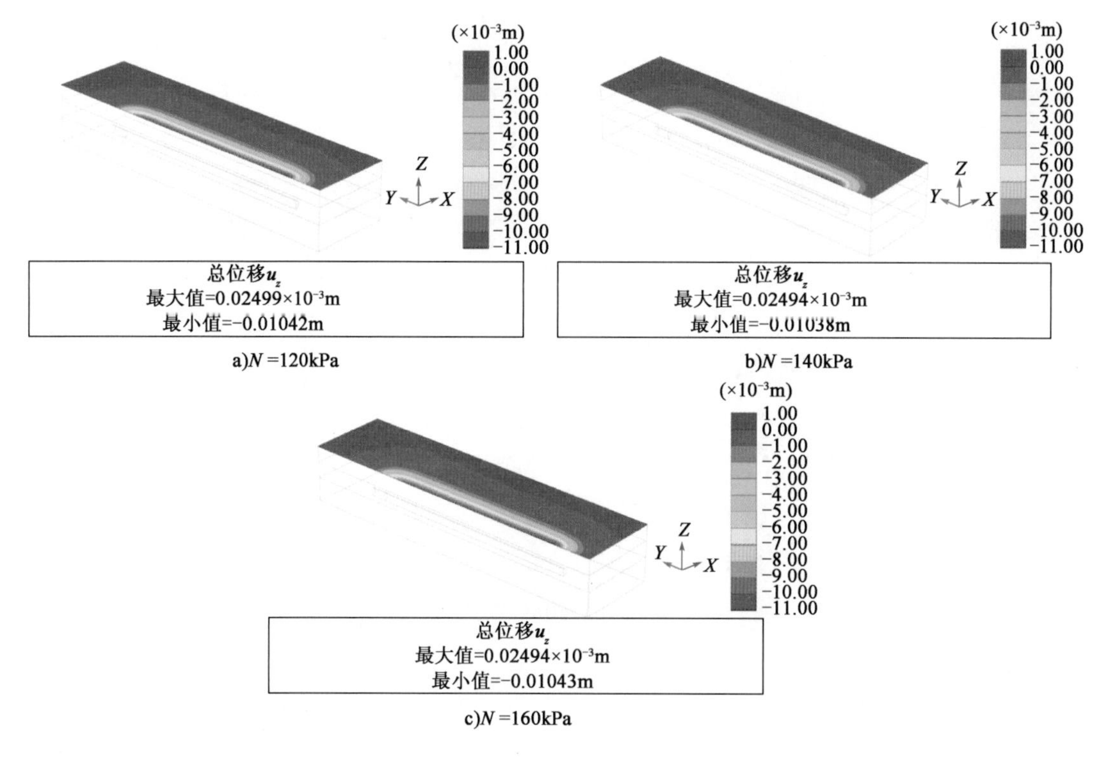

a)N=120kPa

b)N=140kPa

c)N=160kPa

图6-6 不同支护压力下地表沉降云图

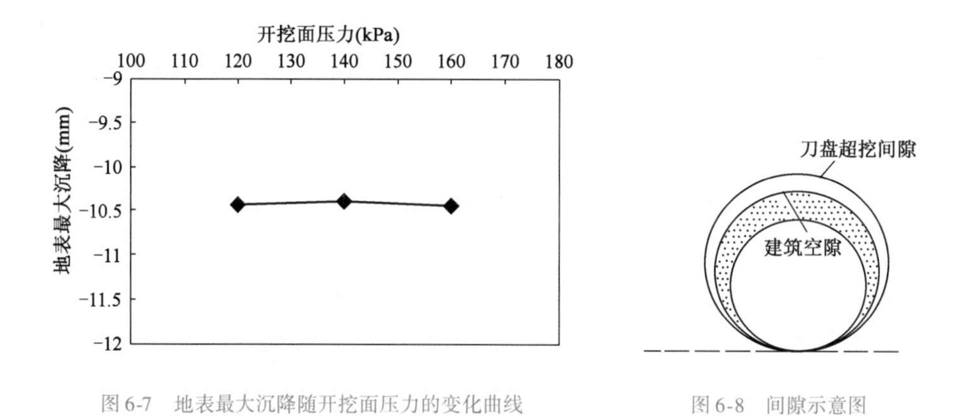

图6-7 地表最大沉降随开挖面压力的变化曲线

图6-8 间隙示意图

这部分孔隙在顶管过程中，一部分被注射的泥浆填补，另外一部分由地层变形填补。本章采用顶管收缩率 C 来描述顶管机直径减小产生的断面面积减小量与原断面面积的百分比。分别取顶管收缩率 C 为2%（标准模型1-1）、1.6%（模型1-4）和2.4%（模型1-5），对比不同顶管机直径变化下的土体总位移，如图6-9所示。

从图6-9中可以看出，当顶管收缩率 C 分别取1.6%、2%和2.4%时，对应的顶管周边土体最大位移分别为13.6mm、17.18mm和20.7mm，土体最大位移出现在顶管机前部。顶管机引起一定的地层损失，顶管收缩率越大（直径差越大），顶管周边土体变形也越大（向隧道内变形）且延伸至地表。

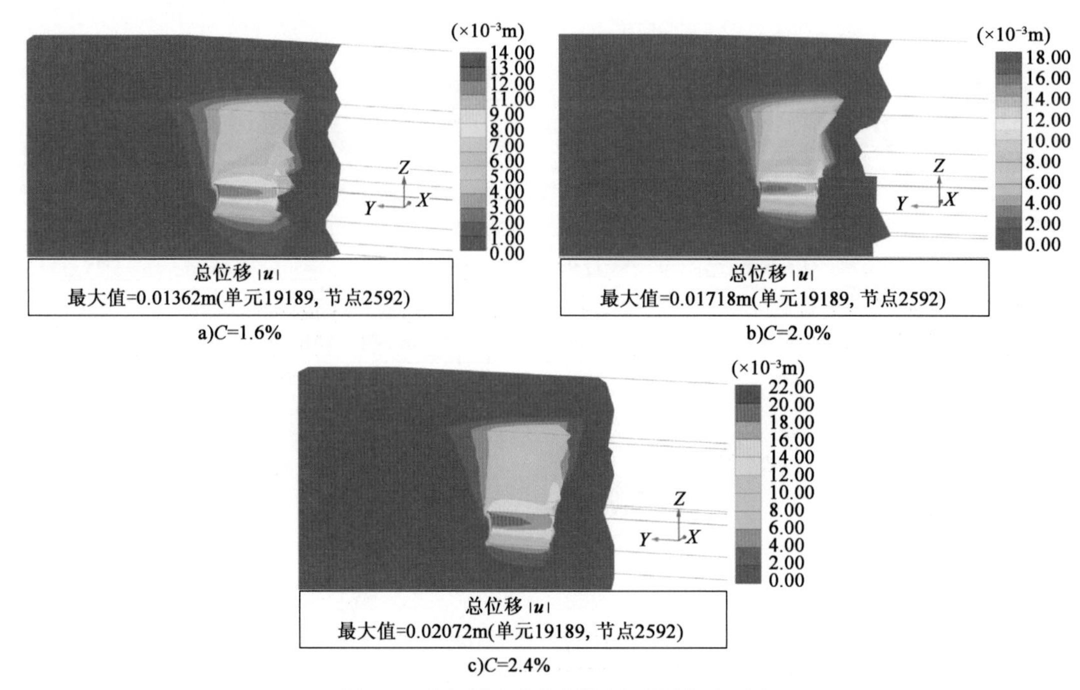

图 6-9　不同顶管机收缩率周边土体总位移云图

(2)地表沉降

对比不同顶管机直径变化情况下的地表沉降,如图 6-10 所示。

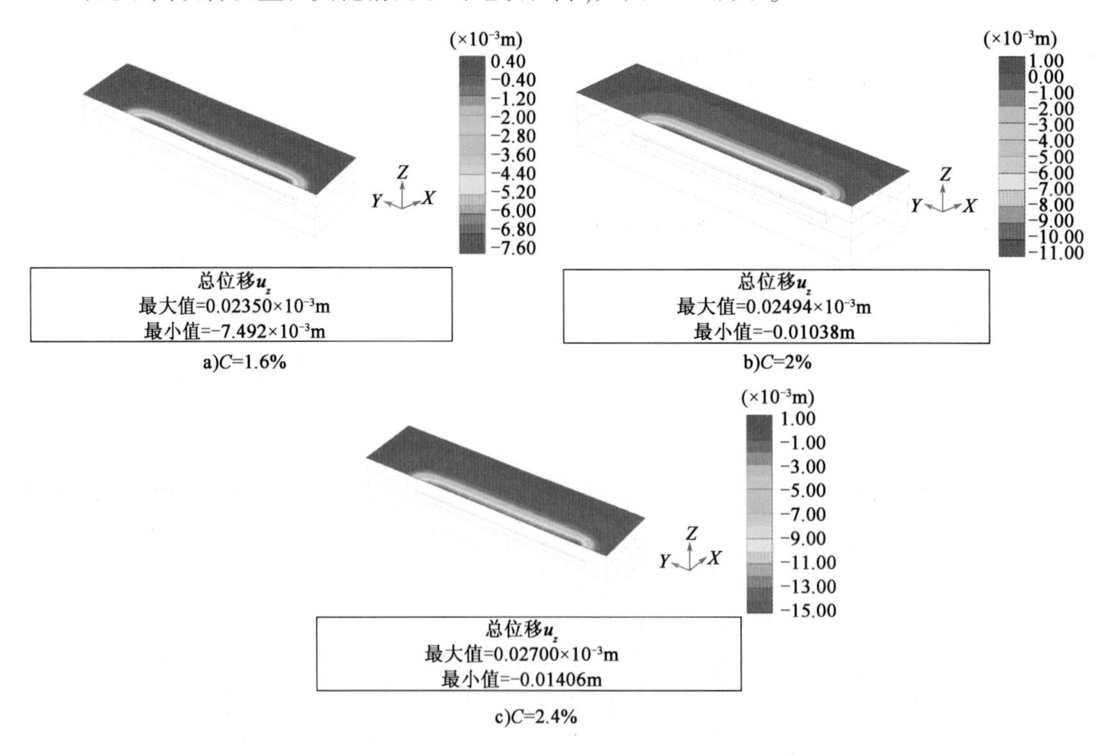

图 6-10　不同顶管机收缩率地表竖向位移云图

从图 6-10 中可以看出，三种顶管收缩率对应的地表沉降分布特征基本一致，但地表最大沉降值随着顶管收缩率的增加而增大，分别为 7.5mm、10.4mm 和 14.1mm。将地表最大沉降量随顶管收缩率的变化绘制成曲线，如图 6-11 所示，可见两者近似呈线性关系变化，顶管收缩率对地表沉降的影响比较显著。

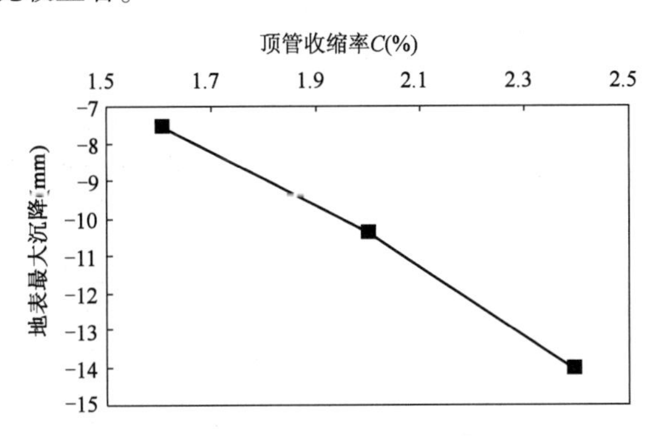

图 6-11　地表最大沉降随收缩率的变化曲线

6.2.1.3　泥浆减阻的影响

(1)顶管周边土体位移

顶管外壁同步注入泥浆可以减小管壁与土体之间的摩擦力，一定程度上也可以降低对周边地层的扰动。顶管顶进对土体产生拖拽作用，使土体产生沿顶管顶进方向的位移。在三维模型中进行进一步的试验性研究，对顶管外界面单元进行强度折减，以此来模拟折减系数作用。

标准模型取折减系数 0.4，对比模型的界面折减系数为 $K=0.2$ 和 $K=0.6$，三种情况下的隧道周边土体总位移如图 6-12 所示。

从图 6-12 中可以看出，泥浆阻力较小时($K=0.2$)，管道周边土体 Y 方向轴向位移很小，顶管对周边土体的拖拽作用较小；当泥浆阻力增大($K=0.4$，$K=0.6$)时，管道周边土体受拖拽影响，变形显著增大。

(2)地表沉降

不同减阻泥浆下地表沉降分布情况如图 6-13 所示。

从图 6-13 中可以看出，当泥浆阻力较小时($K=0.2$)，顶管上方范围对应的地表沉降为 -5.7mm；随着泥浆阻力的增大($K=0.4$，$K=0.6$)，顶管上方范围对应的地表沉降逐级增大，地表最大沉降随折减系数的变化情况如图 6-14 所示，可见，地表沉降受折减系数的影响较大。

(3)管道竖向位移

不同减阻泥浆的管道竖向位移分布情况如图 6-15 所示。

从图 6-15 中可以看出，随着泥浆减阻效果降低，管片尾部比头部的隆起量显著增加，加重了垂头效应。工程经验表明，超大直径长距离顶进成功的主要作用因素有 3 个：泥浆套作用、开挖面控制和姿态动态调整。通过研究进一步证明，泥浆是对姿态调整有利的。

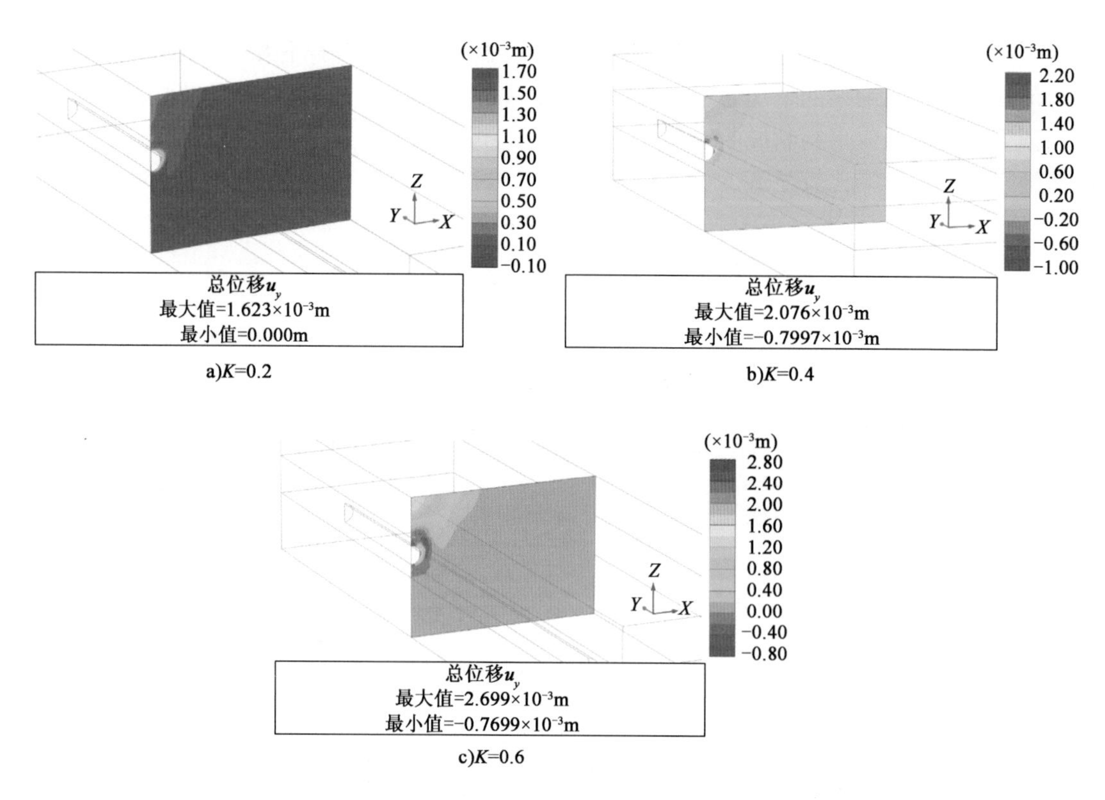

a)K=0.2　b)K=0.4　c)K=0.6

图 6-12　不同减阻泥浆隧道周边土体轴向位移图(剖面 y = 59m)

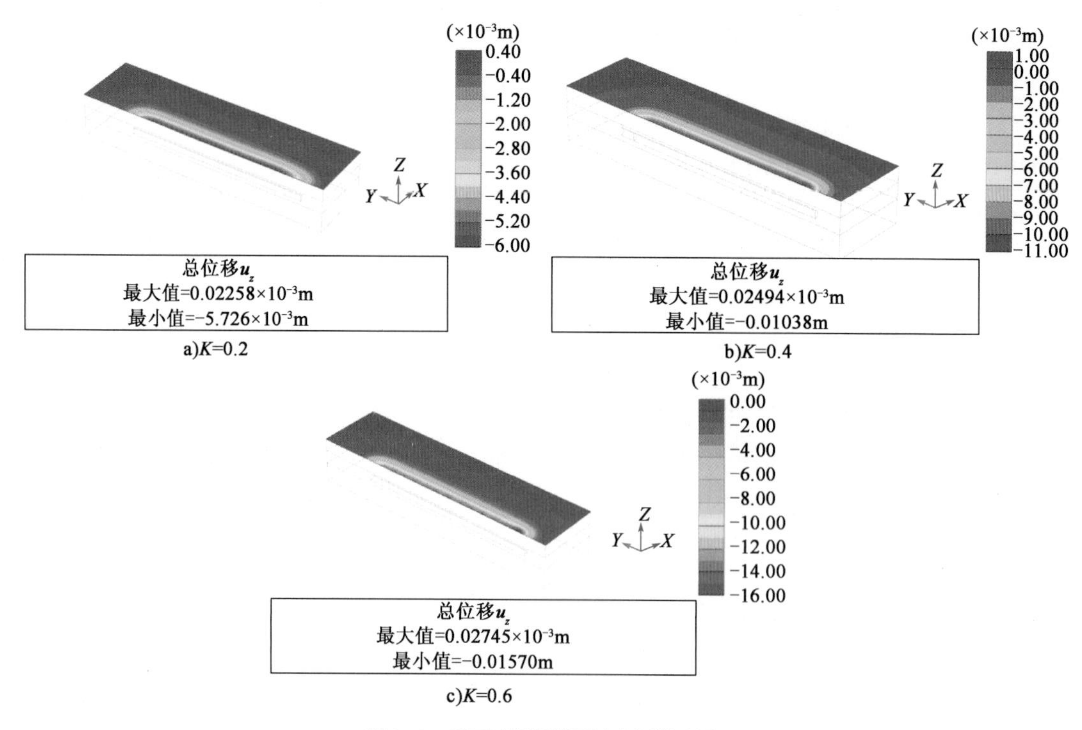

a)K=0.2　b)K=0.4　c)K=0.6

图 6-13　不同减阻泥浆下地表沉降云图

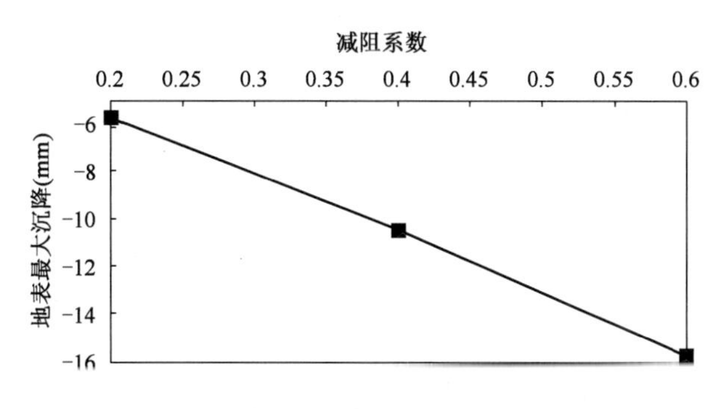

图6-14 地表最大沉降随减阻系数的变化曲线

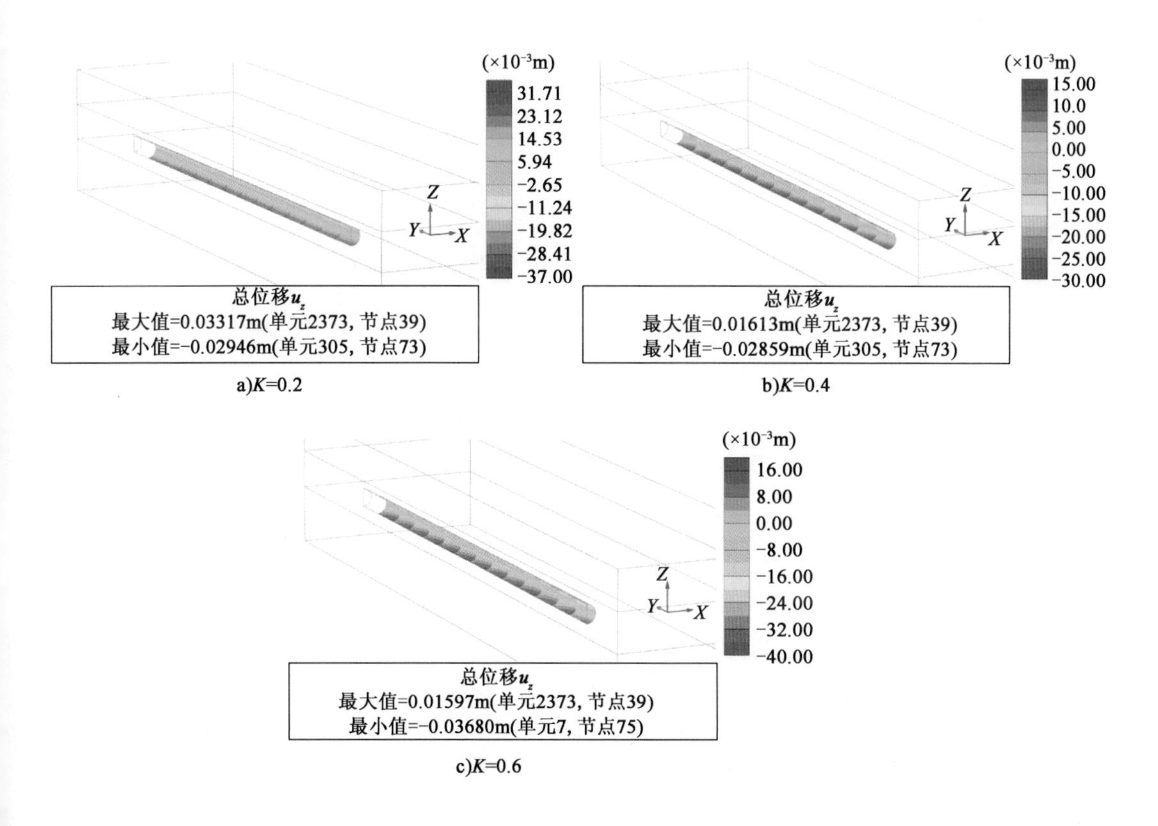

图6-15 管道竖向位移云图

6.2.2 残积砂质黏性土地层顶管掘进扰动分析

6.2.2.1 开挖面支护压力 N 的影响

(1)顶管周边土体位移

当顶管掘进进入残积砂质黏性土地层中,分别设置不同的掌子面支护压力。标准模型2-1

的开挖面支护压力为 $N=140$kPa,模型2-2和模型2-3的 N 值分别取120kPa和160kPa。N 值相对模型2-1分别进行了相应地降低和提高。

开挖面支护压力 N 分别取120kPa、140kPa和160kPa时,开挖面前方土体的变形如图6-16所示。

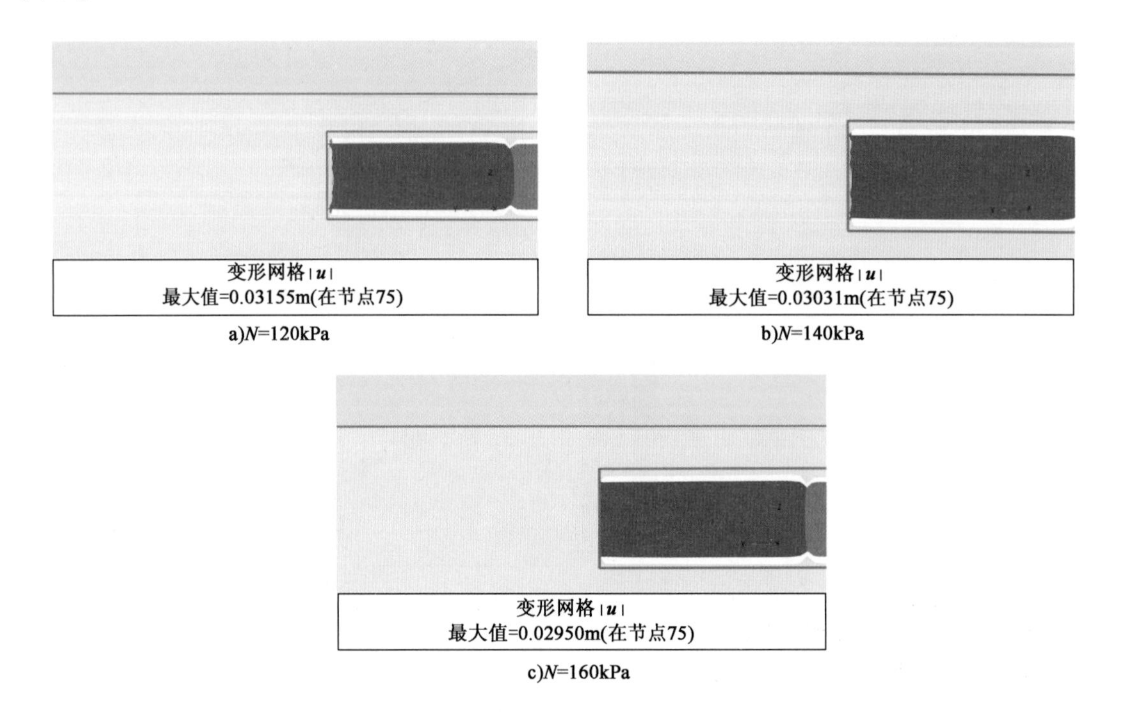

a)N=120kPa　b)N=140kPa　c)N=160kPa

图6-16　不同支护压力下开挖面前方土体变形网格图

从图6-16中可以看出,当 $N=120$kPa时,开挖面发生向隧道内的位移,说明该压力值略低于维持开挖面静态平衡的压力值。随着支护压力增加,开挖面位移达到平衡。

为了进一步分析掌子面前方的土体变形值,分析开挖面设置不同支护压力值时对应的开挖面沿隧道轴向的水平位移,如图6-17所示。

从图6-17中可以看出,当 $N=120$kPa时,开挖面最大水平位移为－1.75mm,指向隧道内部;当 $N=140$kPa时,开挖面水平位移转而指向开挖面前方,但最大水平位移仅1.04mm;当 $N=160$kPa时,开挖面最大水平位移为1.53mm,位移方向指向开挖面前方。

(2)地表沉降

顶管引起周边地层变形,进而导致地表沉降,对浅埋结构物形成一定的影响。不同的开挖面支护压力下地表沉降分布情况如图6-18所示,地表最大沉降随开挖面支护压力值的变化趋势如图6-19所示。

从图6-18、图6-19中可以看出,不同支护压力下地表沉降分布特征基本一致,均质地层中顶管引起的地表沉降分布较稳定,线路上沉降值差异变化不明显。

上述结果说明,支护压力控制在土体平衡力的140kPa左右,变化幅度不超过20kPa,则对地表沉降无影响。相对中砂地层,残积粉质黏性土地层中,顶管引起的地表沉降较小。

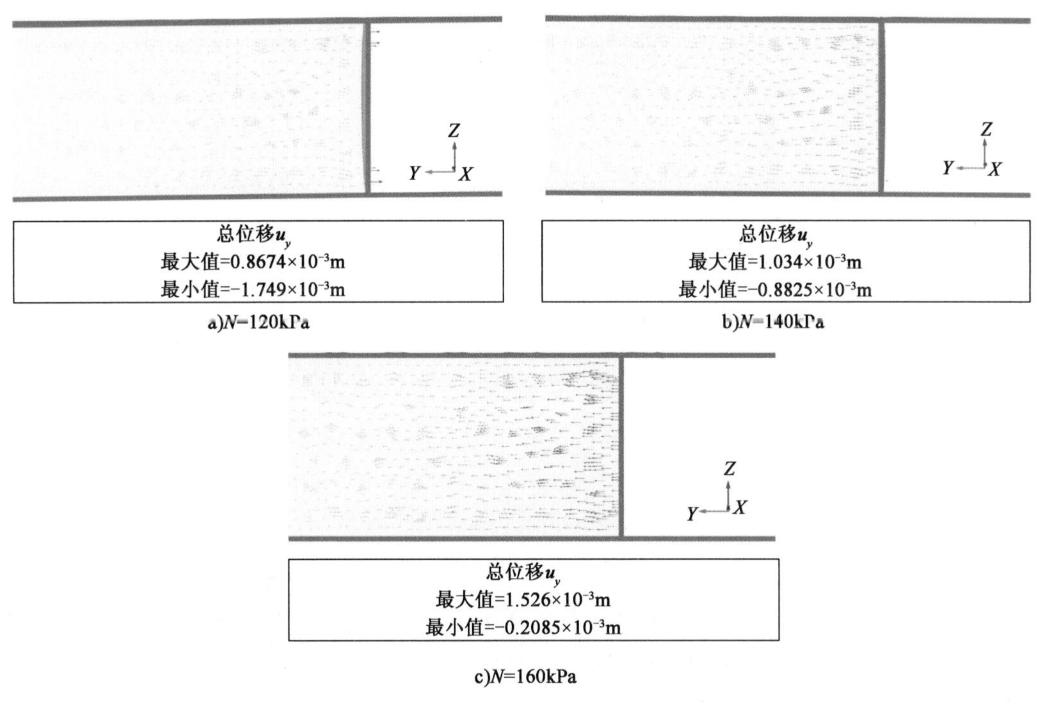

图6-17　不同支护压力下开挖面前方土体水平位移矢量图

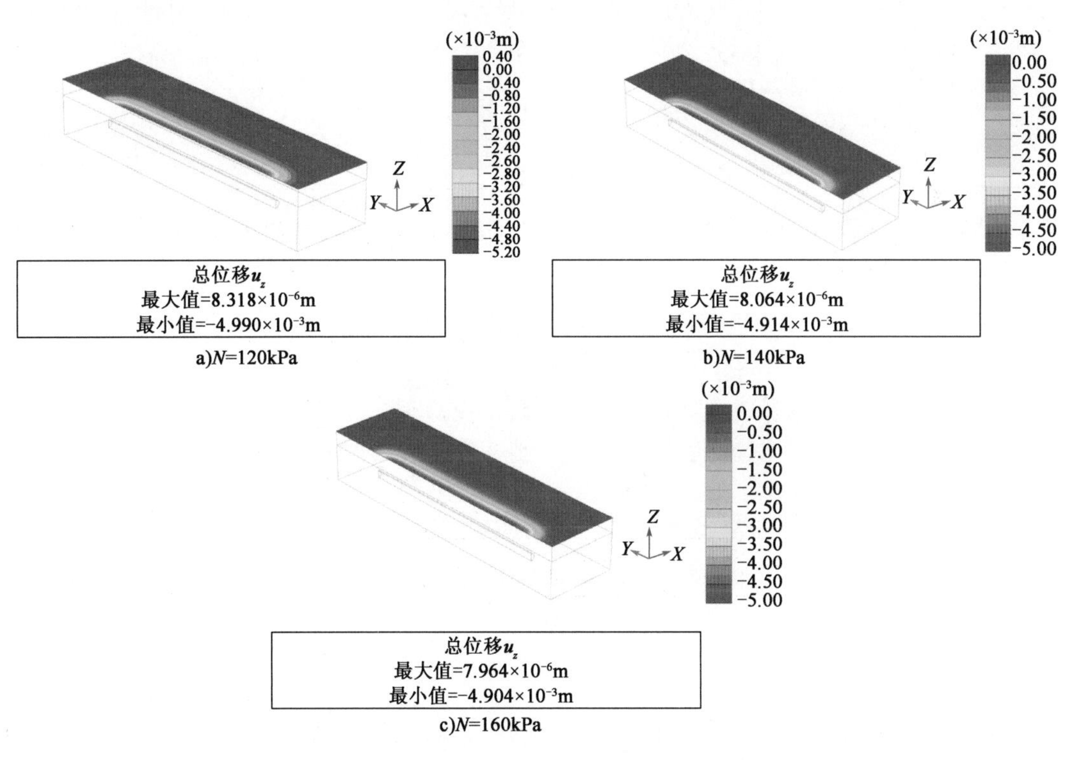

图6-18　不同支护压力下地表沉降云图

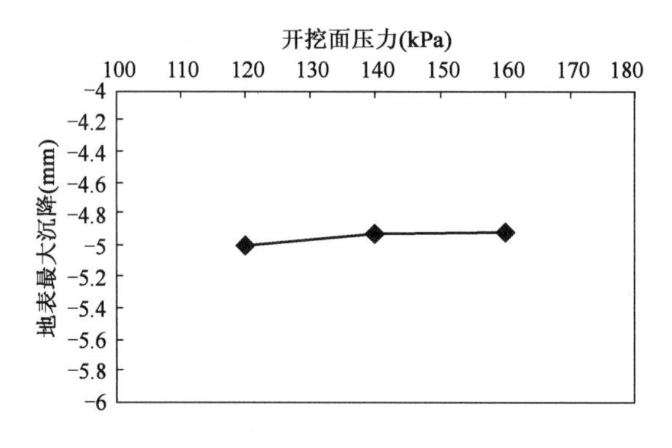

图 6-19 地表最大沉降随开挖面压力的变化曲线

6.2.2.2 顶管收缩率 C 的影响

(1)顶管周边土体位移

对于残积砂质黏性土地层,由于刚度强度与中砂地层相差不是非常大,因而,为了具有可比性,收缩率变化取值与中砂取值相同。顶管收缩率 C 分别取值 2%(标准模型 2-1)、1.6%(模型 2-4)和 2.4%(模型 2-5),对比不同顶管机收缩率变化下的土体总位移,如图 6-20 所示。

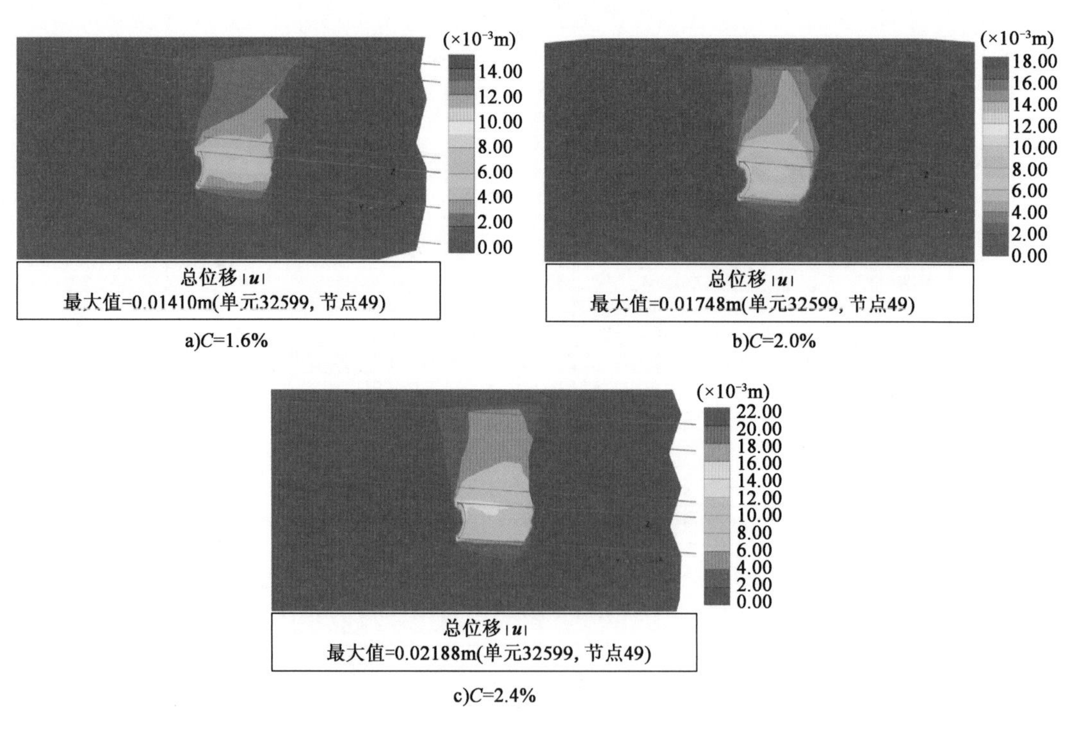

图 6-20 不同顶管机收缩率周边土体总位移云图

从图 6-20 中可以看出,当顶管收缩率 C 分别取 1.6%、2% 和 2.4% 时,对应的顶管周边土体最大位移分别为 14.1mm、17.48mm 和 21.9mm。顶管机引起一定的地层损失,顶管收缩率越大,顶管周边土体变形也越大。

输出三种顶管收缩率对应的地表沉降分布水平剖面云图,如图6-21所示。

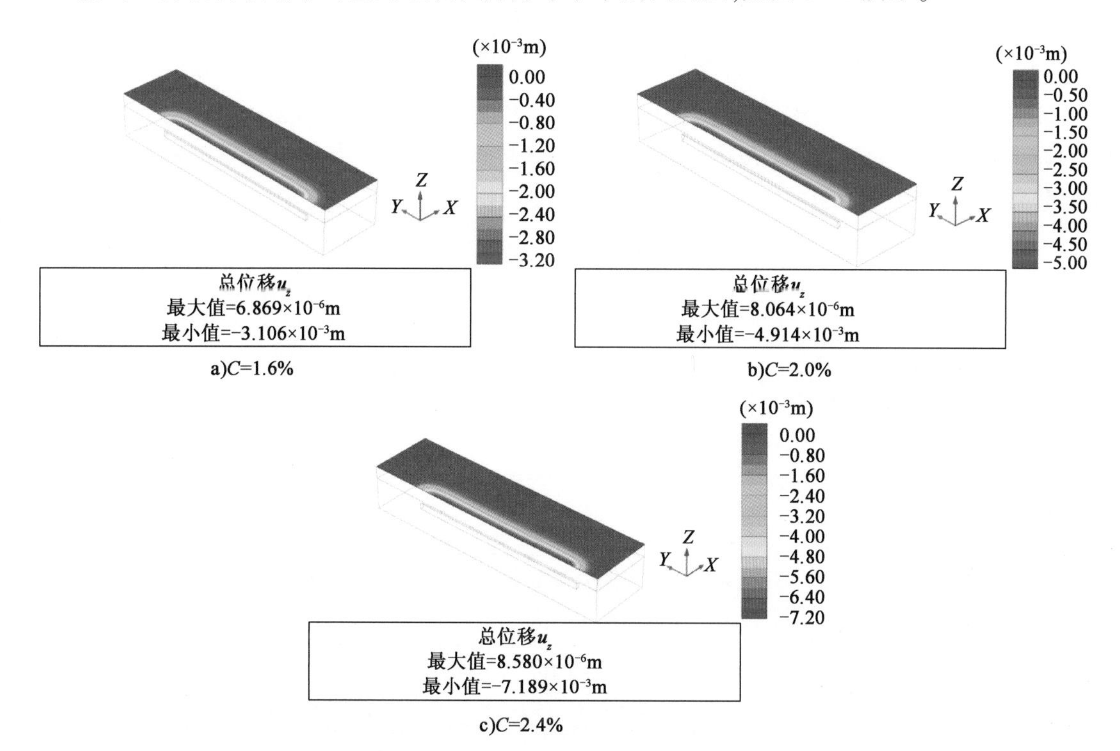

a)C=1.6%　b)C=2.0%　c)C=2.4%

图6-21 不同顶管机收缩率地表竖向位移云图

(2)地表沉降

三种顶管收缩率对应的地表沉降分布特征基本一致,与中砂地层中规律相一致的是,地表最大沉降值随着顶管收缩率的增加而增大,分别为3.11mm、4.91mm和7.19mm。将地表最大沉降量随顶管收缩率的变化绘制成曲线,如图6-22所示,可见两者近似呈线性关系变化,顶管收缩率对地表沉降的影响比较显著。

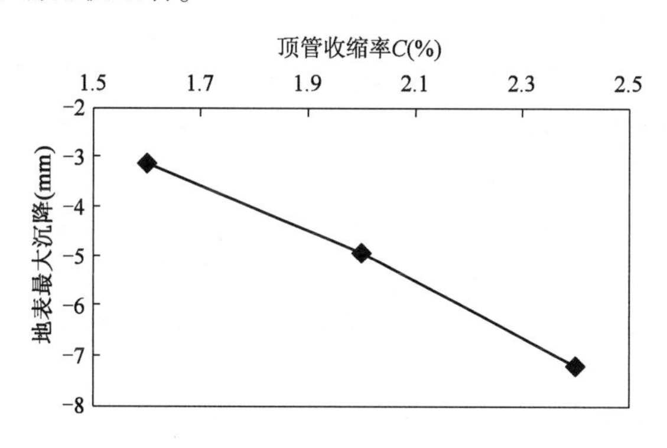

图6-22 地表最大沉降随顶管机收缩率的变化曲线

残积砂质黏性土地层中,顶管收缩率的变化影响,对于周边地层及地表沉降的影响规律,与中砂地层基本一致。

6.2.2.3 泥浆减阻的影响

(1)顶管周边土体位移

残积砂质黏性土地层中,减阻泥浆输入折减系数与中砂地层中一致,以方便对比研究。界面折减系数分别取为 $K=0.2$、$K=0.4$ 和 $K=0.6$。图 6-23 为三种折减系数下的隧道横剖面周边土体轴向水平位移云图。

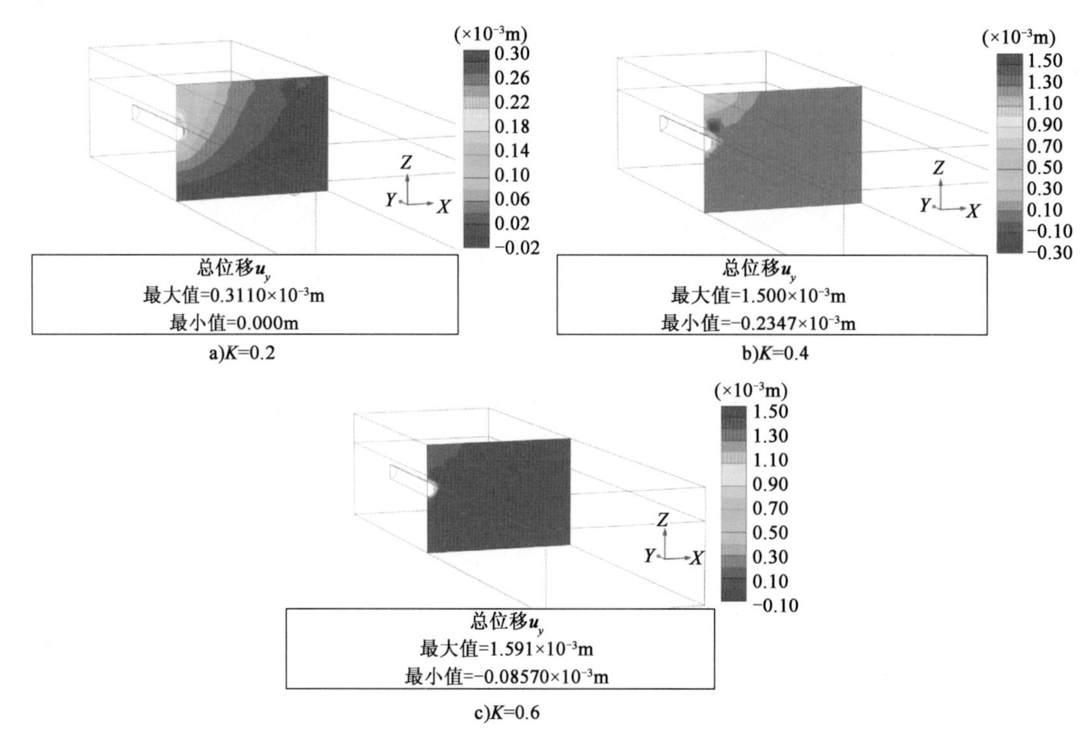

图 6-23 不同减阻泥浆隧道周边土体轴向位移图(剖面 $y=59$m)

结果显示,当泥浆阻力较小时($K=0.2$),管道周边土体 Y 方向轴向位移很小,顶管对周边土体的拖拽作用较小,当泥浆阻力增大($K=0.4$,0.6)时,管道周边土体受拖拽影响,水平变形逐渐增大,方向指向顶管前进方向。

(2)地表沉降

不同减阻泥浆下地表沉降分布情况,顶管对地表的扰动体现在地表沉降。当泥浆阻力较小时($K=0.2$),顶管上方范围对应的地表沉降 -5.7mm;随着泥浆阻力的增大($K=0.4$~0.6),顶管上方范围对应的地表沉降逐级增大,地表最大沉降随折减系数的变化情况,如图 6-24 所示。

将地表最大沉降量随折减系数的变化绘制成曲线,如图 6-25 所示,可见,地表沉降受折减系数的影响较大。

(3)管道竖向位移

不同减阻泥浆的管道竖向位移分布情况如图 6-26 所示。

从图 6-26 中可以看出,随着泥浆减阻效果降低,管片尾部比头部的隆起量显著增加,加重了垂头效应。

相比中砂地层而言,残积砂质黏性土地层对泥浆减阻的影响更大。

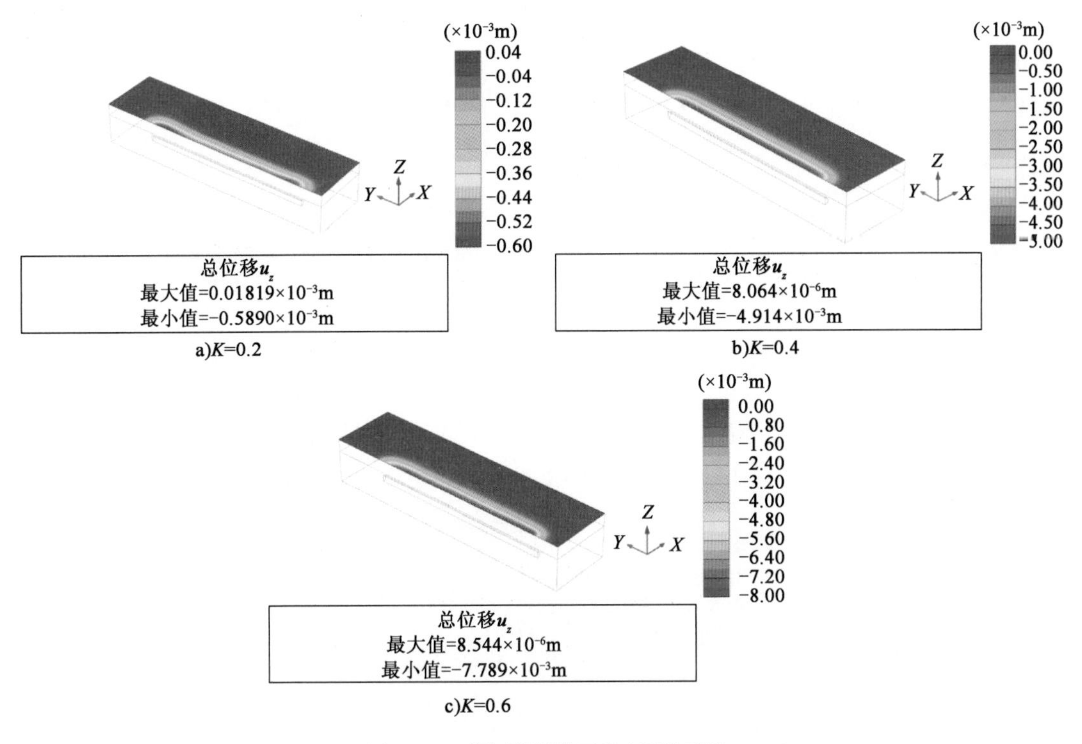

图6-24 不同减阻泥浆下地表沉降云图

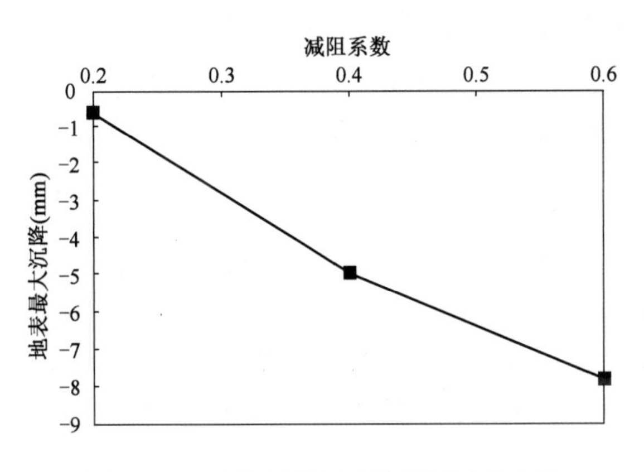

图6-25 地表最大沉降随减阻系数的变化曲线

6.2.3 微风化花岗岩地层顶管掘进扰动分析

6.2.3.1 开挖面支护压力 N 的影响

(1)顶管周边土体位移

对于顶管在花岗岩地层中掘进的情况,标准模型3-1的开挖面支护压力 $N=140\text{kPa}$,模型

3-2 和模型 3-3 的 N 值相对模型 3-1 分别降低和提高，N 值分别取 120kPa 和 160kPa。

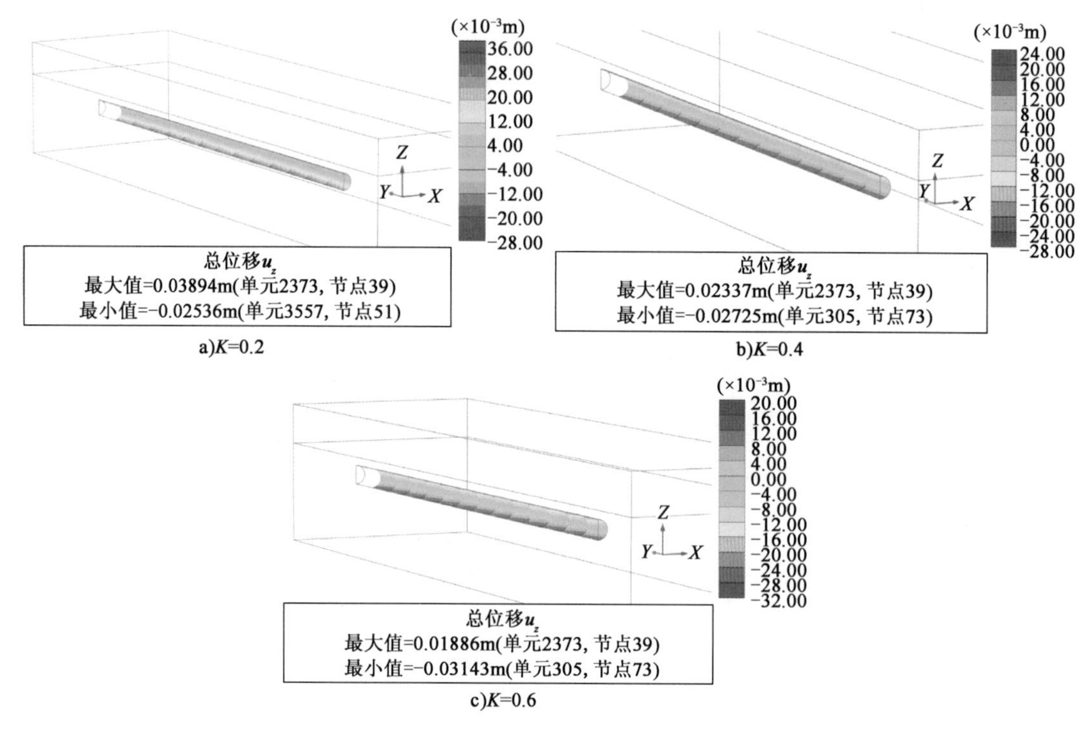

图 6-26 管道竖向位移云图

开挖面支护压力 N 分别为 120kPa、140kPa 和 160kPa 对应的模型如图 6-27 所示。

从图 6-27 中可以看出，在较坚硬的岩体中，岩石具有较好的自稳能力，不同掌子面压力作用下，掌子面变形和差异都较小，相比竖向变形，水平变形可以忽略。

不同支护压力值时对应的开挖面沿隧道轴向的水平位移情况如图 6-28 所示。

从图 6-28 中可以看出，最大变形仅 0.22mm。相比竖向变形，水平变形可以忽略。

(2) 地表沉降

图 6-29 所示为不同的开挖面支护压力下地表沉降分布情况，图 6-30 所示为地表最大沉降随开挖面支护压力值的变化趋势。

从图 6-29、图 6-30 中可以看出，沉降差异十分微小，说明风化岩的自稳能力较强。

上述结果说明，岩石地层中开挖面支护压力对顶管变形影响微弱，支护压力变化引起的地层变形差异小。

6.2.3.2 顶管收缩率 C 的影响

微风化花岗岩刚度和强度都显著大于中砂和残积砂质黏性土，自稳能力较强，变形也显著低于土层，收缩率取值不易过大。为了研究更加贴合实际，分别取顶管收缩率 C 为 0.1%（标准模型 3-1）、0.2%（模型 3-4）和 0.3%（模型 3-5）。

(1) 顶管周边土体总位移

不同收缩率情况下的土体总位移对比如图 6-31 所示。

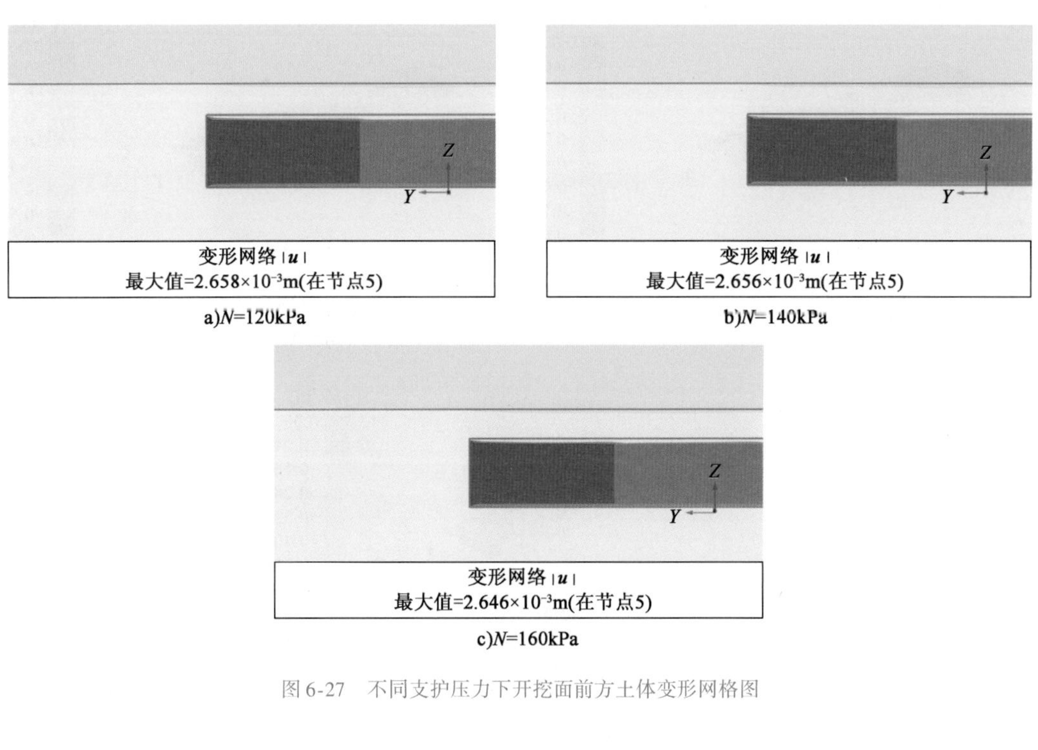

图 6-27　不同支护压力下开挖面前方土体变形网格图

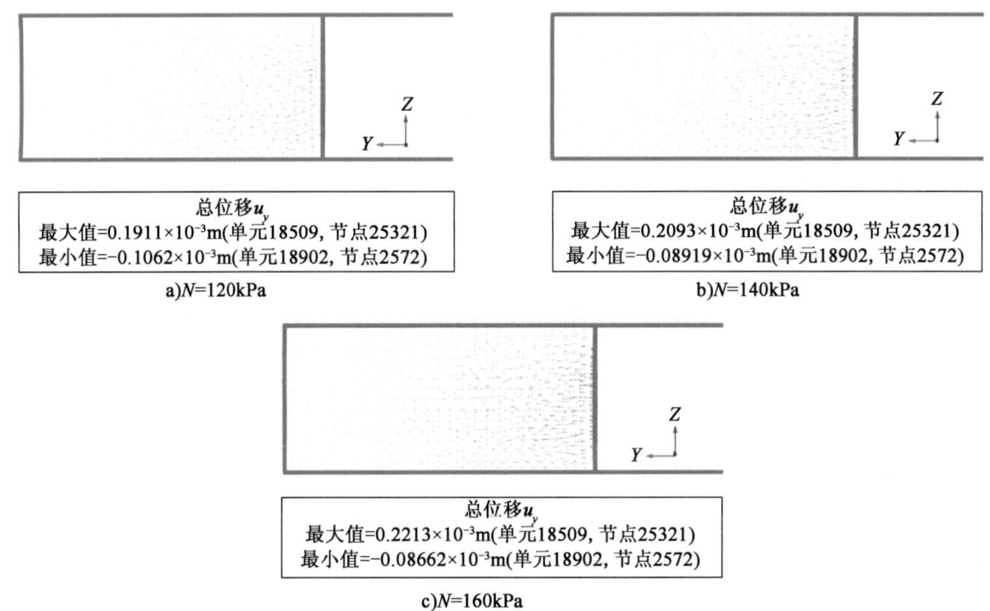

图 6-28　不同支护压力下开挖面前方土体水平位移矢量图

从图 6-31 中可以看出，当顶管收缩率 C 分别取 0.1%、0.2% 和 0.3% 时，土体最大位移出现在顶管机前部，对应的顶管周边土体最大位移分别为 0.38mm、1.55mm 和 3.16mm。风化岩中地层的收缩率越大，引起的周边地层扰动越大。

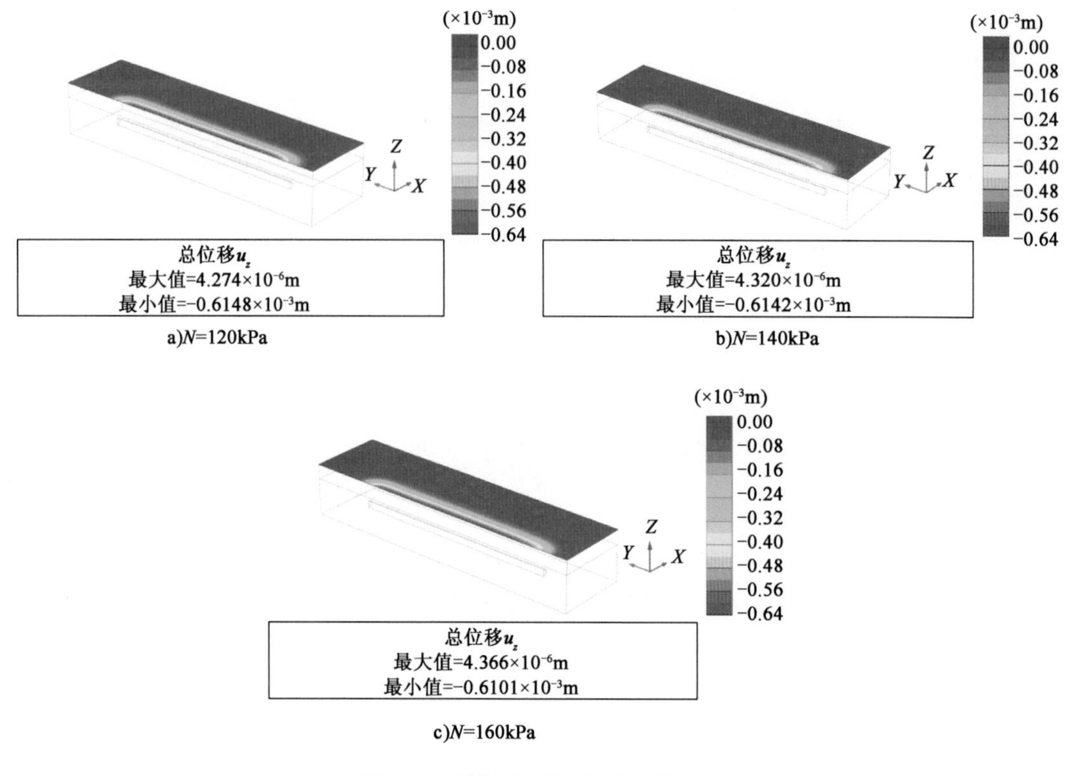

图 6-29 不同支护压力下地表沉降云图

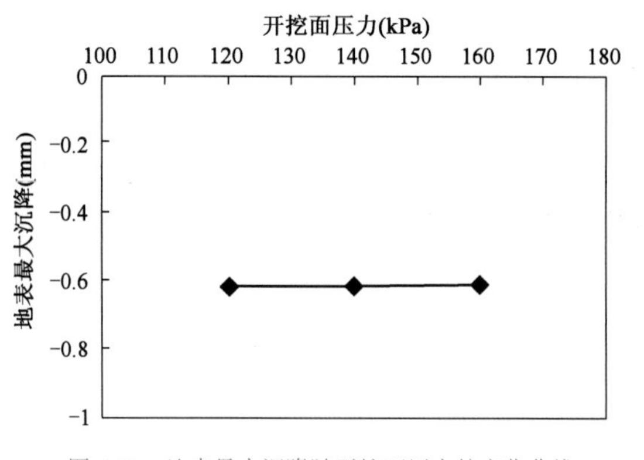

图 6-30 地表最大沉降随开挖面压力的变化曲线

(2)地表沉降

地表沉降平面云图如图 6-32 所示。

从图 6-32 中可以看出,不同顶管机收缩率所对应的竖向位移分别为 0.112mm、0.614mm 和 1.33mm,地表最大沉降值随着顶管收缩率的增加而增大。地表最大沉降量随顶管收缩率的变化曲线如图 6-33 所示。

从图 6-33 可以看出,地表沉降随收缩率的变化几乎呈线性关系,而且顶管收缩率对地表沉降的影响比较显著。

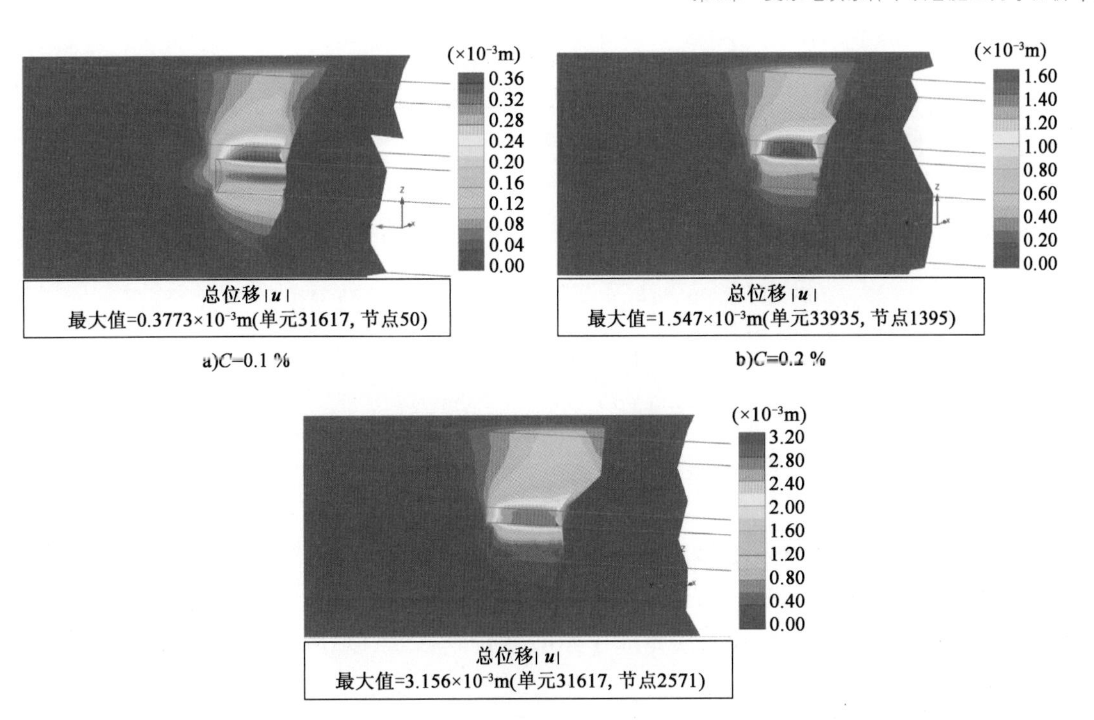

图 6-31　不同顶管机收缩率周边土体总位移云图

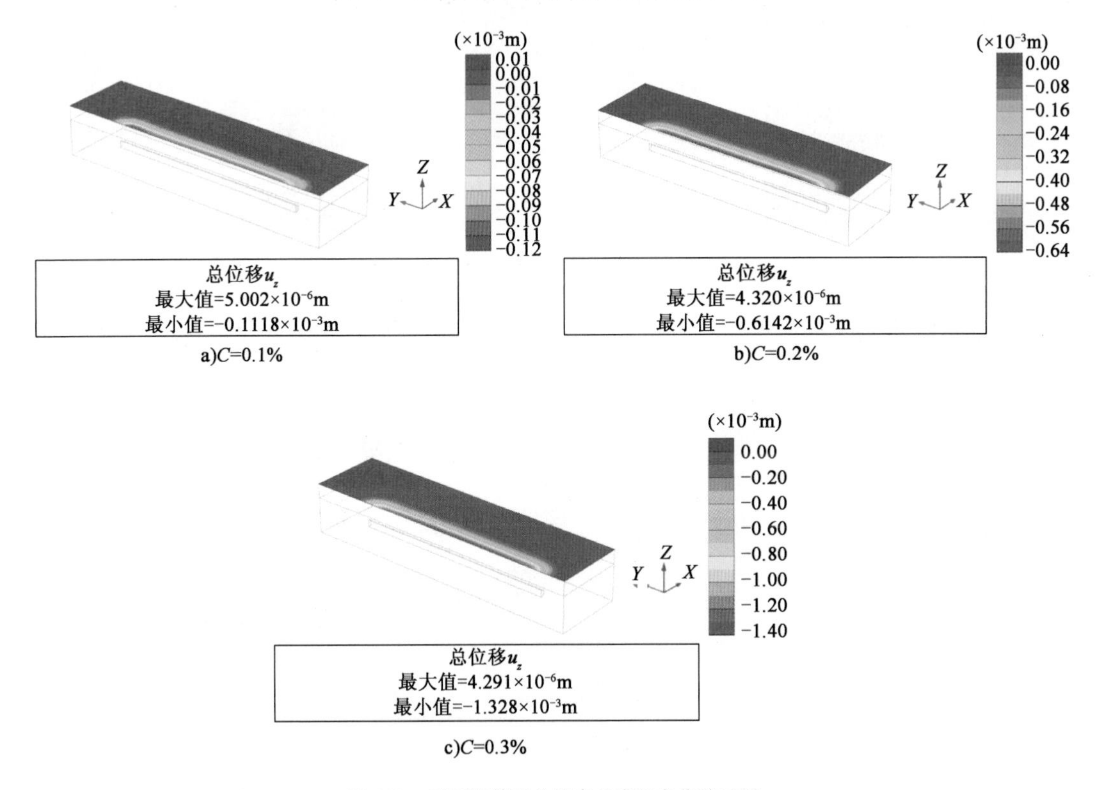

图 6-32　不同顶管机收缩率地表竖向位移云图

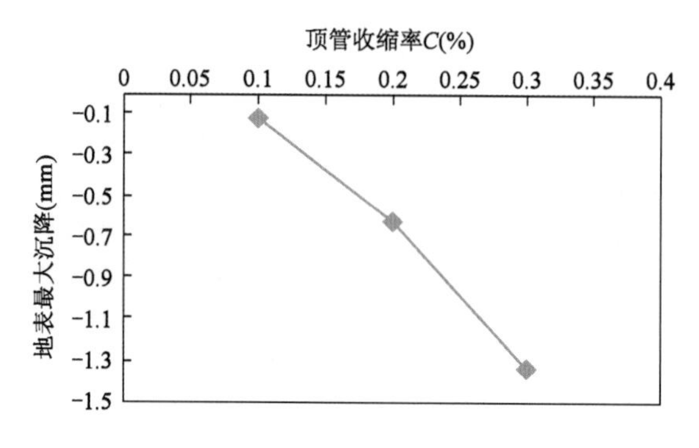

图 6-33　地表最大沉降随顶管机收缩率的变化曲线

6.2.3.3　泥浆减阻的影响

微风化花岗岩刚度和强度都显著大于中砂和残积砂质黏性土，因此，变形也显著低于砂质黏性土层，如果泥浆减阻的影响采用花岗岩材料折减系数来研究，会引起过高地估计泥浆层的刚度和强度，因此，泥浆层采用中砂的材料参数进行折减，折减系数仍然分别设置为0.2、0.4 和0.6。

(1) 顶管周边土体位移

岩层中，泥浆采用中砂材料进行强度折减模拟，标准模型折减系数取 $K=0.4$，对比模型的界面折减系数为 $K=0.2$ 和 $K=0.6$，三种情况下的隧道周边土体总位移如图 6-34 所示。

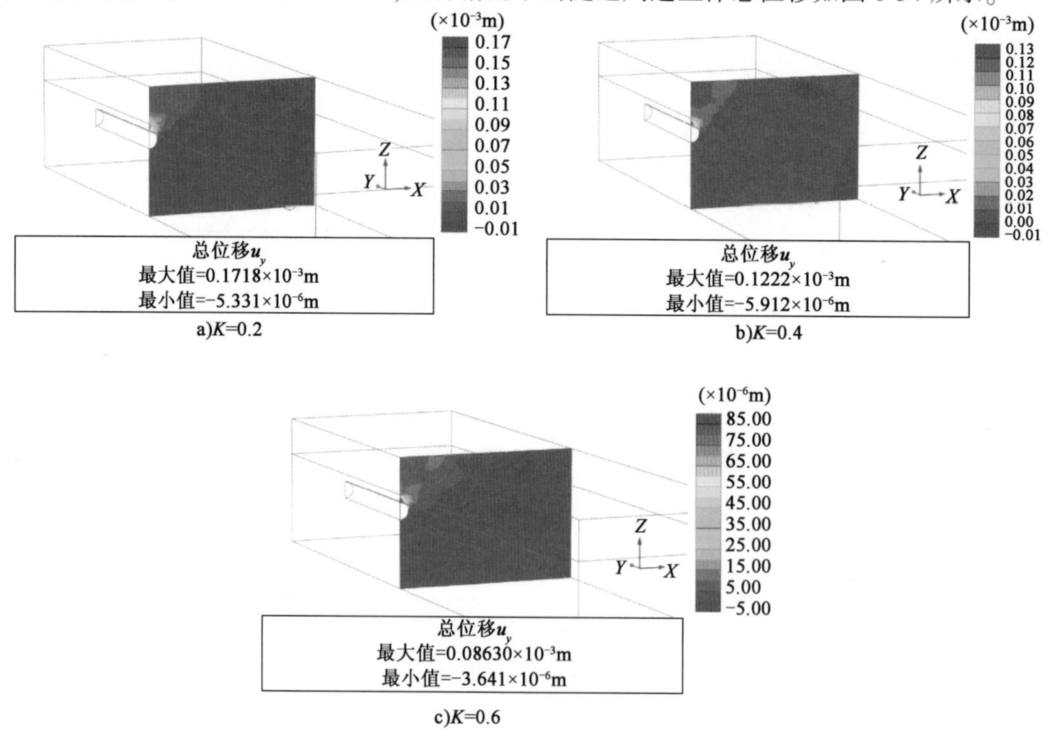

图 6-34　不同减阻泥浆隧道周边土体轴向位移云图（剖面 $y=59$m）

从图6-34中可以看出，每个折减系数的模型隧道都是顶部位移最大，当泥浆强度较小时（$K=0.2$），位移量较大；当泥浆强度增大（$K=0.4$，0.6）时，位移值较小。这是因为，岩体刚度显著高于泥浆，受到泥浆拖拽效果较小，因此，变形主要是泥浆自身的刚度和强度，泥浆强度和刚度越高变形越小。

（2）地表沉降

不同减阻泥浆下地表沉降分布情况如图6-35所示。

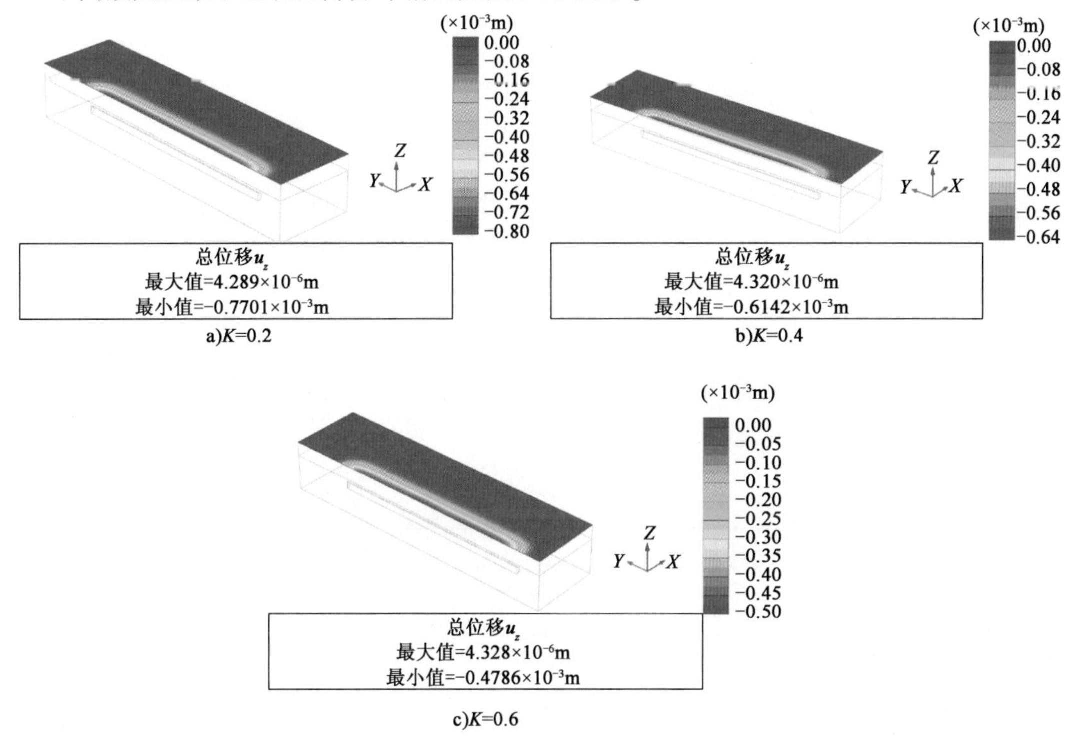

图6-35　不同减阻泥浆下地表沉降云图

从图6-35中可以看出，当$K=0.2$时，泥浆阻力较小，顶管上方范围对应的地表沉降较大0.77mm；顶管上方范围对应的地表沉降随着泥浆阻力的增大而小幅度减少到0.614mm。图6-36所示为地表最大沉降随折减系数的变化情况，可见，地表沉降受折减系数的影响不大。

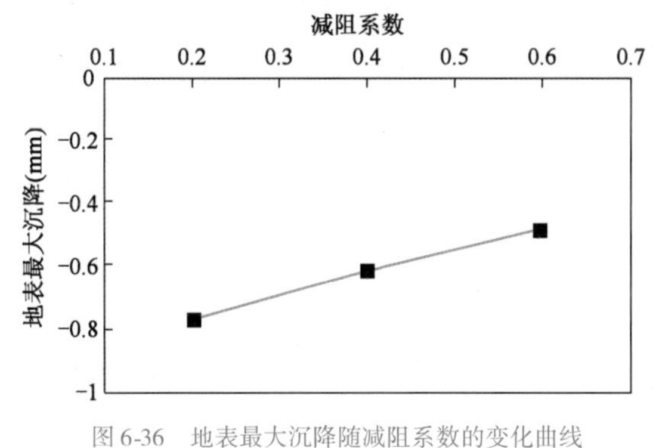

图6-36　地表最大沉降随减阻系数的变化曲线

(3)管道竖向位移

不同减阻泥浆的管道竖向位移分布情况如图6-37所示。从图中可以看出,随着泥浆减阻效果降低,管片竖向变形变化不显著。

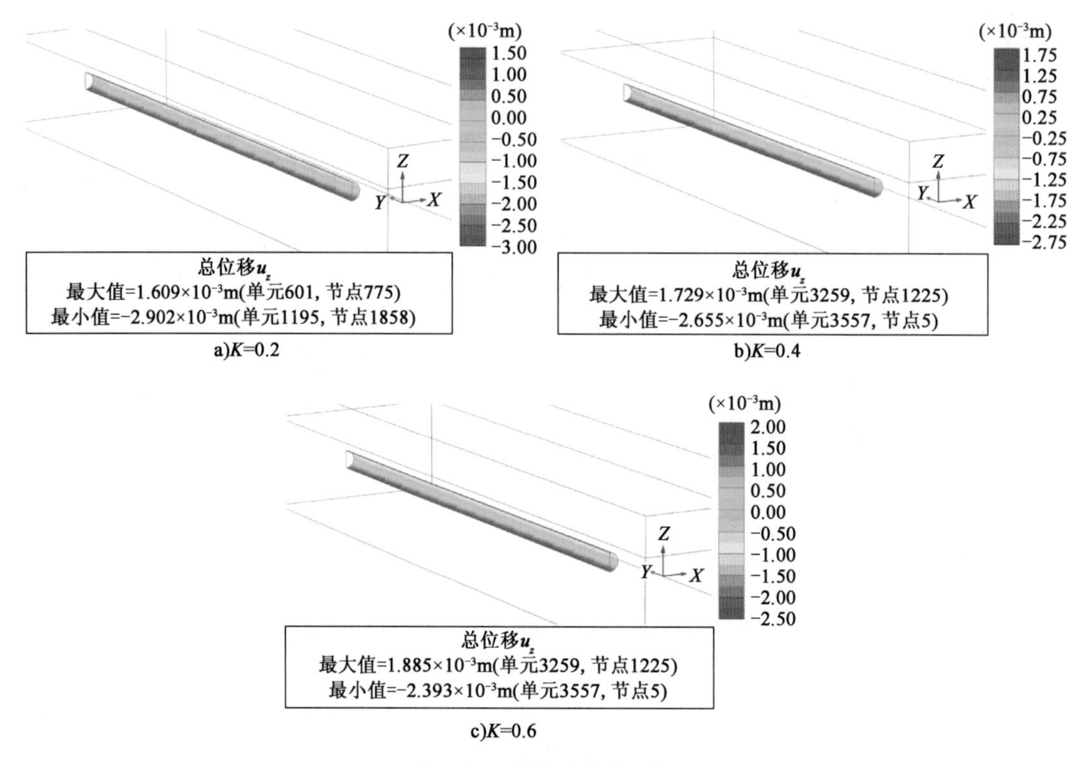

图6-37 管道竖向位移云图

综上所述,岩体本身具有较好的自稳能力,泥浆减阻性能对微风化花岗岩围岩的变形影响有限。

6.2.4 不同地层顶管掘进扰动分析与实测对比

6.2.4.1 不同地层的变化分析

不同地层的刚度和强度不同,因此,受到顶管扰动大小不同。图6-38所示为不同顶管开挖面压力下地表的最大沉降。

从图6-38中可以看出,中砂、残积砂质黏性土、微风化花岗岩,只要开挖面维持内外土压力平衡,则对地表影响较小。同时可以看出,顶管在中砂地层中掘进引起的沉降最大,花岗岩地层沉降最小。

图6-39所示为顶管收缩率对不同地层的沉降影响。

从图6-39中可以看出,最大沉降随顶管收缩率的变化都是线性的。地表沉降总是随着收缩率增大而增大,影响十分显著。因此,在保证掘进侧壁阻力较小的前提下,尽可能控制顶管机的刀盘和管道之间直径比。

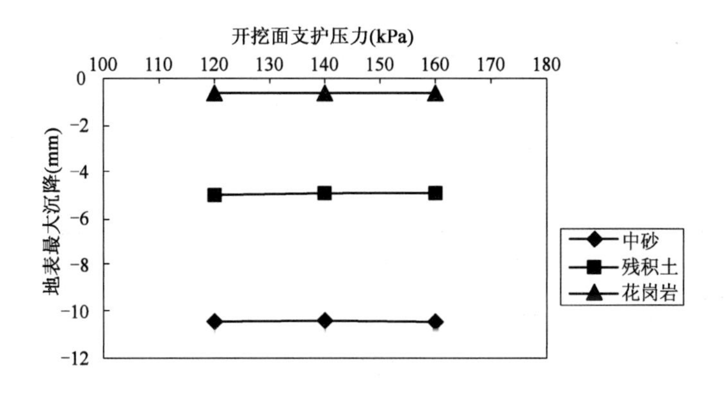

图 6-38　不同地层顶管掘进地表最大沉降随开挖面支护压力的变化曲线

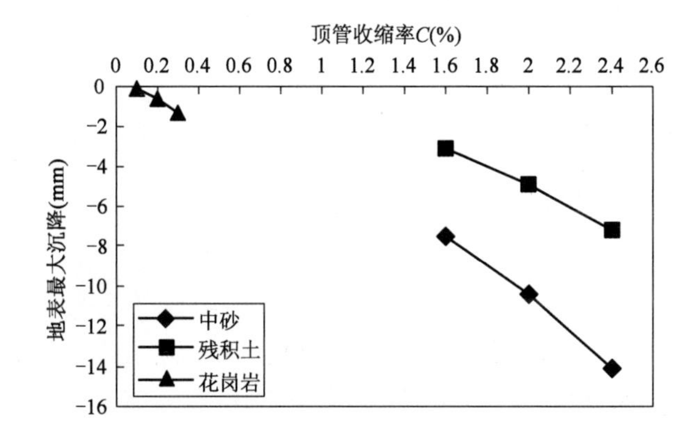

图 6-39　不同地层顶管掘进地表最大沉降随顶管收缩率的变化曲线

图 6-40 所示为不同地层顶管掘进地表最大沉降随折减系数的变化情况。

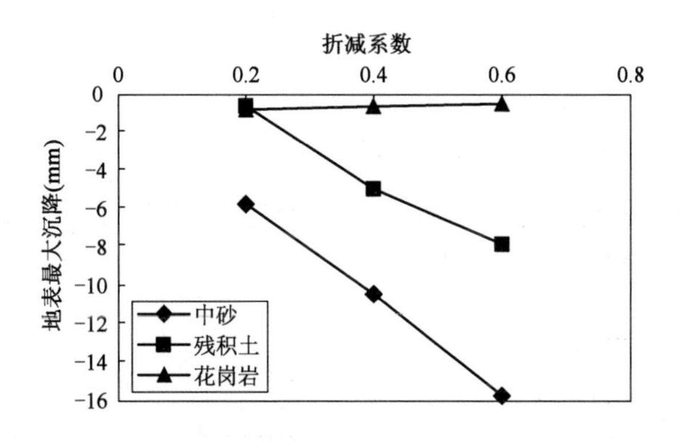

图 6-40　不同地层顶管掘进地表最大沉降随折减系数的变化曲线

从图 6-40 中可以看出：不同泥浆折减系数下，花岗岩受到影响微小；残积土和中砂都会随着泥浆的折减系数增加（强度降低）而增大。因为，泥浆强度高，会增加顶管对周边地层的拖拽效应，从而引起过度的扰动。

6.2.4.2 与实测对比分析

根据顶管顶进进度记录表可知,在 AK0 +660 ~ AK0 +350 之间,掘进速度 10m/h,中砂地层为主。AK0 +350 ~ AK0 +325 之间,掘进速度降低一半,为 5m/h,花岗岩地层为主。AK0 +325 ~ AK0 +160 之间,掘进速度增长较多,最快能到 15m/h,残积土粉质黏土地层为主。

因此,选择 AK0 +300、AK0 +340、AK0 +420 对应其掘进日期,给出前后三日的实测累计沉降的平均值。与本章研究建立的中砂标准模型 1-1、残积土粉质黏土标准模型 2-1 和微风化花岗岩标准模型 3-1 进行对比,如图 6-41 所示。

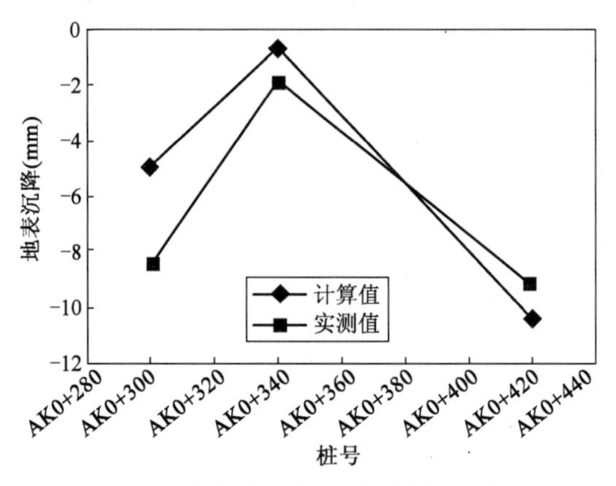

图 6-41 标准模型计算值与实测数据对比

实测数据显示,花岗岩区域段沉降小于 3mm,其他区域沉降在 5 ~20mm 之间,与变化分析模型十分吻合,由此可证明本研究参数选取具有合理性。

6.3 顶管顶力计算与泥浆摩擦力特性

6.3.1 研究技术路线

通过数值仿真模拟顶管顶入过程,进而获得顶管、泥浆、围岩及顶力荷载共同作用下顶管的内力分布及顶力计算公式。具体流程如图 6-42 所示。

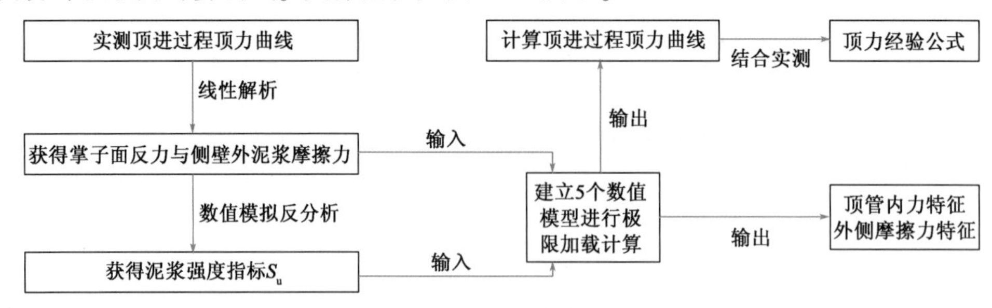

图 6-42 研究技术路线图

首先,可以通过实测的顶力曲线,获得掌子面反力和泥浆摩擦力。然后,建立第一个三维数值模型模拟顶入 45m 时的前进状态(泥浆摩擦力达到极限),通过设置不同的泥浆总应力强

度值 S_u，使顶力与实测吻合，获得反分析的 S_u 值。进而，根据掘进里程选择 5 个典型的里程点，建立 5 个不同的三维数值模型，获得顶力、内力以及摩擦力等计算结果。最后，给出顶力经验公式、顶管内力特征及外侧摩擦力特征。

6.3.2 顶管过程中顶力监测分析

顶力主要来自顶管掌子面压力和侧壁泥浆的摩擦力。其中顶管掌子面压力与地层刚度关系较大，坚硬地层掌子面压力相比软弱地层更大；而侧壁泥浆摩擦力在围岩压力一定的情况下以近似线性增长，如图 6-43 所示。

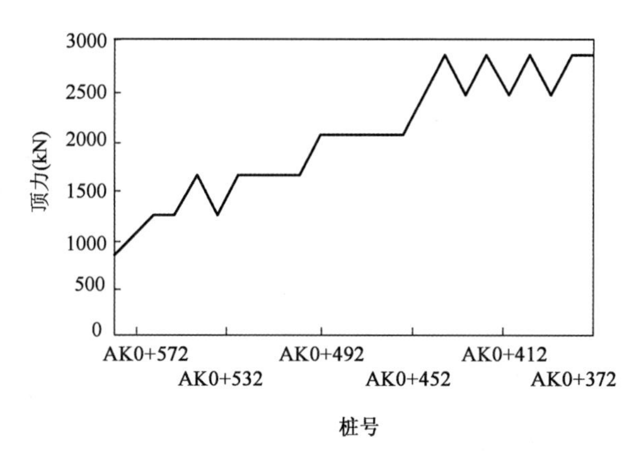

图 6-43 实测 AK0 + 580 ~ AK0 + 372 区间段轴力变化曲线

从图 6-43 可以看出，在桩号 AK0 + 580 ~ AK0 + 372 区间段，顶管顶力随着顶进过程近似线性不断增长。

6.3.3 顶管掘进过程模拟

6.3.3.1 模型建立

为了研究随着顶进而增加的侧壁摩擦力特性及其对顶管内力的影响，基于 PLAXIS 3D 岩土有限元数值分析平台，建立顶管、泥浆、复合地层、地下水相互作用的三维数值模型。采用板单元模拟顶管、带泥浆属性的界面单元模拟泥浆，顶管端头的线荷载模拟掌子面掘进反力及顶管顶进力。从而计算分析钢管管道的管-土摩擦力和内力情况。

(1)整体模型设计

以前埔污水处理厂三期工程(排海管)顶管工程为背景，顶管桩号 AK0 + 580 ~ AK0 + 372 区间段主要埋入中砂地层。顶管外径 2.83m，管道厚度 30mm，隧道底高程 -4.0m。建模时分别建立隧道长度为 45m、81m、126m、172m、208m 的五个模型。分别代表隧道顶进到不同的桩号里程，如图 6-44 所示。

沿隧道轴线方向(*Y* 轴)模型长度根据桩号确定，沿隧道横向(*X* 轴)模型宽度 10m，模型高度自地表向下(*Z* 轴)取至 12m 深度。模型四周侧边界设置水平约束，底部边界设置固定约束。根据钻孔柱状图，地下水位埋深取 1m。

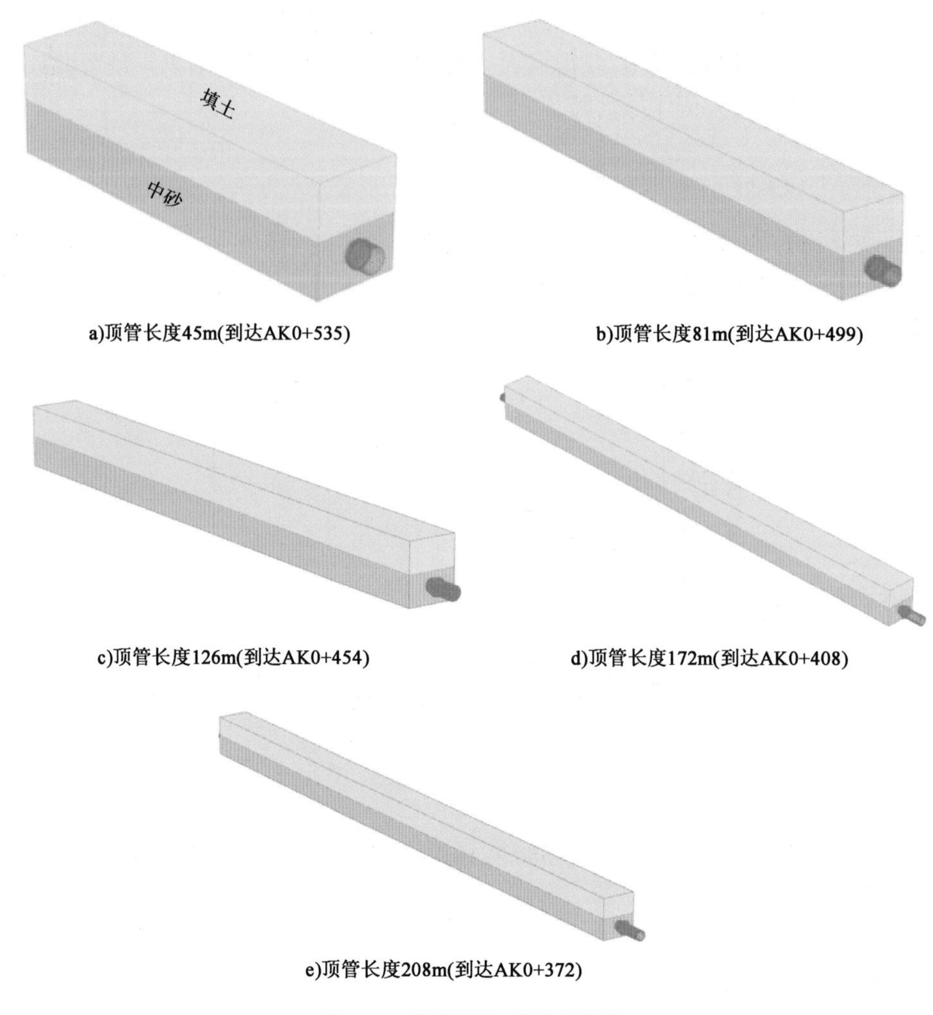

a)顶管长度45m(到达AK0+535)
b)顶管长度81m(到达AK0+499)
c)顶管长度126m(到达AK0+454)
d)顶管长度172m(到达AK0+408)
e)顶管长度208m(到达AK0+372)

图6-44　顶管隧道三维几何模型

(2)单元及材料

同第6.2.1节。

(3)千斤顶力采用均布线性荷载模拟

顶管端部设置线荷载,同时释放水平约束。管线周长 L 为8.792m,采用前后不同历程的顶力差值作为摩擦力增量 T_{inc},采用线荷载输入增量 Q_{line},则可得 $Q=t/L$。输出的顶力值见表6-5。

实测及计算输出的顶力值　　表6-5

里程	顶管顶进距离(m)	实测顶力(kN)	实测周长线荷载(kN/m)	输入周长线荷载(kN/m)	计算输出顶力(kN)
AK0+580	0	813	92.47043	100	860
AK0+535	45	1219	138.6	154.4	1291
AK0+499	81	1625	184.8	197.7	1671
AK0+454	126	2032	231.1	258.3	2204

续上表

里程	顶管顶进距离(m)	实测顶力(kN)	实测周长线荷载(kN/m)	输入周长线荷载(kN/m)	计算输出顶力(kN)
AK0 +408	172	2438	277.3	310.6	2664
AK0 +372	208	2844	323.5	358.1	3082

(4)模型中围岩参数根据项目工程地质资料概化而来,结构单元参数根据结构设计资料及单元特性选取,模型基本输入参数见表4-1、表4-2。

(5)泥浆材料参数见表6-6。泥浆参数采用反分析方法获得。改变数值模拟泥浆材料中的不排水强度 S_u,使得顶进力与实测值吻合。该反分析过程采用的模型如图6-44a)所示。其他模型均采用同一组泥浆材料参数。

泥浆材料参数　　表6-6

项目	重度 γ (kN/m^3)	排水属性	弹性模量 E (kN/m^2)	泊松比 υ	不排水强度 S_u (kN/m^2)
参数	14	不排水	200	0.38	6

三维网格模型如图6-45所示,以顶管126m长模型为例,对应顶管到达桩号AK0 +454。

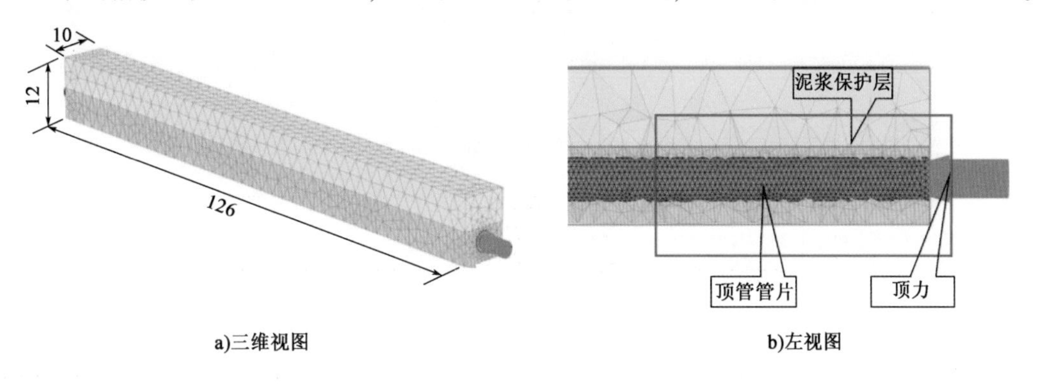

图6-45　顶管隧道三维网格模型(AK0 +454)(尺寸单位:m)

6.3.3.2　模拟步骤

顶管隧道施工过程模拟具体说明如下:

(1)顶管机就位。顶管机身完全进入地层中,开挖隧道内部土体,激活顶管结构与泥浆层。为了消除边界效应,顶管首部和尾部均位于模型边界且释放约束(三个方向自由),同时施加线荷载100kPa。保持平衡。

(2)零塑性步。无增量荷载及其他变化,通过再一次迭代计算,使模型内力进一步平衡,增加内力精度。

(3)根据实测顶力,施加足够大的顶力,计算至模型破坏,即可获得实际顶进状态时的顶力,如表6-5最后一列所示。

6.3.4 顶管内力与泥浆摩擦力分析

6.3.4.1 泥浆摩擦力分析

随着顶力加载达到最大值,顶管向前推进,泥浆保护层达到极限剪切强度,并提供相应的摩擦力。泥浆界面相对剪切应力如图 6-46 所示,顶管外侧剪切应力分布如图 6-47 所示。

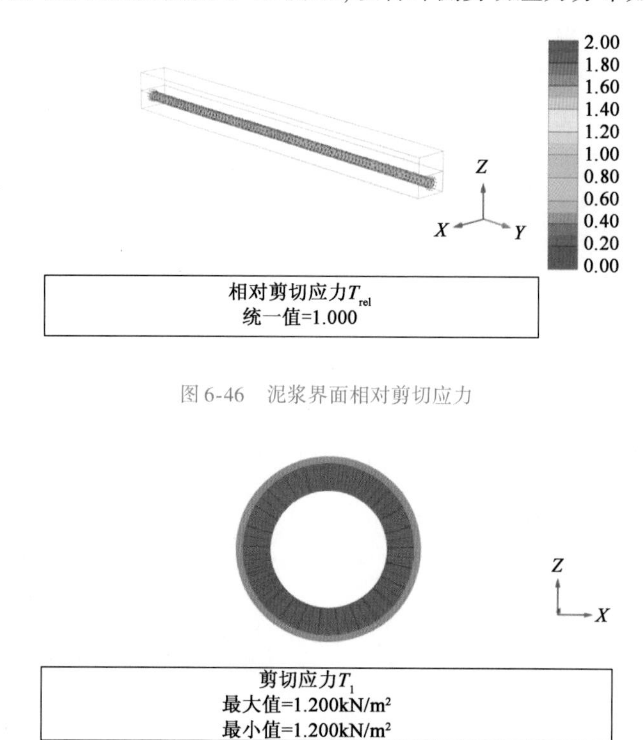

图 6-46 泥浆界面相对剪切应力

图 6-47 顶管外侧剪切应力分布

图 6-46 显示泥浆界面单元相对剪切应力均达到 1。表明顶管界面周边均达到极限剪切强度;图 6-47 显示顶管极限摩擦力(剪切应力)均匀分布,数值为 1.2kN/m^2。

6.3.4.2 顶管轴力分析

在顶管掘进时顶管周边的泥浆提供的总摩擦力随着顶进距离累计增大,引起顶管轴向轴力随之增大。顶管轴力分布如图 6-48 所示。

从图 6-48a)可以看出,轴力最大值为 269.5kN/m,位于顶管起始位置。从图 6-48b)中可以看出,轴力增长规律近乎呈线性增长,主要原因是本次研究没有考虑泥浆的物理力学性质在施工过程的变化,泥浆作为稳定的均质体对顶管作用的反力是均匀的。

6.3.4.3 顶力分析与经验计算公式

本项目顶管施工段基本顺利, 获得了较完整的顶力变化图,并且变化趋势较明显,顶力-

顶进位置关系曲线如图 6-43 所示。取其中典型的 6 个数据点，进行数值模拟分析对比研究，得到的结果如图 6-49 所示。

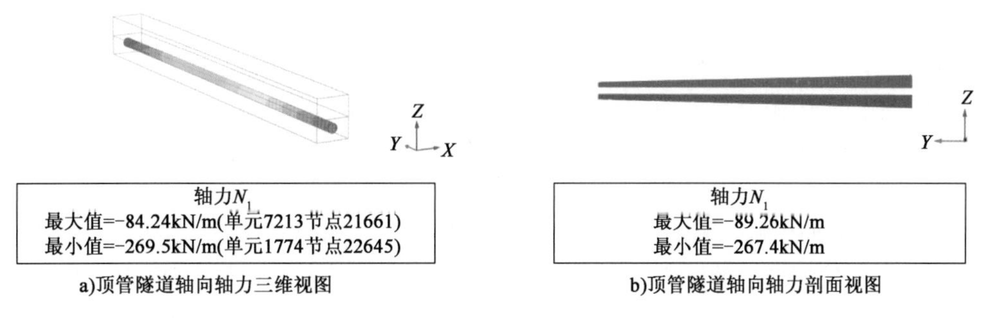

图 6-48　顶管轴力分布

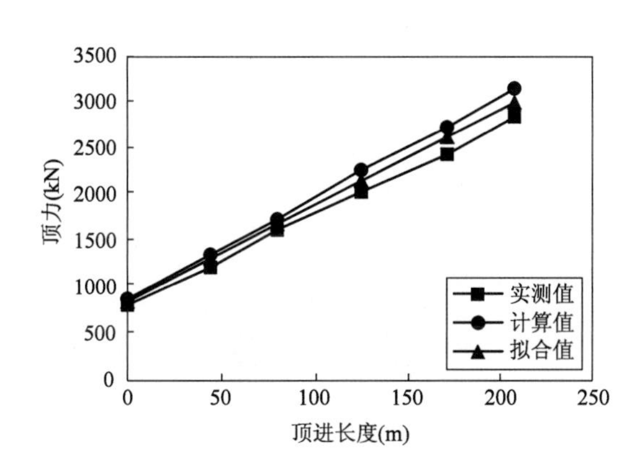

图 6-49　顶力与顶进长度关系

根据实测结果与计算结果，进行线性回归分析得到的拟合方程为：

$$y = 10.337x + 850 \tag{6-4}$$

式中：x——顶进距离(m)；

y——顶力(kN)。

6.4　本章小结

基于三维精细化数值模拟方法，研究了顶管隧道施工参数变化对地表沉降特征的影响规律。与一般的简化模拟方法相比，数值模型中考虑了随顶管推进过程的土体非线性以及开挖面支护压力因土仓内材料自重产生的随深度的线性变化，以及管道外注入减阻泥浆等因素，计算条件更加符合现实工程的力学过程，计算结果更加合理。

模拟分析中考虑三种掘进地层工况，即分别考虑顶管在中砂、残积砂质黏性土层和微风化花岗岩地层中掘进，保持埋深不变。在每一掘进地层工况下，对开挖面支护压力、顶管机收缩率和减阻泥浆折减系数这三种因素进行参数变化分析，研究其对地表沉降的影响。

综合来看，可以得出如下几点结论：

(1)实测数据对比分析。花岗岩区域段沉降小于3mm,其他区域沉降在5~20mm之间,与本章变化分析模型十分吻合。证明本研究的参数选取具有合理性。

(2)支护压力的影响。对于中砂、残积砂质黏性土、微风化花岗岩三种地层,若开挖面维持内外土压力平衡,上下浮动在20kPa之内,则对地表影响较小。顶管在中砂地层中掘进引起的沉降最大,花岗岩地层沉降最小。

(3)收缩率的影响。地表沉降总是随着收缩率(0.2%、0.4%、0.6%)增大而增大。该因素对地层沉降影响十分显著,因此,保证掘进侧壁阻力较小的前提下,尽可能控制顶管机的刀盘和管道之间直径比。

(4)减阻泥浆的影响。不同泥浆折减系数下,微风化花岗岩受到影响较小;残积砂质黏性土和中砂两种地层区域段的沉降随着泥浆的折减系数增加(强度降低)而增大。分析认为是由于,泥浆强度和刚度的增加会增加顶管对周边地层的拖拽效应,从而引起更大的扰动。

(5)顶管极限加载分析发现,泥浆摩擦力均匀作用于顶管外壁,顶管轴向轴力增长规律近乎呈线性。

(6)结合顶进过程中实测顶力和数值拟合的顶力,获得适合厦门地区的顶力计算线性公式。

第 7 章
CHAPTER 7

复合地层顶管施工对邻近管线影响数值分析

在城市地下空间中往往存在各种既有管线，如燃气管、电缆沟、通信管、雨水管等。新建地下管线施工往往不可避免地对地层进行扰动，进而引起既有管线或大或小的变形，对既有地下管线的安全构成挑战。因而，获得既有管线的变形及力学影响，成为安全评估的重要一环。

本章依托工程及其中的新建工程均同第 6 章。新建工程中，AK0 + 300 ~ AK0 + 380 区间顶管上方存在既有敏感燃气管，直径 0.2m，埋深 1.2m。在顶管过程中，如果控制不好，地表将产生较大的扰动，燃气管将面临极大安全风险。

结合依托工程特征，本章主要内容如下：

(1)燃气管线的变形量及破坏风险分析。建立三维数值分析模型，模拟顶管在不同地层中顶进，对上覆平行燃气管线的变形影响，定量预测平行管线的变形量，以及变形随地层特性、施工阶段的变化规律，评估平行管线的破坏风险。

(2)顶管施工对邻近平行管线的影响参数敏感性分析。改变既有管线的位置，分析既有管线与顶管距离变化对管线的影响；改变既有管线直径，分析既有管线直径对管线内力及变形的影响；改变既有管线材质，分析既有管线材质对管线内力及变形的影响。

(3)根据管线的控制标准，给出顶管对邻近燃气管线的影响评价。

7.1 顶管对燃气管线影响的三维数值分析方案

7.1.1 工程概况

本工程为前埔污水处理厂三期工程(排海管)，项目建设地点位于厦门市思明区东部海域，厦门岛与小金门岛之间。陆域段全长约 613.421m，顶管段长 575m，管道内径为 2800mm，管道外径 2830mm。3 号 ~ 2 号顶进段地质复杂，顶管穿越残积土、微风化花岗岩、强风化花岗岩、粉质黏土和砾质黏土等多种地层，地质变化频繁，岩石最高强度约 115MPa。同时顶进轴线上有多块孤石。在 AK0 + 300 ~ AK0 + 380 区间，地质变化剧烈，两端软，中间硬，如图 7-1 所示。

顶管穿越岩层区存在一条燃气管道，已探明燃气管底距调整后顶管顶距离约 7.9m，平行于顶管，管边距离约 1.1m。为避免基岩凸起段顶管施工导致填砂层流失，造成地面塌陷、空洞，进而损坏燃气管线，初步计划对 AK0 + 327 ~ AK0 + 365.1 段填砂层进行注浆加固。

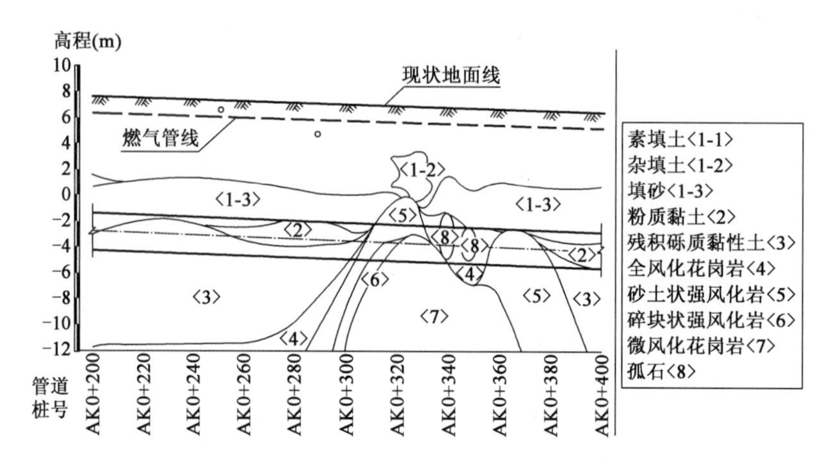

图 7-1　陆域顶管段周边管线纵断面图(AK0 + 200 ~ AK0 + 400)

原计划采用加固措施,在会展南五路与会展南三路交叉口(会展南五路一侧人行道及非机动车道)实施钻孔注浆,采用水玻璃与水泥浆双液注浆,注浆范围为孤石段管顶上方砂层注浆 3m,下部至岩土交界面,下硬(土)上软(砂层)段注浆为全断面注浆,两侧为管边外侧各 1.55m 范围。具体方案如图 7-2 所示。

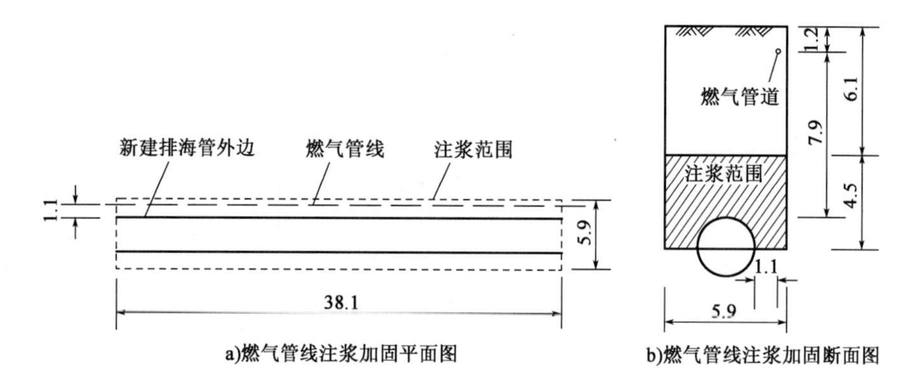

图 7-2　燃气管线注浆加固设计图(尺寸单位:m)

在加固前,采用数值分析方法,对顶管顶进施工对燃气管的影响程度进行定量评估,根据评估结果最后确定采用的保护措施。

7.1.2　数值模型概况

7.1.2.1　模型假设

根据前文研究成果,顶管位于砂层中引起的地表沉降显著高于风化岩地层,而在 AK0 + 300 ~ AK0 + 380 区间,顶管先经过砂层、再进入残积砂质黏性土、最后进入风化岩。因此,为了研究燃气管的纵向变形的三维时空差异,特建立针对性模型。顶管先进入残积砂质黏性土,然后再逐渐过渡到风化岩地层,最后,再进入残积砂质黏性土。

基于 PLAXIS 3D 岩土有限元数值分析平台,建立顶管机-注浆-复合地层-地下水相互作用的三维数值模型。采用刚度迁移法模拟复合地层隧道顶管推进施工过程，比较全面、细致地考虑各施工因素，如开挖面支护压力、千斤顶推力、顶管机超挖、机身与土体相互作用、折减系数、壁后注浆、地下水压力等，研究地表或隧道周围地层中位移的大小和分布情况，地表沉降随顶管机顶进的动态变化规律，以及钢管管道的变形和内力情况。

（1）整体模型设计

以前埔污水处理厂三期工程（排海管）顶管工程为背景，通过设计文件中的"陆域顶管段周边管线纵断面图"可以看出，顶管区间主要穿越残积砂质黏性土和微风化花岗岩复合起伏地层。顶管外径 2.83m，管道厚度 30mm，管道长度 6m 或 9m，隧道底高程 -4.0m。建模时考虑顶管隧道穿越起伏的复合地层，即顶管横断面从完全位于残积砂质黏性土层，渐变为上软下硬地层，再渐变为完全位于微风化花岗岩，最后再回到完全位于残积砂质黏性土层。

为了提高计算效率，取一半隧道建模，沿隧道轴线方向（Y 轴）模型长度 80m，沿隧道横向（X 轴）模型宽度 30m，模型高度自地表向下（$-Z$ 轴）取至 21m 深度。模型四周侧边界设置水平约束，底部边界设置固定约束。根据钻孔柱状图，地下水位埋深取 1m。

（2）单元及材料

围岩采用 10 节点高阶四面体实体单元进行模拟，围岩力学行为采用小应变土体硬化模型（HSS 模型）进行描述，注浆层行为采用界面单元进行描述（结合泥浆力学属性与数值模拟估算获得，后面章节再做具体分析）。管道钢管采用板单元模拟，顶管机采用板单元模拟。顶管机和管道钢管假定为线弹性材料。参考设备厂家提供的"YD2400 岩石顶管机主要技术参数"，顶管机质量 45t。

（3）千斤顶力的模拟

根据开挖面压力以及管道的摩擦力等因素综合确定。按照资料经验以及前方掌子面压力换算确定，根据实测，不同的穿越地层千斤顶压力不同。

（4）刀盘超挖模拟

顶管机机壳外径为 2890mm，刀盘超挖直径 2950mm 采用断面收缩率 C 来模拟这一因素引起的地层损失。标准模型输入值为 2% 左右。

（5）开挖面支护压力 N

开挖面支护压力根据静止土压力及水压力确定。输入随深度变化的均布荷载。

（6）尾部

模拟顶管尾部千斤顶力同时，施加一个平衡面力用于平衡边界的土体压力。

（7）燃气管

采用嵌入式梁单元模拟（embedded beam），直径 20cm，壁厚 1.6cm，钢材。嵌入式梁单元自动考虑与土体的接触作用。在顶管顶进开始时激活燃气管。

7.1.2.2　模型网格

三维模型与网格模型如图 7-3 所示。

7.1.2.3　模型参数

模型中围岩参数根据项目工程地质资料概化而来，结构单元参数根据结构设计资料及单元特性选取,模型基本输入参数见表 7-1、表 7-2。

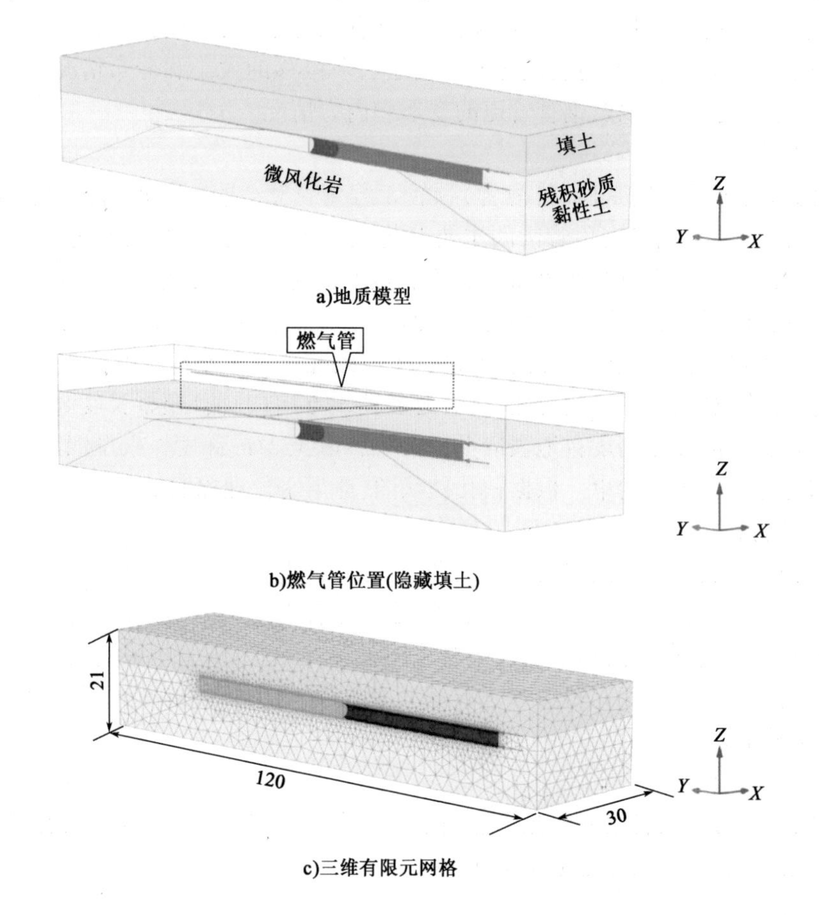

图 7-3 顶管隧道几何模型与三维网格模型(尺寸单位:m)

围岩材料计算参数 表 7-1

参 数	地层名称			
	填土	中砂	残积砂质黏性土	微风化岩
γ (kN/m^3)	18.5	19.0	18.2	26.0
E_{50}^{ref} (kN/m^2)	6000	1.35×10^4	6200	莫尔-库仑模型,$E=1.5\times10^6$kN/m^2,$\nu=0.25$
E_{oed}^{ref} (kN/m^2)	6000	1.35×10^4	6200	
E_{ur}^{ref} (kN/m^2)	24000	4.05×10^4	24800	
m	0.55	0.5	0.5	—
c' (kN/m^2)	8.0	1.0	20.8	300.0
φ' (°)	28.0	32.0	28.3	48.0
$\gamma_{0.7}$	0.4×10^{-3}	2.5×10^{-4}	2.5×10^{-4}	—
G_0^{ref} (kN/m^2)	5×10^4	8×10^4	9×10^4	—
界面折减系数	—	0.4	0.4	0.4

板单元材料参数 表 7-2

项目	γ (kN/m^3)	d (m)	E (kN/m^2)	ν	长度(m)
顶管机	520.0*	0.016	2×10^8	0.00	6
管道	78.5	0.015	2×10^8	0.00	6

注:标*为折算顶管相关设备重量之后的重度。

7.1.3 顶管顶进施工过程模拟

顶管隧道施工过程模拟具体说明如下:

(1)顶管机就位。顶管机身完全进入地层中,开挖面距开挖起点6m,围岩由顶管机支承,开挖面上作用支护压力。为了消除边界效应,顶管尾部设置在距离边界10m位置,尾部土体采用支护压力。保持平衡。

(2)顶管推进1环(6m)。顶管机和开挖面向前推进1环,尾部第1环管道,管道壁后同步注浆。管道端面承受千斤顶力。根据实测,前进84m,千斤顶力从800kN到1600kN。

(3)按第(2)步所述方法继续向前推进,直至达到指定位置。

图7-4所示为顶管推进到第3、9、13节顶管的模型图。

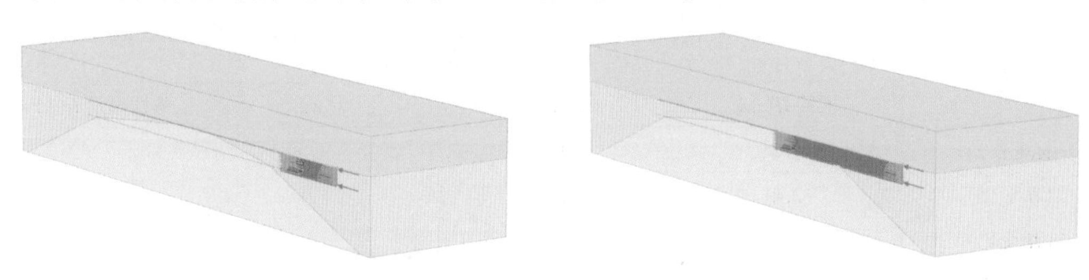

a)顶管推进至残积砂质黏性土

b)顶管推进至风化岩

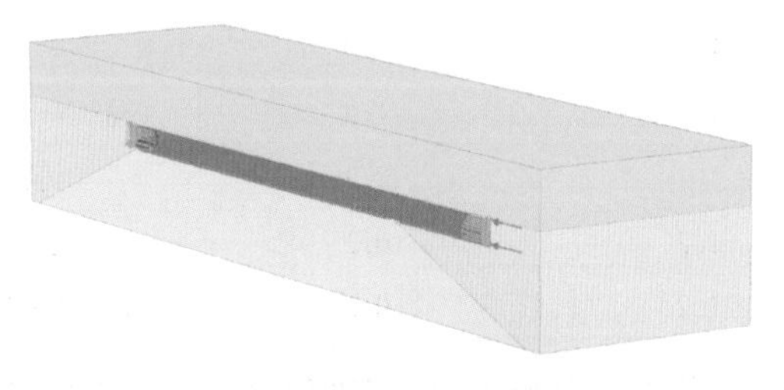

c)顶管完全穿越风化岩

图7-4 顶管推进过程模拟示意图

下面以顶管机从图7-4b)所示的顶进第6节管片为例,具体说明顶管施工模拟过程中的模型设置方法,见表7-3。

顶管顶进第6节管片的模型设置 表 7-3

步骤	说明
1	冻结第5节顶管板单元收缩
2	用顶管材料组替换第5节顶管范围内的板单元

续上表

步　骤	说　明
3	增加尾部端面的千斤顶力
4	冻结原开挖面上的支护压力
5	冻结原开挖面前方一环范围内的土体
6	激活原开挖面前方一环板单元及接触面
7	激活新的开挖面支护压力
8	激活顶管机收缩,设定收缩率

7.1.4 研究方案

首先,根据实际工程建立既有燃气管线与顶管隧道的数值模拟,视为标准模型(实际模型),研究顶管开挖过程对既有燃气管线的影响。

然后,考虑既有管线分别为不同直径、不同埋深、不同材质时受到顶管开挖影响的变化规律,见表7-4。对既有管线的直径 D、埋深 H、不同材质的弹性模量 E 进行变化,研究顶管在顶进时,不同 D、H、E 的既有管线的变形与内力变化规律。

模拟方案　表7-4

模型编号	变化参数			
	埋深 H(m)	直径 D(m)	材质	弹性模量 E(kPa)
1(标准模型)	1.2	0.2	钢材	2×10^8
2(H 变化)	2.4	0.2		
3(H 变化)	3.6	0.2		
4(H 变化)	4.8	0.2		
5(D 变化)	1.2	0.6		
6(D 变化)	1.2	1.0		
7(D 变化)	1.2	1.4		
8(E 变化)	1.2	0.2	铸铁	9×10^7
9(E 变化)	1.2	0.2	混凝土	2.5×10^7
10(E 变化)	1.2	0.2	聚氯乙烯(PVC)	2.261×10^6

最后,总结既有平行管线的变形和受力,判别管线是否会因变形过大而造成破裂、漏水或漏气,为同类工程提供参考依据。

7.2 顶管顶进对管线影响数值分析结果

7.2.1 地层变形发展规律

燃气管下方顶管不同顶进进度,对燃气管的干扰不同,局部分布的风化岩地层使得纵向有显著的差异沉降。下文将根据顶进进度进行影响分析,以影响范围内的燃气管线长度为计量刻度,当顶管掌子面位于管线起点下方时,$L=0$m;当顶管掌子面位于管线终点下方时,$L=64$m。

当 $L=6\mathrm{m}$、$L=36\mathrm{m}$ 和 $L=72\mathrm{m}$ 时，顶管周边地层的变形云图如图 7-5 所示。

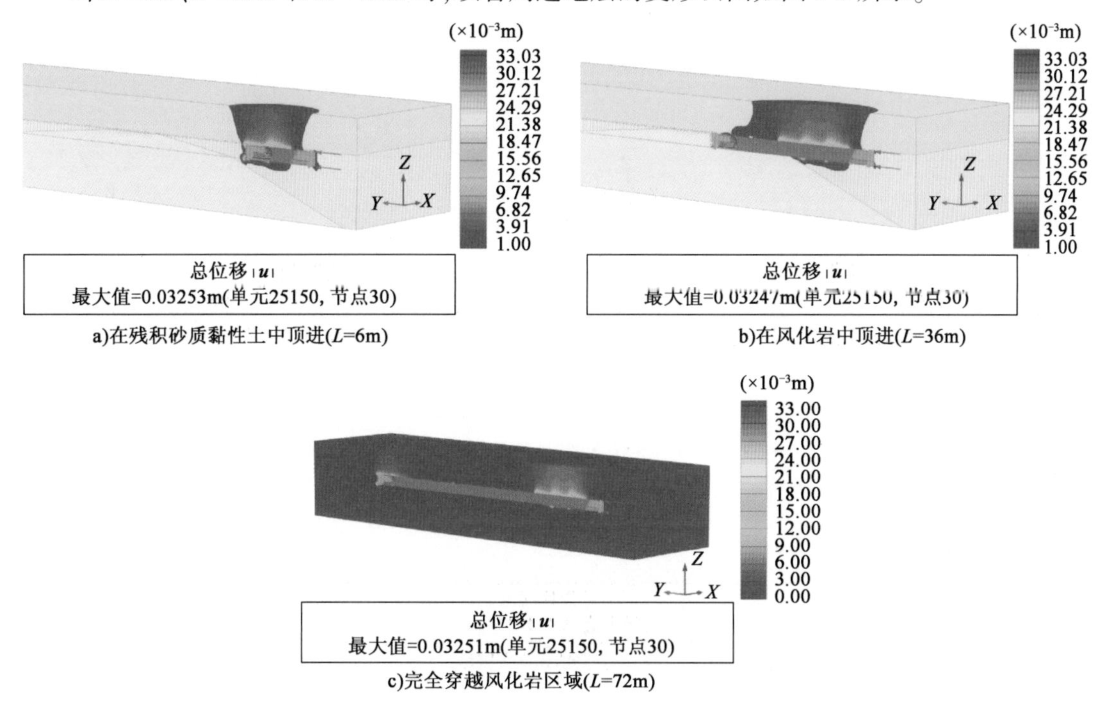

a)在残积砂质黏性土中顶进(L=6m)　b)在风化岩中顶进(L=36m)

c)完全穿越风化岩区域(L=72m)

图 7-5　不同推进阶段地层总位移云图

从图 7-5 中可以看出，当 $L=6\mathrm{m}$ 时，顶管周边最大地层位移 32.5mm，顶管正上方地层总位移随着深度减小而降低。当 $L=36\mathrm{m}$ 时，顶管进入风化岩，周边地层扰动显著降低。当 $L=72\mathrm{m}$ 时，顶管完全穿越过燃气管下方区域，再次进入残积砂质黏性土地层，地层扰动逐渐增大。顶管上方地层总位移形成“两端大中间小”的形态特征，将引起上方管线的差异沉降。

图 7-6 所示为顶管顶进过程引起地表的总位移矢量图。从图 7-6 中可以看出，当 $L=6\mathrm{m}$ 时，地表形成沉降漏斗，指向顶管方向，最大值 4.95mm；当 $L=36\mathrm{m}$ 时，顶管引起地表最大位移小幅增加到 5.44mm；当 $L=72\mathrm{m}$ 时，地表最大位移也形成了“两端大中间小”的形态。

上述结果说明，顶管顶进过程，从土质地层进入岩质地层再进入土质地层（软硬软），对周围地层产生扰动，将形成“两端大中间小”的形态。

7.2.2　燃气管变形发展规律

燃气管线等地下浅埋管线，处于顶管地层扰动范围内，易于受到地层扰动而随着地层发生附加变形。有限元方法考虑既有管线与地层相互作用，可以精确计算出管线受到扰动的变形。燃气管随顶管顶进总位移分布如图 7-7 所示。

由图 7-7 可见，当顶管顶进到 $L=6\mathrm{m}$ 时，燃气管已经发生了差异沉降，位于顶管掌子面前方的燃气管部分发生的沉降较小，位于顶管掌子面后方的燃气管部分发生的沉降较大，燃气管轴向上（纵向上）变形趋势呈现 S 形特征。随着顶管持续顶进，燃气管的变形逐渐稳定，最终总位移最大值为 2.51mm，位于燃气管起始位置。该区域风化岩埋深最深，土质地层厚度较大。

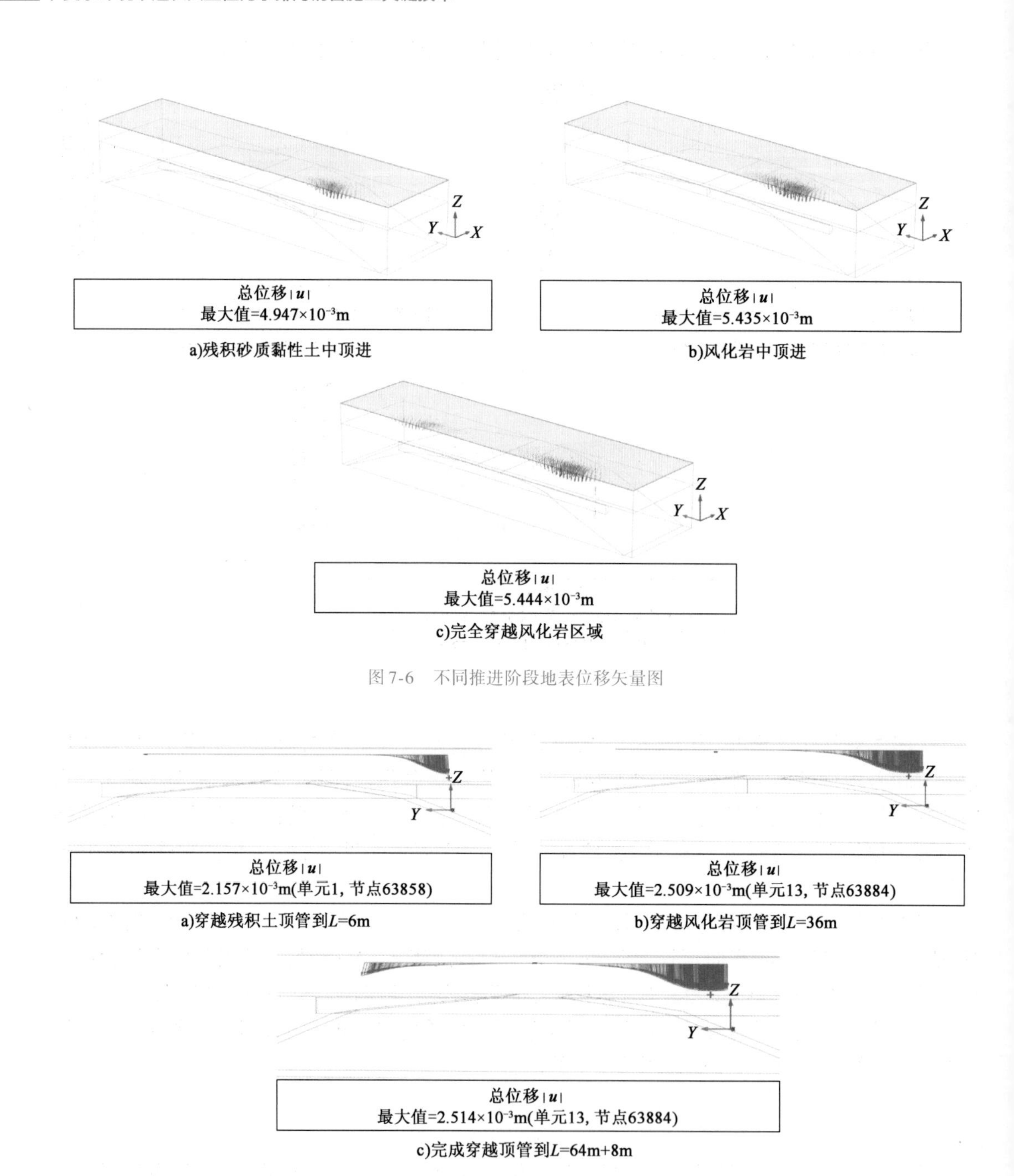

图 7-6 不同推进阶段地表位移矢量图

图 7-7 燃气管随顶管顶进总位移分布图

图 7-8 为顶管顶进三种状态下的燃气管变形曲线。从图 7-8 中可以看出，当顶管在残积土中顶进，燃气管变形增长迅速扰动较大。当顶管继续顶进进入风化岩，燃气管变形达到稳定，差异沉降坡度斜率有所降低，最终呈现 S 形变形特征。当顶管再次进入残积土地层，燃气管线受到的扰动再次迅速增长，最终形成“两头大中间小”的形态。

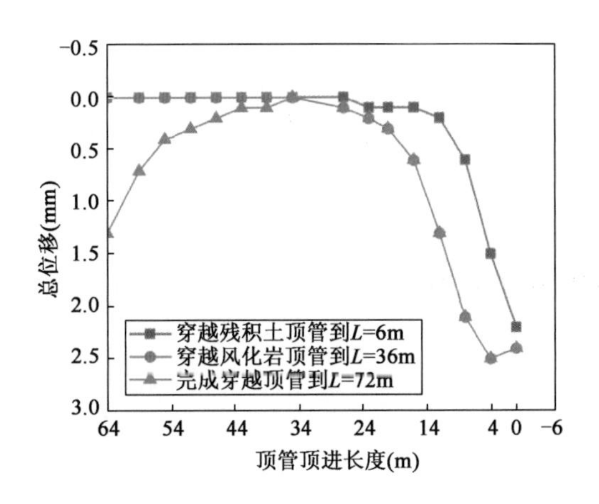

图 7-8　燃气管总位移随顶管顶进长度的变化曲线

7.2.3　燃气管内力发展规律

图 7-9 所示为燃气管线随顶管顶进的轴力分布。

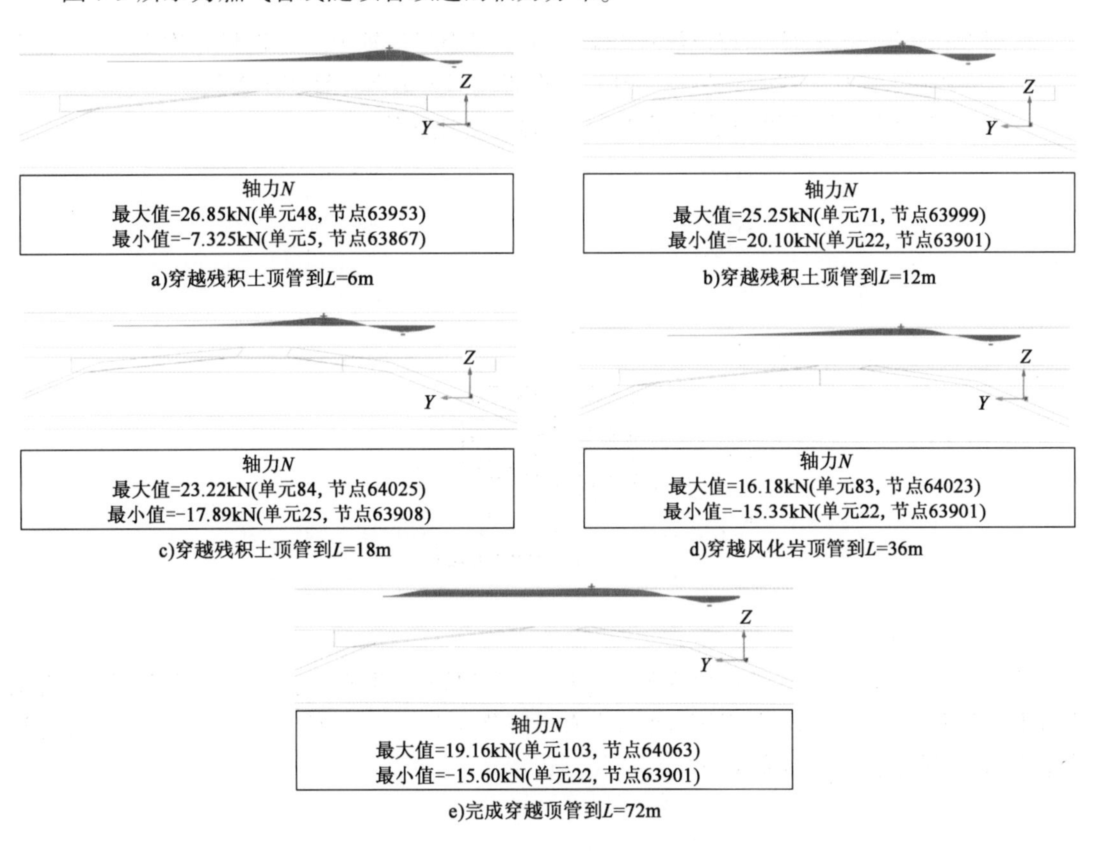

图 7-9　燃气管线随顶管顶进的轴力分布图

从图 7-9 可以看出，随着顶管顶进，燃气管线附加内力显著增加。

拉应力计算公式：

$$\sigma_{拉}=\frac{N}{A} \tag{7-1}$$

式中：N——轴力(kN)；

A——截面面积(m^2)。

图7-10为燃气管弯矩图($L=12m$)。

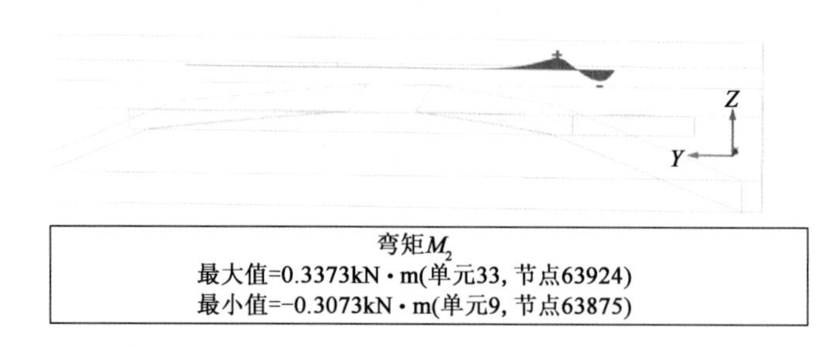

图7-10 燃气管弯矩图($L=12m$)

从图7-10可以看出，附加弯矩仅0.34kN·m。因为附加轴力不足钢材允许应力(承载力为375～460MPa)的1%，且弯矩较小，所以，本次研究不考虑燃气管弯矩贡献。

图7-11所示为燃气管轴力随着顶管顶进长度的变化曲线。

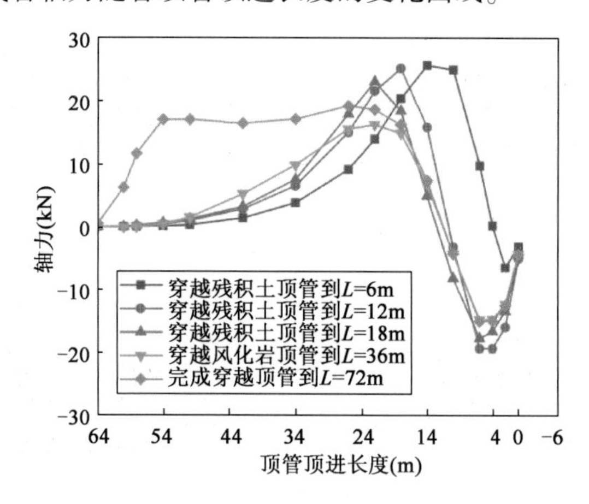

图7-11 燃气管轴力随顶管顶进长度的变化曲线

从图7-11中可以看出，随着顶管顶进，燃气管附加轴力逐渐变迁，峰值逐渐降低，分析认为是由于随着顶管顶进，差异沉降坡度斜率有所降低(见上文)。顶管穿越完成后，轴力达到稳定形态，在风化岩上方形成拉力峰值平台。

7.2.4 燃气管安全评估

曾员、银英姿参照北京、上海、广州等地对地铁施工监测控制的标准，采用控制值见表7-5。

燃气管控制值 表7-5

材 质	接口连接方式	沉降控制值	
		累计值(mm)	变化速率(mm/d)
钢管	焊接	10	2

本工程燃气管总位移2.5mm,小于表7-5中的控制值10mm。

由于端部效应,顶管顶进达到 $L=6$m 时,燃气管线附加轴力为拉力,$N=26.85$kN;截面面积 $A=9.25\times10^{3}\text{m}^{2}$。故拉应力为:

$$\sigma_{拉}=\frac{N}{A}=\frac{26.85}{9.25}\times10^{-3}=2.9\text{MPa}$$

顶管完全过境,既有燃气管最终最大附加轴力为拉力,$N=19.1$kN;截面面积 $A=9.25\times10^{-3}\text{m}^{2}$。故拉应力为:

$$\sigma_{拉}=\frac{N}{A}=\frac{19.1}{9.25}\times10^{-3}=2.1\text{MPa}$$

原老旧燃气管材质Q235的抗拉强度为375~460MPa,顶管顶进过程中引起的附加轴力仅为钢材承载力的0.56%。

附加弯矩仅0.34kN·m,所以可不考虑燃气管弯曲影响。

综合上述判定,可认为本项目燃气管尽管受到不均匀沉降的扰动,但是整体变形和内力均在安全范围内,可根据其自身的刚度抵抗变形,故未实施注浆加固方案。

7.3 顶管顶进对邻近管线影响的参数敏感性分析

顶管周边不仅埋设既有燃气管线,还有供水管、电力管等位置不同、直径不同、材料各异的管线。因此,几何模型和力学参数的变化影响研究,可以为不同类型的管线评估提供参考。

7.3.1 管线埋深的影响

7.3.1.1 模拟工况

在顶管顶进过程中,不同埋深位置的管线受到的扰动程度可能不同,分别建立埋深1.2m、2.4m、3.6m、4.8m的管线模型,见表7-6。分析顶管顶进过程中,不同埋深管线的变形与内力变化规律。

深度变化模型设置 表7-6

模型编号	埋深 H(m)	模型编号	埋深 H(m)
1(标准模型)	1.2	3(H变化)	3.6
2(H变化)	2.4	4(H变化)	4.8

7.3.1.2 位移变化规律

不同埋深的管线最终总位移矢量图如图7-12所示。

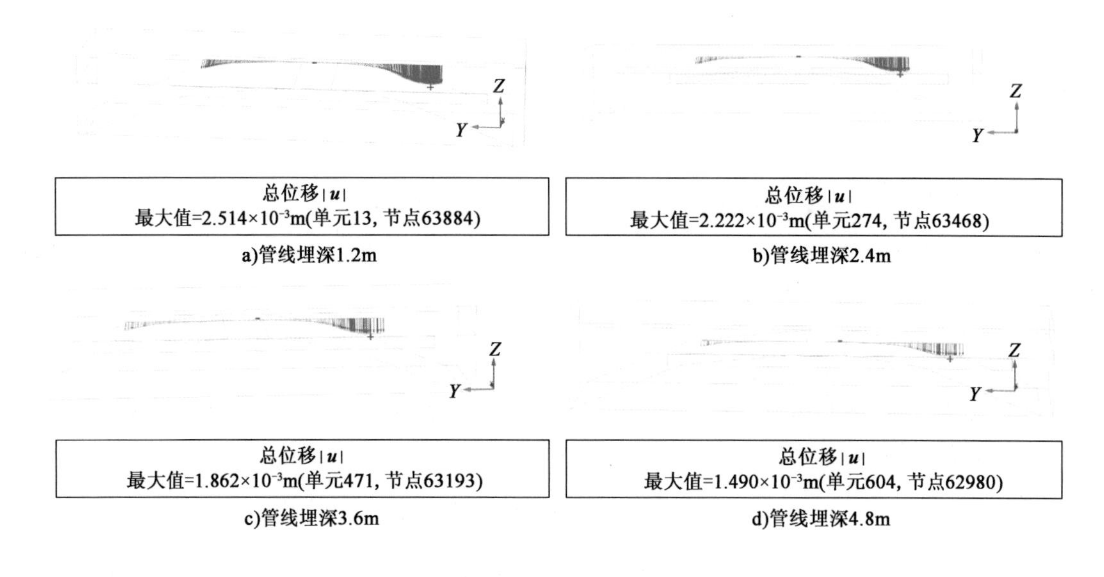

图 7-12　最终总位移矢量图

从图 7-12 可以看出，当顶管完全穿越管线下方“软硬软”地层，管线埋深越深，最终变形越小，埋深 1.2m 时管线最大位移 2.514mm，埋深 4.8m 时管线最大位移减少到 1.49mm。

图 7-13 所示为顶管掌子面顶进到 $L=12\text{m}$ 时，过管线剖面总位移等势线。

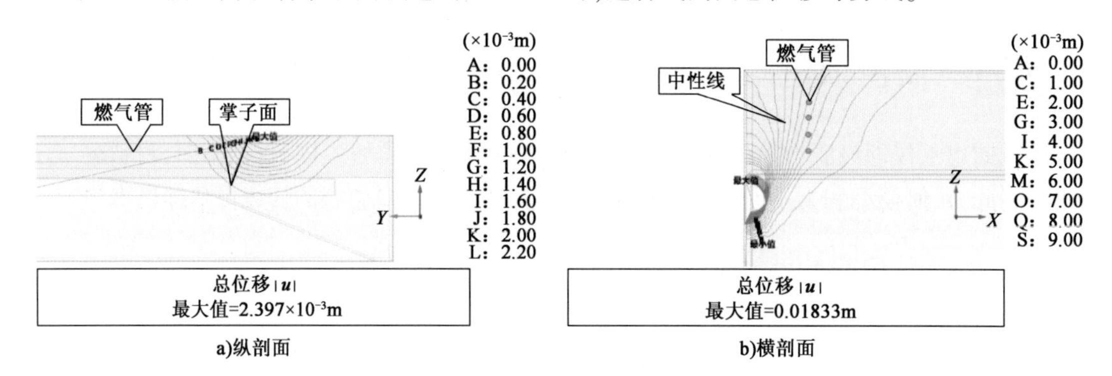

图 7-13　过管线剖面总位移等势线（顶管顶进 $L=12\text{m}$）

从图 7-13 可以看出，顶管上方形成最大沉降 U 形槽，管线上方的地层位移随着埋深减小而增加，地表变形最大。这是因为既有平行管线位于顶管直径外一定距离。顶管半径 1.4m，既有管线中心轴距离顶管中心轴的水平距离为 5m。假定管线受到顶管的影响与邻近地层受到顶管的影响正相关。如图 7-13 b）所示，存在一个竖直形态的等势线（$x=2.6\text{m}$ 位置）。位于该线上，埋深对管道变形影响不大，在该线外侧，既有管线埋深越深，受到顶管影响越小；在该线内侧，管线埋深越深，受到顶管影响越大。

图 7-14 所示为不同埋深的四条管线变形曲线分布规律。从图 7-14 中可以看出，既有管线受到埋深的影响较显著。顶管水平距离一定范围外的既有地下管线，埋深越深，受到影响越小。

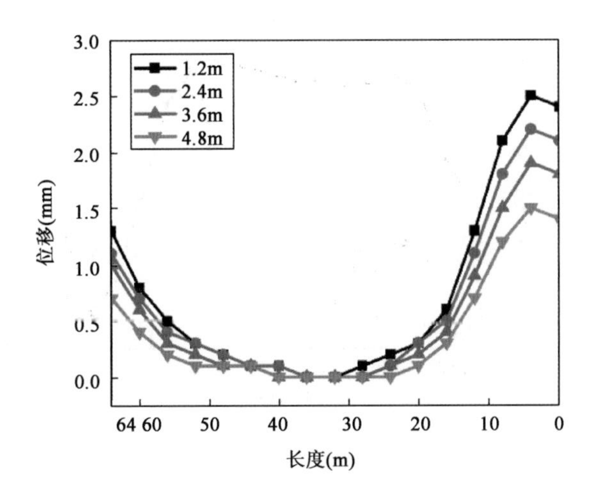

图 7-14 不同埋深管线总位移分布曲线

7.3.1.3 轴力变化规律

不同埋深既有管线的附加轴力变化情况如图 7-15 所示。

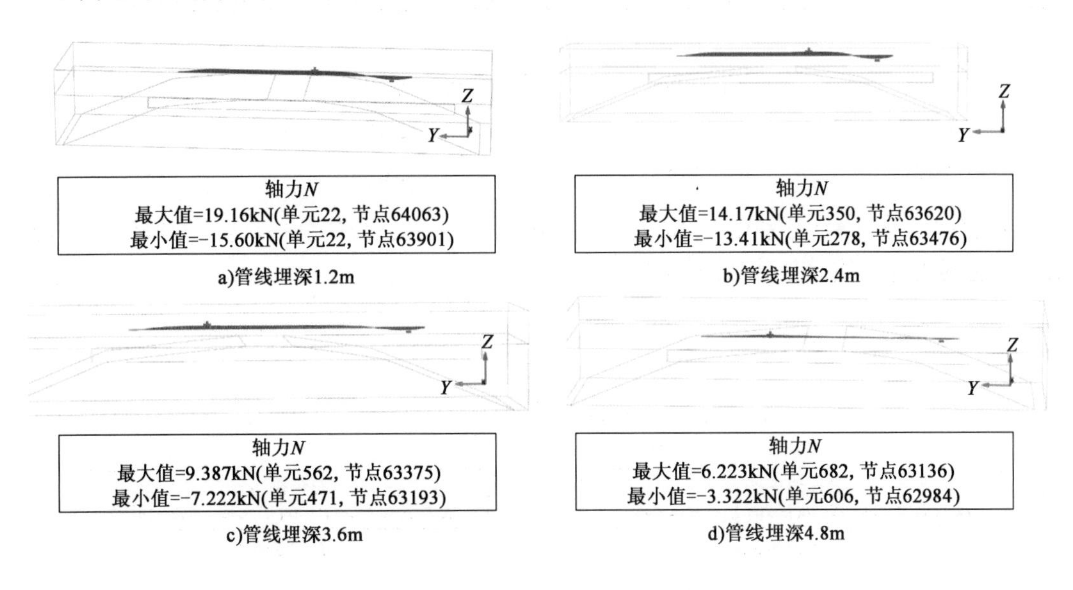

图 7-15 管线轴力分布图

从图 7-15 中可以看出，既有地下管线随着埋深增大而减少，与上文变形影响规律一致。

不同埋深的既有管线附加轴力的分布情况如图 7-16 所示。从图 7-16 中可以看出，随着顶管的顶进，既有管线受到地层变形的拖拽，产生轴向拉力。附加拉力主要集中在既有管线的中间部位。这是由于既有管线两端随着残积土地层变形而发生大于中间部位（风化岩上方）的变形。通过研究进一步证明，纵向地层软硬不均匀分布引起的不均匀地层沉降对既有平行管线受力是不利的。

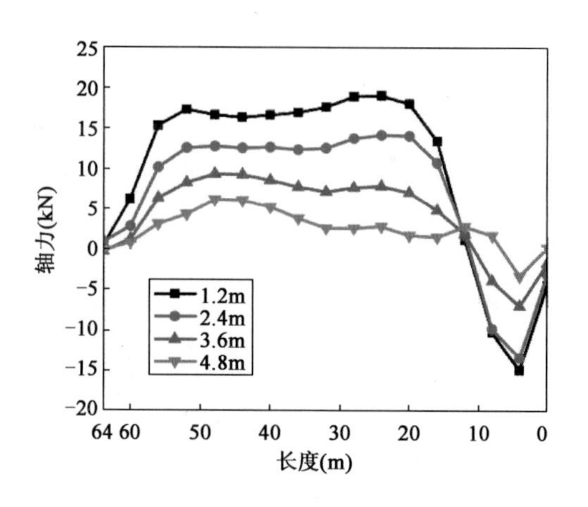

图 7-16　不同埋深管线轴力分布曲线

7.3.2　管线直径的影响

在顶管顶进过程中,周边地层中存在不同直径大小的既有管线。直径不同的管线抗弯惯性矩与表面摩擦面积都有所不同。特建立 0.2m、0.6m、1.0m 和 1.4m 四种直径的管线模型,见表 7-7。分析顶管顶进过程中,不同直径型号的既有管线的变形与内力变化规律。

直径变化模型设置　　表 7-7

模型编号	直径 D(m)	模型编号	直径 D(m)
1(标准模型)	0.2	6(D 变化)	1.0
5(D 变化)	0.6	7(D 变化)	1.4

当既有管线直径 D 分别取 0.2m、0.6m、1.0m、1.4m 时,顶管完全穿越既有管线下方(L = 72m)引起的既有管线总位移如图 7-17 所示。

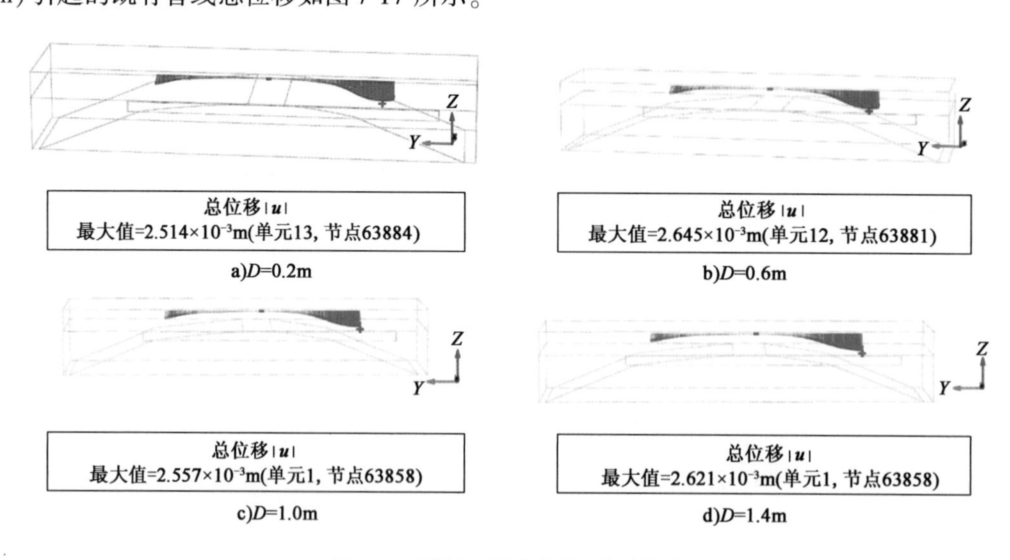

图 7-17　不同直径既有管线最终总位移

从图7-17中可以看出，管线的最大位移变化不显著。

图7-18所示为不同直径的4条管线变形曲线分布规律。

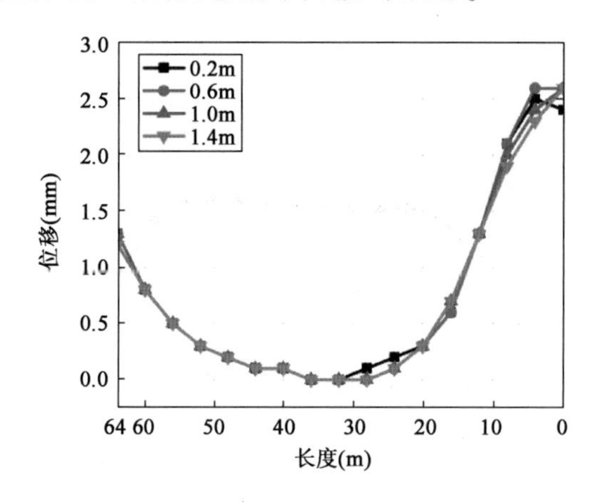

图7-18　不同直径既有管线总位移分布曲线

从图7-18中可以看出，总位移形态和峰值都比较接近。可见，在本工程概况下，既有管线的直径大小不是变形影响的敏感因素。分析认为，尽管直径越大抗弯刚度越大，有利于降低变形；但是，直径越大既有管线表面的土摩擦力也随之越大，不利于降低变形。上述两者作用一定程度抵消。同时，从管线端头可以看出，直径1.4m的管线挠度最大，随着管线直径的降低，抗弯刚度的降低引起挠度逐渐增大。

图7-19所示为既有管线直径D分别取0.2m、0.6m、1.0m、1.4m时，顶管完全穿越既有管线下方($L=72$m)引起的既有管线轴力改变。

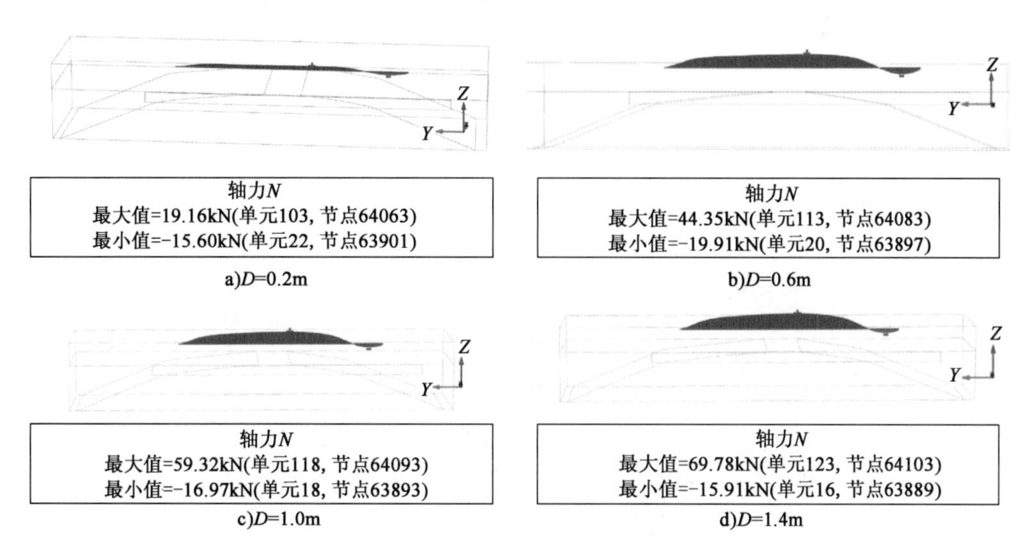

图7-19　管线轴力分布图

从图7-19中可以看出，随着直径D增大，管线受力增大。不难理解，这是由于直径越大既有管线表面的土摩擦力越大引起的。

图 7-20 所示为不同直径既有管线轴力变化趋势。

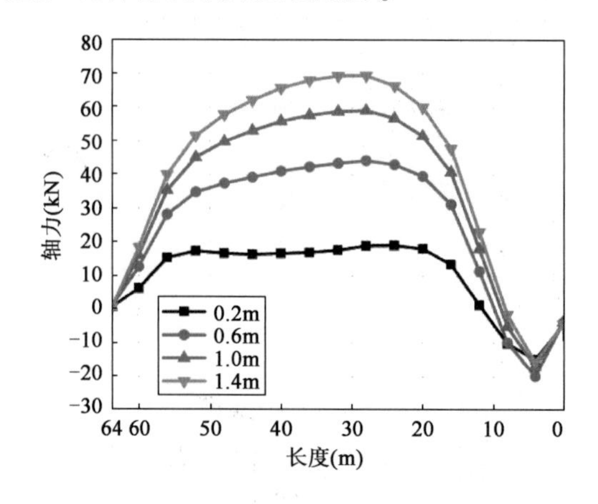

图 7-20　不同直径管线轴力分布曲线

从图 7-20 中可以看出，随着既有管线直径增大既有管线中部受拉区域显著增大。因此，顶管周边，直径越大的管线，内力变化越剧烈。对于大直径低强度的管线，应该重点监测内力。

7.3.3　管线材质的影响

在顶管顶进过程中，地层中往往存在不同材质的既有管线。不同材质的管线刚度和承载力有所不同。特建立弹性模量分别为 2×10^8kPa、9×10^7kPa、2.5×10^7kPa 和 2.261×10^6kPa 的 4 种材质管线的三维模型，分别代表钢材、铸铁、混凝土和 PVC4 种材质的既有管线。分析顶管顶进过程中，不同材质的既有管线的变形与内力变化规律，见表 7-8。

材质变化模型设置　　表 7-8

模型编号	材　质	弹性模量 E(kPa)
1(标准模型)	钢材	2×10^8
8(E 变化)	铸铁	9×10^7
9(E 变化)	混凝土	2.5×10^7
10(E 变化)	PVC	2.261×10^6

图 7-21 所示为不同既有管线材质，当顶管完全穿越既有管线($L=72$m)引起的既有管线总位移。从图 7-21 中可以看出，管线最大位移变化不显著，规律不明显。

不同材质既有管线总位移分布曲线如图 7-22 所示。从图 7-22 中可以看出，不同材质既有管线变形分布基本相同。分析认为，当前工程条件下，既有管线位移主要随着地层变形而发生。材质不同对管线变形而言，不是敏感因素。

图 7-23 为既有管线下弹性模量分别取 2×10^8kPa、9×10^7kPa、2.5×10^7kPa、2.261×10^6kPa 时，顶管完全穿越既有管线下方($L=72$m)引起的既有管线的附加轴力。从图 7-23 可以看出，随着刚度的降低，管线轴力减小。不难理解，因为，对于同等变形量的结构而言，刚度越大结构内力越大。

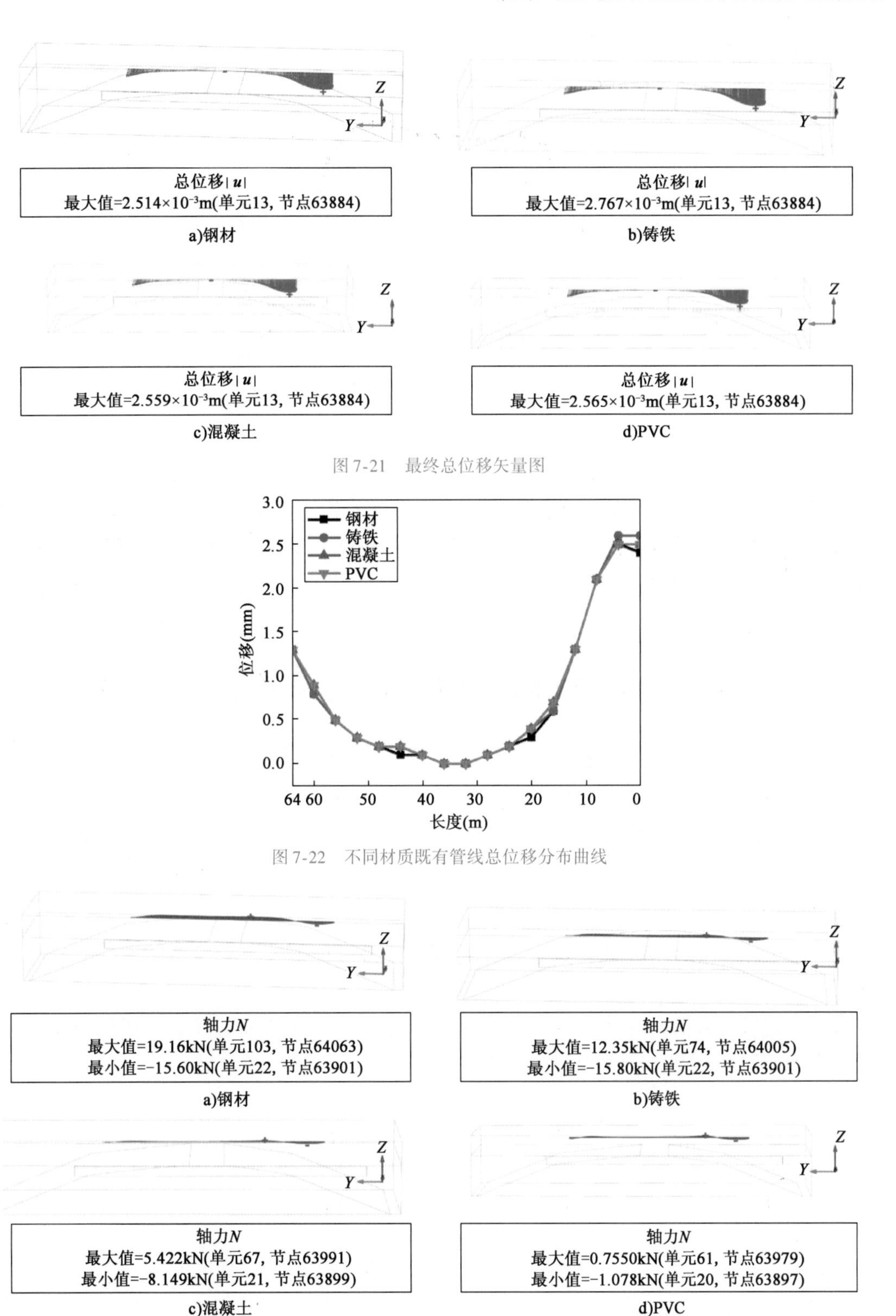

图 7-21　最终总位移矢量图

图 7-22　不同材质既有管线总位移分布曲线

图 7-23　不同材质既有管线轴力分布图

不同材质既有管线轴力变化趋势如图7-24所示。

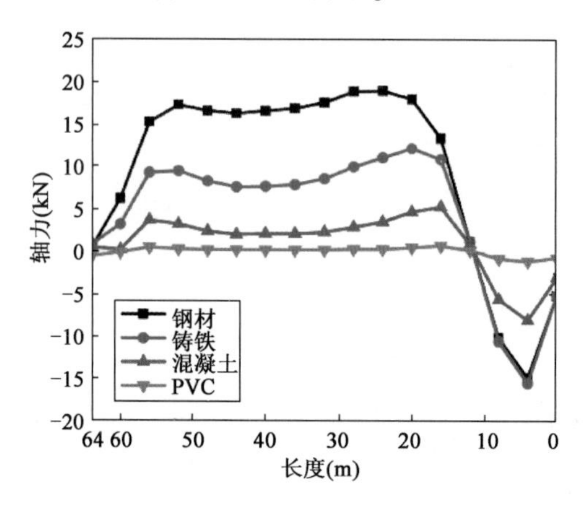

图7-24　不同材质既有管线轴力分布图

从图7-24中可以看出,随着既有管线刚度降低既有管线中部受拉区域的轴力显著降低。因此,顶管周边,柔性的管线内力较低,安全程度相对较高。顶管设计与施工过程中,应根据邻近管线具体材质承载力核算。

7.3.4　影响程度汇总

汇总10个分析数值模型的变形极值与轴力极值,深度变化管线极值汇总见表7-9。

深度变化管线极值汇总　表7-9

模型编号	埋深 H(m)	变形极值(mm)	轴力极值(kN)
1(标准模型)	1.2	2.5	19.1
2(H变化)	2.4	2.2	14.0
3(H变化)	3.6	1.9	9.3
4(H变化)	4.8	1.5	6.2

从表7-9可以看出,顶管水平距离一定范围外的既有地下管线的埋深越大受到顶管影响越小。

直径变化管线极值汇总见表7-10。从表7-10可以看出,不同直径既有管线轴力随着自身直径的增大而增大显著,应注意承载力验算。

直径变化管线极值汇总　表7-10

模型编号	直径 D(m)	变形极值(mm)	轴力极值(kN)
1(标准模型)	0.2	2.5	19.1
5(D变化)	0.6	2.6	44.3
6(D变化)	1.0	2.5	59.2
7(D变化)	1.4	2.6	69.2

材质变化管线极值汇总见表7-11。从表7-11可以看出,随着既有管线的刚度降低,承受的内力显著降低。

材质变化管线极值汇总 表 7-11

模型编号	材质	弹性模量 E(kPa)	变形极值(mm)	轴力极值(kN)
1(标准模型)	钢材	2×10^{8}	2.5	19.1
8(E 变化)	铸铁	9×10^{7}	2.6	12.4
9(E 变化)	混凝土	2.5×10^{7}	2.5	5.3
10(E 变化)	PVC	2.261×10^{6}	2.5	0.7

7.4 本章小结

基于三维精细化数值模拟方法,结合本工程特征,在 AK0 + 300 ~ AK0 + 380 区间,地质变化剧烈(软硬软),模拟顶管在不同地层中顶进。对上覆燃气管线的变形影响,定量预测管线的变形量,以及变形随地层特性、施工阶段的变化规律,评估管线的破坏风险。

对顶管与邻近管线相互影响做了深入研究,深入揭示了既有浅埋管线的直径、埋深、材质等参数变化的影响规律,对进一步揭示复合地层中顶管顶进引起既有平行管线扰动的机理具有重要的理论意义。

综合来看,可以得出如下几点结论:

(1)顶管在复合地层中顶进,从残积砂质黏性土进入风化岩,地层扰动从强转弱,顶管再次进入残积砂质黏性土地层,地层扰动从弱转强,直至完全穿越过燃气管区域。顶管上方地层总位移呈现“两端大中间小”的形态特征,将引起上方管线的差异沉降。

(2)顶管进入燃气管下方时,燃气管轴向上发生差异变形,呈现 S 形特征,随着顶管穿越过境,燃气管的变形逐渐稳定,最终总位移最大值为 2.51mm。峰值附加拉力为 26.85kN(拉应力 2.9MPa),最终附加拉力 19.1kN(拉应力 2.1MPa)。燃气管变形与受力均小于控制值与承载力值。

(3)顶管上方水平距离一定范围存在一个竖直形态的等势线。位于该线上,埋深对管道变形影响不大,在该线外侧,既有管线埋深越深,受到顶管影响越小;在该线内侧,管线埋深越深,受到顶管影响越大。

(4)不同直径既有管线轴力随着自身直径的增大而增大显著,应注意承载力验算。

(5)随着既有管线的刚度降低,承受的内力显著降低。

第3篇

海域沉管施工

第8章
CHAPTER 8

大直径长距离污水排海钢管的焊接与防腐关键技术

本排海工程沉放管道总长1877.219m。其中,单节管长290m,共6节;调节段长44m,共1节;扩散段长93.219m,共1节,整体沉放。管道接长按上述规定的长度进行拼接,即将11.6m长的管节由钢管厂汽运一施工现场,再由起重机吊放后场地内。

管道拼接采用专门搭建的钢平台上进行施工。管道接长到设定长度后经检测、补涂防腐涂料后用盲板封堵管道两端合使其密封,再由液压油顶顶升后平台,使管道顺后平台及前边的坡道滚动下水。施工现场平面如图8-1所示。

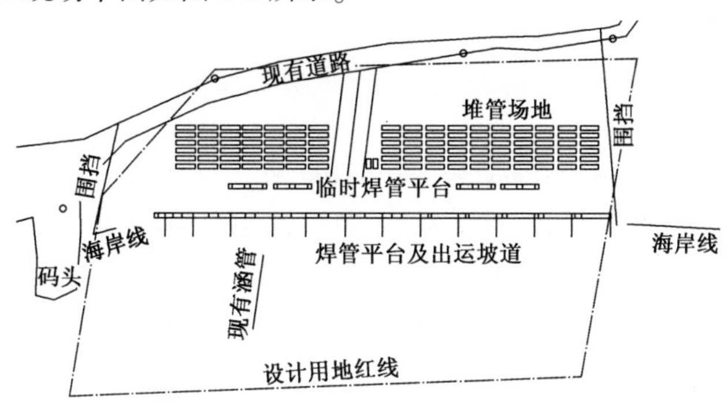

图8-1 施工现场平面图

拼接制作、焊接及防腐施工技术难度大,焊缝及防腐质量等级要求高。因此,需要研究制定并采用一套技术先进、易于操作、质量及安全可靠、成本可控的污水排放钢管管节现场焊接组拼、管道接头防腐处理的施工工艺及其质量检验方法,以保证管道接口的焊接及接头防腐质量和焊接速度。

8.1 大直径钢管管节焊接接长施工技术

8.1.1 平台搭设

8.1.1.1 坡道搭设

根据承载要求,坡道H型钢这集中应力,最大承重为43.2t,桩中心距3.8m,最大简支长度3.4m(梁筒支在管壁)。

坡道由4根ϕ630mm×10mm、长度6.6~10m(按贯入度控制)的钢管桩为载重桩,其中最岸侧的为平台与坡道共用桩,选用H500mm×300mm×11mm×18mm(分别指钢材的高、宽、腹板和翼板的厚)的H型钢作为坡道梁,坡道梁架设在钢管桩桩顶上。

用水准仪测量桩顶高程,经纬仪测量型钢位置。在桩顶海侧的管壁上切割等同于型钢宽度的槽(300mm),内侧直接搁置在桩壁上。将型钢用起重机吊装到桩顶上并用电焊将型钢与桩顶焊接牢固,如图8-2所示。

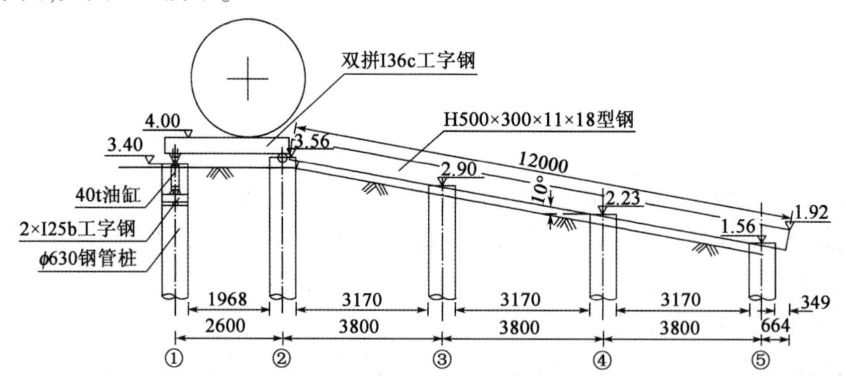

图8-2 接管平台示意图(尺寸单位:mm;高程单位:m)

8.1.1.2 焊管平台搭设

焊管平台由2根ϕ630mm×10mm、长度6~10m(按贯入度控制)的钢管桩作为载重桩,其中海侧桩与坡道桩共用,顶部加设双拼Ⅰ36c工字钢;桩顶上部为铰支座及液压油缸等组成的顶长装置;管道溜放下水时顶升内侧桩顶上的油缸,钢梁以外侧桩的铰支座为圆点使钢梁倾斜,使管道作纯滚动运动达到溜放下水的功能。焊接平台如图8-3所示。

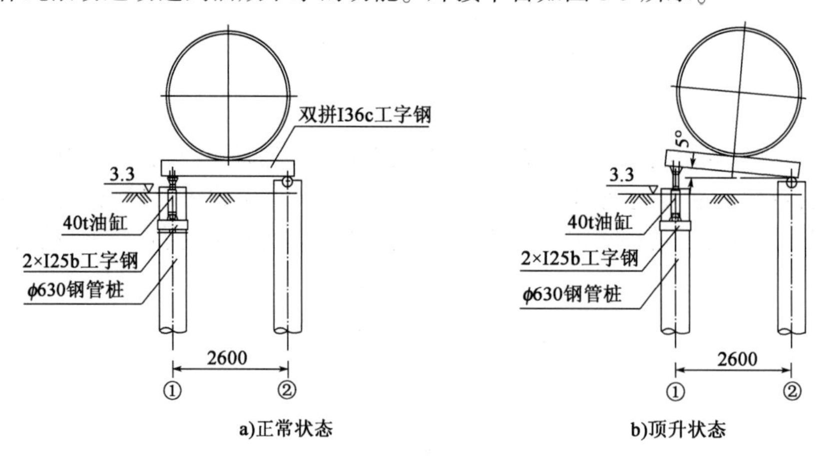

图8-3 接管平台顶升原理示意图(尺寸单位:mm;高程单位:m)

焊接平台按图8-3进行油缸、铰支座及钢梁安装。安装完成后进行空载顶升试验。经试验运行正常后方可进行拼装作业。

在两顶长平台间另设一搁置平台，以保证已拼焊成23.2m管节的搁置接长需要，如图8-4所示。

焊管平台由2根ϕ630mm×10mm、长度6.6m的钢管桩为载重桩，桩顶布置1根长度为2.8m的Ⅰ36c工字钢为搁置梁。

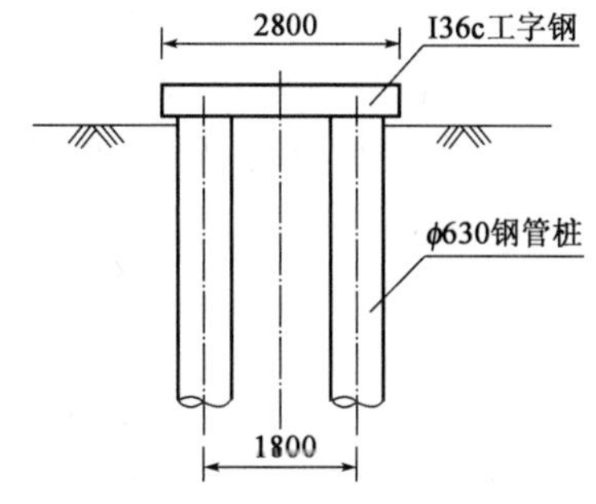

图8-4　搁置平台示意图(尺寸单位：mm)

8.1.1.3　临时焊管平台搭设

由于工期紧，当一根长管焊接完成后需对管道进行检测，预计检测时间需2～4d。为加快施工进度，在场地上另搭设2组临时焊管平台，先期将两根11.6m节管拼接成23.2m节，等拼管平台上管道下水后将23.2m节管道吊到平台上接长，以节约时间。临时焊管平台由1根ϕ630mm×10mm、长度6.6m的钢管桩为载重桩，桩顶布置1根长度为1.5m的Ⅰ36c工字钢为搁置梁。

临时焊管平台设计图及实物图如图8-5所示。

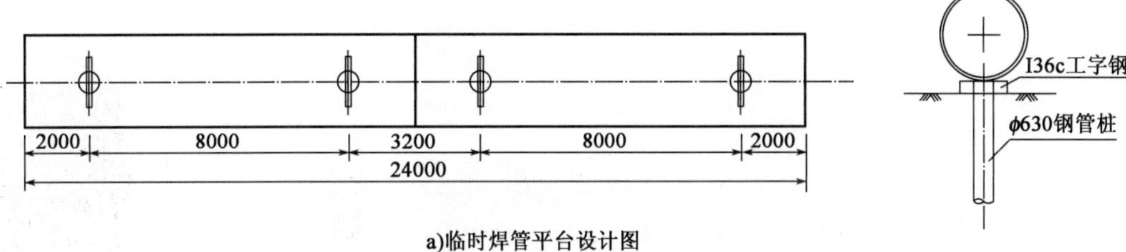

a)临时焊管平台设计图

b)临时焊管平台实物图

图8-5　临时焊管平台(尺寸单位：mm)

8.1.1.4　平台验收

平台安装完成后由施工单位及监理单位进行验收，对平台的稳定、安全性等进行评估，验收合格后方可投入使用。验收的主要内容包括：

(1)对是否按搭设方案及图纸进行施工验收。

(2)对平台高程、长度、外观等进行验收。

(3)对钢管桩插入深度进行验收,看是否满足计算插入深度。
(4)对钢平台稳定性进行验收。
(5)对焊管平台千斤顶顶升系统进行试顶升验收。
(6)平台验收完成后应对平台沉降、位移进行定期观测,形成记录。
平台安装完成后的照片如图 8-6 所示。

8.1.1.5 焊管操作、防风平台搭设

考虑到该场地位于海滩边,海风影响较大。焊管操作平台采用如图 8-7 所示设置了防风脚手架,该平台横跨在管道上,有管道给予的部分反力,经验算及工程实践满足稳定性要求,保险起见需保证 8 个支腿插入砂层一定深度至稳固,故需项目部专职安全员或项目技术管理人员验收牢固后方可上人进行焊接作业,现场实测风力大于 5 级时需设防风缆绳加固。脚手架内焊接管道的作业人员必须系好安全带。

图 8-6 平台完成现场照片

图 8-7 焊管操作、防风平台

管内焊接时可定制两个尺寸为 1/3 钢管直径的内环挡风板进行防风。

8.1.2 管道进场

受限于渤海石油装备福建钢管有限公司加工车间门式起重机的起重量,海上钢管单节按长 11.6m 进行加工,在厂里做好管节内外防腐。

外防腐采用加强级三层挤压聚乙烯层,即底涂环氧粉末、中间层胶黏剂、面层高密度聚乙烯防护层,防护层应满足《埋地钢质管道聚乙烯防腐层》(GB/T 23257—2017)要求。内防腐采用无溶剂环氧防腐涂料,厚度 >600μm,生产加工工艺采用自动高压无气喷涂一次成膜。环氧防腐涂料固体含量在 98% 以上,属重防腐蚀性涂料,涂层附着力 ≥5.5MPa,耐盐雾性(400h) <2。

管节制作好后由厂里对管节进行编号,陆运至加工现场。厂区外道路可满足长 11.6m 钢管的运输要求,厂区内由于处在沙滩上,仅主道路可满足车辆通行要求,存储管材由履带式起重机进行多次吊装转运。

管材存储在拼装场地管节存放区,存放区左侧可存放 10 × 5 = 50 节钢管,右侧可存放 7 × 5 = 35 节钢管。300m 接管平台上也可存储 25 节钢管,海域段全部钢管按长度 11.6m 计算,共

需162节，按正常施工的话管节存放区可满足管道存放要求，管道单节存放于沙滩上，不堆高，钢管存放时横向预留1m操作空间，纵向预留1.5m操作空间。

管道进场时按项目部验收程序进行验收，同步报监理单位进行检验。对管材长度、直径、厚度、外观等进行检查，并查看相关质量证明文件。

工程所用的管材、管道附件、构(配)件和主要原材料等产品进入施工现场时必须进行进场验收并妥善保管。进场验收时应检查每批产品的订购合同、质量合格证书、性能检验报告、使用说明书、进口产品的商检报告及证件等，并按国家有关标准规定进行复验，验收合格后方可使用。

其中对管道接头处定制管节的法兰应进行试拼装，确保法兰连接的可靠性及密封性。

8.1.3　管道拼接

(1)管道吊装

在管道吊放到平台前，要事先在平台的型钢面上铺一层厚土工布，以保护管道防腐，使管道不与型钢接触。

管道由现场的85t履带式起重机吊放到临时平台上，由装配工及电焊工将2根11.6m长的管节拼接成23.2m长的管节。为防止管道吊装损坏防腐层，起吊索具均用吊带或包有橡胶管的钢丝绳进行吊装。

23.2m长的管道拼好后，用85t履带式起重机将其吊放到焊管平台上，与平台上的管道对接，最后在管侧焊接好法兰片、阳极块。

场内管道吊装时需根据起吊重量申请吊装令，对操作人员持证情况、作业人员配置、起重机性能、吊具、锁扣等进行检查，满足条件后开具吊装令，方可进行吊装作业，吊装前应充分考虑到风荷载等的叠加效果，并进行试吊。

(2)管道对正

通过履带式起重机将一节管道从后方堆放区域吊运到管道加工平台上，调整平放后用木楔进行限位，保证钢管不会扰动滑落。继续吊运另一节钢管，就位后，将起重机起重吨位调整到与管道重量持平，通过在管道上临时焊接钢板进行卡位，用手拉葫芦使两节钢管慢慢靠近，使两节钢管焊缝的间距在2~5mm，对正好阴阳坡口，将钢管放置在平台上，同样用木楔进行限位。管道对正操作如图8-8所示。

管道放至临时接管平台后采用三角木塞塞住以保证稳固，长管放置于长接管平台后，采用三角木塞及钢板焊接在钢平台上进行固定，必要时对每20m管道中部捆绑钢丝绳固定于平台上，采用手拉葫芦拉紧，如图8-9所示。

(3)管道焊接

管道坡口在钢管出厂时已加工好。为方便施工，管节坡口按1/3内坡口、2/3外坡口加工。管道防腐均在钢管厂内完成。

管道焊接前由所在班组填写动火申请表，经分项负责工程师和项目安全管理部门审查批准后方可动火。动火证当日有效，如动火地点发生变化，则需重新办理动火审批手续。

图8-8　管道对正操作示意图

a)三角木塞及焊接钢板示意图

b)捆绑钢丝绳示意图

图 8-9 管道固定示意图

焊接均使用二氧化碳保护焊的工艺进行焊接,焊丝规格型号为 JQ · CE71T-1/ϕ1.2mm,焊丝类型和规格符合母体材质和设计要求。焊接前选用砂轮机将坡口及两侧范围内磨光,再进行定焊接,定位焊至少 8 个点,焊缝长度 20mm 以上,焊缝高度不小于 5mm。管道焊接前应进行管道焊接工艺评定,以验证拟订的焊接工艺是否正确,并评价焊接接头是否满足设计要求的使用性能。

管道焊接分 7 层进行焊接,内坡口一台焊机,上坡口两侧两台焊机同时进行焊接。管道在接管平台上从中间向两边不断增加两节进行焊接,焊机随管道接长更换摆放位置,从接管平台边上二级电箱引出末级开关箱及其对应焊机。

图 8-10 管道陶瓷贴片示意图

分别在内外焊缝处贴陶瓷贴片作为底模,方便首层焊缝进行焊接,如图 8-10 所示。

使用二氧化碳(CO_2)气保焊进行焊接,通过左右不断拉丝慢慢地将焊缝填充,完成后立即用锥子将焊渣轻轻敲落,清理完成后再继续进行焊接。

管道焊接时内外坡口的位置需加强控制,确保焊接质量。

长管拼接完成后,由检测单位对管道接焊缝按设计要求进行检验,检验合格后按设计要求进行焊缝处补防腐。

管道拼接成预定长度后,将定制的橡胶垫板及盲板安装到管端的法兰上,使管道保证水密。因管道吃水较小,水压较低,故盲板厚度为 16mm,盲板上的螺纹孔、螺纹均与法兰上的相同。

8.1.4 水压试验

(1)本工程管道工作压力为 0.28MPa(水头压力),管道试验压力 0.9MPa。压力管道试压采用分段进行,随机抽取一段焊接钢管(4 小节出厂长度)进行闭水试验。

（2）管道中最后一个焊接接口完毕后1h以上方可进行水压试验。

（3）水压试验采用的设备、仪表规格及其安装应符合下列规定：

①采用弹簧压力计时，精度不低于1.5级，最大量程宜为试验压力的1.3～1.5倍，表壳的公称直径不宜小于150mm，使用前经校正并具有符合规定的检定证书。

②水泵、压力计应安装在试验段的两端部与管道轴线相垂直的支管上。

（4）注水与排气，管道半径1.4m，长度46.6m，注水体积约为286.8m^3。从试验管道的进水孔开始注水，排气阀设在管道另一端盲板上部，确保为最高点进行排气。注水要缓慢进行以免混入空气，管道水流速不超过0.3m/s。进水孔注水时排气端要维持阀门开放，让水流持续流动排气，流量要充足。先采用常规水泵从上部DN100进水口进行注水，注至一定高度时关闭DN100阀门，后采用加压水泵从下部DN60加压孔注水，维持足够时间，确保管道中的空气全部排出，水从排气孔引出的小管流出，再将排气阀门关闭，如图8-11所示。

图8-11　水压试验

（5）预试验阶段：将管道内水压缓缓地升至试验压力并稳压30min，期间如有压力下降可注水补压，但不得高于试验压力；检查管道接口、配件等处有无漏水、损坏现象；有漏水、损坏现象时应及时停止试压，查明原因并采取相应措施后重新试压。

（6）主试验阶段：停止注水补压，稳定15min；当15min后压力下降不超过钢管允许压力降数值0时，将试验压力降至工作压力并保持恒压30min，进行外观检查。若无漏水现象，则水压试验合格。

（7）压力管道采用允许渗水量进行最终合格判定依据时，实测渗水量应小于或等于允许渗水量 $q = 0.05\sqrt{D} = 0.05\sqrt{2800} = 2.65\text{L}/(\text{min} \cdot \text{km})$。

8.2　大直径钢管接头防腐施工技术

8.2.1　管道接头外壁防腐

钢管外壁防腐做法：钢管外防腐层为三层结构的聚乙烯（3PE），防腐补口手工除锈达St3级后，涂刷底漆，然后包覆热收缩带（套），总厚度≥2.5mm，防腐技术要求按《埋地钢质管道聚乙烯防腐层》（GB/T 23257—2017）执行。具体施工工艺流程为：准备工作→管口清理→管口除锈→涂刷底漆→包覆热收缩带（套）。

8.2.1.1　准备工作

（1）热收缩带表面应平整，无气泡、麻坑、裂纹，无氧化变质现象，用测厚仪，测定其厚度应大于或等于设计规定的厚度。热收缩套（带）胶层应无裂纹，内衬护薄膜应完好。

(2)用筛子筛选石英砂,用于喷砂除锈。砂颗粒均匀,粒径在2~4mm,无泥土、草棍等杂质。

(3)空压机运转良好,压缩机排量不小于6m³/min。

(4)加热用液化气火焰加热器,液化气钢瓶输出压力应满足施工要求($P \geqslant 0.15$MPa)。

(5)准备好卷尺、红外线数字测温计(量程为0~300℃)、压辊、棉纱及木楔等材料。

8.2.1.2 管口清理

(1)将焊口及两侧涂层150mm范围内的油污、泥土等清理干净。

(2)焊缝及其附近的毛刺、焊渣、飞溅物、焊瘤等应打磨干净。

(3)焊口两侧涂层应切成≤300°的坡角。

8.2.1.3 管口除锈及防腐层打毛处理

(1)手工除锈达钢材表面无油脂、污垢、氧化皮、铁锈和油漆涂层等附着物,显示均匀的金属色泽(St3级);锚纹深度应达到50~70μm。

(2)打毛宽度应与热收缩带覆盖宽度基本一致,同时将热收缩带与管体涂层搭接处清洁并加热、用钢丝刷将其打毛,完毕后,应清除浮渣,如图8-12所示。

a)打磨过程

b)打磨效果

图8-12 管道打磨现场照片

8.2.1.4 涂刷底漆及包覆热收缩带(套)

(1)钢管、搭接部位的预热

将补口部位的钢管和搭接部位的涂层预热到40~60℃。环境温度较高时,宜在40~50℃范围内选择;天气转凉时,宜在50~60℃范围内选择。

当存在以下情况之一,且无应对措施时,不应进行露天补口。

①雨天、雪天、大风天。

②相对湿度大于85%。

③环境温度小于0℃时。

(2)底漆的涂刷

①钢管表面预处理后至涂底漆前的时间间隔宜控制在4h内,期间应防止钢管表面受潮和污染。涂底漆前,如出现返锈或表面污染时,必须重新进行表面预处理。

②将调配好的环氧底漆(基料∶固化剂=3∶1)迅速均匀涂敷在补口处的钢管表面及搭接处的涂层上,涂刷宽度与热收缩带覆盖宽度基本一致,被打毛区一定要涂刷底漆。

③应涂刷均匀,不得有漏涂、凝块和流挂等缺陷。底漆涂刷后效果如图8-13所示。

(3)包覆热收缩带(套)

在底漆尚湿润时,迅速将热收缩印有搭接线一端的内层热熔胶烤软、发黏,并粘贴在焊口的中央部位,用手抚平。沿轴向边缘安放一根胶条。

①回火:当热收缩带完全收缩后,再将整个热收缩带加热5~8min,使热熔胶充分熔融并从两端溢出,在热收缩带表面尚柔软时,趁热辊压,挤出气泡。加热火焰一定要覆盖热收缩带的边缘,以确保热收缩带收缩完成后,不会发生翘边、卷边现象。

②热收缩带收缩、回火完成后,热熔胶应从两端溢出,在热收缩带表面尚柔软时,趁热辊压,挤出气泡。上述步骤完成后,应在固定片的两端各安装一根约150mm长的胶条封边,使之与热收缩带溢出的胶成为整体,如图8-14所示。

③热收缩带与聚乙烯层搭接宽度应不小于100mm;周向搭接宽度应不小于80mm。

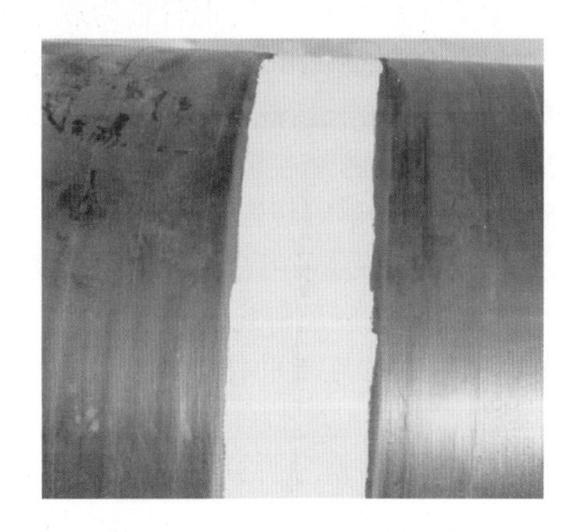

图8-13　底漆涂刷后照片

图8-14　包覆热收缩带施工照片

8.2.2　管道接头内壁防腐

钢管内壁防腐做法:手工除锈达St3级后,刷涂环氧漆(干膜厚执行标准),内壁防腐技术要求按《水工金属结构防腐蚀规范》(SL105—2007)中有关规定严格执行。具体施工流程为:准备工作→管口清理→管口除锈→涂刷环氧漆→检查验收。

8.2.2.1　管口清理

在预处理前应清除钢管预留端表面的油污、泥土、水等杂物,钢管焊缝处应清除焊瘤、毛刺、棱角等。

8.2.2.2 管口除锈

手工进行除锈,除锈等级达到 St3 级,钢基表面预处理后至涂敷前不应出现浮锈;当出现返锈或表面污染时,必须重新进行表面处理。

8.2.2.3 涂刷环氧漆

(1)操作人员进入管道内将无溶剂超强环氧漆涂刷到焊接处。
(2)与原涂层搭接不小于 100mm 宽。
(3)应涂刷均匀,不得有漏涂、凝块 和流挂等缺陷。

8.3 本章小结

拼接制作、焊接及防腐施工技术难度大,焊缝及防腐质量等级要求高。因此,需要研究制定并采用一套技术先进、易于操作、质量及安全可靠、成本可控的污水排放钢管管节现场焊接组拼、管道接头防腐处理的施工工艺及其质量检验方法,以保证管道接口的焊接及接头防腐质量和焊接速度。

(1)坡道由 4 根 ϕ630mm × 10mm、长度 6.6 ~ 10m(按贯入度控制)的钢管桩为载重桩,其中最岸侧的为平台与坡道共用桩,选用 H500mm × 300mm × 11mm × 18mm 型钢作为坡道梁,坡道梁架设在钢管桩桩顶上。焊管平台由 2 根 ϕ630mm × 10mm、长度 6.6 ~ 10m(按贯入度控制)的钢管桩为载重桩,其中海侧桩与坡道桩共用,顶部加设双拼 36c 工字钢。桩顶上部为铰支座及液压油缸等组成的顶长装置。采用该装置经实践证明能够方便管道的焊接。

(2)考虑到该场地位于海滩边,海风影响较大。焊管操作平台采用全封闭防风脚手架,该平台横跨在管道上,有管道给予的部分反力,保证 8 个支腿插入砂层一定深度至稳固,现场实测风力大于 5 级时需设防风缆绳加固。脚手架内焊接管道的施工的作业人员必须系好安全带。

(3)焊接均使用二氧化碳保护焊的工艺进行焊接,焊丝规格型号为 JQ · CE71T-1,直径为 1.2mm,焊丝类型和规格符合母体材质和设计要求。焊接前选用砂轮机将坡口及两侧范围内磨光,再进行定焊接,定位焊至少 8 个点,焊缝长度 20mm 以上,焊缝高度不小于 5mm。经第三方 100% 超声波检测及 10% X 射线检测,该焊接工艺能保证管道接头质量。

第 9 章
CHAPTER 9

污水排海钢管浮拖过程时域模拟受力分析

本项目中，管道在香山加工场地上将 11.6m 长的管节拼接成 290m 管道。管道拼接在专门搭建的钢平台上进行。管道接长到设定长度后经检测、补涂防腐后用盲板封堵管道两端合使其密封，再由液压油顶顶升平台，使管道由平台的滑道滚动下水，下水选择涨潮水位在 4.5m(潮位)时进行。

管道下水后，由抛锚艇将管道拖运至 150m 外深水区域交至拖轮，完成拖轮编队后由拖轮将管道拖至安装现场。管道拖运拟采用两艘拖轮及两艘抛锚艇组成拖运编队，如图 9-1 所示。

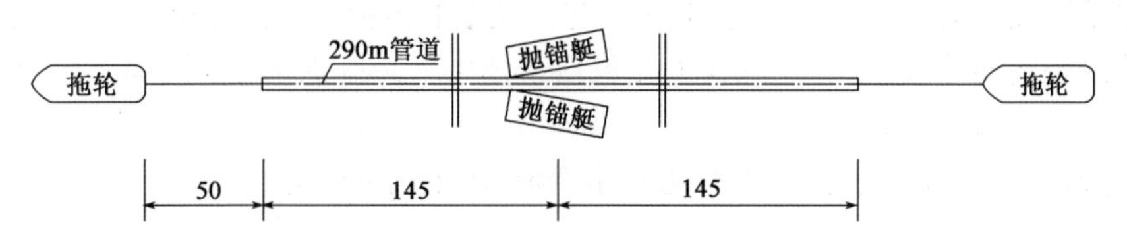

图 9-1　管道拖运示意图(尺寸单位:m)

为了确保整个拖运过程安全，需要对该地区不同环境条件下的拖运方案进行详细分析，确定可实施拖运的环境条件，本章通过数值建模的方式对浮拖进行了模拟分析，主要内容包括：不同环境条件下管道的受力情况和规范校核、拖轮的系柱拖力要求等，为工程浮拖安装提供数据支持。相比于只采用规范经验公式的方法，数值模拟的结果更加精确，而且可以尽量去除规范中经验公式过于保守的考虑因素。

9.1　数值模拟分析方法

本节对浮拖数值模拟过程中用到的软件、分析方法和校核衡准进行介绍。

9.1.1　时域模拟软件介绍

商用分析软件 Orcaflex 由英国 Orcina 公司开发，主要用于分析海洋结构的力学性能及安装等过程仿真模拟等。

Orcaflex 主要功能包括海洋工程缆索动力分析、立管动力分析、浮式平台的动力分析等。可以解决的问题包括：船舶耐波性、系泊、系泊疲劳、立管强度、立管疲劳、立管 VIV(需要 shear7 支持)、海上安装、铺管、结构物模态等。

软件在浮体动力分析中可以考虑的荷载包括:一阶波浪荷载、二阶和频差频荷载、风荷载、流荷载、附加质量与辐射阻尼、用户添加的线性/非线性阻尼等。对于杆状结构物或尺度/波长比较小的结构物,Orcaflex 可以通过定义 6Dbouy、3Dbouy 来对该类物体进行分析。

Orcaflex 的分析手段主要为时域分析,可以使用浮体 RAO 进行计算浮体运动响应或者通过波浪力来求解浮体运动。其系泊分析方法是全耦合的,即荷载均以时域形式计算,平台运动与系泊系统耦合求解,同时考虑系泊缆的动态效应。

Orcaflex 可以对复杂系统进行运动模态分析。软件可以对系泊缆、管道结构物进行基于规则波的疲劳分析和基于雨流计数法的疲劳分析。管道分析是 Orcaflex 的强项。软件可以很好地模拟张紧式立管(TTR)、不同类型悬链线外输管道(SCR)、海底管道、隔水管等海洋工程用管道。计算结果可以直接通过内置规范校核功能进行规范校核。通过 Shear7 接口,软件可以进行立管涡激振动的分析。

9.1.2 管道浮拖荷载计算方法

在拖航过程中,管道会受到多种荷载的共同作用,主要分为三种类型:

(1)竖直平面内的荷载,这部分荷载主要包括重力、波浪和海流的升力、管道的浮力等。

(2)水平平面内的荷载,这部分荷载主要包括波浪和海流产生的拖曳力、惯性力等。

(3)管道轴向的荷载,这部分荷载主要包括水体中管道拖航时受到的阻力以及前后拖轮的拖拉力。

上述荷载共同作用在管道上,使管道发生变形,产生内部应力。

9.1.2.1 管道浮力计算

本项目中,管道直径为 2800mm,壁厚为 26mm,长度 290m 的管道总质量为 522t,而排水量达 1830t,因此管道可自然漂浮在水面上,为浮拖法的实施提供了便利。管道在水面上静平衡漂浮时满足以下公式:

$$Mg = \rho g V_t \tag{9-1}$$

式中:M——管道质量(包含内部流体);

ρ——流体密度;

V_t——管道的排水体积;

g——重力加速度。

9.1.2.2 波浪海流荷载计算

在管道浮拖过程中,波浪和海流荷载是管道受到的最主要的外部荷载,对浮拖法施工的全程都有重要的影响。工程应用中通常采用根据莫里森方程,计算作用在小尺度柱体上的波浪海流荷载,管道受力如图 9-2 所示。

$$f_N(t) = -\rho C_A A \ddot{r} + \rho(1 + C_A) A \dot{v} + \frac{1}{2}\rho C_D D v|v| - \frac{1}{2}\rho C_d D\dot{r}|\dot{r}| \tag{9-2}$$

式中:f_N——作用在管道单位长度上的波浪力和海流力的和,方向与管道垂直;

C_A——附加质量系数;

C_D ——拖曳力系数；
C_d ——水动力阻尼系数；
ρ ——水密度；
v ——流体水质点速度(波浪和或海流)；
$\dot{v}$ ——流体水质点加速度；
A ——管道横截面积；
D ——管道直径；
$\dot{r}$ ——管道垂直方向速度；
$\ddot{r}$ ——管道垂直方向加速度。

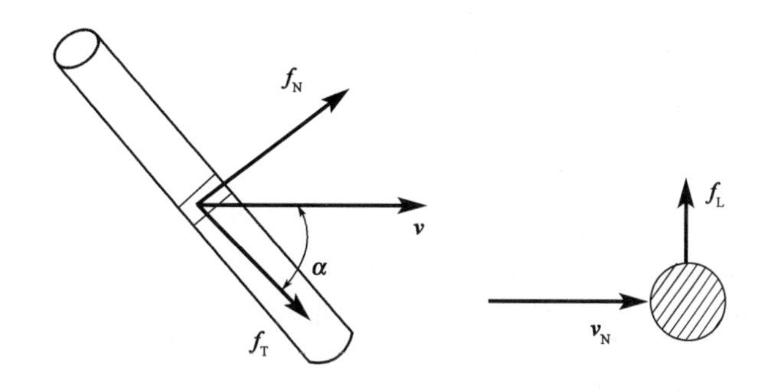

图 9-2　管道受力示意图

9.1.2.3　风荷载计算

在管道浮拖过程中，由于管道漂浮在水面上，还会受到风力的影响。在工程应用中通常采用也是根据莫里森方程，和波浪海流计算公式一致，其中水质点的参数更换为空气质点参数。

9.1.2.4　拖轮拖力计算

管道下水后通常是用大马力拖轮在管道前端牵引，而尾端则用小马力拖轮拽着尾随，必要的时候还会在管道中部设置辅助拖轮以控制管道的变形。主船所需拖拉力由管道轴向力平衡条件求出：

$$T_2 = T_1 + qL \tag{9-3}$$

式中：T_1 ——尾船拉力；
T_2 ——主船拖力；
q ——管道单位长度上水平方向阻力；
L——管道长度。

9.1.3　管道荷载校核衡准

在浮拖过程中，为保证管道安全可靠、不发生强度破坏，管道的校核采用了英国标准《管道施工规范　第 2 部分：海底管道》(*Code of practice for pipelines*, *Part* 2: *Subsea pipelines*, *PD* 8010)。

9.1.3.1 参数定义

以下列出规范校核中可能用到的一些参数定义及其选取结果。

(1) OD_{stress} 为管道外径,本文中为2800mm。

(2) ID_{stress} 为管道内径,本文中为管道外径减去管道名义厚度的值。

(3) t_{corr} 为管道腐蚀厚度,本文中定义为0。

(4) t_{nom} 为管道名义厚度,本文中为26mm,计算公式如下:

$$t_{nom} = \frac{OD_{stress} - ID_{stress}}{2}$$

(5) E 为弹性模量,本文中为 2.06×10^5 MPa。

(6) σ_y 为最小屈服强度,本文中为345MPa。

(7) f_d 为设计参数,规范中选取准则见表9-1。

设计参数 f_d 表9-1

环向应力		功能和环境或意外造成的负荷等效应力		施工所产生的等效应力或水压测试负载	
上升管/登陆	海底(包括接头)	上升管/登陆	海底(包括接头)	上升管/登陆	海底(包括接头)
0.6	0.72	0.72	0.96	1.0	1.0

根据分析需要,本文中 f_d 为0.96。

9.1.3.2 许用应力检查

管道中的应力值需满足以下公式:

$$\frac{\sigma_A}{f_d \sigma_y} \leqslant 1 \tag{9-4}$$

其中:

$$\sigma_A = \sqrt{\sigma_h^2 + \sigma_L^2 - \sigma_h \sigma_L + 3\tau^2} \tag{9-5}$$

$$\sigma_h = \begin{cases} \dfrac{(p_i - p_o) OD_{stress}}{2t_{min}} & \text{如果} \dfrac{OD_{stress}}{t_{min}} > 20 \\ (p_i - p_o) \dfrac{OD_{stress}^2}{OD_{stress}^2 - ID_{stress}^2} & \text{其他} \end{cases} \tag{9-6}$$

$$t_{min} = t_{nom} - t_{corr}$$

$$\tau = \frac{OD_{stress} T}{2I_z} + \frac{2S}{A}$$

$$I_z = \frac{\pi}{32}(OD_{stress}^4 - ID_{stress}^4)$$

$$A = \frac{\pi}{4}(OD_{stress}^2 - ID_{stress}^2)$$

式中:p_o——管道外压(外部流场压力);

p_i——管道内压(内部流体压力),本文分析中考虑外压和内压一致。

在管壁横截面上变化的纵向应力 σ_L 的选择是为了确保等效应力 σ_A 评估为最大的可能

值。这是通过两次计算等效应力来实现的,使用管壁横截面上的最小和最大纵向应力,并选择两个结果值中最大的一个。最小和最大的纵向应力计算公式为:

$$\sigma_L = \text{拉伸应力} \pm \text{最大弯曲应力} \tag{9-7}$$

9.1.3.3　弯矩检查

管道中的弯矩值需满足以下公式:

$$\frac{M}{M_c} \leqslant 1 \tag{9-8}$$

其中:

$$M_c = M_p\left(1 - 0.0024\frac{OD_{stress}}{t_{nom}}\right) \tag{9-9}$$

$$M_p = (OD_{stress} - t_{nom})^2 t_{nom}\sigma_y \tag{9-10}$$

9.1.3.4　荷载组合检查

管道中的荷载组合值需满足以下公式:

$$\begin{cases} \left(\dfrac{M}{M_c} + \dfrac{F_x}{F_{xc}}\right)^{\gamma} + \dfrac{p_o - p_i}{p_c} \leqslant 1 & \text{如果 } p_o > p_i \\ \dfrac{M}{M_c} + \dfrac{F_x}{F_{xc}} \leqslant 1 & \text{其他} \end{cases} \tag{9-11}$$

其中:

$$\gamma = 1 + 300 \cdot \frac{t_{nom}}{OD_{stress}} \cdot \frac{\sigma_{hb}}{\sigma_{hcr}} \tag{9-12}$$

$$\sigma_{hb} = \frac{(p_o - p_i)OD_{stress}}{2t_{nom}} \tag{9-13}$$

$$\sigma_{hcr} = \begin{cases} \sigma_{hE} & \text{如果}\sigma_{hE} \leqslant (2/3)\sigma_y \\ \sigma_y\left[1 - \dfrac{1}{3}\left(\dfrac{2\sigma_y}{3\sigma_{hE}}\right)^2\right] & \text{其他} \end{cases} \tag{9-14}$$

$$\sigma_{hE} = E\left(\frac{t_{nom}}{OD_{stress} - t_{nom}}\right)^2 \tag{9-15}$$

9.2　数值分析模型的建立

9.2.1　三维数值模型的构建

9.2.1.1　管道有限元模型

LINE (线)单元采用有限元模型,如图 9-3 所示。

图中左侧为真实的管道,右侧为有限元离散后的模型。首先,管道被划分为一系列段,每一段均由无质量的直线进行模拟,在直线两端各有一个节点。每个段仅模拟管道的轴向和扭转属性,其他属性(如质量、浮力等)均集中在节点上,这也可以称之为集中质量有限元模型。

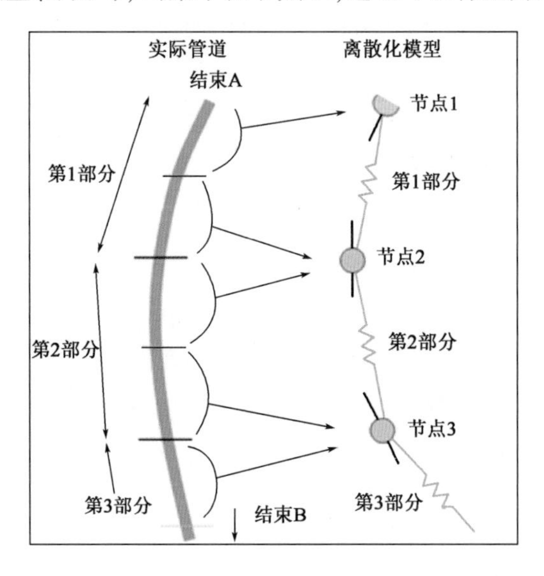

图 9-3　LINE 有限元模型

每个节点实际上是一个短直杆,代表节点两侧的两个半段。末端节点是一个例外,它们旁边仅有一个半段,因此只代表一个半段。

每个段被分为两半,每个半段的属性(质量、浮力、拖曳力等)都被集中分配到线段末端的节点上。

力和力矩均施加在节点上,而重量通过位移施加。当每个段穿过海面时,所有与流体相关的力(浮力、附加质量、拖曳力等)均考虑湿表面比例(段在瞬时水面以下的部分与整段的比例)进行实时计算。

每个段均是一个无质量的直线元素,它只模拟线的轴向和扭转特性。一个段可以被认为是由两个同轴伸缩杆组成,这些伸缩杆通过轴向和扭转弹簧阻尼器连接。

线的弯曲特性由线段两端、线段和节点之间的扭转弹簧阻尼器表示。线不一定必须是轴向对称的,还可以为两个正交的弯曲平面指定不同的弯曲刚度值。

根据管道参数,管道总长 290m,在数值模拟中单元长度设为 1m,以尽可能地细分模拟管道,提高数值分析的准确性。

管道单元的属性见表 9-2,其中单位长度质量中已经包含了牺牲阳极块的质量,考虑方法是将牺牲阳极块质量均匀分布在整个管道上。

管道单元质量模型属性　表 9-2

参　数	单　位	数　值
外径 OD	m	2.8
内径 ID	m	2.748
单位长度质量	t/m	1.80227
弯曲刚度	$kN \cdot m^2$	4.49×10^7

续上表

参　　数	单　　位	数　　值
轴向刚度	kN	4.668×10^7
泊松比	—	0.293
扭转刚度	kN · m²	3.473×10^7

管道水动力系数的选取参考 DNVGL-RP-C205 规范。图 9-4 给出了不同粗糙度条件下拖曳力系数 C_D 的选取方法。

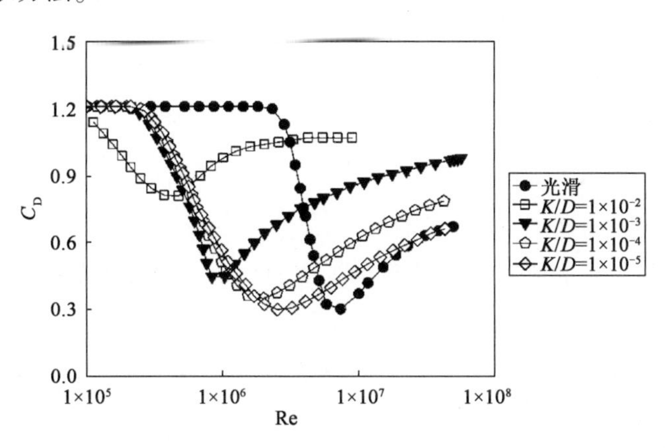

图 9-4　不同粗糙度条件下拖曳力系数选取

K -管道的表面粗糙度；*D* -管道的特征长度(直径)

表面粗糙度的选取参考见表 9-3。

表 面 粗 糙 度　　表 9-3

材　　料	K(m)
钢(新的无涂层)	5×10^{-5}
钢(有涂层)	5×10^{-6}
钢(高度腐蚀)	3×10^{-3}

雷诺数 Re 的计算公式如下：

$$\mathrm{Re} = \frac{vD}{\upsilon} \tag{9-16}$$

式中：v——总的流动速度；

υ——流体运动黏度。

图 9-5 给出了不同表面粗糙度条件下惯性力系数 C_M 的选取方法，实线表示光滑表面，点线表示粗糙表面。

K_C的计算公式如下：

$$K_C = v_M \frac{T}{D} \tag{9-17}$$

式中：v_M ——最大的轨道粒子速度；

T——波浪周期或振动周期。

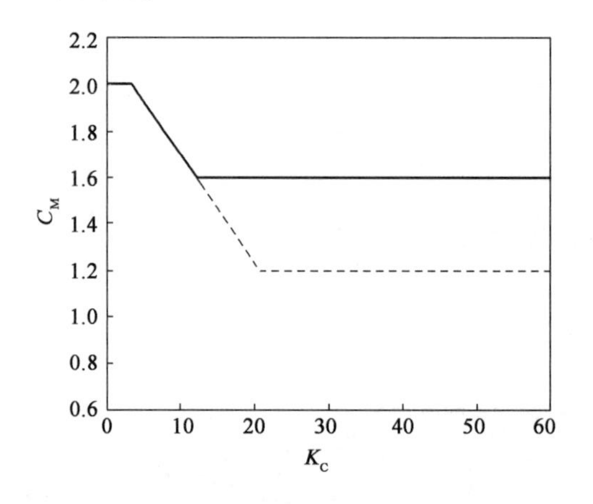

图 9-5　不同表面粗糙度条件下惯性力系数选取

根据工程区环境数据,按照规范计算得到管道的水动力系数见表 9-4。

管道单元水动力系数　　表 9-4

参　数	数　值
拖曳力系数(横向) C_D -x,y	1.2
拖曳力系数(轴向) C_D -z	0.008
惯性力系数(横向) C_M -x,y	2.0
惯性力系数(轴向) C_M z	1.0
附加质量系数(横向) C_A -x,y	1.0
附加质量系数(轴向) C_A -z	0.0

9.2.1.2　缆绳简化模型

软件中 WINCH (绞车) 单元提供了一种对张力控制(Tension-Controlled)或者速度控制(Speed-Controlled)的绞车进行建模的方法。通过绞车缆绳连接模型中的两个或多个点,绞车缆绳由绞车滚筒提供,通过驱动器(通常是液压系统)驱动,如图 9-6 所示。

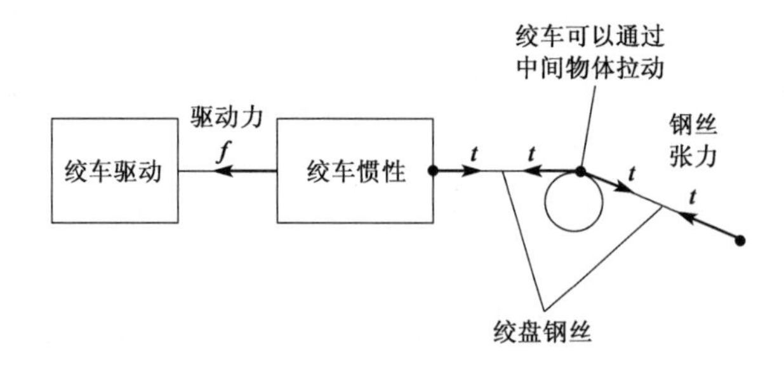

图 9-6　绞车模型

绞车有两类控制方式:长度控制和张力控制。在这两类控制方式中都各有一些模式,通过这些模式可以直接或间接地通过其变化率指定绞车的长度或张力。对于长度控制的绞车,知道绞车缆绳的长度就可以在任何时候计算出绞车缆绳的张力;反之,对于张力控制的绞车,就可以确定相应的长度。

长度控制的模式有以下几种。

(1)指定长度:绞车驱动锁定,相关的数值是绞车缆绳未拉伸时的长度。仅适用于静止状态。

(2)指定收放长度:该值是绞车缆绳未拉伸时的长度,以恒定的速度布放(正值)或回收(负值)。如果数值为0,则将长度保持不变。

(3)指定收放速率:该值是绞车缆绳以恒定的速度布放(正值)或回收(负值)速率。

(4)指定收放速率变化:该值是收放速率的变化率,可以更加平滑地实现布放(正值)或回收(负值)。

(5)阶段结束时的长度:该值是在指定阶段模拟结束时绞车缆绳的长度值。

张力控制的模拟有以下几种。

(1)指定张力:指定绞车的实际张力值。

(2)指定张力变化:该值是指定阶段模拟中的张力变化。如果数值为0,则保持恒定的张力。

(3)指定张力变化率:该值是指定阶段模拟中的张力变化率。

在数值模拟中,通过WINCH单元模拟缆绳,首拖轮通过WINCH单元指定收放速率的方式来模拟拖航速度,尾拖轮通过WINCH单元指定张力的方式来模拟牵引力。首拖轮拖航速度和尾拖轮牵引力考虑多个组合来分析拖航过程对管道的受力影响。WINCH单元模型属性见表9-5。

WINCH单元模型属性 表9-5

序 号	尾拖轮牵引力(kN)	首拖轮拖航速度	
		(kn)	(m/s)
1	10	2	1.03
2	30	3	1.54
3	50	4	2.06
4	80	5	2.57

注:1kn≈0.514m/s。

9.2.1.3 约束边界模型

软件中约束(Constraints)单元提供了一种增强的、多功能的连接对象的手段,它们可以实现以下三种功能:

①固定单个/多个自由度(DOFs)。

②引入单个/多个自由度。

③在单个/多个自由度上施加位移。

一个约束包括两个坐标系或参考框架,即内框架和外框架。内框架与主物体刚性连接,因此与主物体一起平移和旋转。约束的从属物体与外框架刚性连接,因此与外框架一起平移和旋转。外框架可以相对于内框架在所有自由度上独立地进行平移和旋转,正是这种内框架和外框架之间的运动能力使得约束具有如此多的用途和作用。

软件中有两种不同类型的约束:计算 DOFs 和施加运动,分别代表了两种控制外框架和内框架之间相对运动的不同方式。

(1)计算 DOFs 约束类型

三个平移和三个旋转的每个单独的 DOF 都可以被选择为计算或固定,也可以由用户指定的任意坐标来定义各个 DOF 的运动。下面给出一些工况。

①所有的 DOF 都是固定的,即外框架与内框架刚性连接,两个框架一起平移和旋转。

②三个平移 DOF 是自由的,三个旋转 DOF 是固定的:外框架独立于内框架进行平移,但两个框架的方向是一直的。

③三个平移 DOF 是自由的,三个旋转 DOF 是自由的:外框架和内框架的原点是重合的,但外框架可以独立于内框架旋转。

④所有的 DOF 都是自由的,即两个框架可以自由地独立进行平移和旋转。

⑤单个平移 DOF 是自由的,即两个框架的方向是一致的,原点可以沿着一条线自由地相对移动。

⑥单个旋转 DOF 是自由的,即两个框架的原点是重合的,外框架可以相对于内框架围绕一条轴线旋转。

⑦沿任意曲线或曲面的平移运动。

上述工况并不代表所有工况,自由和固定 DOF 的任何组合都是可以的。

(2)施加运动约束类型

这种情形下,外框架相对于内框架的位移不参与计算,而是完全由一个时间历程或外部函数指定。

(3)复合约束类型

单独的约束类型通常不会同时具有计算 DOFs 和施加运动约束,但可以将一个约束连接到另一个约束。因此,可以将一个计算 DOFs 约束连接为一个施加运动约束的从属关系,反之亦然。

在本研究中主要使用了计算 DOFs 约束类型,通过设置自由度以及外部荷载两种方式来实现管道的边界条件。

(4)自由度

在每种情况下,如果自由度被选中,那么该自由度将被计算,否则它将被固定。平移的自由度是 x、y、z,旋转的自由度是 R_x、R_y、R_z。这些自由度均是相对于内框架而言的。

(5)外部荷载

定义多个外部荷载,可以相对于全局坐标系或局部框架坐标系。通过指定其相对于外框架的作用点,外部荷载可以是恒定的,也可以随着模拟时间变化,或由外部函数定义。一个外部荷载的作用就像它的作用点被刚性连接到外框架上一样。

9.2.1.4　整体三维模型

在软件中建立的数值三维总体模型如图 9-7 所示。环境条件方向定义如图 9-7a）中坐标轴所示，采用右手坐标系，0°定义为沿 X 轴正向，90°定义为沿 Y 轴正向。

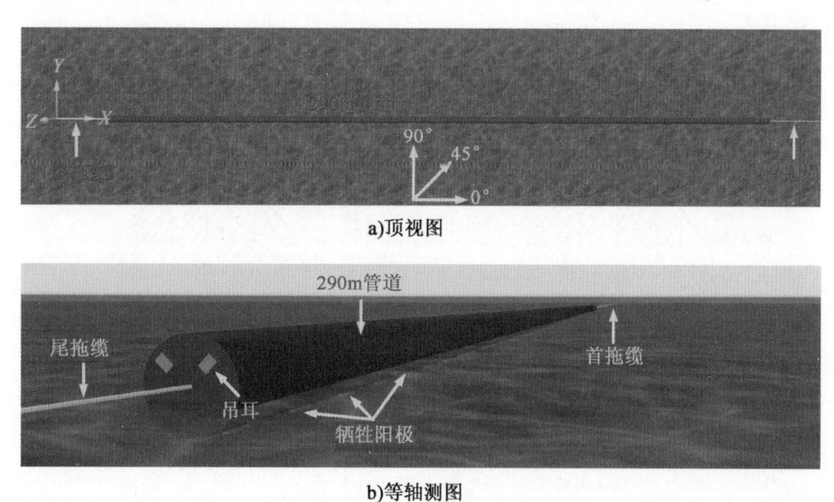

a)顶视图

b)等轴测图

图 9-7　总体模型图

9.2.2　环境条件的模拟

9.2.2.1　波浪数据及模拟

（1）波浪数据

工程区位于厦门市思明区东部，土屿北侧海域厦门岛与小金门岛之间，易受外海涌浪和西南风浪影响。根据自然资源部第三海洋研究所，2016 年 8 月 25 日—2017 年 2 月 28 日在靠近五通一侧海域水深 15m 处进行台风期及冬季大风共 6 个月的波浪观测结果：观测期间的最大波高值为 2.32m，方向为东南偏东方向（ESE），相应周期为 5.4s，有效波高 H_s 以 0.5m 以下的波高出现最多，占 63.06%，其次为 0.5 ~ 1.25m 的波高占 36.84%，1.26 ~ 2.5m 的波高占 0.1%；波浪周期统计以有效周期 2 ~ 3s 占 54.05%，3.1 ~ 4.0s 占 33.63%，4s 以上占 12.31%；观测期间本海域出现的风浪浪向以 E-ESE 向为主，可占 19.84%，其次为 NE-EN 向约占 14.67%；纵观全海域情况，一般冬半年（10 月至翌年 3 月）以东北向风浪为主，湾口区略受东南向涌浪影响，平均波高在 1.4m 以下；夏半年（4 月—9 月）多为南和西南风浪和涌浪，平均波高在 1.5m 以下，其中冬半年厦门岛北侧沿岸和湾口南侧沿岸的波浪作用比其他岸段强，夏半年呈相反趋势。

将波浪的数据进行汇总，如图 9-8 所示。

假定该地区随机波浪是基于具有瑞利（Rayleigh）分布峰的窄带高斯（Gaussian）过程，因此最大波高、有义波高和标准差之间的关系如下：

$$\begin{cases} 有义值 = 2\sigma \\ 最大值 = \sqrt{2(\ln N)}\sigma \\ N = \dfrac{T}{T_{\alpha}} \end{cases} \tag{9-18}$$

式中：σ ——标准差；

T ——特定的风暴持续时间(s)；

T_{α} ——响应的平均上跨零周期(s)。

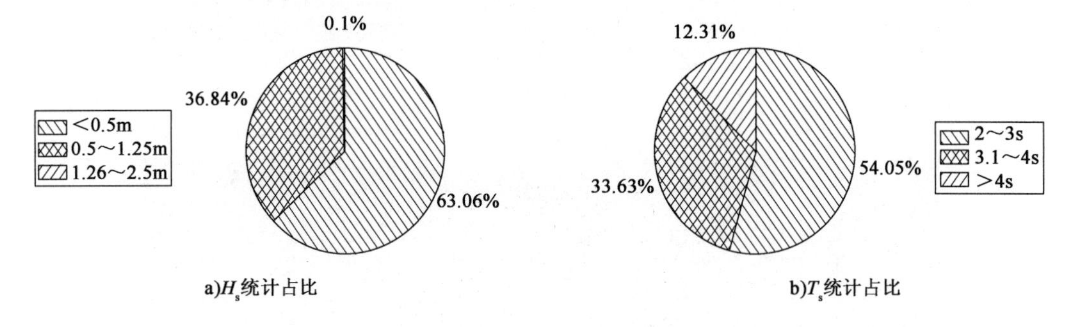

图 9-8 波浪数据

考虑风暴持续时间至少为 3h，波浪的平均上跨零周期为 10s，因此可以得出：

$$最大波高\ H \approx 1.86 \times 有义波高\ H_s \tag{9-19}$$

根据有义波高 H_s 统计情况，$1.86 \times H_s = 1.86 \times 1.25 = 2.32$m，基本上与最大波高 H 观测情况一致。

根据波浪观测数据和上述算法，波浪的数据见表 9-6。

波浪数据 表 9-6

序号	有义值 H_s(m)	最大值(m)	周期(s)
1	0.50	0.93	3
2	0.75	1.40	4
3	1.00	1.86	5
4	1.25	2.33	—

(2)波浪模拟方法

数值模拟分析中，采用随机不规则波浪是比较常用的模拟方法，然而采用动态连续模拟只进行单次分析一般认为是不保守的，这是因为波浪、安装船和结构物之间存在相对运动，单次分析结果并不一定能捕捉到系统的最大响应和荷载，这就需要采用多次的随机波浪时历进行模拟，以满足统计学上的置信度要求。本研究采用了规则波的模拟方法，即根据安装地区的环境条件，主要是有义波高 H_s 和谱峰周期 T_p，生成指定最大波高 H_{max} 和相关周期 T_{ass} 的设计波，这种方法能保证单次分析就可以在整个模拟过程中捕捉到系统的最大响应和荷载，而且模拟时间不需要很长，节约了计算时间，提高了分析效率。

在软件中,规则波采用了非线性流函数规则波(stream-function wave)来进行模拟。流函数波的一般表达式为:

$$\Psi(x,z) = cz + \sum_{n=1}^{N} X(n)\sinh nk(z+d)\cos nkx \tag{9-20}$$

式中:c ——波速;

N ——流函数理论的阶数,该阶数由波浪参数波陡 S 和浅水参数 μ 共同确定,本文中取为 5 阶。

波浪参数波陡 S 和浅水参数 μ 分别定义为:

$$\begin{aligned} S &= 2\pi \frac{H}{gT^2} = \frac{H}{\lambda_0} \\ \mu &= 2\pi \frac{d}{gT^2} = \frac{d}{\lambda_0} \end{aligned} \tag{9-21}$$

式中:H ——波浪波高;

T——波浪周期;

d ——水深;

λ_0 ——波浪周期 T 对应的线性深水波长。

对于水深 $d > \dfrac{\lambda}{2}$ 的情况,色散关系可简化为如下:

$$\lambda = \frac{gT^2}{2\pi} \text{或者} \lambda \approx 1.56T^2 \tag{9-22}$$

波浪的波高会受到碎波的限制,最大波高由以下公式定义:

$$\frac{H_b}{\lambda} = 0.142\tanh \frac{2\pi d}{\lambda} \tag{9-23}$$

式中:λ ——水深 d 对应的波长。

在深水中,波高的极限与波陡有关,即 $S_{max} = \dfrac{H_b}{\lambda} = \dfrac{1}{7}$。

在浅水中,波高的极限可取当地水深的 0.78 倍。

在软件模拟中,需确保选取的波浪模型不会发生碎波现象。

9.2.2.2　风数据及模拟

(1)风数据

工程区春、夏两季以东南方向(SE 向)风为主,秋、冬两季以东北方向(NE 向)风为主,每年 5 月—6 月下午常有较强的 NE 向或东南方向(SW 向)风,平均风力 3 ~ 4 级,最大 5 ~ 6 级,瞬时极大风力可达 7 ~ 8 级。

根据厦门气象站 1980—1999 年测风资料统计,本区常风向为 E 向、出现频率为 16.1%,

次常风向为东北偏北方向(NNE 向),出现频率为 14.3%;强风向为西北偏北方向(NNW 向),最大风速为 23m/s;本区年平均风速为 3.8m/s, 东北偏东方向(ENE)向平均风速为最大、达 5.9m/s;本区 6 级以上大风日数年平均为 27.7d。

根据《热带气旋等级》(GB/T 19201—2006),风力和风速的对应关系见表 9-7。

风力、风速和波高的关系　　表 9-7

风力(级)	最小风速 (m/s)	最大风速 (m/s)	最大波高(m)
3	3.4	5.4	1.0
4	5.5	7.9	1.5
5	8.0	10.7	2.5
6	10.8	13.8	4.0

结合波浪数据,风速的数据见表 9-8。

风 速 数 据　　表 9-8

序　　号	最大波高(m)	最小风速(m/s)	序　　号	最大波高(m)	最小风速(m/s)
1	1.0	4	4	1.5	7
2	1.0	5	5	2.5	78
3	1.5	6			

(2)风模拟方法

为保守考虑,在软件中采用定常风的模拟方式,即风速不会随着时间发生变化。

软件中管道风拖曳力部分 f_D 的计算采用公式(9-22),可自动根据管道在水中和空气中的实时比例分别计算风力和流力:

$$\begin{cases} f_{Dx} = \dfrac{1}{2} p\rho\, d_n l\, C_{Dx}\, v_x \mid v_n \mid \\ f_{Dy} = \dfrac{1}{2} p\rho\, d_n l\, C_{Dy}\, v_y \mid v_n \mid \\ f_{Dz} = \dfrac{1}{2} p\rho\pi\, d_a l\, C_{Dz}\, v_z \mid v_z \mid \end{cases} \tag{9-24}$$

式中:ρ ——流体密度,此处空气密度为 12.8 kg/m^3;

d_n ——法向拖曳力直径;

d_a ——轴向拖曳力直径;

l ——单元长度;

C_D ——拖曳力系数;

v——流体速度;

p ——管道位于空气中的部分占比。

空气的运动黏度为 $15 \times 10^{-6} m^2/s$ 。

9.2.2.3　流数据及模拟

(1)流数据

工程区涨潮时,来自湾外的潮波沿着厦门岛东西水道向湾内传播;退潮时,则大致沿涨潮相反方向退出,各站表现为较为明显的往复流特征。

冬季观测期间各站实测涨潮最大流速最大值为 111cm/s(4 号站,大潮 0.6H 层),各站实测落潮最大流速最大值为 104cm/s(3 号站,大潮表层)。

大潮期间:1 号站实测涨、落潮最大流速分别为 103cm/s 和 90cm/s;2 号站实测涨、落潮最大流速分别为 69 cm/s 和 93cm/s;3 号站实测涨、落潮最大流速分别为 97cm/s 和 104cm/s。4 号站实测涨、落潮最大流速分别为 111cm/s 和 93cm/s;5 号站实测涨、落潮最大流速分别为 93cm/s 和 70cm/s;6 号站实测涨、落潮最大流速分别为 73cm/s 和 72cm/s。

小潮期间:1 号站实测涨、落潮最大流速分别为 81cm/s 和 84cm/s;2 号站实测涨、落潮最大流速分别为 62cm/s 和 74cm/s;3 号站实测涨、落潮最大流速分别为 81cm/s 和 76cm/s。4 号站实测涨、落潮最大流速分别为 86cm/s 和 73cm/s;5 号站实测涨、落潮最大流速分别为 72cm/s 和 59cm/s;6 号站实测涨、落潮最大流速分别为 66cm/s 和 70cm/s。

该地区还存在稳定的余流,余流乃指剔除了周期性变化的潮流之后的一种相对稳定的流动,与气象、水文因素有关。

冬季观测期间大潮期间各站各层最大余流流速为 17cm/s,出现在 1 号站的 0.4H 层,流向为西北偏西方向(WNW 向),垂线平均余流流速以 1 号站的 14.7cm/s 最大,流向为 WNW 向;小潮期间各站各层最大余流流速为 10.7cm/s,出现在 2 号站的表层,流向为东南偏南方向(SSE 向),小潮垂线平均余流流速以 1 号站的 7.3cm/s 最大,流向为 SSE 向。

流速的汇总数据见表 9-9。

流速汇总数据 表 9-9

项目	最大值(m/s)	最小值(m/s)
涨潮	1.11	0.62
落潮	1.04	0.59
余流	0.17	0.07

因此,得到的流速数据见表 9-10。

流速数据 表 9-10

序号	流速(m/s)
1	1.11
2	0.60
3	0.20

(2)流模拟方法

为保守考虑,在软件中采用剖面流的模拟方式,在整个流剖面上流速均保持一致。

软件中管道流拖曳力部分 f_D 的计算和风拖曳力部分计算公式(9-22)一致,其中需要变换的是:

①ρ 为流体密度,此处水密度为 1025 kg/ m^3 。

②p 为管道位于水中的部分占比。

③水的运动黏度为 $1.35\times10^{-6}m^2/s$ 。

9.2.3 时域模拟工况

结合该地区波浪、风和流的数据，最终得到了用于分析的环境工况组合，见表9-11。

环境工况组合　　表9-11

序号	有义值 H_s(m)	最大值 H(m)	周期 T(s)	流速 v_c(m/s)	风速 v_w(m/s)
1	0.50	0.93	3	1.11	4
2	0.75	1.40	4	0.60	5
3	1.00	1.86	5	0.20	6
4	1.25	2.33			7
5					8

为保守考虑，假定波浪、风和流均从同一方向来，其中波浪仅考虑风生浪的情况，因此最大风速和最大波高之间还需满足表9-7中的相关关系。

9.3 外界参数对管道浮拖的影响分析

管道浮拖过程中会受到多种外部参数的影响，包括外部环境荷载、首拖轮拖航速度、尾拖轮牵引力等，本节对这些参数对管道自身的受力影响进行详细评估。

9.3.1 管道静浮态结果

首先对管道模型进行静态分析，目的是验证管道数值参数的正确性，具体结果见表9-12。

管道模型静态结果　　表9-12

参数	数值
长度(m)	290.0
空气中质量/干质量(t)	522.6
水中质量/湿质量(t)	1307.6
排水量(t)	1830.2
截面湿比例	0.285

在管道两端封闭的情况下，管道排水量远大于其自身重力，因此管道在自然漂浮在水中。在无环境荷载情况下，管道静平衡状态下的示意图如图9-9所示。

9.3.2 边界条件设置

建立了有限元模型，并在管头和管尾施加约束，分析浮拖过程中单一外部荷载对管道的影响。这里，为保守考虑，波浪、流和风方向考虑为垂直射向管道。

管道浮拖过程中，管道在两端受到约束，而管头和管尾在拖拉力、流体阻力等因素作用下，边界条件极难精确界定，需要做适当简化假设。由于缆绳不能承受弯矩，可以把管道与缆绳的接头简化为铰支座。另外管头一般套有拖拉头,可以限制管道的扭转。因此本文所简化的6个边界约束条件是:管头在 X、Y、Z 及 X 方向上的扭转受到约束,管尾在 Y 和 Z 方向上受到约束。模型示意图如图9-10所示,图中白色坐标系为软件中模拟的约束模型。

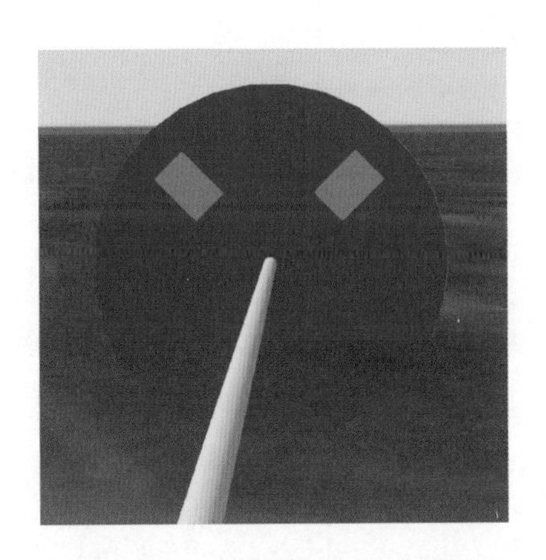

图9-9　管道漂浮示意图(静平衡)

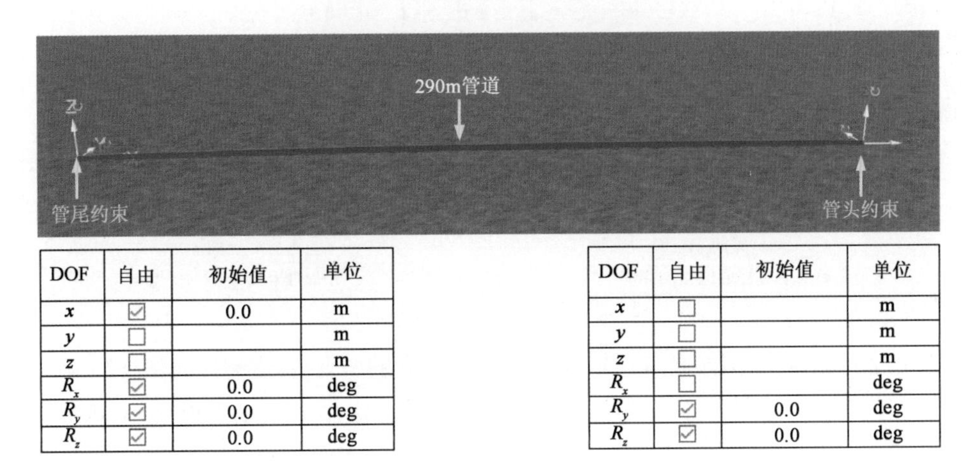

DOF	自由	初始值	单位
x	☑	0.0	m
y	☐		m
z	☐		m
R_x	☑	0.0	deg
R_y	☑	0.0	deg
R_z	☑	0.0	deg

DOF	自由	初始值	单位
x	☐		m
y	☐		m
z	☐		m
R_x	☐		deg
R_y	☑	0.0	deg
R_z	☑	0.0	deg

图9-10　管道边界条件

9.3.3　参数敏感性分析结果

9.3.3.1　波高和周期的影响

图9-11、图9-12分别为管道最大位移 S、截面最大冯·米塞斯(von Mises)应力值 σ_{max} 与波高 H 和周期 T 的变化关系图。考虑不同波高时,定义周期为4s;考虑不同周期时,定义有义波高为0.5m,等效最大波高为0.93m,不考虑其他环境荷载。波浪的模拟需要采用时域分析方法,这里模拟时长设定为500s,对于周期为2s的波浪相当于250个循环周期,对于周期10s的波浪相当于50个循环周期。波高和周期这两个参数的选取是根据本地区的环境情况确定的。

由图9-11可以看出,当周期 $T=4$s 时,随着波高的增大,管道的横向位移和最大(von Mises)应力呈线性急剧增大,波高 $H=2.50$m 时,规范荷载组合值约为0.70,依然满足规范校核要求。

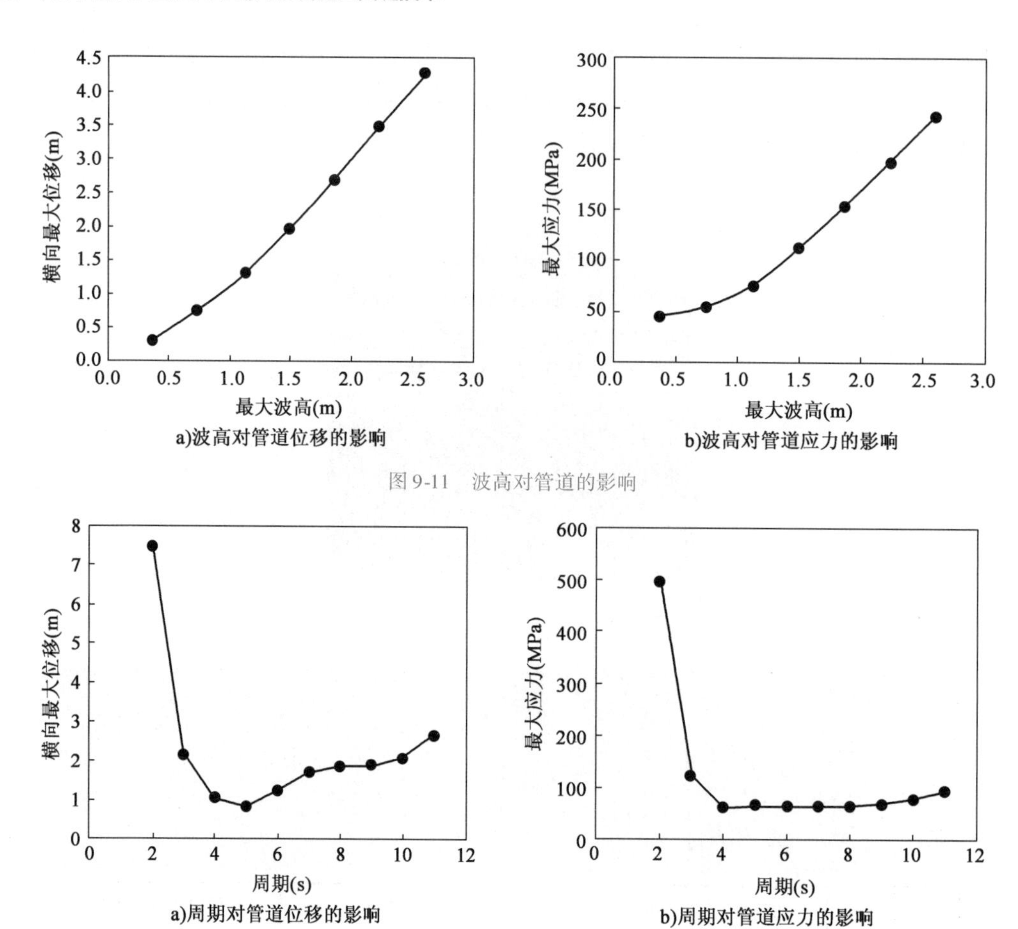

图 9-11　波高对管道的影响

图 9-12　周期对管道的影响

从图 9-12 可以看出，当波高 $H=0.93\text{m}$ 时，随着周期的增大，管道的横向位移和最大 von Mises 应力随着周期的增大呈非线性减小，周期为 $T=2\text{s}$ 时，最大应力值为 500MPa，规范荷载组合值达 1.40，超过规范校核要求；当周期 $T>4\text{s}$ 时，管道最大 von Mises 应力变化基本趋于平缓。

根据 PD 8010 荷载组合衡准，对管道的荷载校核如图 9-13 所示。

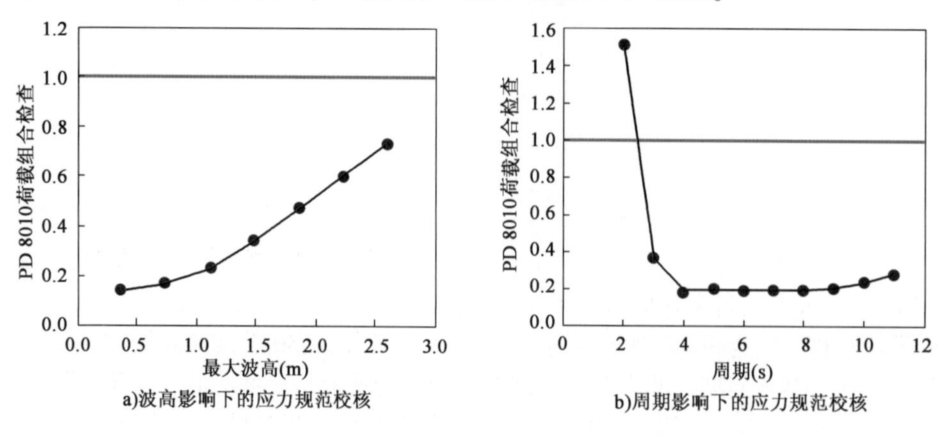

图 9-13　应力规范校核

从图 9-13 可以看出,周期对管道的规范校核结果影响更为显著。

图 9-14 分别给出典型工况波高 $H=1.12\mathrm{m}$、周期 $T=4\mathrm{s}$ 时的管道位移和应力曲线图。图 9-15分别给出波高 $H=0.93\mathrm{m}$、周期 $T=3\mathrm{s}$ 时的管道位移和应力曲线图。

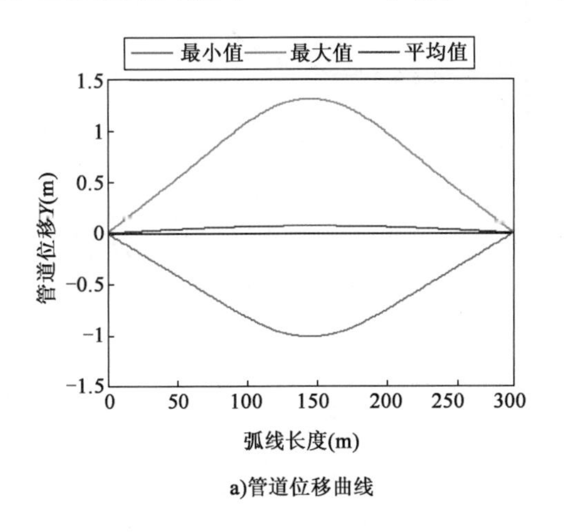

a)管道位移曲线

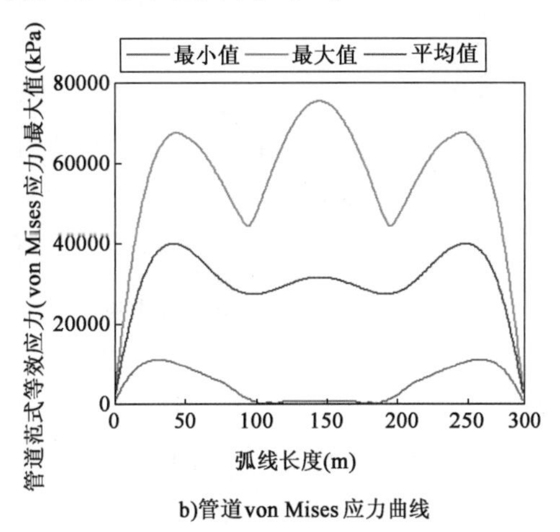

b)管道von Mises应力曲线

图 9-14 管道位移和应力(波高 $H=1.12\mathrm{m}$,周期 $T=4\mathrm{s}$,$t=0\sim500\mathrm{s}$)

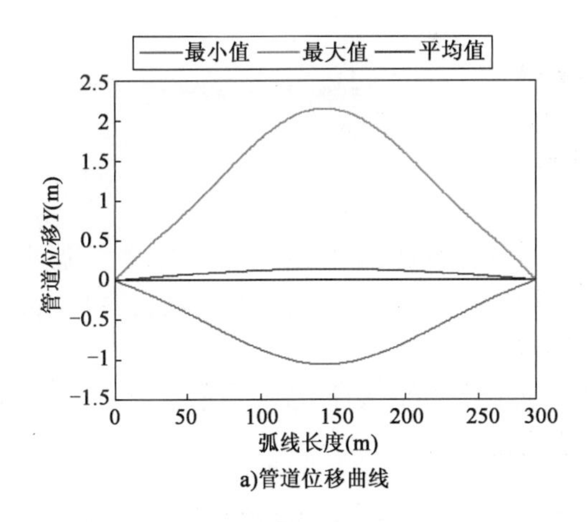

a)管道位移曲线

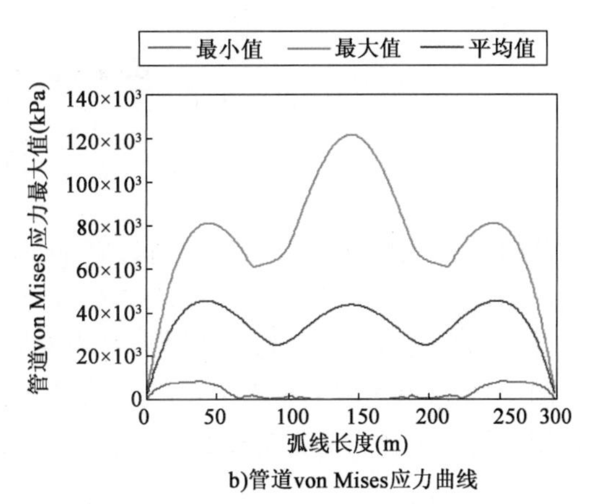

b)管道von Mises应力曲线

图 9-15 管道位移和应力(波高 $H=0.93\mathrm{m}$,周期 $T=3\mathrm{s}$,$t=0\sim500\mathrm{s}$)

从图 9-14、图 9-15 可以看出,时域模拟中管道在波浪中往复运动,因此分析结果有最大值、最小值等。

综上,波高和周期对于管道的位移和最大 von Mises 应力影响十分显著,为此具体进行浮拖法施工时,选择合适的海况条件至关重要。

9.3.3.2 波速的影响

浮拖过程中,管道只有小部分体积沉在水面下。图 9-16 分别为管道最大位移 S 和最大 von Mises 应力 σ_{max} 与流速 v_c 的变化关系图。流速的模拟采用静态分析方法,不考虑其他环境荷载。根据 PD 8010 荷载组合衡准,对管道的荷载校核如图 9-17 所示。

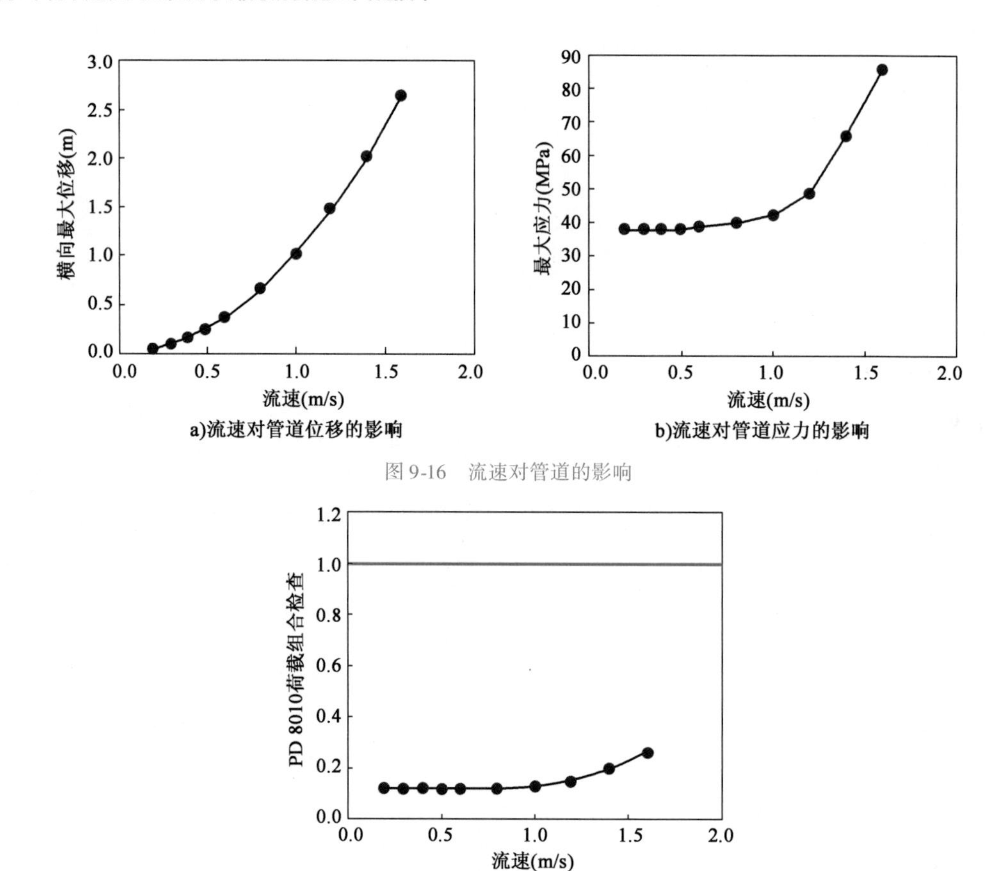

图 9-16 流速对管道的影响

图 9-17 流速影响下的应力规范校核

从图 9-16、图 9-17 可以看出，随着流速的增大，管道的最大位移也随之增大，当流速小于 1.0m/s 时，管道最大冯米斯应力增长平缓，之后快速增大。本地区最大流速一般低于 1.1m/s，根据分析结果可以看出浮拖过程流速对管道的影响较小。

图 9-18 给出典型工况流速 v_c =1.0m/s 时的管道位移和应力曲线图，在静态分析中，流荷载作用在管道上的力为定常荷载，因此分析结果也为定常量。

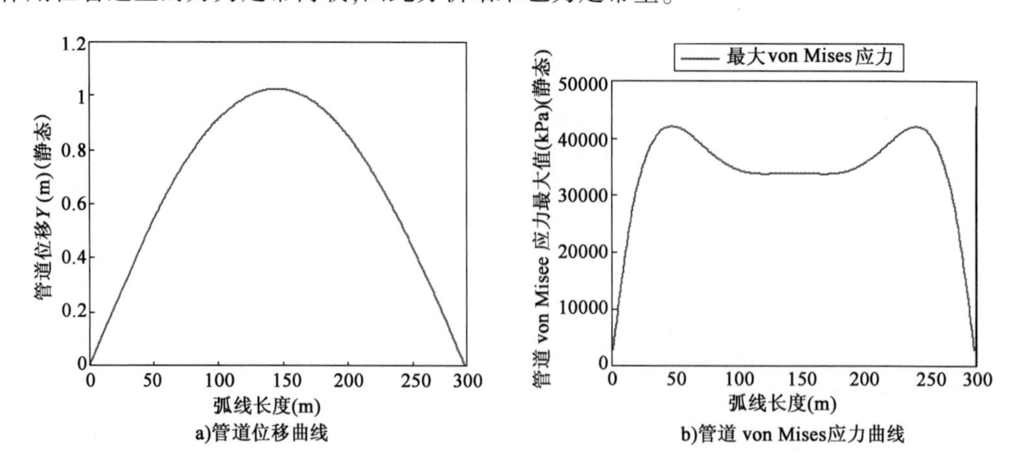

图 9-18 管道位移和应力曲线（流速 v_c =1.0m/s）

9.3.3.3 风速的影响

浮拖过程中，管道大部分体积漂浮在水面上，因此需要考虑风速的影响。图 9-19 分别为管道最大位移 S 和最大冯米斯应力 σ_{max} 与风速 v_w 的变化关系图。风速的模拟采用静态分析方法，不考虑其他环境荷载。根据 PD 8010 荷载组合衡准，对管道的荷载校核如图 9-20 所示。

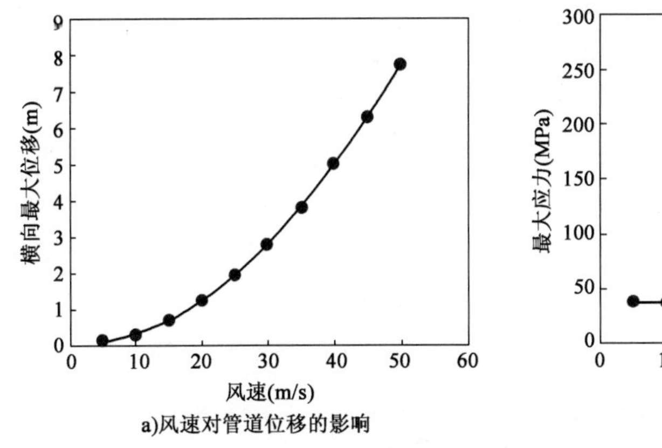

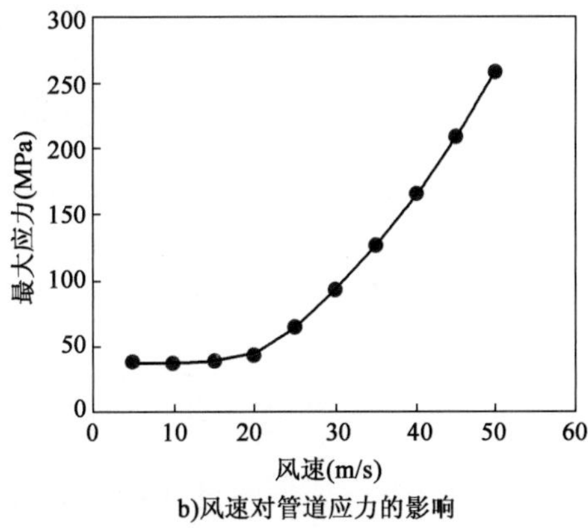

图 9-19 风速对管道的影响

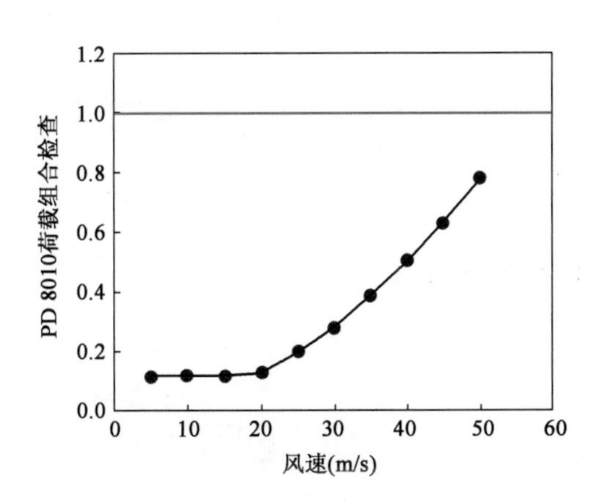

图 9-20 风速影响下的应力规范校核

从图 9-19、图 9-20 中可以看出，随着风速的增加，管道的最大位移也随之增大，当风速小于 20.0m/s 时，管道最大 von Mises 应力增长平缓，之后快速增大。本地区最大风速一般低于 10m/s，根据分析结果可以看出浮拖过程风速对管道的影响较小。

图 9-21 给出典型工况流速 $v_w = 10.0$m/s 时的管道位移和应力曲线图，在静态分析中，风荷载作用在管道上的力为定常荷载，因此分析结果也为定常量。

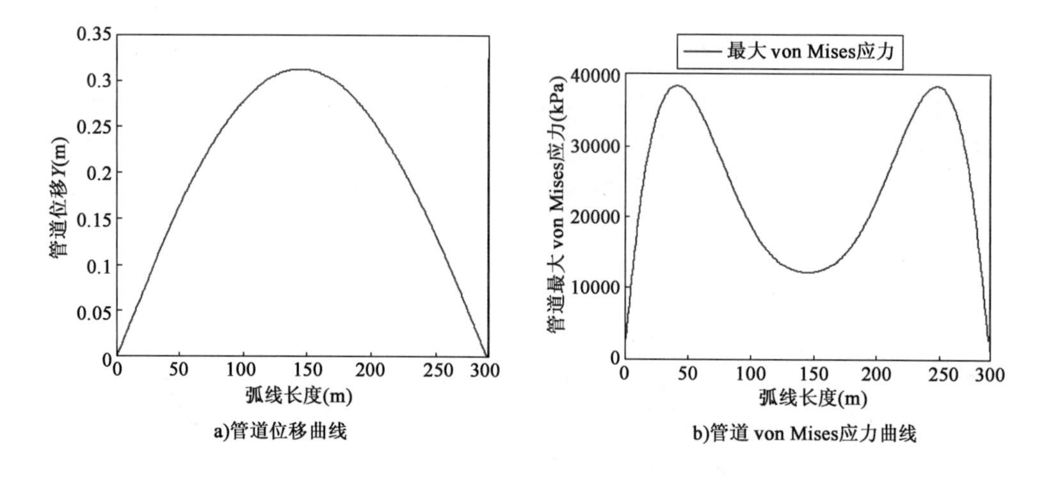

图 9-21 管道位移和应力曲线（流速 v_w = 10.0m/s，静态）

9.3.3.4 拖航速度的影响

考虑拖航速度时，采用管道整体向 0°方向运动的方法，此时外荷载与管道运动方向呈 90°。

为了更加接近实际，模拟拖航速度的时候考虑了外部波浪荷载，定义有义波高为 0.5m，等效最大波高为 0.93m，波浪周期为 3s，不考虑其他环境荷载。采用时域分析方法，这里模拟时长设定为 500s。

图 9-22 为管道最大位移 S 和最大 von Mises 应力 σ_{max} 与拖航速度 v_T 的变化关系图。根据 PD 8010 荷载组合衡准，对管道的荷载校核如图 9-23 所示。

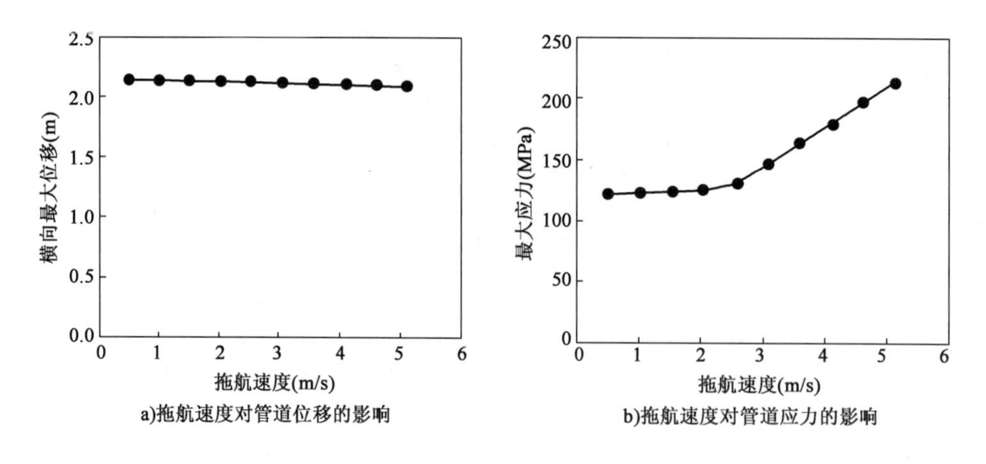

图 9-22 拖航速度对管道的影响

从图 9-22、图 9-23 可以看出，当拖航速度小于 2m/s 时，管道的最大应力基本上保持不变，之后随着拖航速度的增加，管道的整体应力也逐步变大。为此施工中拖航速度不应过大；

一方面过大的拖航速度对拖管船功率要求很高，定位困难；另一方面管道的最大 von Mises 应力也将变大。

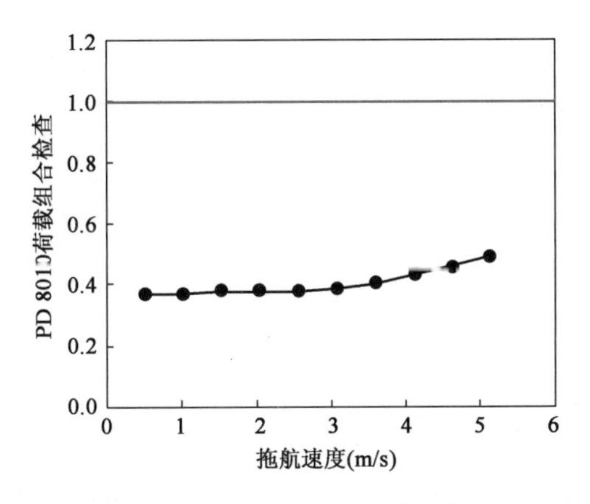

图 9-23　拖航速度影响下的应力规范校核

图 9-24 给出典型工况最大波高为 0.93m、波浪周期为 3s、拖航速度 v_p = 2.06m/s 时的管道位移和应力曲线图。

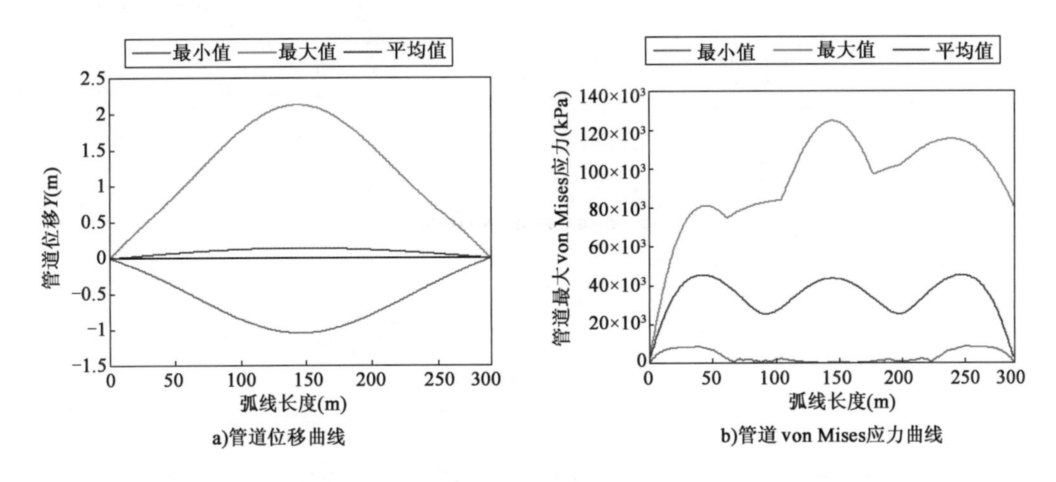

图 9-24　管道位移和应力曲线（拖航速度 v_p = 2.06m/s，t = 0 ~ 500s）

9.3.3.5　尾拖轮牵引力的影响

考虑尾拖轮牵引力时，采用在管道尾端施加固定外部荷载的方式来进行模拟。

为了更加接近实际，模拟尾拖轮牵引力的时候考虑了外部波浪荷载，定义有义波高为 0.5m，等效最大波高为 0.93m，波浪周期为 3s，不考虑其他环境荷载。采用时域分析方法，这里模拟时长设定为 500s。

图 9-25 分别为管道最大位移 S 和最大 von Mises 应力 σ_{max} 与尾拖轮牵引力大小 T_1 的变化关系图。根据 PD 8010 荷载组合衡准，对管道的荷载校核如图 9-26 所示。

从图 9-26 中可以看出，尾拖轮牵引力不会对管道最大 von Mises 应力有明显影响，最大位移也没有明显变化。为此施工中尾船的拖力不予过大,一方面浪费船舶资源,增加施工成本,一方面也会导致拖管船的功率要求变高。

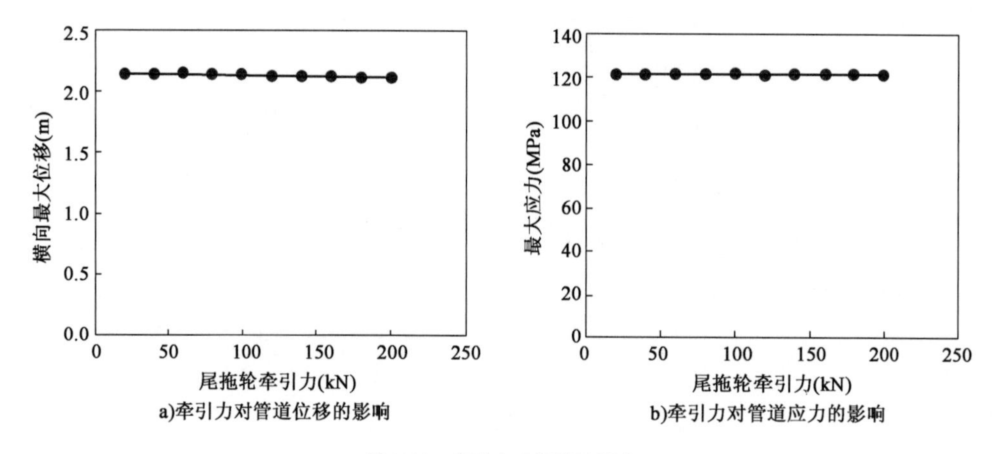

a)牵引力对管道位移的影响　　b)牵引力对管道应力的影响

图 9-25　牵引力对管道的影响

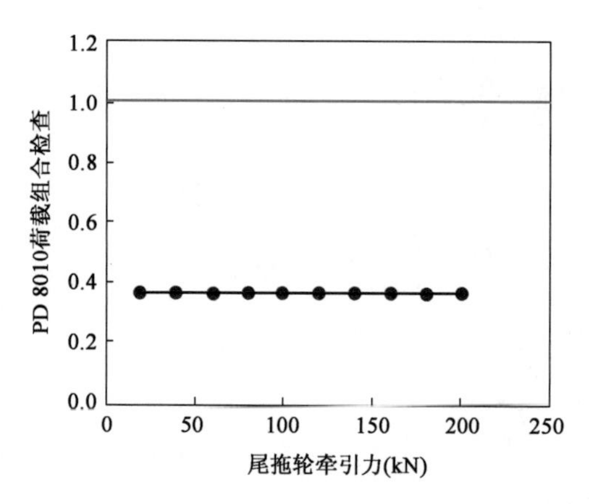

图 9-26　牵引力影响下的应力规范校核

图 9-27 所示为典型工况最大波高为 0.93m、波浪周期为 3s、牵引力 $T = 80\text{kN}$ 时的管道位移和应力曲线图。

9.3.3.6　其他因素的影响

本节中考虑波浪、流和风方向为垂直射向管道,且在分析过程中对管道两端限制了横向位移(环境条件方向),从上述多种参数对管道的影响来看,管道本身强度是比较大的,一般不会发生破坏,这种结果是基于管道在浮拖过程中能够始终保持在预定航线上。而实际过程中的薄弱点在于若首尾拖轮的系柱拖力不足,在横向上不足以抵抗外部环境荷载,则管道本身在未发生较大弯曲变形的情况下,就已经随环境方向发生整体偏移,如图 9-28 和图 9-29 所示。

图 9-29 中仅在管道尾部(左端)释放了横向位移约束,管道就已经随波逐流,因此拖航的

方向尽可能选择与波流方向一致非常重要。在横向环境条件作用下,外部荷载对护航船的能力要求会在下一章进行时域过程的详细分析。

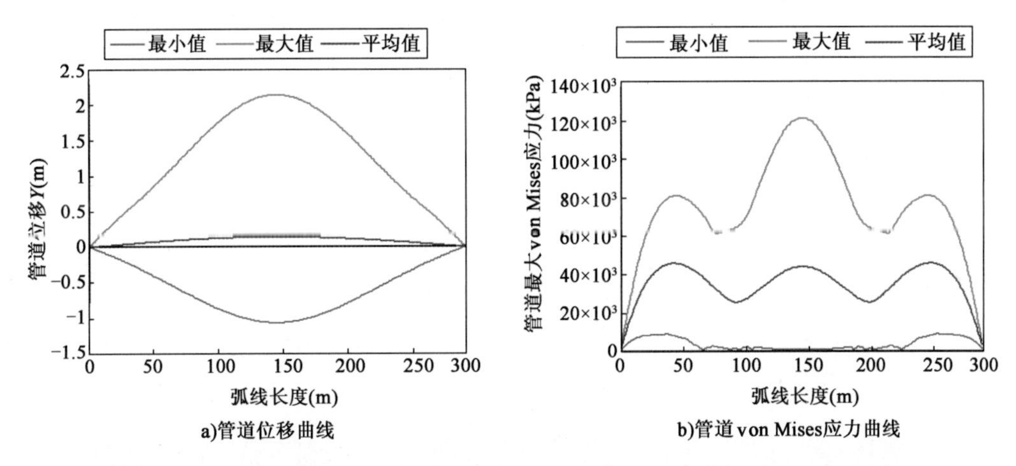

图9-27 管道位移和应力曲线(最大波高为0.93m,波浪周期为3s,牵引力 $T=80\text{kN}$, $t=0\sim500\text{s}$)

图9-28 分析假定情况

图9-29 实际可能情况

9.3.4 参数敏感性分析结论

通过对波高、周期、流速、风速、拖航速度和尾拖轮拖力对管道应力的影响进行了详细分析,根据数值计算结果,得出了如下结论:

(1)在本地区的环境条件下,波高和周期对管道的应力影响十分显著,而流速和风速对管道的应力影响比较小。过大的拖管速度和尾拖轮拖力会增加施工机具的要求,因此施工时要选择合适的海况条件。

(2)考虑实际拖航过程中,尾拖轮拖力有利于管道的定位,为此实际首拖轮拖拉力要比不考虑尾拖轮的理论值大很多。具体施工采用尾拖轮进行护航,必要时可以在拖拉段中间设置一条护航船,以防止位移过大。

(3)拖航的方向尽可能选择与波流方向一致非常重要。在横向环境条件作用下,外部荷载对护航船的能力要求会在下一节进行时域过程的详细分析。

9.4 基于管道有限元的浮拖时域模拟分析

本节对于四种环境方向条件下管道拖运的过程进行了时域数值模拟,分析时长为500s,对于周期为2s的规则波相当于250个循环周期,对于周期10s的规则波相当于50个循环周期。时域模拟示意图如图9-30所示。

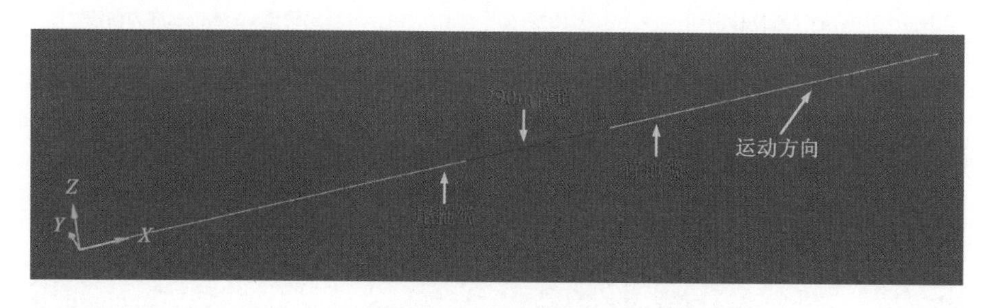

图9-30 时域模拟示意图

(1)当拖航速度为2kn(1.03m/s)时,时域模拟中管道拖航距离为514m。

(2)当拖航速度为3kn(1.54m/s)时,时域模拟中管道拖航距离为772m。

(3)当拖航速度为4kn(2.06m/s)时,时域模拟中管道拖航距离为1029m。

(4)当拖航速度为5kn(2.57m/s)时,时域模拟中管道拖航距离为1286m。

在软件中通过设置管道首拖缆WINCH单元的长度为1450m,确保整个时域模拟能够满足最大拖航距离要求。

9.4.1 浮拖运动方向与环境条件平行

9.4.1.1 环境方向0°

0°环境条件即环境条件和管道运动方向一致,此时管道顺流顺浪,主要受力截面最小,受到的环境荷载较小。本节对0°环境条件下,多种环境条件组合以及不同拖航速度、尾拖轮张力的情况进行了分析,重点评估了首拖轮所需的系柱拖力和管道荷载校核。根据表9-11的环境组合工况,并考虑波浪、风速之间的相关性,计算工况共计976组。

表9-13为0°环境条件下首拖轮所需最大系柱拖力的结果,表中以最大波高为条件汇总,单一最大波高的结果汇总了包括时域模拟工况表9-11中对应周期3~5s、流速0.20~1.11m/s和风速4~8m/s的所有结果。

首拖轮最大系柱拖力(0°)　　表 9-13

最大波高(m)	尾拖轮牵引力(kN)	拖航速度(m/s)				最大拖力统计值(kN)
		1.03	1.54	2.06	2.57	
0.93	10	72	104	136	168	168
	30	92	124	156	189	189
	50	112	144	177	209	209
	80	143	174	207	240	240
1.40	10	72	103	136	168	168
	30	92	124	156	189	189
	50	112	144	176	209	209
	80	142	174	207	239	239
1.86	10	71	103	136	168	168
	30	92	123	156	188	188
	50	112	144	176	208	208
	80	142	174	207	239	239
2.33	10	71	103	135	167	167
	30	91	123	156	188	188
	50	111	143	176	208	208
	80	141	173	207	239	239
最大统计值		143	174	207	240	240

由表 9-13 分析结果可以看出，在管道顺流顺浪浮拖时，首拖轮最大系柱拖力的要求仅与拖航速度的增加成正比，最大波高的变化并不会明显影响首拖轮系柱拖力。

表 9-14 为 0°环境条件下管道荷载规范校核的结果。

PD 8010 荷载组合检查(0°)　　表 9-14

最大波高(m)	尾拖轮牵引力(kN)	拖航速度(m/s)				最大拖力统计值(kN)
		1.03	1.54	2.06	2.57	
0.93	10	0.024	0.024	0.023	0.022	0.024
	30	0.024	0.023	0.023	0.022	0.024
	50	0.024	0.023	0.023	0.022	0.024
	80	0.024	0.023	0.023	0.022	0.024

续上表

最大波高(m)	尾拖轮牵引力(kN)	拖航速度(m/s)				最大拖力统计值(kN)
		1.03	1.54	2.06	2.57	
1.40	10	0.040	0.038	0.035	0.034	0.040
	30	0.039	0.038	0.037	0.034	0.039
	50	0.039	0.038	0.037	0.035	0.039
	80	0.039	0.038	0.037	0.035	0.039
1.86	10	0.046	0.045	0.044	0.044	0.046
	30	0.045	0.045	0.044	0.044	0.045
	50	0.045	0.045	0.044	0.044	0.045
	80	0.045	0.045	0.044	0.044	0.045
2.33	10	0.059	0.057	0.055	0.055	0.059
	30	0.060	0.060	0.058	0.055	0.060
	50	0.060	0.060	0.058	0.056	0.060
	80	0.059	0.059	0.058	0.057	0.059
最大统计值		0.060	0.060	0.058	0.057	0.060

由表9-14分析结果可以看出,管道的规范校核值处在较低的水平,可以满足浮拖要求。

下面给出两种极端环境条件下的分析,分别是有义波高1.25m和0.50m。

有义波高 $H_s=1.25$m,波浪周期 $T=5$s,流速最大 $v_c=1.11$m/s,对应风速最大 $v_w=8$m/s 情况下,在不同尾拖轮张力和拖航速度情况下所需的系柱拖力曲线如图9-31所示。其中,不同的颜色代表了不同的尾拖轮牵引力,单位为kN,下同。

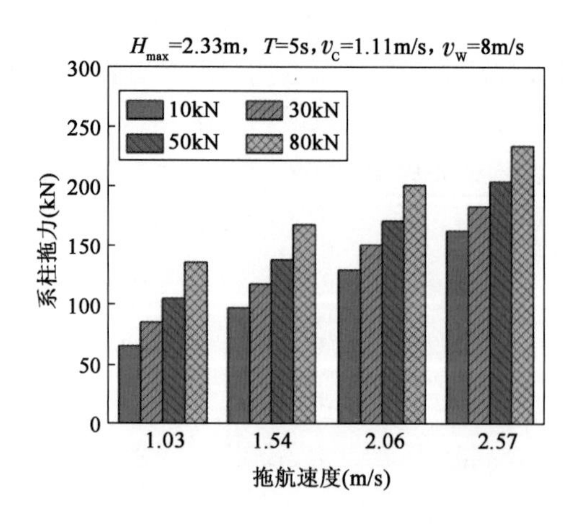

图9-31　有义波高1.25m条件下首拖轮系柱拖力(0°)

由图 9-31 结果可以看出,随着拖航速度的增大,首拖轮所需系柱拖力也逐渐增大。尾拖轮牵引力的增大会直接导致首拖轮所需系柱拖力随之增大。

图 9-32、图 9-33 为管道三种荷载校核的结果。

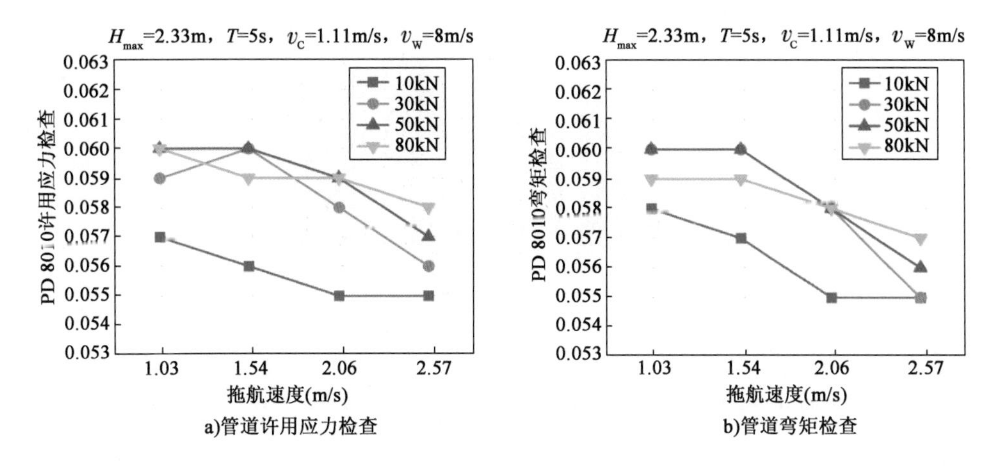

图 9-32 有义波高 1.25m 条件下管道内力检查(0°)

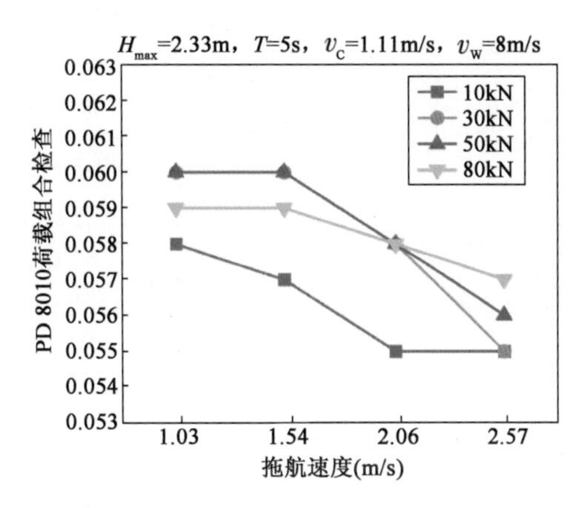

图 9-33 有义波高 1.25m 条件下管道荷载组合检查(0°)

从图 9-32、图 9-33 中可以看出,所有工况均是满足规范校核要求的,管道受到的荷载处于较低的水平。另外,随着拖航速度的增加,管道的受力情况有一定改善。综合首拖轮系柱拖力结果,建议尾拖轮以较小的张力牵引。

图 9-34 为有义波高 $H_s = 0.50$m,波浪周期 $T = 3$s,流速最大 $v_c = 0.20$m/s,对应风速最大 $v_w = 4$m/s 情况下,在不同尾拖轮张力和拖航速度情况下所需的系柱拖力曲线。

从图 9-34 可以看出,随着拖航速度的增大,首拖轮所需系柱拖力也逐渐增大。这种情况和有义波高 1.25m 的结论一致。

图 9-35、图 9-36 为管道三种荷载校核的结果。

从图 9-35、图 9-36 可以看出,所有工况均是满足规范校核要求的,管道受到的荷载处于较低的水平。另外,随着拖航速度的增加,管道的受力情况有一定改善。

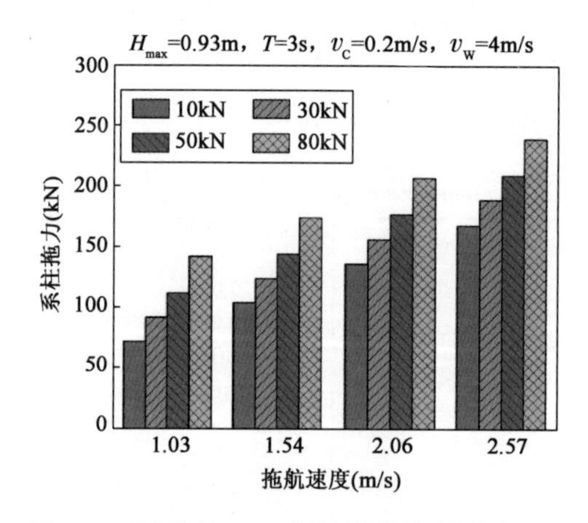

图9-34　有义波高0.50m条件下首拖轮系柱拖力(0°)

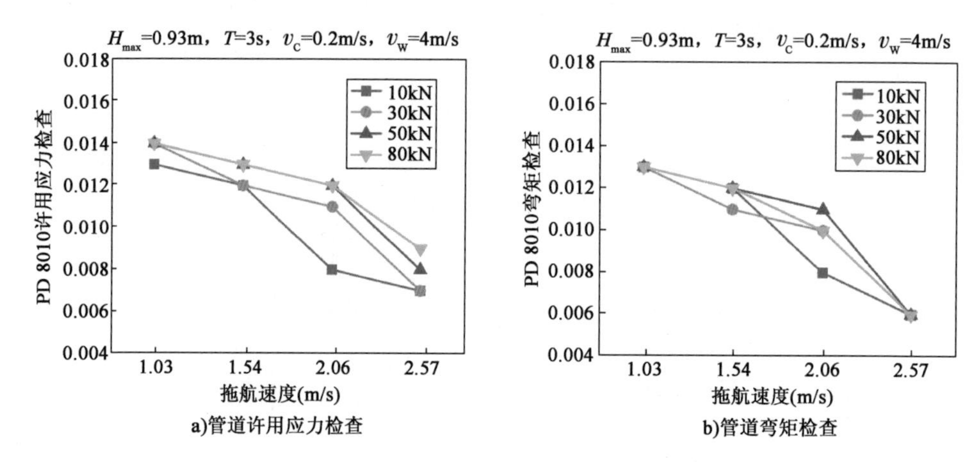

图9-35　有义波高0.50m条件下管道内力检查(0°)

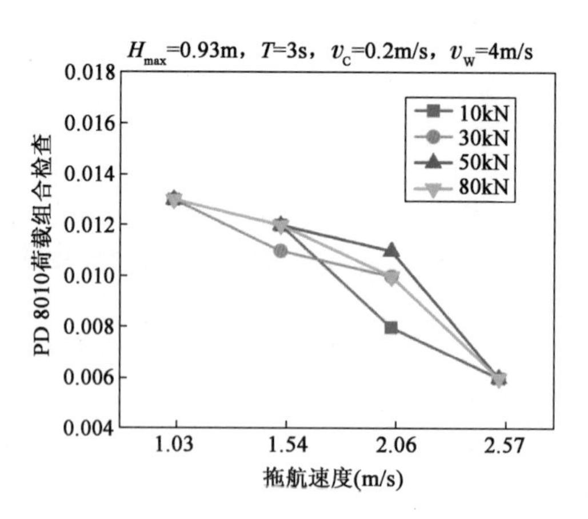

图9-36　有义波高0.50m条件下管道荷载组合检查(0°)

综合上述两种极端环境条件下首拖轮系柱拖力和管道荷载校核结果，可以看出在设计的0°环境条件下，管道受力情况良好，满足规范校核要求，尾拖轮只需较小的牵引力即可，过大的牵引力会导致首拖轮所需系柱拖力上升。同等条件下(拖航速度、尾拖轮牵引力),首拖轮所需系柱拖力相差不大,误差不超过10%。

9.4.1.2 环境方向180°

180°环境条件即环境条件和管道运动方向相反,此时管道迎浪迎流而行,主要受力截面最小,受到的环境荷载较小。本节对180°环境条件下,多种环境条件组合以及不同拖航速度、尾拖轮张力的情况进行了分析,重点评估了首拖轮所需的系柱拖力和管道荷载校核。根据表9-11的环境组合工况,并考虑波浪、风速之间的相关性,计算工况共计976组。

表9-15为180°环境条件下首拖轮所需最大系柱拖力的结果,表中以最大波高为条件汇总,单一最大波高的结果汇总了包括时域模拟工况表9-11中对应周期3~5s、流速0.20~1.11m/s和风速4~8m/s的所有结果。

首拖轮最大系柱拖力(180°) 表9-15

最大波高(m)	尾拖轮牵引力(kN)	拖航速度(m/s)				最大拖力统计值(kN)
		1.03	1.54	2.06	2.57	
0.93	10	94	125	159	193	193
	30	115	145	180	214	214
	50	135	166	200	234	234
	80	165	196	230	264	264
1.40	10	105	135	167	201	201
	30	125	155	187	221	221
	50	145	176	207	242	242
	80	175	206	238	272	272
1.86	10	119	150	182	218	218
	30	139	170	203	238	238
	50	159	190	223	258	258
	80	190	220	253	288	288
2.33	10	145	175	206	238	238
	30	165	195	226	258	258
	50	185	215	246	277	277
	80	215	244	276	307	307
最大统计值		215	244	276	307	307

由表9-15分析结果可以看出,在管道迎浪迎流浮拖时,首拖轮最大系柱拖力的要求与拖航速度的增加、最大波高的增大均成正比。

表 9-16 给出了 180°环境条件下管道荷载规范校核的结果。

PD 8010 荷载组合检查(180°)　　表 9-16

最大波高(m)	尾拖轮牵引力(kN)	拖航速度(m/s)				最大拖力统计值(kN)
		1.03	1.54	2.06	2.57	
0.93	10	0.025	0.029	0.036	0.055	0.055
	30	0.025	0.029	0.036	0.054	0.054
	50	0.025	0.029	0.036	0.055	0.055
	80	0.025	0.029	0.037	0.055	0.055
1.40	10	0.047	0.054	0.054	0.042	0.054
	30	0.047	0.054	0.054	0.042	0.054
	50	0.047	0.054	0.054	0.041	0.054
	80	0.047	0.054	0.054	0.041	0.054
1.86	10	0.044	0.053	0.058	0.067	0.067
	30	0.044	0.053	0.058	0.068	0.068
	50	0.044	0.053	0.057	0.068	0.068
	80	0.044	0.053	0.058	0.068	0.068
2.33	10	0.055	0.056	0.060	0.080	0.080
	30	0.055	0.056	0.060	0.080	0.080
	50	0.055	0.056	0.060	0.080	0.080
	80	0.055	0.056	0.059	0.081	0.081
最大统计值		0.055	0.056	0.060	0.081	0.081

从表 9-16 中可以看出,管道的规范校核值处在较低的水平,可以满足浮拖要求。

下面给出两种极端环境条件下的分析,分别是有义波高 1.25m 和 0.50m。

(1)有义波高 1.25m

有义波高 $H_s = 1.25\text{m}$、波浪周期 $T = 5\text{s}$、流速最大 $v_c = 1.11\text{m/s}$,对应风速最大 $v_w = 8\text{m/s}$ 情况下,在不同尾拖轮张力和拖航速度情况下所需的系柱拖力曲线如图 9-37 所示。

由图 9-37 可以看出,随着拖航速度的增大,首拖轮所需系柱拖力也逐渐增大。尾拖轮牵引力的增大会直接导致首拖轮所需系柱拖力随之增大。

图 9-38、图 9-39 为管道三种荷载校核的结果。

从图 9-38、图 9-39 可以看出,所有工况均是满足规范校核要求的,管道受到的荷载处于较低的水平。另外,随着拖航速度的增加,管道收到的荷载也随之增加,这主要是因为管道和流体相对速度增加的原因。综合首拖轮系柱拖力结果,建议尾拖轮以较小的张力牵引。

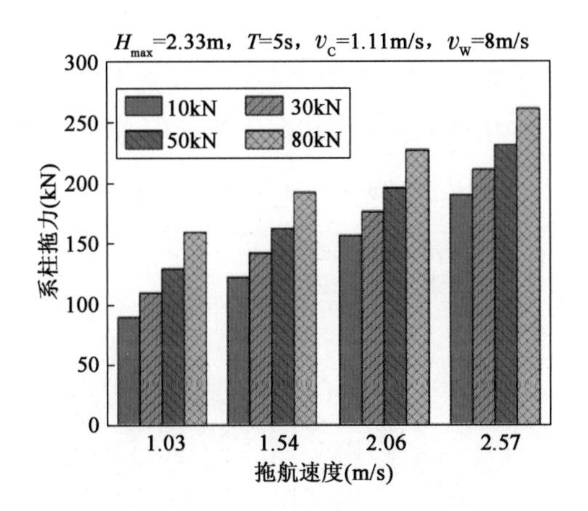

图9-37 有义波高1.25m条件下首拖轮系柱拖力(180°)

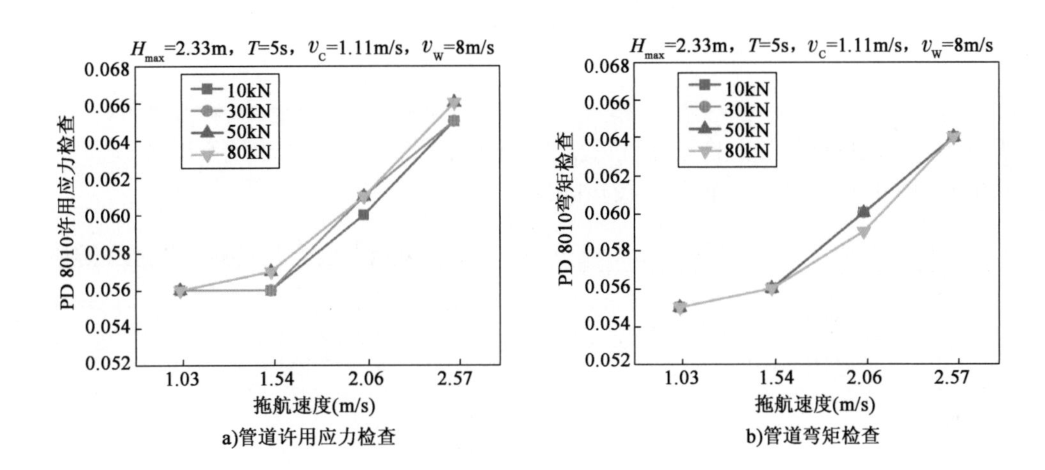

图9-38 有义波高1.25m条件下管道内力检查(180°)

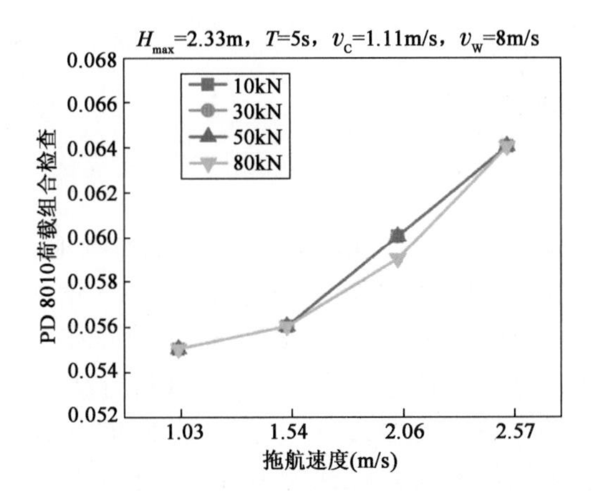

图9-39 有义波高1.25m条件下管道荷载组合检查(180°)

(2)有义波高 0.5m

图 9-40 为有义波高 $H_s = 0.50$m、波浪周期 $T = 3$s、流速最大 $v_c = 0.20$m/s,对应风速最大 $v_w = 4$m/s 情况下,在不同尾拖轮张力和拖航速度情况下所需的系柱拖力曲线。

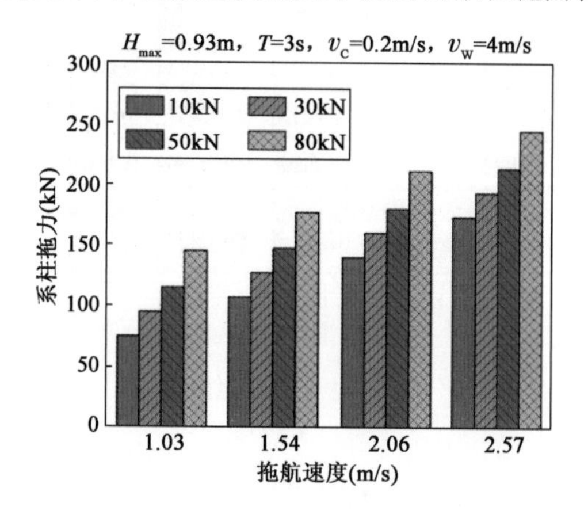

图 9-40 有义波高 0.50m 条件下首拖轮系柱拖力(180°)

从图 9-40 可以看出,随着拖航速度的增大,首拖轮所需系柱拖力也逐渐增大。

图 9-41、图 9-42 为管道三种荷载校核的结果。

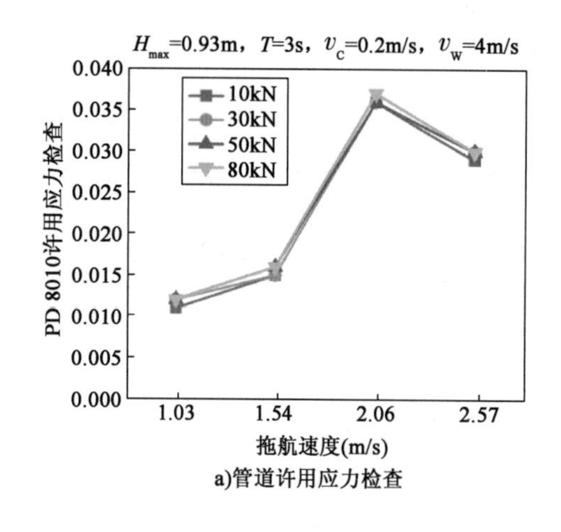

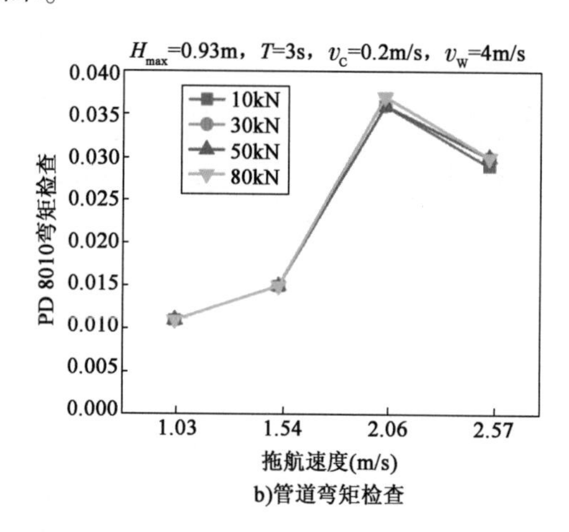

图 9-41 有义波高 0.50m 条件下管道内力检查(180°)

从图 9-41、图 9-42 可以看出,所有工况均是满足规范校核要求的,管道受到的荷载处于较低的水平。另外,随着拖航速度的增加,管道收到的荷载也随之增加,这主要是因为管道和流体相对速度增加的原因。综合首拖轮系柱拖力结果,建议尾拖轮以较小的张力牵引。

综合上述两种极端环境条件下首拖轮系柱拖力和管道荷载校核结果,可以看出在设计的 180°环境条件下,管道受力情况良好,满足规范校核要求,尾拖轮只需较小的牵引力即可,过大的牵引力会导致首拖轮所需系柱拖力上升。拖航速度不要过快,建议以 2 ~ 3kn 为主。

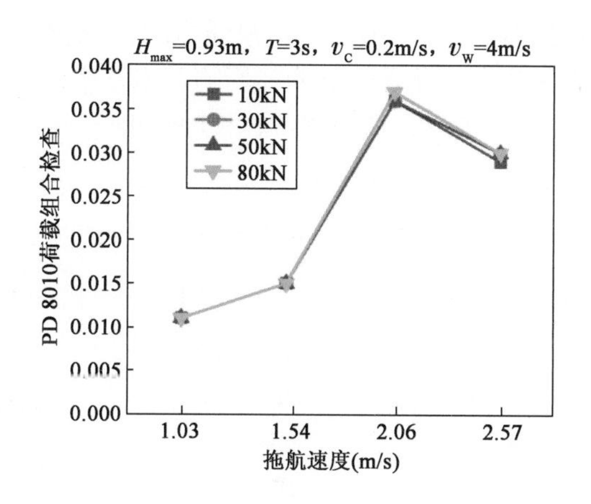

图9-42　有义波高0.50m条件下管道荷载组合检查(180°)

9.4.2　浮拖运动方向与环境条件垂直

90°环境条件即环境条件和管道运动方向垂直,此时管道主要受力截面最大,受到的环境荷载也最大。本节对90°环境条件下,多种环境条件组合以及不同拖航速度、尾拖轮张力的情况进行了分析,重点评估了首拖轮所需的系柱拖力和管道荷载校核,以及为了确保管道不偏离航道的辅助拖轮所需的拖力。根据表9-11的环境组合工况,并考虑波浪、风速之间的相关性,计算工况共计432组。

表9-17为90°环境条件下首拖轮所需最大系柱拖力的结果,表中以最大波高为条件汇总,单一最大波高的结果汇总了包括时域模拟工况表9-11中对应周期3~5s、流速0.20~0.40m/s和风速4~7m/s的所有结果。

首拖轮最大系柱拖力(90°)　　表9-17

最大波高(m)	尾拖轮牵引力(kN)	拖航速度(m/s)			最大拖力统计值(kN)
		1.03	1.54	2.06	
0.93	10	70	98	124	124
	30	87	114	140	140
	50	107	134	160	160
	80	137	164	190	190
1.40	10	69	95	120	120
	30	85	111	136	136
	50	105	131	156	156
	80	135	161	186	186
最大统计值		137	164	190	190

由表9-17分析结果可以看出，在管道横流横浪浮拖时，首拖轮最大系柱拖力的要求与拖航速度的增加成正比，最大波高的变化并不会明显影响首拖轮系柱拖力。

表9-18给出了90°环境条件下管道荷载规范校核的结果。

PD 8010荷载组合检查（90°） 表9-18

最大波高（m）	尾拖轮牵引力（kN）	拖航速度（m/s）			最大拖力统计值（kN）
		1.03	1.54	2.06	
0.93	10	0.179	0.178	0.201	0.201
	30	0.174	0.174	0.197	0.197
	50	0.173	0.177	0.180	0.180
	80	0.177	0.178	0.189	0.189
1.40	10	0.255	0.264	0.259	0.264
	30	0.257	0.257	0.256	0.257
	50	0.258	0.258	0.259	0.259
	80	0.259	0.260	0.260	0.260
最大统计值		0.259	0.264	0.260	0.264

由表9-18分析结果可以看出，管道的规范校核值处在较低的水平，可以满足浮拖要求。

表9-19给出了90°环境条件下所需拖轮最大侧向拖力的结果。

拖轮最大侧向拖力（90°） 表9-19

最大波高（m）	尾拖轮牵引力（kN）	拖航速度（m/s）			最大拖力统计值（kN）
		1.03	1.54	2.06	
0.93	10	237	237	232	237
	30	230	227	227	230
	50	238	236	235	238
	80	237	232	241	241
1.40	10	374	376	380	380
	30	376	377	378	378
	50	378	380	381	381
	80	382	382	383	383
最大统计值		382	382	383	383

由表9-19分析结果可以看出，拖轮最大侧向拖力的要求与最大波高的增加成正比，拖航速度的变化并不会明显影响拖轮最大侧向拖力。

下面给出两种极端环境条件下的分析，分别是有义波高0.75m和0.50m。

(1)有义波高0.75m

有义波高 $H_s = 0.75m$、波浪周期 $T = 5s$、流速最大 $v_c = 0.40m/s$、对应风速最大 $v_w = 7m/s$ 情况下,在不同尾拖轮张力和拖航速度情况下所需的系柱拖力曲线如图9-43所示。

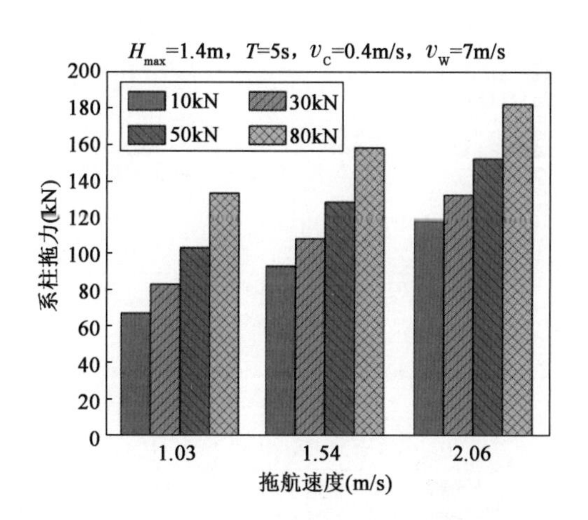

图9-43 有义波高0.75m条件下首拖轮系柱拖力(90°)

由图9-43可以看出,随着拖航速度的增大,首拖轮所需系柱拖力也逐渐增大。尾拖轮牵引力的增大会直接导致首拖轮所需系柱拖力随之增大。

图9-44、图9-45为管道三种荷载校核的结果。

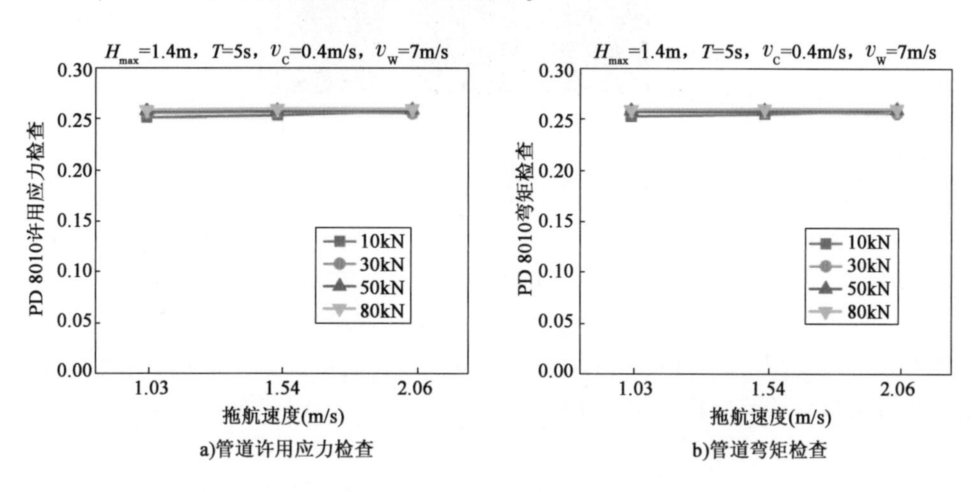

图9-44 有义波高0.75m条件下管道内力检查(90°)

由图9-44、图9-45可以看出,所有工况均是满足规范校核要求的,管道受到的荷载处于较高的水平,这个主要是管道受到的弯矩较大。在90°环境条件时,管道受到较大的环境荷载,因此需要在管道中部布置辅助拖轮,确保浮拖过程中管道不会偏离航线。图9-46给出了管道中部辅助拖轮所需的拖力。

从图9-46可以看出,随着拖航速度的增加,对辅助拖轮的能力也提出了更高的要求。

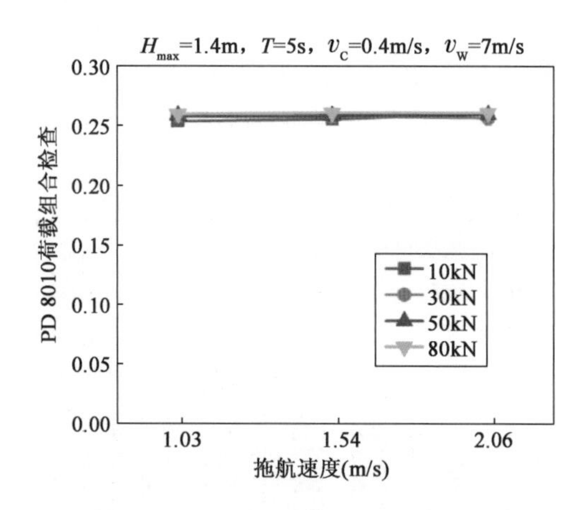

图 9-45 有义波高 0.75m 条件下管道荷载组合检查(90°)

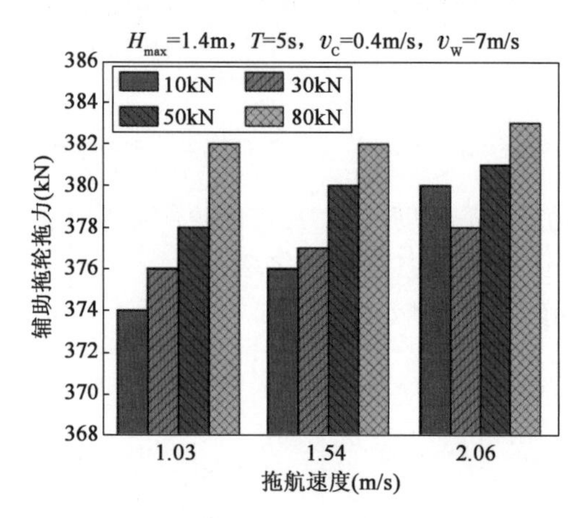

图 9-46 有义波高 0.75m 条件下辅助拖轮拖力(90°)

(2)有义波高 0.50m

图 9-47 给出了有义波高 H_s = 0.50m、波浪周期 T = 3s、流速最大 v_c = 0.20m/s、对应风速最大 v_w = 4m/s 情况下，在不同尾拖轮张力和拖航速度情况下所需的系柱拖力曲线。

由图 9-47 可以看出，随着拖航速度的增大，首拖轮所需系柱拖力也逐渐增大。尾拖轮牵引力的增大会直接导致首拖轮所需系柱拖力随之增大。

图 9-48、图 9-49 为管道三种荷载校核的结果。

从图 9-48、图 9-49 可以看出，所有工况均是满足规范校核要求的，管道受到的荷载处于较低的水平，这个主要是管道受到的弯矩较大。在 90°环境条件时，管道受到较大的环境荷载，因此需要在管道中部布置辅助拖轮，确保浮拖过程中管道不会偏离航线。

图 9-50 为管道中部辅助拖轮所需的拖力。

从图 9-50 可以看出，随着拖航速度的增加，对辅助拖轮的能力要求反而降低。

综合上述两种极端环境条件下首拖轮系柱拖力和管道荷载校核结果，可以看出在设计的 90°环境条件下，受到较大外部荷载的管道满足规范校核要求，建议根据环境条件保持合理的拖航速度，采用较大马力的辅助拖轮在管道中间以确保不会偏离航线。

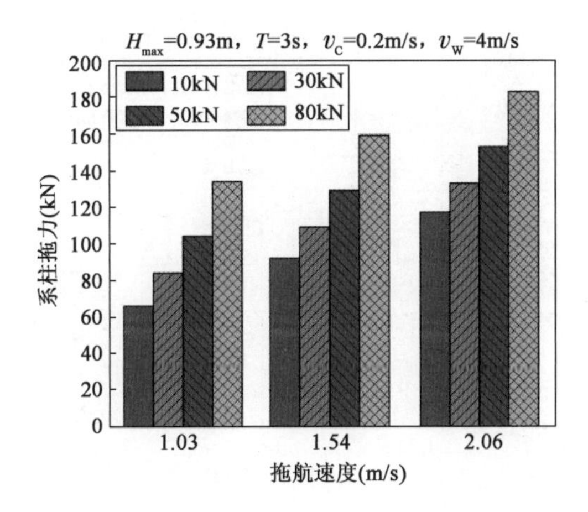

图9-47　有义波高0.50m条件下首拖轮系柱拖力(90°)

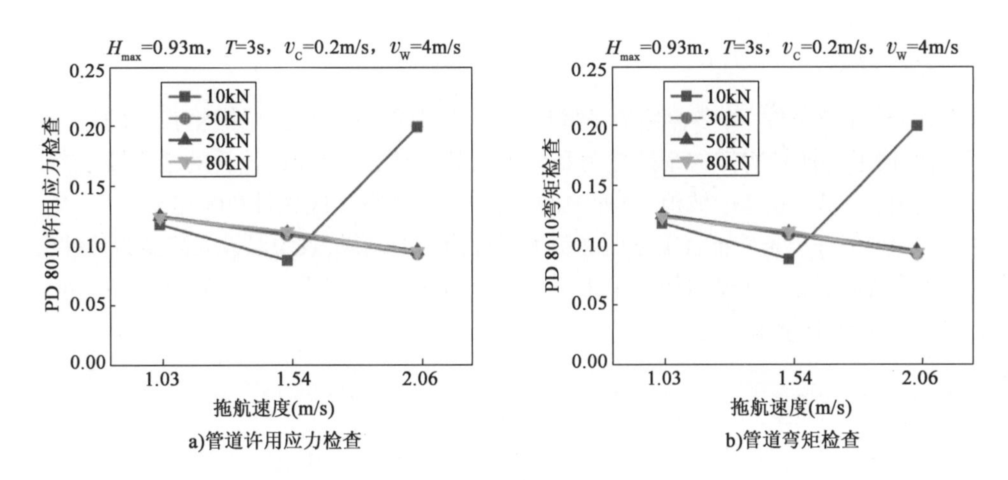

图9-48　有义波高0.50m条件下管道内力检查(90°)

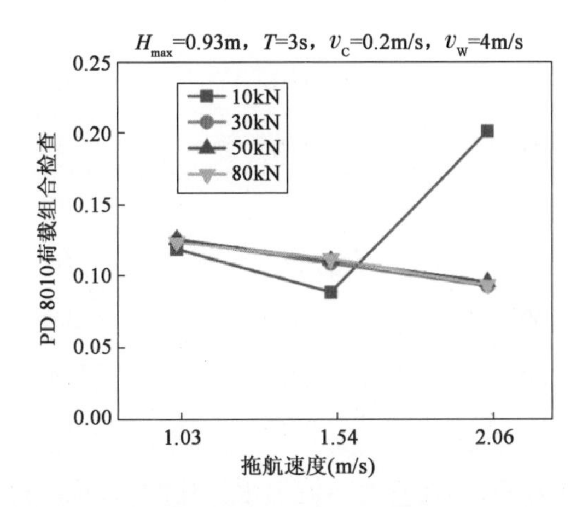

图9-49　有义波高0.50m条件下管道荷载组合检查(90°)

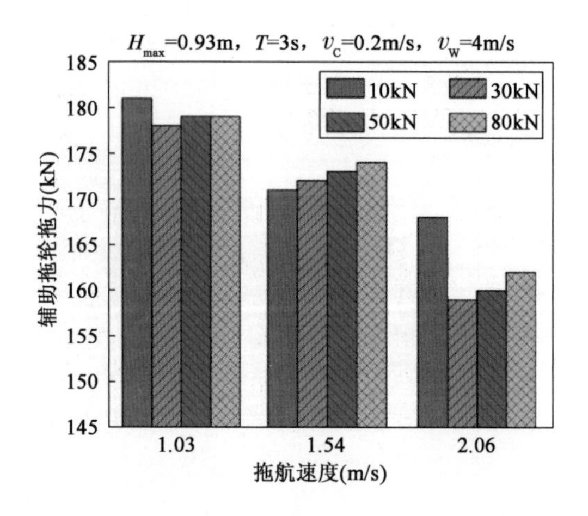

图 9-50　有义波高 0.50m 条件下辅助拖轮拖力(90°)

9.4.3　浮拖运动方向与环境条件倾向

本节对 15°环境条件下,多种环境条件组合以及不同拖航速度、尾拖轮张力的情况进行了分析,重点评估了首拖轮所需的系柱拖力和管道荷载校核,以及辅助拖轮的拖力要求。根据表 9-11 的环境组合工况,并考虑波浪、风速之间的相关性,计算工况共计 288 组。

表 9-20 为 15°环境条件下首拖轮所需最大系柱拖力的结果,表中以最大波高为条件汇总,单一最大波高的结果汇总了包括时域模拟工况表 9-11 中对应周期 3 ~ 5s、流速 0.20 ~ 0.40m/s 和风速 4 ~ 7m/s 的所有结果。

首拖轮最大系柱拖力(15°)　　表 9-20

最大波高(m)	尾拖轮牵引力(kN)	拖航速度(m/s)		最大拖力统计值(kN)
		1.03	1.54	
0.93	10	71	100	100
	30	91	120	120
	50	111	140	140
	80	141	170	170
1.40	10	71	100	100
	30	90	119	119
	50	111	139	139
	80	141	170	170
最大统计值(kN)		141	170	170

由表 9-20 分析结果可以看出,在管道斜流斜浪浮拖时,首拖轮最大系柱拖力的要求与拖航速度的增加成正比,最大波高的变化并不会明显影响首拖轮系柱拖力。

表 9-21 为 15°环境条件下管道荷载规范校核的结果。

PD 8010 荷载组合检查(15°) 表 9-21

最大波高(m)	尾拖轮牵引力(kN)	拖航速度(m/s)		最大拖力统计值(kN)
		1.03	1.54	
0.93	10	0.070	0.068	0.070
	30	0.070	0.060	0.070
	50	0.065	0.060	0.065
	80	0.061	0.059	0.061
1.40	10	0.060	0.077	0.077
	30	0.058	0.067	0.067
	50	0.052	0.065	0.065
	80	0.067	0.065	0.067
最大统计值(kN)		0.070	0.077	0.077

由表 9-21 分析结果可以看出,管道的规范校核值处在较低的水平,可以满足浮拖要求。

表 9-22 为 15°环境条件下所需拖轮最大侧向拖力的结果。

拖轮最大侧向拖力(15°) 表 9-22

最大波高(m)	尾拖轮牵引力(kN)	拖航速度(m/s)		最大拖力统计值(kN)
		1.03	1.54	
0.93	10	64	70	70
	30	67	64	67
	50	63	65	65
	80	59	62	62
1.40	10	60	73	73
	30	57	85	85
	50	62	77	77
	80	57	74	74
最大统计值(kN)		67	85	85

由表 9-22 分析结果可以看出,拖轮最大侧向拖力的要求与拖航速度的增加成正比。

下面给出有义波高 1.25m 和 0.50m 这两种极端环境条件下的分析结果。

(1)有义波高 0.75m

有义波高 $H_s = 0.75$m、波浪周期 $T = 5$s、流速最大 $v_c = 0.40$m/s、对应风速最大 $v_w = 7$m/s 情况下,在不同尾拖轮张力和拖航速度情况下所需的系柱拖力如图 9-51 所示。

从图 9-51 中可以看出,随着拖航速度的增大,首拖轮所需系柱拖力也逐渐增大。尾拖轮牵引力的增大会直接导致首拖轮所需系柱拖力随之增大。图9-52、图9-53所示为管道三种荷载校核的结果。

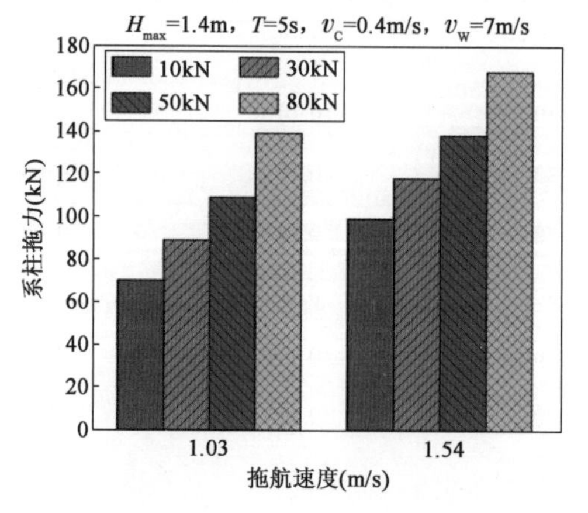

图9-51 有义波高0.75m条件下首拖轮系柱拖力(15°)

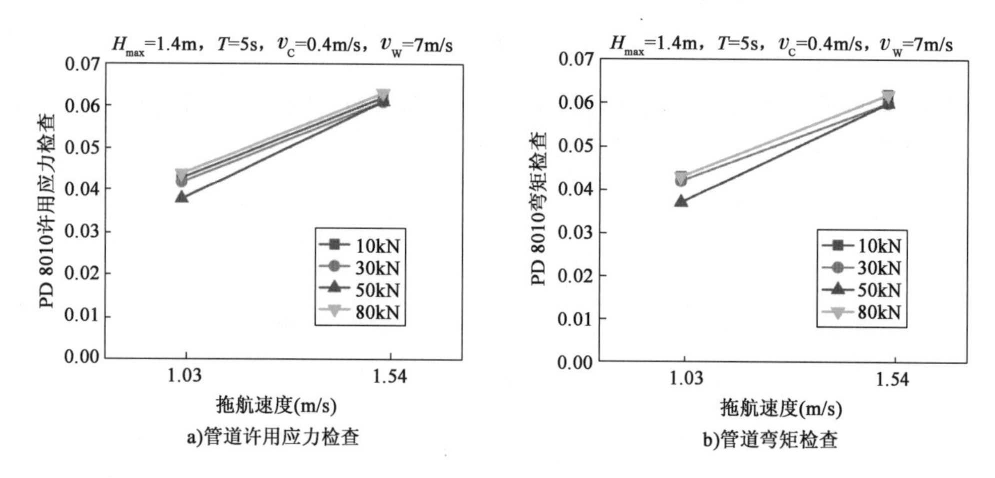

图9-52 有义波高0.75m条件下管道许用应力检查(15°)

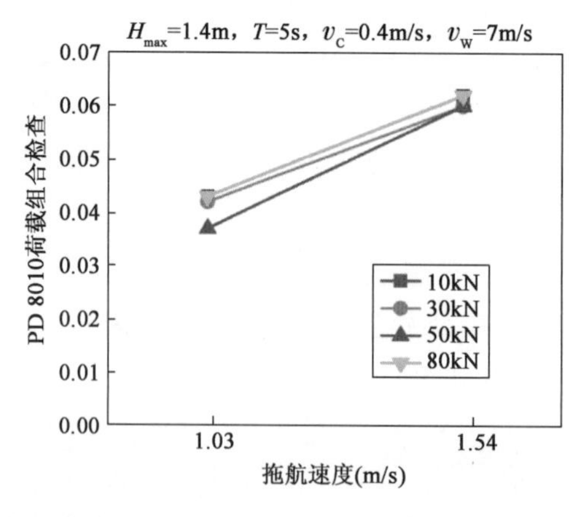

图9-53 有义波高0.75m条件下管道荷载组合检查(15°)

从图9-52、图9-53中可以看出,所有工况均是满足规范校核要求的,管道受到的荷载处于较低的水平。在15°环境条件时,管道受到斜向的环境荷载,因此需要在管道中部布置辅助拖轮,确保浮拖过程中管道不会偏离航线。

图9-54为管道中部辅助拖轮所需的拖力。

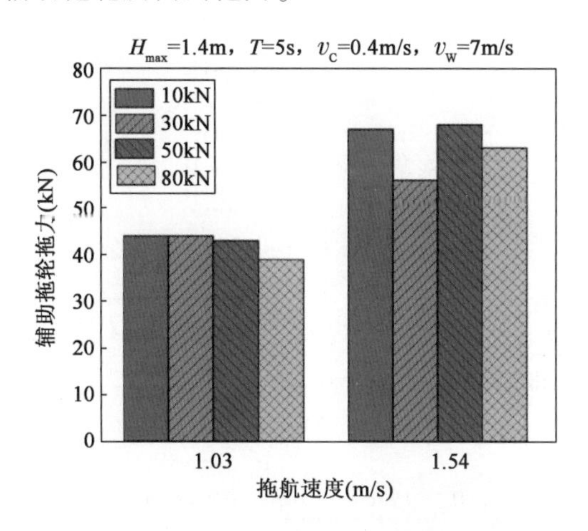

图9-54 有义波高0.75m条件下辅助拖轮拖力(15°)

从图9-54可以看出,随着拖航速度的增加,需要提高辅助拖轮的拖力。

(2)有义波高0.50m

图9-55给出了有义波高 H_s =0.50m、波浪周期 T =3s、流速最大 v_c =0.20m/s、对应风速最大 v_w =4m/s情况下,在不同尾拖轮张力和拖航速度情况下所需的系柱拖力曲线。

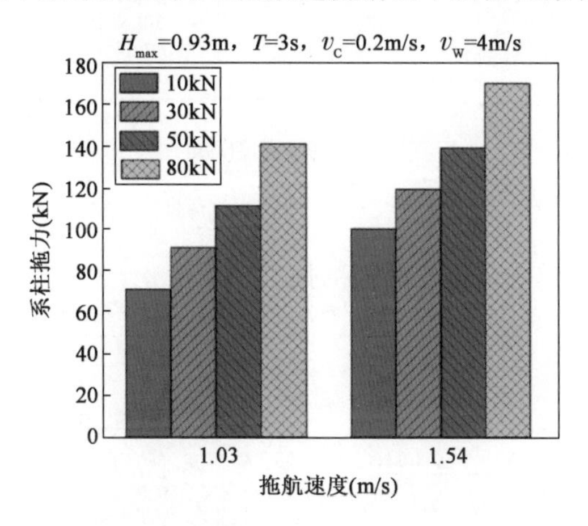

图9-55 有义波高0.50m条件下首拖轮系柱拖力(15°)

由图9-55可以看出,随着拖航速度的增大,首拖轮所需系柱拖力也逐渐增大。尾拖轮牵引力的增大会直接导致首拖轮所需系柱拖力随之增大。

图9-56、图9-57为管道三种荷载校核的结果。

从图9-56、图9-57中可以看出,所有工况均是满足规范校核要求的,管道受到的荷载处于较低的水平。在15°环境条件时,管道受到斜向的环境荷载,因此需要在管道中部布置辅助拖轮,确保浮拖过程中管道不会偏离航线。

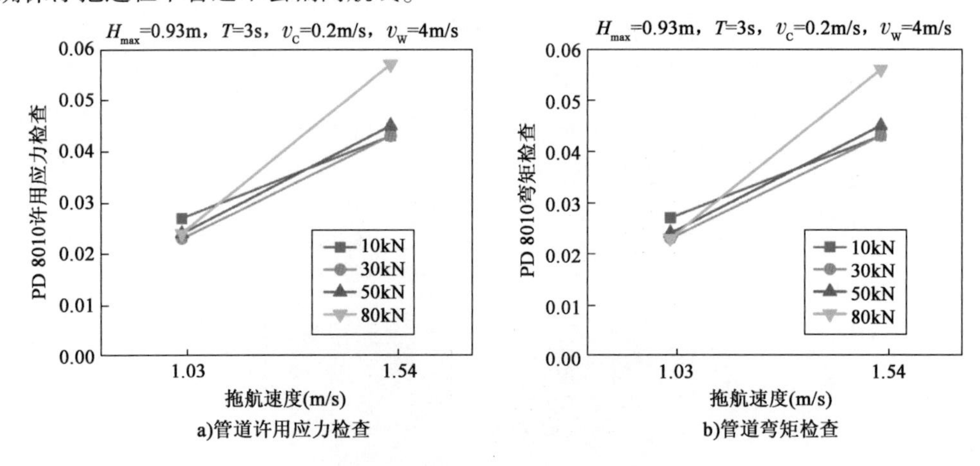

图9-56　有义波高0.50m条件下管道内力检查(15°)

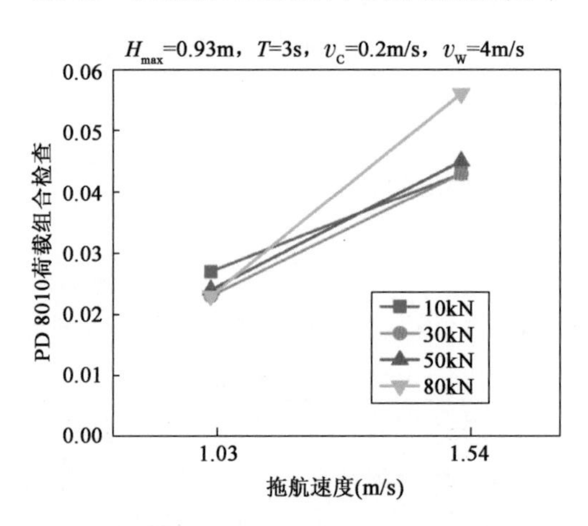

图9-57　有义波高0.50m条件下管道荷载组合检查(15°)

图9-58所示为管道中部辅助拖轮所需的拖力。

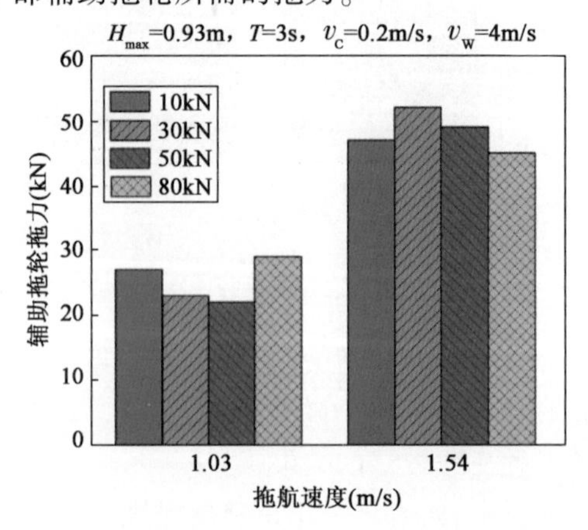

图9-58　有义波高0.50m条件下辅助拖轮拖力(15°)

从图9-58中可以看出，随着拖航速度的增加，对辅助拖轮的能力要求也变得更高。

综合上述两种极端环境条件下首拖轮系柱拖力和管道荷载校核结果，可以看出在设计的15°环境条件下，受到斜向外部荷载的管道满足规范校核要求，建议降低拖航速度，采用辅助拖轮在管道中间限位以确保不会偏离航线。

9.4.4　拖轮能力校核与拖缆参数选择

9.4.4.1　拖轮能力校核

根据拖轮拖带力常规按每1000kW所能提供的拖力199.92kN，故选用首拖轮1670kW能提供的拖力为333.87kN。综合动态分析结果：在0°环境条件下，主拖轮所需最大系柱拖力为240kN；180°环境条件下，主拖轮所需最大系柱拖力为307kN。故顺风顺浪(0°)条件下，主拖轮其拖力完全满足拖带需要，而在迎风迎浪(180°)条件下，需要主拖轮降低拖航速度，选择合适的环境条件，以满足拖带需要。尾拖轮900kW能提供的拖力为179.93kN。

辅助拖轮1500hp(1hp = 745.7W)能够提供的拖力为220kN。在指定90°环境条件下，有义波高0.5m时，辅助拖轮最大系柱拖力需为240kN；有义波高0.75m时，辅助拖轮最大系柱拖力需为380kN。因此2艘辅助拖轮能力2 × 220kN = 440kN，能够满足指定工况条件下的拖带要求。

9.4.4.2　拖缆参数选择

根据中国船级社《海上拖航指南》(GD 02—2011)中表5.3.8的要求，主拖缆应为钢丝绳，其最小破断负荷由拖轮系柱拖力BP和拖航环境确定。良好海况区域及拖航时间小于24h的短时间拖航，主拖缆可采用尼龙缆，其最小破断负荷应为钢质拖缆最小破断负荷的1.37倍。

综合动态分析结果，以0°环境条件为例，主拖轮最大系柱拖力为240kN。因此钢丝绳拖缆最小破断负荷应为2.0 × 240 = 480kN。对应尼龙缆拖缆最小破断负荷应为480 × 1.37 = 658kN。通过查询尼龙缆产品目录，可知需选用最小直径为60mm的尼龙缆。

9.5　本章小结

本文采用商业软件Orcaflex建立了管道浮拖过程数值计算模型，依托实际工程项目的环境数据，完成了多种环境条件下浮拖法管道铺设漂浮拖运过程数值计算，相关数据结果可以为工程浮拖安装提供数据支持。

9.5.1　主要结论

根据数值计算结果，主要结论如下：

(1)在0°和180°环境条件下，管道主要承受拉伸荷载，分析结果表明受力满足规范校核要求。管道基本不会发生侧向偏移，尾拖轮只需较小的牵引力即可，过大的牵引力会导致首拖轮所需系柱拖力上升。

(2)在90°和15°环境条件下,管道运动方向与环境条件的相对角度对管道的浮拖方案有明显的影响。由于管道自身刚度较大,不易发生弯曲,因此角度越大,管道整体容易发生较大偏移,远离设计航线,此时需要辅助拖轮来进行限位。环境条件较大时,对辅助拖轮的马力也会要求更高,建议降低拖航速度。

9.5.2 改进建议

根据数值模拟结果,对施工提出以下改进建议:

(1)管道漂浮拖运过程受海况影响较大,在管道顺浪和迎浪条件下,管道主要承受轴向荷载,尾拖轮只需提供较小的牵引力即可。在斜向环境条件下,管道受到的环境荷载也随之增大,极易发生偏移,为了确保管道浮拖不偏离航线,需要采用辅助拖轮限位。过大的拖管速度和尾船拖力会增加施工机具的要求,因此施工时要选择合适的海况条件,建议选取有义波高小于0.5m的情况下浮拖。

(2)为确保浮拖过程安全,建议采取以下措施减小浮拖过程中管道受力:减小航向与波浪方向的夹角;增加管道轴向张力;增加辅助拖轮限位;降低拖航速度。选择合适的航线以减小波流荷载的作用,是减小管道受力最直接的方法,尽量选择与环境条件方向在同一条直线上。采取增加管道张力和增加辅助拖轮的手段,在管道受到斜向荷载时是十分有效的方法,有助于减小管道应力和纠正管道偏移。

(3)在管道浮拖过程中迎浪和顺浪的情况下,管道的自身荷载校核不是问题,管道基本不会发生侧向偏移,尾拖轮只需较小的牵引力即可,过大的牵引力会导致首拖轮所需系柱拖力上升。建议采取较低的尾拖轮牵引力进行浮拖,牵引力宜为10~30kN,拖航速度宜为3~4kn。

(4)在管道浮拖过程承受斜向环境条件的情况下,由于管道自身刚度较大,不易发生弯曲,因此管道运动方向与环境条件之间的相对角度越大,管道整体较容易发生较大偏移,远离设计航线,此时需要辅助拖轮来进行限位。

第 10 章
CHAPTER 10

起重船吊装下放过程污水排海钢管受力分析

10.1 概述

拖运到沉放区域后，根据管道的长度、起重船性能及钢管的特性，拟采用双抬吊的主方法进行施工下放。管道沉放采用 2 艘 350t 起重船。起重船吊装示意图如图 10-1 和图 10-2 所示。

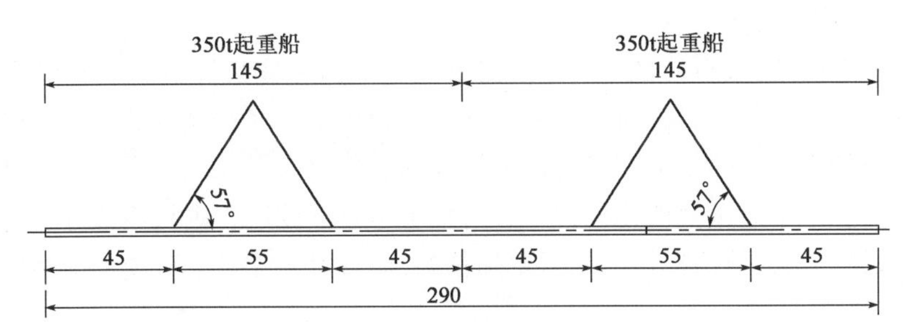

图 10-1 起重船吊装示意图(正面)(尺寸单位:m)

管道由 2 只吊钩起吊，每个吊点处由 2 根钢丝绳受力，钢丝绳与钢管夹角约 60°。在起吊过程时，由一名起重指挥负责指挥两船同时起吊。起吊时通过起重船重量显示器显示的设定重量调整各船吊重及吊重分配。

用抛锚艇分别到管道两端拆除盲板，将抛锚艇停靠到管道端部，由抛锚艇小吊杆下的吊钩吊住盲板上预留的耳板，人工拆下盲板与管道端法兰的连接螺栓，将封堵管道的盲板拆下后吊到起重船甲板上放置。

所有准备工作完成后，由测量人员测量管道端头位置，同时将管道送到定位桩侧，当轴线及起点位置复测无误后开始沉管作业。

两船同时缓慢下钩使管底入水约 20cm，管道缓慢进水，当管口两端不向管内进水时再次松放 20cm，再次使管道进水。通过多次反复操作，将管道内完全注入海水，管内空气全部排出后将管道调平；管道松放时，指挥人员根据管道两端测量的入水深度指挥两船的松放速度，通过调整两船的松放速度，使管道两端高差小于 300mm，最后将管道沉入到基槽垫层上；管道沉到垫层后，由潜水员探摸管道是否贴靠在定位桩上，如有误差时移动管道，使管道贴靠定位桩后再次复测管道里程、高程，在确认无误后拆除钢丝，进入下一根管道安装单元。

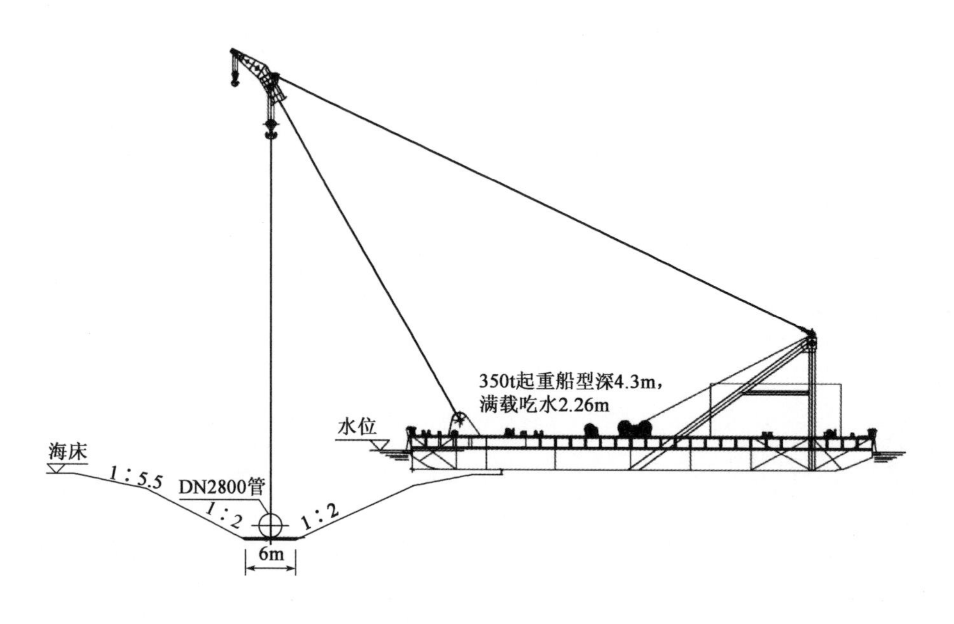

图 10-2　起重船吊装示意图(侧面)

为了确保整个吊装下放过程安全,需要对该地区不同环境条件下的下放作业进行详细分析,确定可实施下放的环境条件,对管道吊装下放过程中的管道受力情况进行分析,主要内容包括不同环境条件下管道的受力情况规范校核和起重船吊装能力校核等,为工程吊装下放安装提供数据支持。本章通过数值建模的方式对整个吊装下放过程进行模拟分析。相比于只采用规范经验公式的方法,数值模拟的结果更加精确,而且可以尽量去除规范中经验公式过于保守的考虑因素。

管道下放模拟分析主要分成两个步骤:首先需要求解频域下流体对起重船的作用力及频域水动力系数;然后再把起重船、管道和吊装索具整体建模,考虑波浪、流等环境条件作用下的时域模拟分析。

10.2　吊装索具设计研究

本节根据管道重量、吊装方案和 DNVGL-ST-N001 规范要求,对吊装索具进行了设计研究。

10.2.1　规范规定

《海上作业和海事保修》(*Marine Operations and Marine Warranty*,DNVGL-ST-N001)旨在确保海上作业的设计和执行符合公认的安全水平,并给出了"当前行业的良好做法"。在适用的情况下,该标准可用于海上作业的审批,以利于海上保修调查。本节摘选了其中关于海上吊装作业(Section 16,DNVGL-ST-N001 中相关参数要求对应的章节,下同)相关索具设计的部分规范要求。该内容适用于浮式起重船的吊装作业,包括起重驳船、起重船、半潜式起重船和自升式起重船。

10.2.1.1 负载系数

对于任何吊装作业,均需考虑冗余量、安全系数、荷载和荷载效应等。

在空气中吊装时,需考虑由于船舶运动、吊臂、吊缆和索具刚度、吊机顶端位置和运动、起重机运动和风荷载等引起的全局动态影响引起的动态荷载,通常以动态放大系数 DAF(Dynamic Amplification Factor)表示。对于两艘或更多艘的海上起重吊装,DAF 应通过特定的操作分析或模型试验确定。本节参考了规范中单吊机(Section 16.2.5.6)的 DAF,见表 10-1。

空气中吊装 DAF　　表 10-1

静态吊钩荷载 SHL(Static Hook Load)(kN)	离岸作业 DAF
1000≤SHL≤3000	1.25
3000≤SHL≤10000	1.20

10.2.1.2 吊索荷载

吊索荷载是考虑所有相关因素后,计算得到的最大动态轴向荷载。它是根据吊装竖向吊点荷载和吊装几何特征,采用最小可能的吊索角度,并考虑动态放大系数等因素计算得到的。

根据规范要求,吊索与水平面的夹角 θ 不得小于 45°。夹角定义如图 10-3 所示。

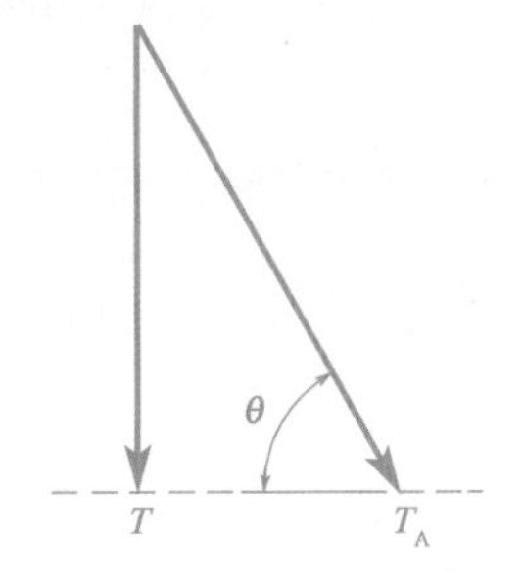

图 10-3　吊索夹角图

10.2.1.3 索具设计

计算出的吊索具设计荷载应符合以下要求(Section 16.4.2):

$$F_{SD} < \frac{\mathrm{MBL}}{\gamma_{sf}} \tag{10-1}$$

式中:F_{SD}——索具设计荷载;

MBL——索具的最小破断强度;

γ_{sf}——索具的名义安全系数。

γ_{sf}的定义如下(取两者中的较大值):

$$\gamma_{sf} = \gamma_f \cdot \gamma_c \cdot \gamma_r \cdot \gamma_w \cdot \gamma_m \tag{10-2}$$

$$\gamma_{sf} = 2.3 \cdot \gamma_r \cdot \gamma_w \tag{10-3}$$

式中:γ_f——吊装系数,一般取 1.3;

γ_c——后果严重性系数,一般取 1.3;

γ_r ——吊索的折减系数,取考虑末端终止或弯曲引起的折减系数的最大值,这里参考规范要求,取 1.25;

γ_w ——吊索的磨损和应用系数,对于材料系数符合(Section16.4.9)和检验要求符合(Section16.12.2)的钢丝吊索和索环的磨损和应用系数应取 1.0;

γ_m ——材料系数,对于钢丝吊索一般取 1.5。

10.2.2 吊索设计

(1)定义参数

管道静荷载:

$$\text{Load}_{st} = 5227\text{kN}$$

吊机数量:

$$N_{crane} = 2$$

动态放大系数:

$$\text{DAF} = 1.25$$

(2)计算动荷载

管道动荷载:

$$\text{Load}_{dyn} = \text{Load}_{st} \cdot \text{DAF} = 6534\text{kN}$$

每台吊机承受的荷载:

根据图 10-1,两艘起重船均分了管道动荷载。

$$\text{Load} = \frac{\text{Load}_{dyn}}{N_{crane}} = 3267\text{kN}$$

(3)计算吊点距离重心的水平距离

水平距离计算示意图如图 10-4 所示。

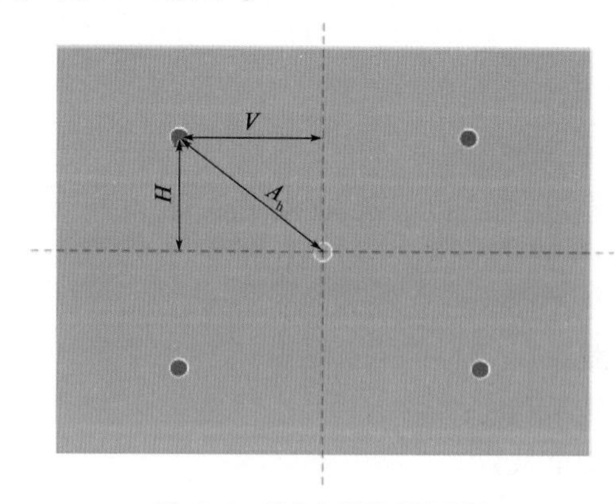

图 10-4 吊点水平距离示意图

垂直距离:

$$H = \frac{\text{OD}}{2} = 1.4\text{m}$$

其中,OD 为沉放钢管外径。

水平距离：

$$V = 27.5\text{m}$$

吊点水平距离：

$$A_{\text{h}} = \sqrt{H^2 + V^2} = 27.5\text{m}$$

(4)计算吊索最大张力

吊索数量：

$$N = 4$$

每根吊索张力；

$$t = \frac{\text{Load}}{N} = 817\text{kN}$$

吊索与管道之间的夹角：

$$\theta = 57°$$

吊索最大张力：

$$t_{\text{A}} = \frac{t}{\sin\theta} \approx 974\text{kN}$$

(5)计算吊索长度和吊点高度

吊索长度：

$$L = \frac{H}{\cos\theta} = 50.6\text{m}$$

吊点高度：

$$h = H \cdot \tan\theta = 42.4\text{m}$$

根据起重船的起重性能(表10-2),350t吊重时主吊钩最大吊高为：

$$h_{\max} = 49.86 - 2.26 = 47.6\text{m}$$

此时，$h < h_{\max}$，因此吊点高度满足起重船限制。

起重性能表　　表10-2

倾角(°)	70	65	60	55	50	45	40	35	30
主吊钩跨距(m)	14.75	19.03	23.12	27.00	30.64	34.01	37.09	39.85	42.27
主吊钩吊高(m)	49.86	47.98	45.74	43.15	40.23	37.01	33.50	29.74	25.75
副吊钩跨距(m)	20.76	25.45	29.90	34.10	38.00	41.57	44.79	47.64	50.09
副吊钩吊高(m)	54.86	52.44	49.62	46.42	42.88	39.00	34.83	30.39	25.72
主吊钩吊重(t)	350	320	300	275	200	150	100	55	35
副吊钩吊重(t)	100	95	90	85	80	70	60	35	20

(6)设计吊索并检查安全系数

根据规范要求，吊索的名义安全系数定义如下：

$$\gamma_{\text{sf1}} = 1.3 \times 1.3 \times 1.25 \times 1.0 \times 1.5 = 3.2$$

$$\gamma_{\text{sf2}} = 2.3 \times 1.25 \times 1.0 = 2.9$$

因此，γ_{sf}取3.2。

吊索采用钢丝绳，其最小破断拉力应不低于：

$$MBL \geqslant t_A \cdot \gamma_{sf} = 3090kN$$

参考《粗直径钢丝绳》(GB/T 20067—2017)中6×37(a)类钢丝绳抗拉强度1770MPa的力学性能(表10-3),选取钢丝绳名义直径为:

$$d = 70mm$$

此时吊索最小破断强度(Minimum Breaking Load)为:

$$MBL = 3150kN$$

吊索总质量约为:

$$W = 8.3t$$

钢丝绳力学性能　　表10-3

公称直径 d(mm)	参考质量(kg/m)	最小破断拉力(kN)	公称直径 d(mm)	参考质量(kg/m)	最小破断拉力(kN)
60	15.00	2270	62	16.10	2420
64	17.10	2580	66	18.20	2740
68	19.30	2910	70	20.50	3090
72	21.70	3270	74	22.90	3450
76	24.10	3640	78	25.40	3830
80	26.80	4030	82	28.10	4240
84	29.50	4450	86	30.90	4660
88	32.40	4880	90	33.90	5100
92	35.40	5330	94	36.90	5570
96	38.50	5810	98	40.10	6050
100	41.80	6300			

10.3 数值模拟分析方法

10.3.1 频域分析软件介绍

WAMIT(Wave Analysis MIT)是计算零航速浮式结构物与波浪相互作用的分析软件,由麻省理工学院的Newman JN开发,于1987年首次推出。WAMIT软件发展中比较重要的版本是2000年推出的WAMIT 6.0及其升级版。在该系列版本中WAMIT具备了高阶面源计算方法。其高阶模块具备了不同周期、不同波浪来向作用下的二阶荷载波浪计算分析的能力。

WAMIT有两个不同模块:一个是基本模块,另一个是高阶模块。WAMIT基本模块具备的计算功能包括浮式结构物静水刚度、附加质量、辐射阻尼、波浪力(包括绕射力)、二阶定常波浪力。WAMIT高阶模块计算功能包括高阶面源法及考虑二阶速度势影响的二阶差频、和频荷载。WAMIT在求解二阶差频、和频荷载时可以通过压力积分求解,也可以通过自由表面法(Free Surface)来进行计算。

WAMIT还可以通过广义刚度法实现更广泛的计算分析,譬如多个结构物铰接、添加月池阻尼等。另外,WAMIT可以考虑液舱晃荡的影响,其计算结果能够较好地反映出液舱共振运动对于整体运动性能的耦合影响。

需要注意的是,WAMIT 软件的计算结果,如浮体运动响应幅值算子(Response Amplitude Operator, RAO),是关于自由水面的。

10.3.2　起重船水动力荷载计算方法

安装起重船受到的水动力荷载,也称波浪荷载。对其计算关键是求解起重船周围的流体运动,一般可通过求解 *N-S* 方程或者在理想流体假设下求解拉普拉斯方程实现。对于水波与大型结构物相互作用的问题,重力起主导作用,黏性影响较弱,于是可将流体视为理想流体,使用势流理论进行求解。此外,由于下放安装时的风浪较小,入射波浪可视为微幅波,同时驳船运动可视为微幅运动,驳船与流体相互作用的非线性特征不强,通过三维频域势流理论求解平均湿表面上的边值问题,得到浮体受到的频域水动力系数,计算出单位波高作用下对应不同频率的浮体运动响应幅值算子(RAO),再根据规则波的波高计算出浮体的运动响应。

10.3.3　管道下放附加质量计算

当管道打开两侧封板完全浸入水中后,其内部会完全充满水,如图 10-5 所示。由于管壁的遮蔽作用,这部分水在 *Y/Z* 方向均跟随管道一起运动,形成了滞留水(Trapped Water),此时,管道和滞留水整体的运动状态可等效为一个实心圆柱体的运动,因此在 *Y/Z* 方向上会相应增加滞留水质量、管道和滞留水共同引起的附加质量荷载(Added Mass)。而在 *X* 方向上,水可以自由流入和流出,因此不需要考虑这部分水的质量,只需考虑管道质量和管道引起的附加质量荷载。

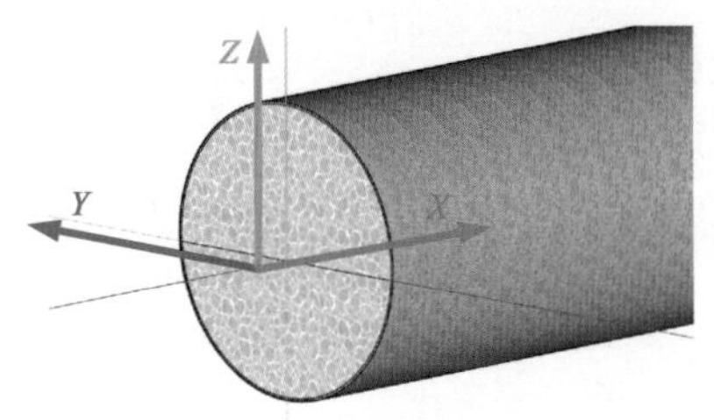

图 10-5　管道充水示意图

在 *Y/Z* 方向上,滞留水质量为

$$M_{滞留水} = \frac{\pi}{4} \cdot (\mathrm{OD}-2t)^2 \cdot L \cdot \rho_{水} \tag{10-4}$$

式中:OD——管道外径(m);

t——管道壁厚,(m);

L——管道长度(m);

$\rho_{水}$——滞留水的密度(t/m^3)。

经计算,$M_{滞留水}=713\mathrm{t}$。

根据 DNVGL-RP-N103,*Y/Z* 方向的附加质量为:

$$A = \rho_{水} \cdot C_{\mathrm{A}} \cdot V_{\mathrm{R}} \tag{10-5}$$

其中：

$$\frac{L}{OD} = 161$$

因此取 $C_A = 1.0$ 。

$$V_R = \pi \cdot \left(\frac{OD}{2}\right)^2 \cdot L \quad (10\text{-}6)$$

经计算，Y/Z 方向的附加质量为756t。

10.3.4 其他安装衡准

在安装过程中，除了对管道荷载进行校核外，还必须检查所有安装荷载是否超出其允许极限，以确保安装可以进行而没有任何失败风险。通常，在整个安装阶段还必须满足以下条件：

（1）吊缆必须始终处于张紧状态（无松弛）：

$$T_{\min(吊缆)} > 0\text{kN}$$

（2）吊机荷载不能超过指定作业半径条件下的吊机能力（Safe Working Load，SWL）和吊缆的安全作业荷载（Working Load Limit，WLL）：

$$F_{\max(吊缆)} < \text{SWL}_{吊机} \quad (10\text{-}7)$$

$$T_{\max(吊缆)} < \text{WLL}_{吊缆} \quad (10\text{-}8)$$

（3）在靠近海底着陆过程中，管道的垂向运动速度最大值应小于0.5m/s，以避免管道与海底发生硬碰撞。

10.4 数值模型的建立

环境条件及管道有限元模型同第9章，以下详细介绍索道有限元、起重船模型及管道下放过程的模拟。

10.4.1 索道有限元模型

与管道一样，索具也采用了线（LINE）单元模型，其质量模型属性见表10-4，其中为了提供正确的浮力，此处外径OD是经过等效计算得到的。

索具单元质量模型属性　　表10-4

参　数	单　位	数　值
外径OD	m	0.056
单位长度质量	t/m	0.01955
弯曲刚度	$kN \cdot m^2$	0
轴向刚度	kN	1.98×10^5
泊松比	—	0.5
扭转刚度	$kN \cdot m^2$	80

按照规范计算得到索具的水动力系数见表 10-5,表中所有参数均是相对于表 10-4 中的外径 OD,而不是公称直径 d。

索具单元水动力系数 表 10-5

参数	数值	参数	数值
拖曳力系数(横向) $C_{D\text{-}x,y}$	1.2	拖曳力系数(轴向) $C_{D\text{-}z}$	0.008
惯性力系数(横向) $C_{M\text{-}x,y}$	2.0	惯性力系数(轴向) $C_{M\text{-}z}$	1.0
附加质量系数(横向) $C_{A\text{-}x,y}$	1.0	附加质量系数(轴向) $C_{A\text{-}z}$	0

10.4.2 起重船模型

所有类型的海上系统通常都有两个相同的边界:海床和船只。在 OrcaFlex 中也是如此,船舶是模型的一个边界条件。船只的运动可以由非常简单的数据源定义,如时间历史、规定或谐波运动,甚至可以由外部计算。这种运动可用于 ROV 操作、安装船的操纵,或建立简单的测试模型。在所有这些情况下,船只的运动是强加在系统上的。

然而,OrcaFlex 船舶主要是用来模拟刚性体,这些刚性体大到足以产生波浪衍射,如船舶、浮动平台、驳船、TLPs 或半潜船。在这种情况下,船舶运动是基于 RAO、QTF 和其他衍射分析输出,可以由一个单独的程序计算,然后导入 OrcaFlex 中。然后,船只的运动可以:

(1)使用位移 RAO 施加到系统上。

(2)实时计算来自任何连接的 OrcaFlex 对象的荷载,并可选择广泛的流体动力荷载。

船舶可以经历各种不同类型的运动。运动大致分为两类:①低频(LF)运动,如波浪、风或船舶推进器导致的缓慢漂移运动;②波频(WF)运动,如对波浪负载的响应。

在许多情况下,波频和低频运动都存在,对它们分别建模可能是有用的,波频运动叠加在低频运动上。OrcaFlex 通过提供两种船舶运动,即主要运动和叠加运动来实现这一点,每种运动都是可选的:当两种运动都存在时,它们同时应用,后者(如其名称所示)叠加在前者上。

主要运动和叠加运动都有多种不同的形式,每一种(甚至两种)都可以设置为无,所以对于简单的情况,只需要使用这两种运动中的一种。

在管道下放过程中,通常通过系泊系统来保持起重船的位置,因此在软件中仅需考虑波浪作用下起重船的一阶波频运动。在这里,起重船运动被模拟为仅考虑位移 RAO 的叠加运动。

10.4.3 三维数值模型

在软件中建立的管道吊装下放三维数值总体模型如图 10-6 所示。

环境条件方向定义如图 10-6 中坐标轴所示,采用右手坐标系,0°定义为沿 X 轴正向,90°定义为沿 Y 轴正向。对于安装船,90°为艏迎浪方向,75°/105°为艏斜浪方向。

管道吊装下放的单起重船三维数值局部模型如图 10-7 所示。

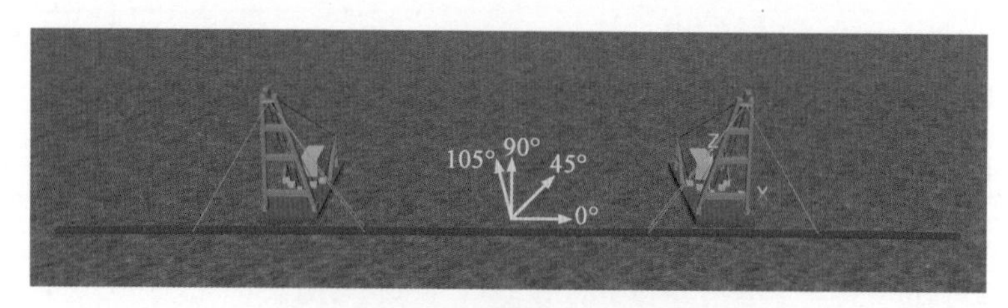

a)顶视图

b)等轴侧图

图 10-6　三维总体模型

图 10-7　局部模型

10.4.4　管道下放过程模拟

管道吊装下放过程可细分为 5 个阶段，以下分别介绍各阶段的主要特点。

10.4.4.1　下放阶段 0

下放阶段 0 表示空气中起吊，管道被两艘起重船抬起到海面上 0.5m，如图 10-8 所示。此时，吊机承受最大的静荷载，需检查确保吊机能力满足起吊要求。

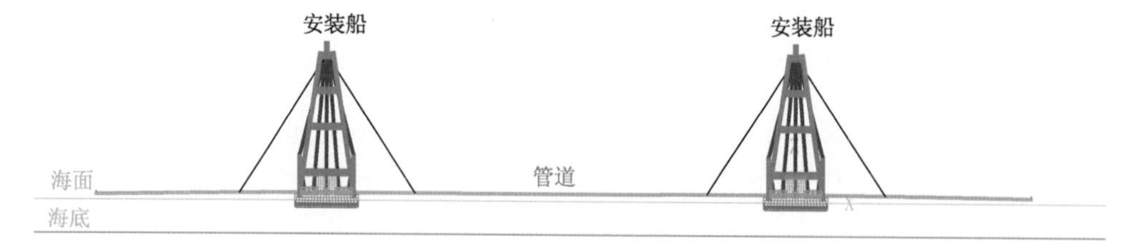

图 10-8　下放阶段 0

10.4.4.2 下放阶段1

下放阶段1表示下放通过水面,管道部分入水,如图10-9所示。此时,由于管道部分入水,提供了小部分浮力,吊机受到的静荷载变小。而由于管道中填充了部分水,引起了管道的水动力荷载增加。

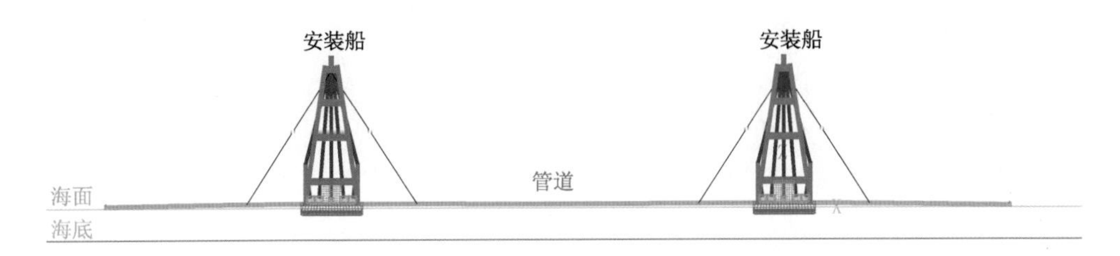

图10-9 下放阶段1

10.4.4.3 下放阶段2

下放阶段2表示下放通过水面,管道完全入水,如图10-10所示。此时,管道完全入水,吊机受到的静荷载最小。管道中完全充满水,需特别注意滞留水引起的附加质量增大。

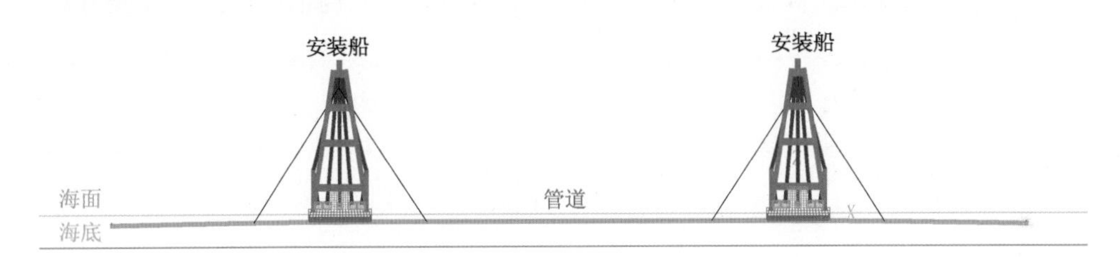

图10-10 下放阶段2

10.4.4.4 下放阶段3

下放阶段3表示下放通过中等水深,管道在水深一半处,如图10-11所示。此时是管道下放的中间过程,是下放过程的典型工况,主要是确保管道下放过程满足安装衡准。

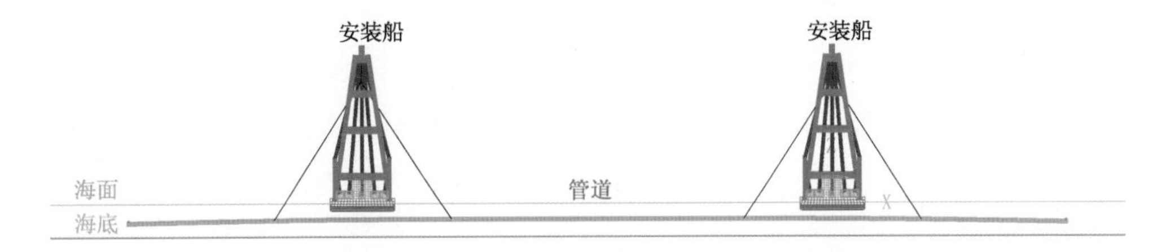

图10-11 下放阶段3

10.4.4.5　下放阶段4

下放阶段4表示管道靠近海底处，如图10-12所示。此时管道接近海底，需仔细分析管道下放速度避免管道与海底发生硬碰撞，以免损伤管道。

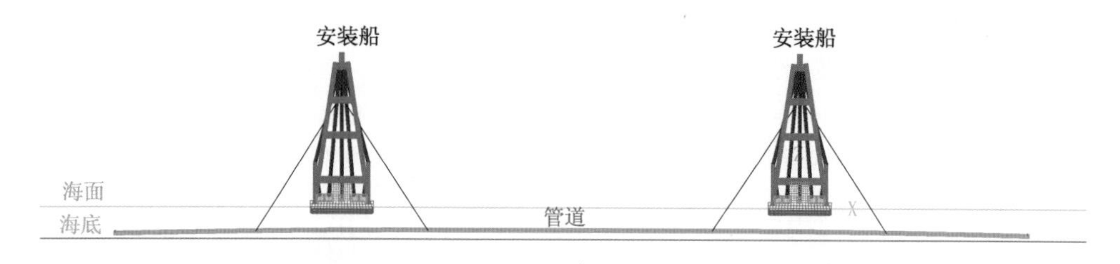

图10-12　下放阶段4

10.4.5　时域模拟工况

结合该地区波浪和流的数据，最终得到用于分析的环境工况组合，见表10-6。保守考虑，假定波浪和流均从同一方向来。

环境工况组合　　表10-6

序　　号	方向(°)	有义值 H_s(m)	最大值 H(m)	周期 T(s)	流速 v_c(m/s)
1	75	0.20	0.37	2	0.20
2	90	0.30	0.56	3	0.40
3	105	0.40	0.74	4	
4		0.50	0.93	5	
5		0.60	1.12		

10.5　起重船频域水动力荷载分析

本节对起重船进行频域水动力分析，计算得到起重船的位移幅值响应算子RAO。

10.5.1　起重船主尺度

起重船的主尺度见表10-7，本节分析中假定起重船吃水为满载工况。

起重船主尺度　　表10-7

参数	总长(m)	船长(m)	船宽(m)	型深(m)	空载吃水深度(m)	满载吃水深度(m)
数值	91.82	60	20.4	4.3	1.9	2.26

起重船示意图如图10-13所示。

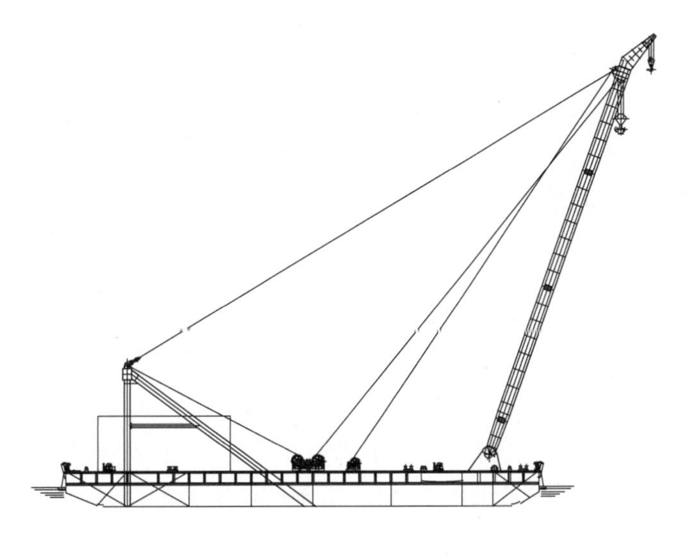

图 10-13　起重船示意图

10.5.2　起重船面元模型

WAMIT 软件不具有建立面元模型的功能,因此采用第三方软件根据船舶型线建立了船舶模型,并对湿表面划分了网格,共计 1506 个单元,最终用于分析的面元模型如图 10-14 所示。

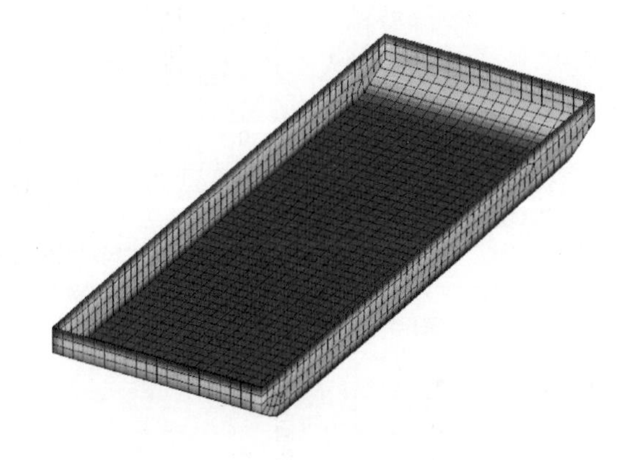

图 10-14　起重船面元模型

10.5.3　分析角度和周期

频域分析中考虑了 40 个波浪周期,从 2.0s 到 30s,基本上覆盖了波浪能量范围的所有周期情况。

考虑到起重船的对称性,仅考虑了 13 个波浪角度方向,从 0°到 180°,间隔 15°。其中 0°定义为指向船首,90°定义为指向左舷。

10.5.4 位移 RAO

船舶在波浪中的运动可以用位移 RAO 来表示。每个位移 RAO 均由一对数字组成,这些数字定义了船舶对一个特定自由度、一个特定波浪方向和周期的响应;这两个数字中一个是振幅,它将船舶运动幅值和波浪幅值相对应;另外一个是相位,它定义了船舶相对波浪运动的时刻。

例如:纵荡(Surge)RAO 为 0.5m,那么在波高 4m(波幅 2m)的条件下,船舶就会在静止位置产生 ±1m 的往复运动;纵摇(Pitch)RAO 为 0.5°,那么在相同波浪条件下船舶就会发生 ±1°的摇摆。

船舶有 6 个自由度:3 个平移(纵荡 Surge、横荡 Sway、垂荡 Heave)和 3 个旋转(横摇 Roll、纵摇 Pitch、首摇 Yaw)。因此对于任一个波浪周期和方向,RAO 数据均包含 6 对幅值和相位。RAO 振幅和相位因不同类型的船舶而异,对于给定的船舶类型,它们随吃水、波浪方向、前进速度和波浪周期/频率而变化。

频域分析得到的起重船 RAO 如图 10-15 所示,它们的参考点是相对于船体水线面上的坐标原点。

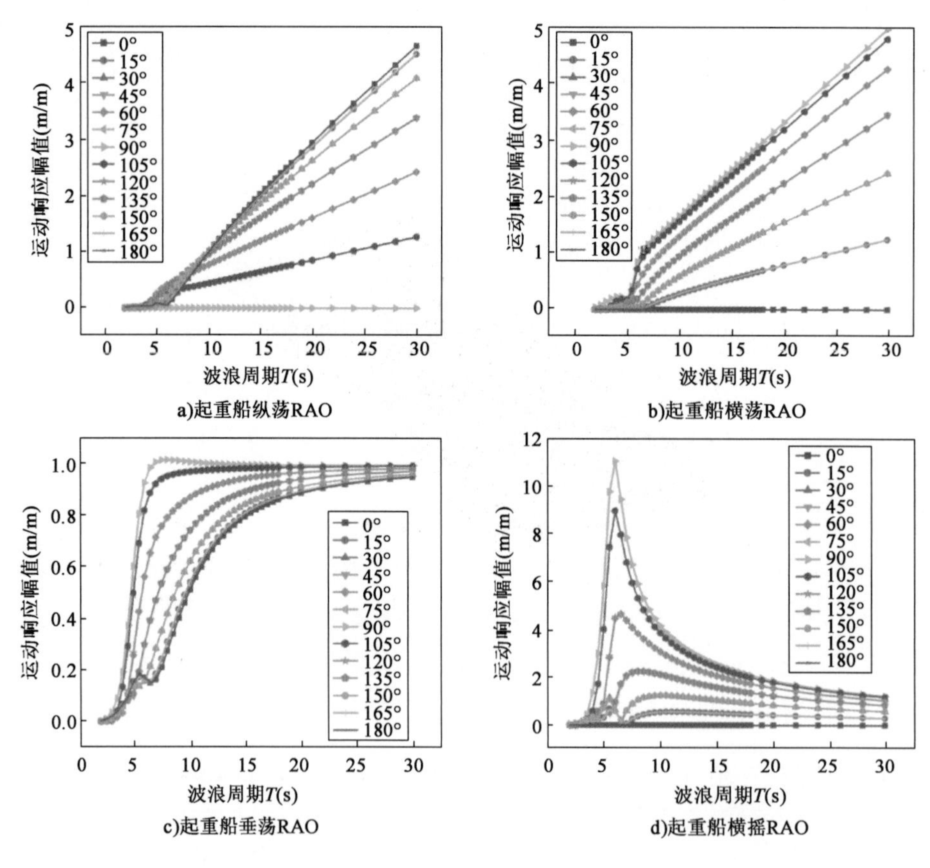

图 10-15

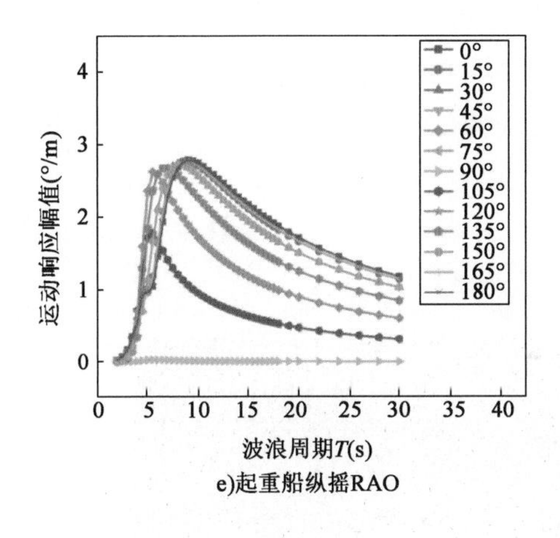

e)起重船纵摇RAO

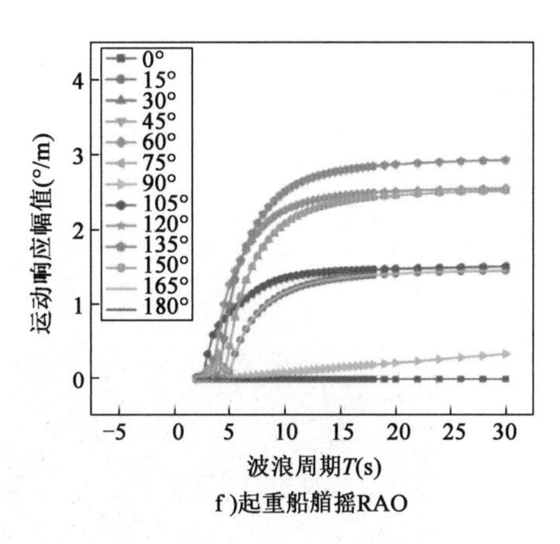

f)起重船艏摇RAO

图10-15　起重船RAO

本节基于三维频域势流理论,对起重船的水动力系数进行了数值计算,得到了起重船的运动幅值响应,为下一步的管道吊装下放时域模拟提供了船舶运动响应数据。

10.6　管道下放分阶段时域模拟分析

10.6.1　分析工况

本节对于不同环境条件下管道吊装下放的5个阶段进行了时域数值模拟,分析时长为100个波浪周期,即对于周期为2s的规则波分析时长为200s,对于周期5s的规则波分析时长为500s。对于每一个阶段,分析工况为120个,5个阶段分析工况共计600个。

分析中主要关注以下数据,关注点如图10-16所示。

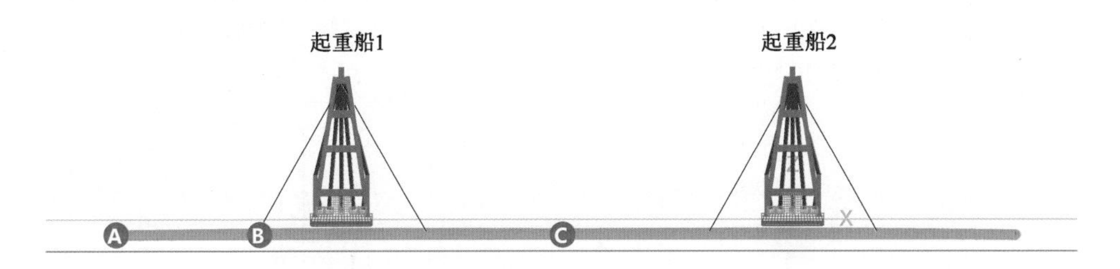

图10-16　分析关注点示意图

(1)起重船1和起重船2吊钩处荷载(Hook1/Hook2)。

(2)所有吊索最大荷载(Sling)。

(3)管道3个位置(顶端A/吊点B/中点C)处的速度(VelA/ VelB/ VelC)。

(4)管道3个位置(顶端A/吊点B/中点C)处的加速度(AccA/ AccB/ AccC)。

(5)管道(Pipe)整体的PD 8010规范校核结果。

10.6.2 各分析结果

10.6.2.1 下放阶段0分析结果

时域模拟的数值模型如图10-17所示。

图10-17 下放阶段0数值模型

首先,对管道静态条件下的状态进行了分析。管道最大von Mises应力、曲率结果和荷载组合检查如图10-18所示。

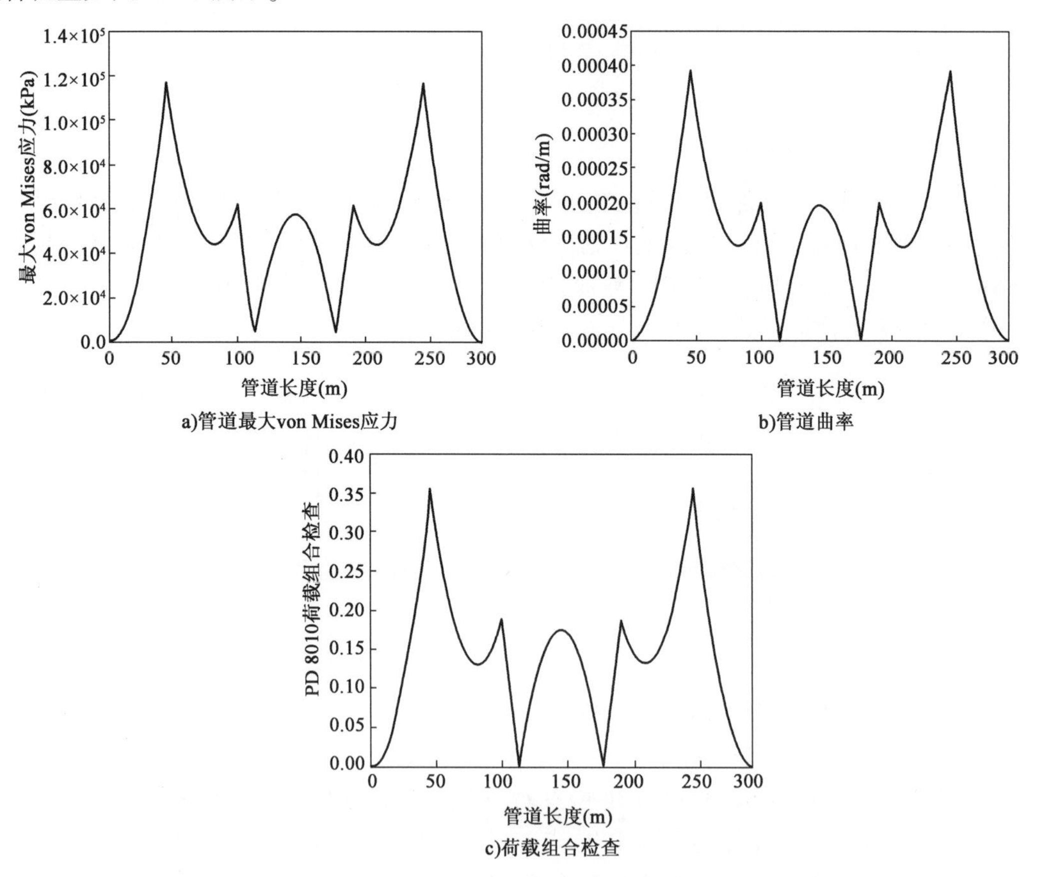

a)管道最大von Mises应力

b)管道曲率

c)荷载组合检查

图10-18 下放阶段0的分析结果

从图10-18可以看出,管道的荷载组合检查结果均小于1,管道整体的受力满足PD 8010规范校核要求。

然后,对整个系统进行了模态分析,共振周期在计算波浪范围内的振型图如图10-19所示。图中红线为管道在当前周期条件下可能的振动方向,偏移量不具有实际物理意义。吊装下放过程中最需要注意的是竖向上可能引起共振的周期为1.9s的模态响应。

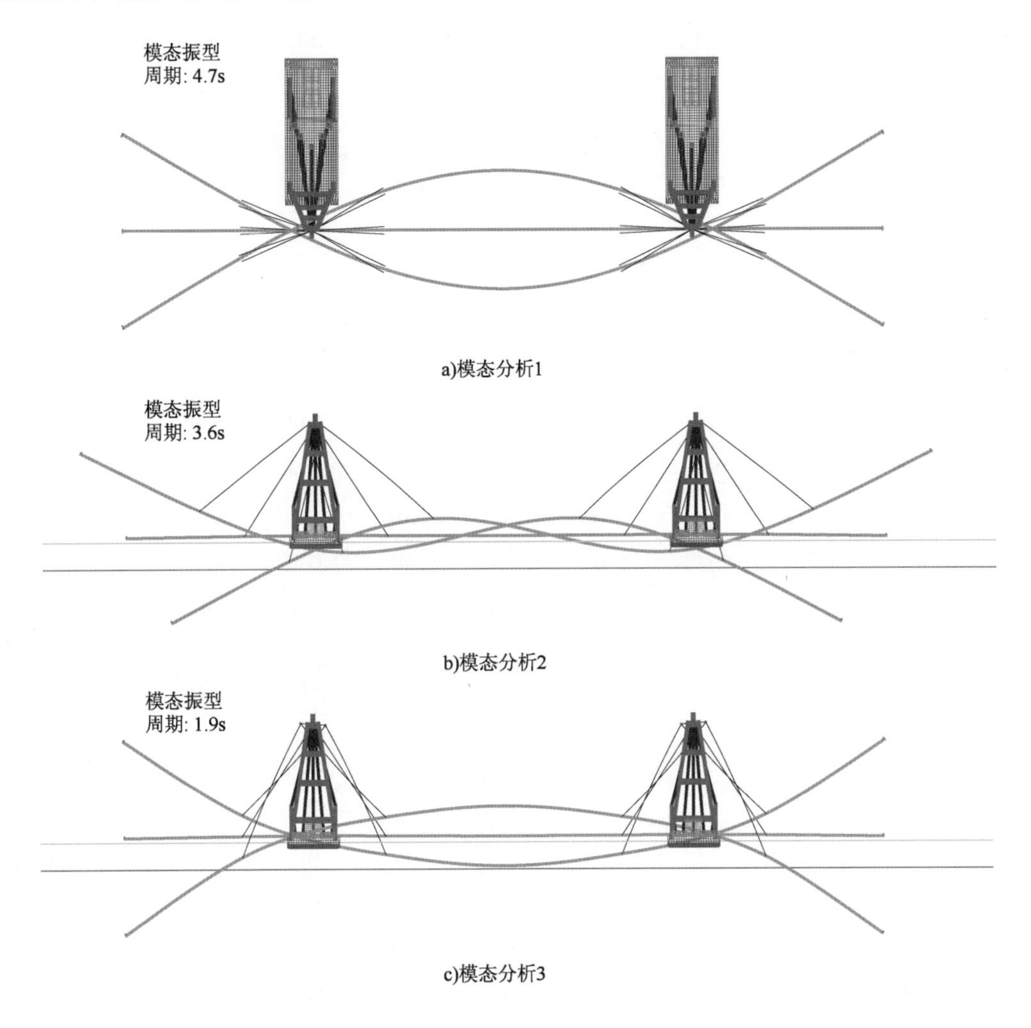

图10-19　下放阶段0的模态分析

根据表9-11“环境工况组合”进行了规则波时域分析,满足安装衡准的最大限制波高结果见表10-8~表10-10。DAF1、DAF2为工况Hook1、Hook2对应的动力放大系数。对于安装船,90°为艏迎浪方向,75°/105°为艏斜浪方向。表中结果给出了在三种环境方向和两种流速条件下,不同波浪周期T条件下的最大作业限制波高,以及此时对应的吊钩处荷载、索具荷载、管道运动响应以及其受力的规范校核结果。最大作业限制波高的含义是在海上进行吊装作业时,不能在超过限制波高的情况下进行施工,否则会存在极大的安装风险导致安装失效。

吊机和索具荷载结果(下放阶段0)　　表10-8

方向角(°)	波高 H_s (m)	周期 T (s)	流速 v_c (m/s)	Hook1 静张力 (kN)	Hook1 最大动张力 (kN)	DAF1	Hook2 静张力 (kN)	Hook2 最大动张力 (kN)	DAF2	吊索张力 (kN)
75	0.3	2	0.2	2614	2658	1.02	2614	2630	1.01	898
75	0.6	3	0.2	2614	2669	1.02	2614	2661	1.02	929
75	0.2	4	0.2	2614	2896	1.11	2614	2886	1.10	913
75	0.6	5	0.2	2614	2798	1.07	2614	2908	1.11	967
90	0.3	2	0.2	2614	2703	1.03	2614	2703	1.03	946
90	0.5	3	0.2	2614	2678	1.02	2614	2678	1.02	895
90	0.4	4	0.2	2614	2698	1.03	2614	2698	1.03	917
90	0.5	5	0.2	2614	2782	1.06	2614	2782	1.06	933
105	0.3	2	0.2	2614	2630	1.01	2614	2659	1.02	898
105	0.6	3	0.2	2614	2663	1.02	2614	2671	1.02	931
105	0.2	4	0.2	2614	2884	1.10	2614	2899	1.11	914
105	0.5	5	0.2	2614	2845	1.09	2614	2759	1.06	949
75	0.2	2	0.4	2614	2704	1.03	2614	2697	1.03	971
75	0.6	3	0.4	2614	2789	1.07	2614	2751	1.05	966
75	0.2	4	0.4	2614	2872	1.10	2614	2873	1.10	900
75	0.5	5	0.4	2614	2797	1.07	2614	2877	1.10	952
90	0.5	2	0.4	2614	2763	1.06	2614	2763	1.06	998
90	0.5	3	0.4	2614	2682	1.03	2614	2682	1.03	898
90	0.4	4	0.4	2614	2702	1.03	2614	2702	1.03	921
90	0.5	5	0.4	2614	2755	1.05	2614	2755	1.05	923
105	0.2	2	0.4	2614	2697	1.03	2614	2704	1.03	971
105	0.6	3	0.4	2614	2750	1.05	2614	2787	1.07	965
105	0.2	4	0.4	2614	2872	1.10	2614	2873	1.10	902
105	0.5	5	0.4	2614	2872	1.10	2614	2794	1.07	950

在空气中吊装时,整个系统的运动响应主要是船舶在波浪上的运动,根据位移RAO的响应来看,波浪周期从2s提升到5s,越发接近船舶自身固有周期范围,包括(垂荡、横摇、纵摇)运动响应。而在小周期2s左右,会接近整个吊装系统自身固有周期。因此要注意这两个共振周期对吊装的影响。

在空气中吊装时,作业最大限制波高范围为0.2~0.6m。在艄斜浪0°±15°的环境条件,波浪周期分别为2s和4s时,最大限制波高较低,为0.2~0.4m。

管道速度和加速度结果(下放阶段0)　　表10-9

方向(°)	波高 H_s (m)	周期 T (s)	流速 v_c (m/s)	VelA最大速度(m/s)	VelA最小速度(m/s)	VelB最大速度(m/s)	VelB最小速度(m/s)	VelC最大速度(m/s)	VelC最小速度(m/s)	AccA最大加速度(m/s^2)	AccA最小加速度(m/s^2)	AccB最大加速度(m/s^2)	AccB最小加速度(m/s^2)	AccC最大加速度(m/s^2)	AccC最小加速度(m/s^2)
75	0.3	2	0.2	0.23	-0.22	0.06	-0.06	0.07	-0.07	0.74	-0.72	0.19	-0.19	0.21	-0.21
75	0.6	3	0.2	0.33	-0.22	0.11	-0.12	0.17	-0.18	0.78	-0.78	0.30	-0.20	0.44	-0.35
75	0.2	4	0.2	1.12	-1.07	0.39	-0.38	0.08	-0.09	1.58	-2.18	0.58	-0.69	0.26	-0.23
75	0.6	5	0.2	0.72	-0.67	0.45	-0.44	0.38	-0.38	0.97	-1.10	0.59	-0.64	0.50	-0.51
90	0.3	2	0.2	0.51	-0.51	0.14	-0.14	0.09	-0.09	1.67	-1.62	0.44	-0.46	0.29	-0.26
90	0.5	3	0.2	0.15	-0.16	0.11	-0.11	0.11	-0.11	0.33	-0.32	0.24	-0.23	0.22	-0.25
90	0.4	4	0.2	0.22	-0.27	0.17	-0.19	0.19	-0.16	0.57	-0.41	0.31	-0.25	0.24	-0.38
90	0.5	5	0.2	0.42	-0.43	0.35	-0.34	0.40	-0.42	0.55	-0.84	0.41	-0.50	0.87	-0.83
105	0.3	2	0.2	0.08	-0.08	0.01	-0.01	0.07	-0.07	0.25	-0.25	0.03	-0.03	0.21	-0.21
105	0.6	3	0.2	0.34	-0.45	0.10	-0.08	0.17	-0.18	1.13	-0.92	0.24	-0.18	0.44	-0.35
105	0.2	4	0.2	1.07	-1.02	0.37	-0.36	0.09	-0.09	1.54	-2.11	0.55	-0.68	0.26	-0.23
105	0.5	5	0.2	0.76	-0.77	0.44	-0.44	0.32	-0.32	1.09	-1.08	0.59	-0.60	0.41	-0.41
75	0.2	2	0.4	0.72	-0.72	0.17	-0.17	0.21	-0.21	2.36	-2.22	0.52	-0.56	0.70	-0.60
75	0.6	3	0.4	0.71	-0.67	0.23	-0.18	0.24	-0.29	1.95	-2.34	0.53	-0.57	0.71	-0.72
75	0.2	4	0.4	1.03	-0.97	0.36	-0.35	0.08	-0.08	1.48	-1.80	0.54	-0.62	0.21	-0.13
75	0.5	5	0.4	0.74	-0.71	0.41	-0.41	0.31	-0.31	1.04	-1.10	0.55	-0.58	0.41	-0.40
90	0.5	2	0.4	0.84	-0.83	0.23	-0.23	0.13	-0.14	2.75	-2.59	0.71	-0.76	0.48	-0.39
90	0.5	3	0.4	0.17	-0.15	0.11	-0.11	0.10	-0.12	0.41	-0.35	0.25	-0.27	0.26	-0.27
90	0.4	4	0.4	0.27	-0.27	0.18	-0.18	0.18	-0.18	0.64	-0.40	0.33	-0.22	0.23	-0.43
90	0.5	5	0.4	0.41	-0.39	0.34	-0.33	0.39	-0.39	0.53	-0.77	0.42	-0.49	0.72	-0.74
105	0.2	2	0.4	0.70	-0.69	0.16	-0.16	0.20	-0.21	2.30	-2.16	0.49	-0.53	0.70	-0.61
105	0.6	3	0.4	0.45	-0.52	0.16	-0.13	0.24	-0.29	1.78	-1.50	0.50	-0.36	0.69	-0.72
105	0.2	4	0.4	0.99	-0.92	0.35	-0.34	0.08	-0.08	1.40	-1.76	0.51	-0.61	0.22	-0.14
105	0.5	5	0.4	0.84	-0.87	0.47	-0.47	0.31	-0.31	1.24	-1.21	0.63	-0.64	0.41	-0.40

管道荷载和规范校核结果(下放阶段0)　　表10-10

方向(°)	波高 H_s (m)	周期 T (s)	流速 v_c (m/s)	有效张力 (kN)	弯矩 (kN·m)	曲率 (rad/m)	许用应力检查	弯矩检查	荷载组合检查
75	0.3	2	0.2	12	18601	0.0004	0.38	0.36	0.38
75	0.6	3	0.2	42	19090	0.0004	0.38	0.37	0.39
75	0.2	4	0.2	68	20166	0.0004	0.41	0.39	0.41
75	0.6	5	0.2	60	19800	0.0004	0.40	0.39	0.40
90	0.3	2	0.2	9	19904	0.0004	0.40	0.39	0.40
90	0.5	3	0.2	8	18117	0.0004	0.37	0.35	0.37
90	0.4	4	0.2	8	18563	0.0004	0.37	0.36	0.38
90	0.5	5	0.2	8	19188	0.0004	0.39	0.37	0.39
105	0.3	2	0.2	12	18597	0.0004	0.37	0.36	0.38
105	0.6	3	0.2	43	19111	0.0004	0.38	0.37	0.39
105	0.2	4	0.2	67	20175	0.0004	0.41	0.39	0.41
105	0.5	5	0.2	48	19308	0.0004	0.39	0.38	0.39
75	0.2	2	0.4	10	20797	0.0005	0.42	0.41	0.42
75	0.6	3	0.4	36	20346	0.0005	0.41	0.40	0.41
75	0.2	4	0.4	64	19794	0.0004	0.40	0.39	0.40
75	0.5	5	0.4	55	19579	0.0004	0.39	0.38	0.40
90	0.5	2	0.4	10	21392	0.0005	0.43	0.42	0.43
90	0.5	3	0.4	8	18229	0.0004	0.37	0.36	0.37
90	0.4	4	0.4	8	18724	0.0004	0.38	0.37	0.38
90	0.5	5	0.4	8	18885	0.0004	0.38	0.37	0.38
105	0.2	2	0.4	10	20800	0.0005	0.42	0.41	0.42
105	0.6	3	0.4	36	20337	0.0005	0.41	0.40	0.41
105	0.2	4	0.4	64	19789	0.0004	0.40	0.39	0.40
105	0.5	5	0.4	54	19531	0.0004	0.39	0.38	0.39

10.6.2.2　下放阶段1分析结果

时域模拟的数值模型如图10-20所示。

首先,对管道静态条件下的状态进行分析,管道最大von Mises应力、曲率结果和荷载组合检查如图10-21所示。由图可以看出,管道的荷载组合检查结果均小于1,管道整体的受力满足PD 8010规范校核要求。

图10-20 下放阶段1数值模型

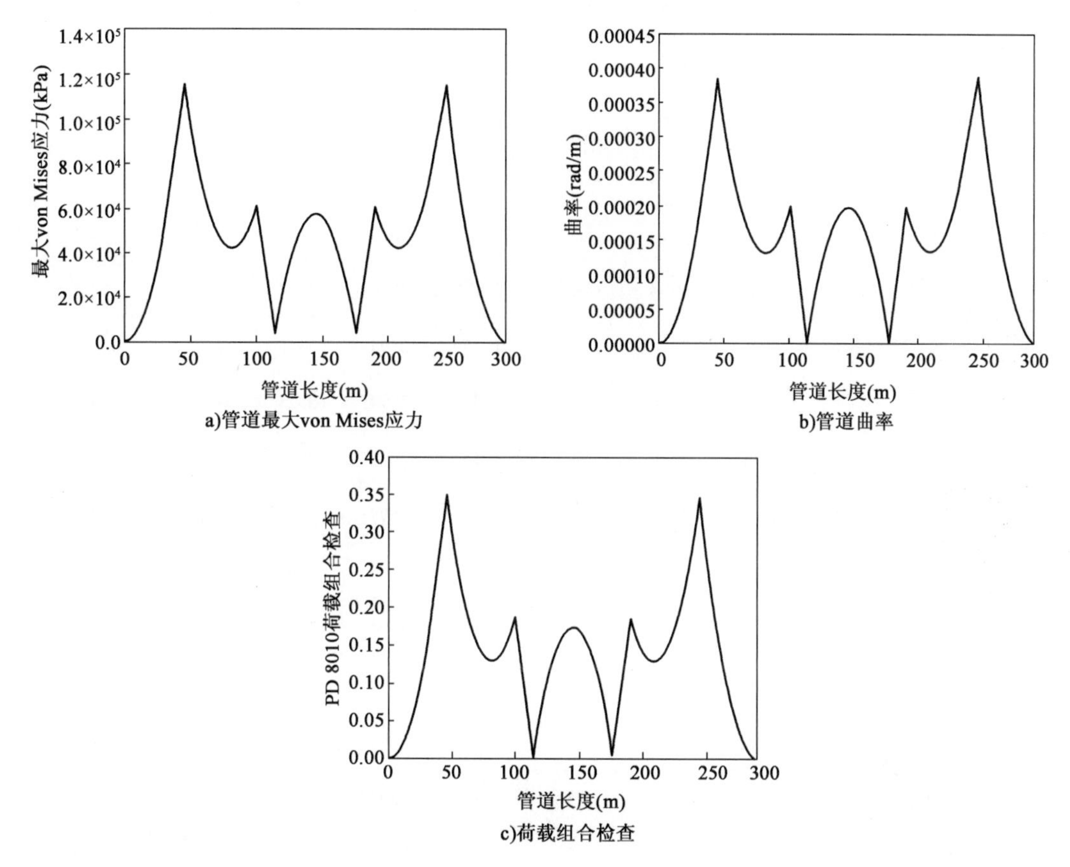

图10-21 下放阶段1的分析结果

根据表9-11"环境工况组合"进行规则波时域分析,满足安装衡准的最大限制波高结果见表10-11～表10-13。对于安装船,90°为艏迎浪方向,75°/105°为艏斜浪方向。

管道半入水时,管道受到海水的浮力,降低了吊钩处的静荷载。然而管道中增加了部分滞留水,因此在竖直方向上会增加部分水动力荷载,即在运动中受到的动荷载增加。此时系统的响应是船舶在波浪上的运动和管道的水动力响应的叠加。

从表中可以看出,在管道半入水时,作业最大限制波高范围为0.2～0.6m。当波浪周期为3～4s时,最大限制波高可达0.5～0.6m。

吊机和索具荷载结果(下放阶段 1)　　表 10-11

方向(°)	波高 H_s (m)	周期 T (s)	流速 v_c (m/s)	Hook1 静张力 (kN)	Hook1 最大动张力 (kN)	DAF1	Hook2 静张力 (kN)	Hook2 最大动张力 (kN)	DAF2	吊索张力 (kN)
75	0.5	2	0.2	2594	2967	1.14	2594	2998	1.16	1179
75	0.6	3	0.2	2594	3310	1.28	2594	2990	1.15	1364
75	0.6	4	0.2	2594	3328	1.28	2594	3283	1.27	1310
75	0.6	5	0.2	2594	2987	1.15	2594	2992	1.15	1124
90	0.2	2	0.2	2594	2796	1.08	2594	2796	1.08	912
90	0.2	3	0.2	2594	2925	1.13	2594	2925	1.13	1442
90	0.5	4	0.2	2594	3358	1.29	2594	3358	1.29	1160
90	0.5	5	0.2	2594	3243	1.25	2594	3243	1.25	1101
105	0.2	2	0.2	2594	2932	1.13	2594	2982	1.15	1200
105	0.6	3	0.2	2594	2988	1.15	2594	3312	1.28	1282
105	0.6	4	0.2	2594	3283	1.27	2594	3323	1.28	1284
105	0.6	5	0.2	2594	2993	1.15	2594	2989	1.15	1131
75	0.3	2	0.4	2594	3186	1.23	2594	3086	1.19	1293
75	0.4	3	0.4	2594	3370	1.30	2594	3094	1.19	1173
75	0.6	4	0.4	2594	3010	1.16	2594	2967	1.14	1127
75	0.6	5	0.4	2594	3028	1.17	2594	2979	1.15	1128
90	0.3	2	0.4	2594	2979	1.15	2594	2979	1.15	944
90	0.2	3	0.4	2594	2918	1.12	2594	2918	1.12	1460
90	0.5	4	0.4	2594	3272	1.26	2594	3272	1.26	1141
90	0.5	5	0.4	2594	3142	1.21	2594	3142	1.21	1112
105	0.3	2	0.4	2594	3074	1.19	2594	3199	1.23	1311
105	0.4	3	0.4	2594	3101	1.20	2594	3369	1.30	1164
105	0.6	4	0.4	2594	2968	1.14	2594	3012	1.16	1109
105	0.6	5	0.4	2594	2979	1.15	2594	3028	1.17	1125

管道速度和加速度结果(下放阶段 1)　　表 10-12

方向(°)	波高 H_s(m)	周期 T(s)	流速 v_c(m/s)	VelA 最大速度(m/s)	VelA 最小速度(m/s)	VelB 最大速度(m/s)	VelB 最小速度(m/s)	VelC 最大速度(m/s)	VelC 最小速度(m/s)	AccA 最大加速度(m/s^2)	AccA 最小加速度(m/s^2)	AccB 最大加速度(m/s^2)	AccB 最小加速度(m/s^2)	AccC 最大加速度(m/s^2)	AccC 最小加速度(m/s^2)
75	0.5	2	0.2	0.77	-0.72	0.12	-0.20	0.11	-0.14	2.62	-2.18	0.69	-0.87	0.34	-0.55
75	0.6	3	0.2	1.27	-0.94	0.40	-0.23	0.42	-0.43	2.13	-3.41	0.75	-1.13	0.63	-1.46
75	0.6	4	0.2	1.39	-0.78	0.14	-0.14	0.26	-0.30	2.16	-3.81	0.62	-0.68	1.04	1.06
75	0.6	5	0.2	0.50	-0.42	0.39	-0.36	0.36	-0.41	0.80	-0.63	0.58	-0.39	0.53	-0.64
90	0.2	2	0.2	0.52	-0.53	0.11	-0.09	0.44	-0.39	1.28	-1.84	0.62	-0.32	1.20	-1.97
90	0.2	3	0.2	1.14	-0.87	0.27	-0.22	0.51	-0.40	1.94	-2.52	0.54	-0.71	1.39	-1.45
90	0.5	4	0.2	0.87	-0.89	0.36	-0.32	0.69	-0.67	1.52	-2.41	0.54	-0.99	2.78	-2.86
90	0.5	5	0.2	1.13	-1.45	0.29	-0.53	0.86	-0.63	2.56	-4.39	0.47	-1.43	1.17	-2.41
105	0.2	2	0.2	1.06	-1.03	0.17	-0.15	0.05	-0.10	3.37	-3.23	0.54	-0.88	0.36	-0.37
105	0.6	3	0.2	1.02	-1.25	0.21	-0.23	0.42	-0.43	2.15	-2.73	0.71	-0.60	0.63	-1.46
105	0.6	4	0.2	1.11	-1.64	0.20	-0.19	0.26	-0.30	2.74	-5.17	0.74	-0.73	1.03	-1.04
105	0.6	5	0.2	0.72	-0.40	0.47	-0.40	0.36	-0.41	1.04	-0.88	0.66	-0.51	0.53	-0.65
75	0.3	2	0.4	1.28	-1.33	0.23	-0.24	0.21	-0.16	4.23	-4.02	0.66	-1.09	0.78	-0.84
75	0.4	3	0.4	1.01	-0.68	0.31	-0.23	0.48	-0.53	1.55	-3.47	0.85	-0.67	1.76	-2.08
75	0.6	4	0.4	0.59	-0.74	0.23	-0.27	0.27	-0.27	0.94	-1.71	0.74	-0.51	0.52	-0.65
75	0.6	5	0.4	0.84	-0.60	0.45	-0.41	0.38	-0.36	0.82	-1.40	0.55	-0.71	0.56	-0.37
90	0.3	2	0.4	0.60	-0.62	0.12	-0.17	0.60	-0.68	1.65	-2.26	0.99	-0.56	1.80	-3.16
90	0.2	3	0.4	1.20	-0.87	0.26	-0.23	0.56	-0.42	1.92	-2.88	0.53	-0.73	1.47	-1.67
90	0.5	4	0.4	0.79	-0.84	0.31	-0.34	0.62	-0.57	1.40	-1.91	0.44	-0.75	2.20	-2.49
90	0.5	5	0.4	1.00	-1.40	0.24	-0.53	0.80	-0.54	2.42	-4.04	0.51	-1.32	0.97	-2.25
105	0.3	2	0.4	1.20	-1.15	0.27	-0.21	0.20	-0.16	3.83	-3.44	1.02	-1.30	0.72	-0.90
105	0.4	3	0.4	0.64	-0.63	0.19	-0.15	0.47	-0.52	1.06	-2.04	0.62	-0.86	1.78	-2.06
105	0.6	4	0.4	0.78	-1.21	0.13	-0.15	0.27	-0.27	1.96	-3.29	0.39	-0.61	0.52	-0.65
105	0.6	5	0.4	0.65	-0.89	0.46	-0.48	0.38	-0.36	1.14	-1.26	0.58	-0.66	0.56	-0.37

管道荷载和规范校核结果(下放阶段 1)　　表 10-13

方向(°)	波高 H_s(m)	周期 T(s)	流速 v_c(m/s)	有效张力(kN)	弯矩(kN·m)	曲率(rad/m)	许用应力检查	弯矩检查	荷载组合检查
75	0.5	2	0.2	118	25268	0.0006	0.51	0.49	0.51
75	0.6	3	0.2	182	29583	0.0007	0.59	0.58	0.59
75	0.6	4	0.2	127	29900	0.0007	0.60	0.58	0.60
75	0.6	5	0.2	96	19664	0.0004	0.40	0.38	0.40
90	0.2	2	0.2	30	18468	0.0004	0.37	0.36	0.37
90	0.2	3	0.2	197	35189	0.0008	0.69	0.69	0.69
90	0.5	4	0.2	76	24686	0.0005	0.50	0.48	0.50
90	0.5	5	0.2	146	23500	0.0005	0.47	0.46	0.47
105	0.2	2	0.2	212	28268	0.0006	0.56	0.55	0.57
105	0.6	3	0.2	183	29620	0.0007	0.59	0.58	0.60
105	0.6	4	0.2	126	29883	0.0007	0.60	0.58	0.60
105	0.6	5	0.2	96	19676	0.0004	0.40	0.38	0.40
75	0.3	2	0.4	238	30542	0.0007	0.61	0.60	0.61
75	0.4	3	0.4	40	24973	0.0006	0.50	0.49	0.50
75	0.6	4	0.4	67	23499	0.0005	0.47	0.46	0.47
75	0.6	5	0.4	110	21206	0.0005	0.43	0.41	0.43
90	0.3	2	0.4	105	18625	0.0004	0.37	0.36	0.38
90	0.2	3	0.4	199	36481	0.0008	0.71	0.71	0.72
90	0.5	4	0.4	53	23728	0.0005	0.48	0.46	0.48
90	0.5	5	0.4	112	23261	0.0005	0.47	0.45	0.47
105	0.3	2	0.4	239	30814	0.0007	0.61	0.60	0.62
105	0.4	3	0.4	44	25045	0.0006	0.50	0.49	0.51
105	0.6	4	0.4	68	23478	0.0005	0.47	0.46	0.47
105	0.6	5	0.4	110	21188	0.0005	0.43	0.41	0.43

10.6.2.3　下放阶段 2 分析结果

时域模拟的数值模型如图 10-22 所示。

首先,对管道静态条件下的状态进行分析,管道最大 von Mises 应力、曲率结果和荷载组合检查如图 10-23 所示。由图可以看出,管道的荷载组合检查结果均小于 1,管道整体的受力满足 PD 8010 规范校核要求。

然后,对整个系统进行了模态分析,共振周期在计算波浪范围内的振型图如图 10-24 所示。吊装下放过程中最需要注意的是竖向上可能引起共振的周期为 3.6s 的模态响应。

根据表 9-11“环境工况组合”进行规则波时域分析,满足安装衡准的最大限制波高结果见

表 10-14 ~ 表 10-16。对于安装船,90°为艏迎浪方向,75°/105°为艏斜浪方向。

图 10-22 下放阶段 2 数值模型

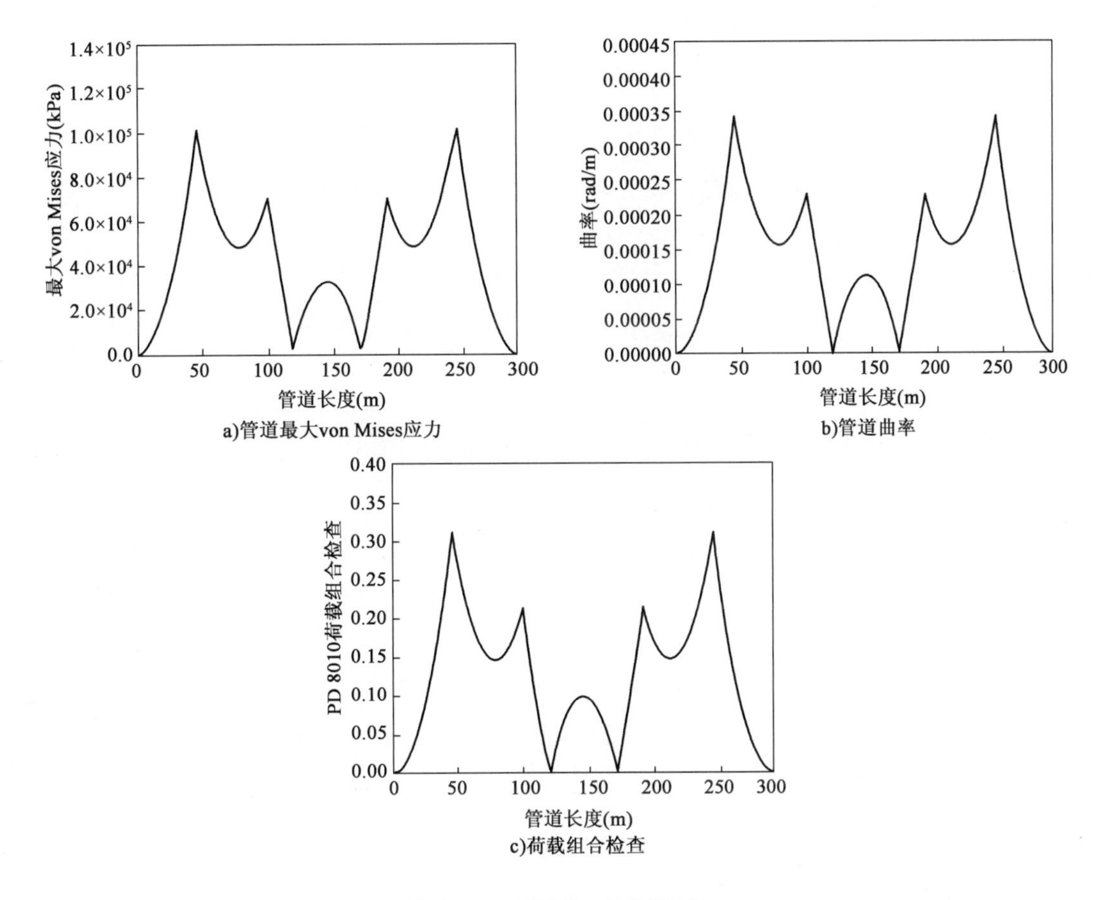

图 10-23 下放阶段 2 的分析结果

当管道完全入水时,管道受到海水的浮力最大,此时吊钩处的静荷载最小。然而管道中的滞留水也达到最大值,因此在竖直方向上会增加一大部分水动力荷载,即在运动中受到的动荷载也达到较大的值。此时系统的响应是船舶在波浪上的运动和管道的水动力响应的叠加。

从表中可以看出,当管道完全入水后,在艏迎浪 0°的环境条件下,系统在竖向 4s 左右时有共振,此时安装船的纵摇响应也最大。数值分析显示该条件下系统整体运动响应较大,安装限制最大波高不足0.2m,因此需要避开该波浪周期作业。

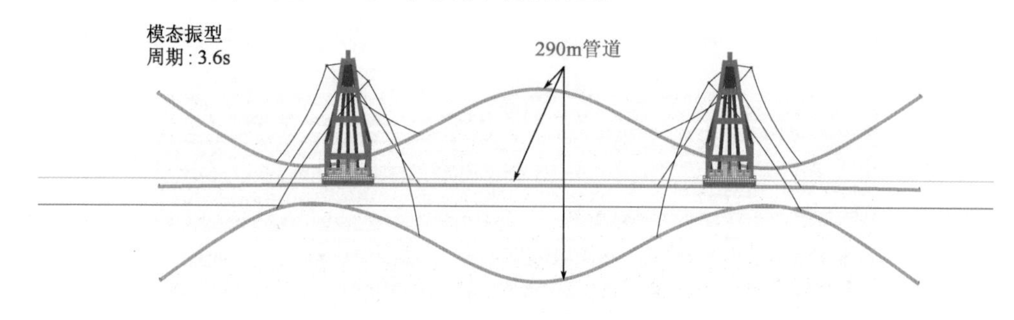

a)模态分析1

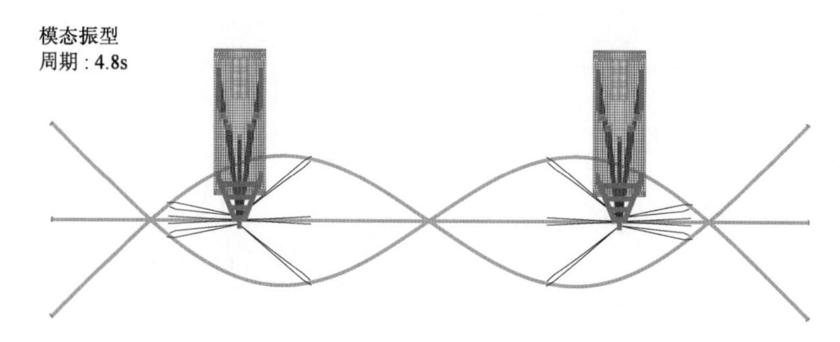

b)模态分析2

图10-24 下放阶段2的模态分析

艏斜浪0°±15°的最大限制波高要明显优于艏迎浪0°的结果。

吊机和索具荷载结果(下放阶段2) 表10-14

方向(°)	波高 H_s(m)	周期 T(s)	流速 v_c(m/s)	Hook1静张力(kN)	Hook1最大动张力(kN)	DAF1	Hook2静张力(kN)	Hook2最大动张力(kN)	DAF2	吊索张力(kN)
75	0.6	2	0.2	2278	2512	1.10	2278	2528	1.11	834
75	0.6	3	0.2	2278	2502	1.10	2278	3109	1.36	1038
75	0.6	4	0.2	2278	2871	1.26	2278	3403	1.49	1197
75	0.3	5	0.2	2278	2810	1.23	2278	3359	1.47	1251
90	0.4	2	0.2	2278	3311	1.45	2278	3311	1.45	1098
90	0.3	3	0.2	2278	3167	1.39	2278	3167	1.39	999
90	—	4	0.2	—	—	—	—	—	—	—
90	0.2	5	0.2	2278	3488	1.53	2278	3488	1.53	1125

续上表

方向(°)	波高 H_s(m)	周期 T(s)	流速 v_c(m/s)	Hook1静张力(kN)	Hook1最大动张力(kN)	DAF1	Hook2静张力(kN)	Hook2最大动张力(kN)	DAF2	吊索张力(kN)
105	0.6	2	0.2	2278	2528	1.11	2278	2514	1.10	836
105	0.6	3	0.2	2278	3108	1.36	2278	2503	1.10	1039
105	0.6	4	0.2	2278	3391	1.49	2278	2877	1.26	1180
105	0.3	5	0.2	2278	3361	1.48	2278	2823	1.24	1328
75	0.6	2	0.4	2279	2551	1.12	2278	2601	1.14	920
75	0.6	3	0.4	2279	2845	1.25	2278	3221	1.41	1152
75	0.5	4	0.4	2279	3239	1.42	2278	3144	1.38	1225
75	0.3	5	0.4	2279	2908	1.28	2278	3349	1.47	1328
90	0.2	2	0.4	2279	3373	1.48	2279	3373	1.48	1176
90	0.2	3	0.4	2279	3094	1.36	2279	3094	1.36	1032
90	—	4	0.4	—	—	—	—	—	—	—
90	0.2	5	0.4	2279	3388	1.49	2279	3388	1.49	1143
105	0.6	2	0.4	2278	2601	1.14	2279	2551	1.12	920
105	0.6	3	0.4	2278	3224	1.41	2279	2849	1.25	1169
105	0.5	4	0.4	2278	3183	1.40	2279	3259	1.43	1177
105	0.3	5	0.4	2278	3353	1.47	2279	2827	1.24	1507

管道速度和加速度结果(下放阶段2)　　表10-15

方向(°)	波高 H_s(m)	周期 T(s)	流速 v_c(m/s)	VelA最大速度(m/s)	VelA最小速度(m/s)	VelB最大速度(m/s)	VelB最小速度(m/s)	VelC最大速度(m/s)	VelC最小速度(m/s)	AccA最大加速度(m/s^2)	AccA最小加速度(m/s^2)	AccB最大加速度(m/s^2)	AccB最小加速度(m/s^2)	AccC最大加速度(m/s^2)	AccC最小加速度(m/s^2)
75	0.6	2	0.2	0.07	-0.07	0.07	-0.07	0.05	-0.05	0.21	-0.25	0.22	-0.20	0.16	-0.14
75	0.6	3	0.2	0.36	-0.28	0.12	-0.15	0.16	-0.17	0.71	-0.73	0.27	-0.35	0.35	-0.33
75	0.6	4	0.2	0.32	-0.40	0.31	-0.38	0.27	-0.33	0.64	-0.54	0.59	-0.57	0.49	-0.50
75	0.3	5	0.2	0.72	-0.71	0.25	-0.25	0.39	-0.44	0.94	-0.85	0.22	-0.40	0.54	-0.53
90	0.4	2	0.2	0.16	-0.18	0.37	-0.33	0.04	-0.04	0.54	-0.54	1.08	-1.09	0.14	-0.14
90	0.3	3	0.2	0.78	-0.78	0.12	-0.12	0.79	-0.79	1.60	-1.68	0.26	-0.24	1.64	-1.65

续上表

方向(°)	波高 H_s(m)	周期 T(s)	流速 v_c(m/s)	VelA最大速度(m/s)	VelA最小速度(m/s)	VelB最大速度(m/s)	VelB最小速度(m/s)	VelC最大速度(m/s)	VelC最小速度(m/s)	AccA最大加速度(m/s^2)	AccA最小加速度(m/s^2)	AccB最大加速度(m/s^2)	AccB最小加速度(m/s^2)	AccC最大加速度(m/s^2)	AccC最小加速度(m/s^2)
90	—	4	0.2	—	—	—	—	—	—	—	—	—	—	—	—
90	0.2	5	0.2	0.43	-0.43	0.23	-0.23	0.52	-0.51	0.55	-0.52	0.29	-0.29	0.69	-0.61
105	0.6	2	0.2	0.07	-0.07	0.07	-0.07	0.05	-0.05	0.20	-0.24	0.24	-0.22	0.16	-0.14
105	0.6	3	0.2	0.27	-0.22	0.28	-0.23	0.16	-0.17	0.51	-0.65	0.60	-0.54	0.35	-0.34
105	0.6	4	0.2	0.48	-0.59	0.42	-0.42	0.27	-0.32	0.87	-0.88	0.77	-0.53	0.49	-0.50
105	0.3	5	0.2	1.08	-1.09	0.45	-0.35	0.39	-0.44	1.51	-1.19	0.48	-0.68	0.54	-0.53
75	0.6	2	0.4	0.11	-0.11	0.11	-0.11	0.06	-0.06	0.33	-0.34	0.34	-0.34	0.18	-0.18
75	0.6	3	0.4	0.60	-0.58	0.22	-0.17	0.35	-0.35	1.74	-0.93	0.72	-0.56	0.76	-0.74
75	0.5	4	0.4	0.62	-0.67	0.34	-0.40	0.30	-0.29	1.05	-0.92	0.59	-0.58	0.51	-0.41
75	0.3	5	0.4	0.60	-0.61	0.14	-0.20	0.43	-0.48	0.83	-0.70	0.29	-0.23	0.65	-0.56
90	0.2	2	0.4	0.37	-0.36	0.44	-0.45	0.18	-0.17	1.04	-1.24	1.48	-1.36	0.62	-0.47
90	0.2	3	0.4	0.69	-0.69	0.07	-0.07	0.67	-0.67	1.41	-1.47	0.15	-0.14	1.41	-1.41
90	—	4	0.4	—	—	—	—	—	—	—	—	—	—	—	—
90	0.2	5	0.4	0.39	-0.39	0.22	-0.22	0.48	-0.47	0.50	-0.48	0.27	-0.27	0.63	-0.57
105	0.6	2	0.4	0.11	-0.11	0.13	-0.13	0.06	-0.06	0.34	-0.34	0.40	-0.40	0.18	-0.18
105	0.6	3	0.4	0.58	-0.52	0.31	-0.17	0.35	-0.35	1.06	-1.69	0.84	-0.75	0.76	-0.74
105	0.5	4	0.4	0.45	-0.53	0.37	-0.33	0.30	-0.29	0.79	-0.67	0.58	-0.51	0.51	-0.42
105	0.3	5	0.4	1.19	-1.20	0.46	-0.41	0.42	-0.47	1.66	-1.32	0.43	-0.73	0.63	-0.56

管道荷载和规范校核结果(下放阶段 2)　　表 10-16

方向(°)	波高 H_s(m)	周期 T(s)	流速 v_c(m/s)	有效张力(kN)	弯矩(kN·m)	曲率(rad/m)	许用应力检查	弯矩检查	荷载组合检查
75	0.6	2	0.2	17	16304	0.0004	0.33	0.32	0.33
75	0.6	3	0.2	33	19008	0.0004	0.38	0.37	0.38
75	0.6	4	0.2	54	24365	0.0005	0.49	0.48	0.49

续上表

方向(°)	波高 H_s (m)	周期 T (s)	流速 v_c (m/s)	有效张力 (kN)	弯矩 (kN·m)	曲率 (rad/m)	许用应力检查	弯矩检查	荷载组合检查
75	0.3	5	0.2	83	35127	0.0008	0.69	0.69	0.70
90	0.4	2	0.2	15	17575	0.0004	0.35	0.34	0.35
90	0.3	3	0.2	13	27204	0.0006	0.54	0.53	0.55
90	—	4	0.2	—	—	—	—	—	—
90	0.2	5	0.2	10	23578	0.0005	0.47	0.46	0.48
105	0.6	2	0.2	17	16300	0.0004	0.33	0.32	0.33
105	0.6	3	0.2	34	19011	0.0004	0.38	0.37	0.38
105	0.6	4	0.2	55	24317	0.0005	0.48	0.48	0.49
105	0.3	5	0.2	83	35081	0.0008	0.69	0.69	0.70
75	0.6	2	0.4	20	16560	0.0004	0.33	0.32	0.33
75	0.6	3	0.4	38	23708	0.0005	0.47	0.46	0.48
75	0.5	4	0.4	54	24640	0.0005	0.49	0.48	0.49
75	0.3	5	0.4	81	35351	0.0008	0.70	0.69	0.71
90	0.2	2	0.4	16	19838	0.0004	0.39	0.39	0.39
90	0.2	3	0.4	12	26165	0.0006	0.52	0.51	0.52
90	—	4	0.4	—	—	—	—	—	—
90	0.2	5	0.4	10	22886	0.0005	0.46	0.45	0.46
105	0.6	2	0.4	20	16558	0.0004	0.33	0.32	0.33
105	0.6	3	0.4	38	23639	0.0005	0.47	0.46	0.47
105	0.5	4	0.4	56	24817	0.0006	0.50	0.48	0.50
105	0.3	5	0.4	81	35819	0.0008	0.71	0.70	0.71

10.6.2.4 下放阶段3分析结果

时域模拟的数值模型如图10-25所示。

首先,对管道静态条件下的状态进行分析,管道最大von Mises应力、曲率结果和荷载组合检查如图10-26所示。由图可以看出,管道的荷载组合检查结果均小于1,管道整体的受力满足PD 8010规范校核要求。

图 10-25　下放阶段 3 数值模型

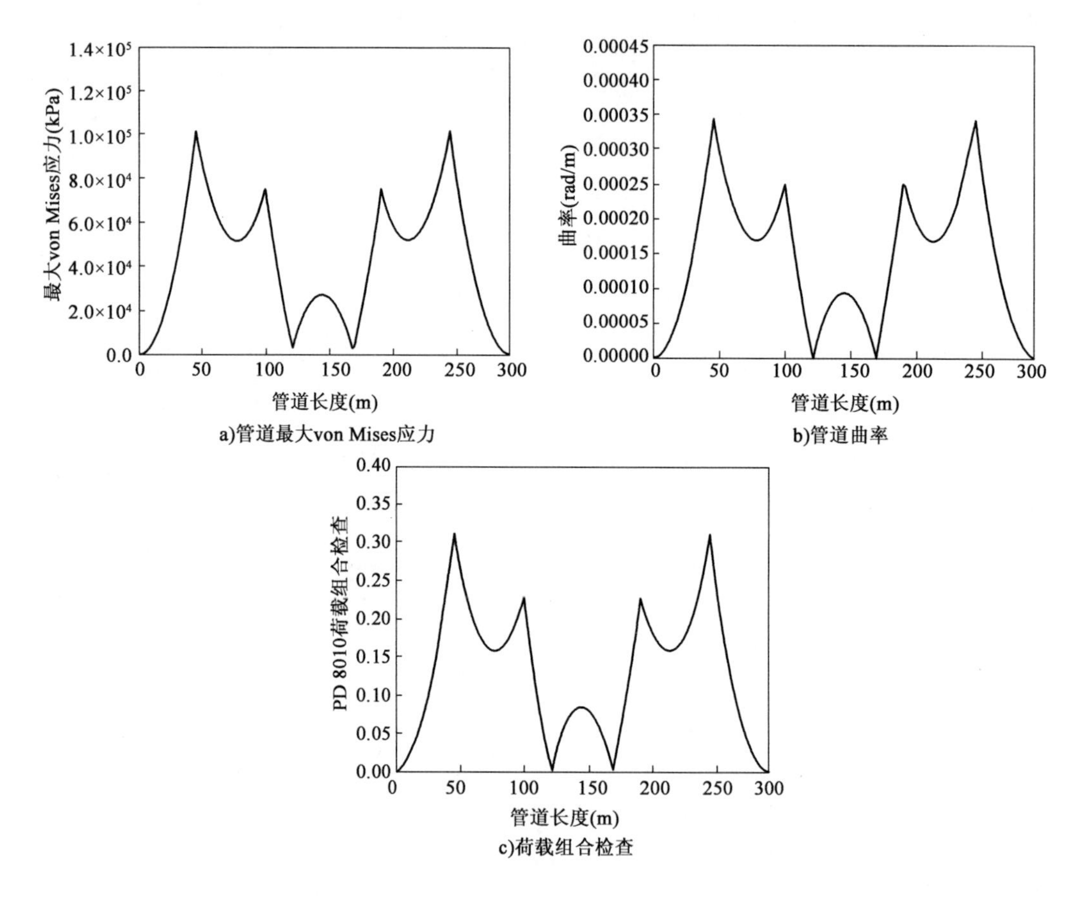

图 10-26　下放阶段 3 的分析结果

根据表 9-11“环境工况组合”进行规则波时域分析，满足安装衡准的最大限制波高结果见表 10-17 ~ 表 10-19。对于安装船，90°为艏迎浪方向，75°/105°为艏斜浪方向。

当管道位于中等水深时，是一个下放过程中的典型状态。由于并未对所有下放中间过程进行分析，因此主要通过分析此中间状态来间接对其他过程进行推理分析。此时系统的响应是船舶在波浪上的运动和管道的水动力响应的叠加。

从表中可以看出，随着管道的继续下放，当管道位于中等水深时，在艏迎浪 0°、2 ~ 3s 的环境条件下，最大限制波高有所提高，从0.3m提升至0.6m。而在竖向4s时的共振依然是主导因素，安装限制最大波高不足0.2m，因此需要避开该波浪周期作业。

艏斜浪0°±15°的最大限制波高要明显优于艏迎浪0°的结果。

吊机和索具荷载结果（下放阶段3）　　表10-17

方向（°）	波高 H_s（m）	周期 T	流速 v_c（m/s）	Hook1静张力（kN）	Hook1最大动张力（kN）	DAF1	Hook2静张力（kN）	Hook2最大动张力（kN）	DAF2	吊索张力（kN）
75	0.6	2	0.2	2277	2505	1.10	2277	2496	1.10	803
75	0.6	3	0.2	2277	2902	1.27	2277	3104	1.36	995
75	0.5	4	0.2	2277	3092	1.36	2277	3351	1.47	1107
75	0.3	5	0.2	2277	3200	1.41	2277	3264	1.43	1161
90	0.6	2	0.2	2277	2690	1.18	2277	2690	1.18	867
90	0.6	3	0.2	2277	3097	1.36	2277	3097	1.36	965
90	—	4	0.2	—	—	—	—	—	—	—
90	0.2	5	0.2	2277	3317	1.46	2277	3317	1.46	1066
105	0.6	2	0.2	2277	2495	1.10	2277	2506	1.10	803
105	0.6	3	0.2	2277	3106	1.36	2277	2903	1.27	996
105	0.5	4	0.2	2277	3350	1.47	2277	3093	1.36	1088
105	0.3	5	0.2	2277	3254	1.43	2277	3204	1.41	1243
75	0.6	2	0.4	2277	2557	1.12	2277	2544	1.12	867
75	0.6	3	0.4	2277	2836	1.25	2277	3058	1.34	1029
75	0.3	4	0.4	2277	3102	1.36	2277	3142	1.38	1071
75	0.3	5	0.4	2277	3129	1.37	2277	3405	1.50	1250
90	0.6	2	0.4	2277	2943	1.29	2277	2943	1.29	994
90	0.5	3	0.4	2277	3247	1.43	2277	3247	1.43	1071
90	—	4	0.4	—	—	—	—	—	—	—
90	0.2	5	0.4	2277	3242	1.42	2277	3242	1.42	1090
105	0.6	2	0.4	2277	2544	1.12	2277	2557	1.12	867
105	0.6	3	0.4	2277	3060	1.34	2277	2834	1.24	1034
105	0.3	4	0.4	2277	3143	1.38	2277	3101	1.36	1051
105	0.3	5	0.4	2277	3392	1.49	2277	3137	1.38	1419

管道速度和加速度结果(下放阶段3)　表10-18

方向(°)	波高 H_s (m)	周期 T (s)	流速 v_c (m/s)	VelA 最大速度 (m/s)	VelA 最小速度 (m/s)	VelB 最大速度 (m/s)	VelB 最小速度 (m/s)	VelC 最大速度 (m/s)	VelC 最小速度 (m/s)	AccA 最大加速度 (m/s^2)	AccA 最小加速度 (m/s^2)	AccB 最大加速度 (m/s^2)	AccB 最小加速度 (m/s^2)	AccC 最大加速度 (m/s^2)	AccC 最小加速度 (m/s^2)
75	0.6	2	0.2	0.03	-0.03	0.04	-0.04	0.02	-0.02	0.09	-0.09	0.14	-0.14	0.06	-0.06
75	0.6	3	0.2	0.31	-0.22	0.20	-0.23	0.14	-0.14	0.60	-0.76	0.62	-0.36	0.29	-0.30
75	0.5	4	0.2	0.49	-0.50	0.23	-0.24	0.41	-0.42	0.79	-0.77	0.38	-0.39	0.66	-0.65
75	0.3	5	0.2	0.34	-0.32	0.24	-0.26	0.47	-0.47	0.44	-0.42	0.38	-0.25	0.59	-0.60
90	0.6	2	0.2	0.14	-0.14	0.13	-0.13	0.10	-0.10	0.45	-0.46	0.42	-0.41	0.31	-0.30
90	0.6	3	0.2	0.68	-0.68	0.10	-0.09	0.66	-0.66	1.40	-1.45	0.20	-0.21	1.38	-1.38
90	—	4	0.2	—	—	—	—	—	—	—	—	—	—	—	—
90	0.2	5	0.2	0.42	-0.41	0.24	-0.24	0.49	-0.48	0.52	-0.51	0.30	-0.30	0.63	-0.58
105	0.6	2	0.2	0.03	-0.03	0.04	-0.04	0.02	-0.02	0.08	-0.09	0.13	-0.13	0.06	-0.06
105	0.6	3	0.2	0.25	-0.18	0.26	-0.25	0.14	-0.14	0.50	-0.67	0.39	-0.71	0.29	-0.30
105	0.5	4	0.2	0.47	-0.49	0.32	-0.31	0.41	-0.42	0.78	-0.73	0.52	-0.46	0.66	-0.65
105	0.3	5	0.2	0.72	-0.70	0.33	-0.36	0.47	-0.47	0.92	-0.88	0.40	-0.51	0.59	-0.60
75	0.6	2	0.4	0.07	-0.07	0.08	-0.08	0.04	-0.04	0.23	-0.22	0.27	-0.26	0.12	-0.12
75	0.6	3	0.4	0.46	-0.34	0.17	-0.18	0.27	-0.27	1.17	-0.85	0.58	-0.33	0.57	-0.56
75	0.3	4	0.4	0.47	-0.47	0.20	-0.20	0.38	-0.38	0.74	-0.73	0.32	-0.32	0.60	-0.59
75	0.3	5	0.4	0.17	-0.14	0.23	-0.19	0.48	-0.49	0.24	-0.21	0.35	-0.22	0.62	-0.62
90	0.6	2	0.4	0.22	-0.21	0.25	-0.26	0.10	-0.10	0.66	-0.70	0.82	-0.79	0.33	-0.31
90	0.5	3	0.4	0.80	-0.80	0.07	-0.06	0.77	-0.76	1.64	-1.70	0.13	-0.13	1.60	-1.60
90	—	4	0.4	—	—	—	—	—	—	—	—	—	—	—	—
90	0.2	5	0.4	0.38	-0.38	0.22	-0.22	0.45	-0.45	0.48	-0.47	0.28	-0.28	0.58	-0.55
105	0.6	2	0.4	0.08	-0.08	0.08	-0.08	0.04	-0.04	0.25	-0.24	0.27	-0.27	0.12	-0.12
105	0.6	3	0.4	0.38	-0.35	0.24	-0.19	0.27	-0.27	0.68	-1.12	0.46	-0.66	0.57	-0.56
105	0.3	4	0.4	0.39	-0.39	0.22	-0.22	0.38	-0.38	0.62	-0.61	0.34	-0.34	0.60	-0.59
105	0.3	5	0.4	0.80	-0.78	0.32	-0.39	0.48	-0.49	1.00	-0.98	0.46	-0.51	0.62	-0.62

管道荷载和规范校核结果(下放阶段3)　　表10-19

方向(°)	波高 H_s(m)	周期 T(s)	流速 v_c(m/s)	有效张力(kN)	弯矩(kN·m)	曲率(rad/m)	许用应力检查	弯矩检查	荷载组合检查
75	0.6	2	0.2	12	15988	0.0004	0.32	0.31	0.32
75	0.6	3	0.2	22	19562	0.0004	0.39	0.38	0.39
75	0.5	4	0.2	28	24807	0.0006	0.50	0.48	0.50
75	0.3	5	0.2	49	27381	0.0006	0.54	0.53	0.55
90	0.6	2	0.2	10	16930	0.0004	0.34	0.33	0.34
90	0.6	3	0.2	13	26355	0.0006	0.53	0.51	0.53
90	—	4	0.2	—	—	—	—	—	—
90	0.2	5	0.2	11	22554	0.0005	0.45	0.44	0.46
105	0.6	2	0.2	12	15987	0.0004	0.32	0.31	0.32
105	0.6	3	0.2	22	19549	0.0004	0.39	0.38	0.39
105	0.5	4	0.2	28	24822	0.0006	0.50	0.48	0.50
105	0.3	5	0.2	49	27337	0.0006	0.54	0.53	0.55
75	0.6	2	0.4	13	16421	0.0004	0.33	0.32	0.33
75	0.6	3	0.4	23	22284	0.0005	0.44	0.44	0.45
75	0.3	4	0.4	19	23082	0.0005	0.46	0.45	0.46
75	0.3	5	0.4	50	28336	0.0006	0.57	0.55	0.57
90	0.6	2	0.4	12	18000	0.0004	0.36	0.35	0.36
90	0.5	3	0.4	15	28375	0.0006	0.57	0.55	0.57
90	—	4	0.4	—	—	—	—	—	—
90	0.2	5	0.4	11	21977	0.0005	0.44	0.43	0.44
105	0.6	2	0.4	13	16421	0.0004	0.33	0.32	0.33
105	0.6	3	0.4	23	22222	0.0005	0.44	0.43	0.45
105	0.3	4	0.4	19	23077	0.0005	0.46	0.45	0.46
105	0.3	5	0.4	50	28196	0.0006	0.56	0.55	0.57

10.6.2.5　下放阶段4分析结果

时域模拟的数值模型如图10-27所示。

首先,对管道静态条件下的状态进行分析,管道最大von Mises应力、曲率结果和荷载组合检查如图10-28所示。由图可以看出,管道的荷载组合检查结果均小于1,管道整体的受力满足PD 8010规范校核要求。

图 10-27　下放阶段 4 数值模型

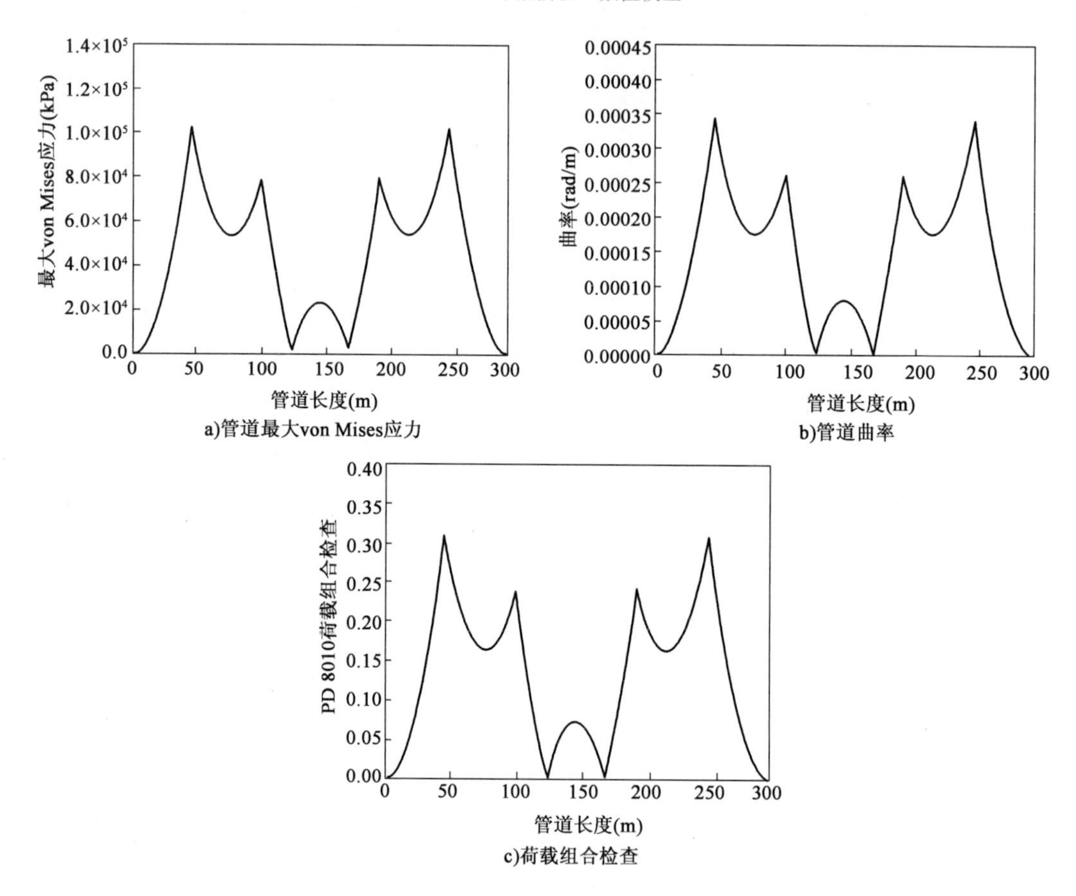

图 10-28　下放阶段 4 的分析结果

根据表 9-11"环境工况组合"进行规则波时域分析,满足安装衡准的最大限制波高结果见表 10-20 ~ 表 10-22。对于安装船,90°为艏迎浪方向,75°/105°为艏斜浪方向。

当管道靠近海底时,是一个下放过程中最重要的一环,此时管道极易与海底发生碰撞,为了确保管道自身完整性,因此需要对管道的运动响应格外关注,特别是运动速度和加速度响应。此时系统的响应是船舶在波浪上的运动和管道的水动力响应的叠加。

从表中可以看出,随着管道的继续下放,当管道靠近海底时,在艏迎浪 0°、2 ~ 3s的环境条件下,最大限制波高为 0.6m。而在竖向方向 4s 的共振依然是主导因素,安装限制最大波高不足0.2m,因此需要避开该波浪周期作业。

艏斜浪0°±15°的最大限制波高要明显优于艏迎浪0°的结果。

吊机和索具荷载结果(下放阶段4)　　表10-20

方向(°)	波高 H_s(m)	周期 T(s)	流速 v_c(m/s)	Hook1静张力(kN)	Hook1最大动张力(kN)	DAF1	Hook2静张力(kN)	Hook2最大动张力(kN)	DAF2	吊索张力(kN)
75	0.6	2	0.2	2276	2462	1.08	2276	2453	1.08	782
75	0.6	3	0.2	2276	3139	1.38	2276	3232	1.42	1023
75	0.4	4	0.2	2276	3233	1.42	2276	3374	1.48	1107
75	0.3	5	0.2	2276	3199	1.41	2276	3374	1.48	1107
90	0.6	2	0.2	2276	2687	1.18	2276	2687	1.18	857
90	0.6	3	0.2	2276	2803	1.23	2276	2803	1.23	877
90	—	4	0.2	—	—	—	—	—	—	—
90	0.2	5	0.2	2276	3273	1.44	2276	3273	1.44	1053
105	0.6	2	0.2	2276	2453	1.08	2276	2460	1.08	782
105	0.6	3	0.2	2276	3235	1.42	2276	3141	1.38	1022
105	0.5	4	0.2	2276	2986	1.31	2276	2693	1.18	970
105	0.3	5	0.2	2276	3370	1.48	2276	3207	1.41	1192
75	0.6	2	0.4	2277	2496	1.10	2276	2480	1.09	840
75	0.6	3	0.4	2277	2906	1.28	2276	3061	1.35	1012
75	0.3	4	0.4	2277	2758	1.21	2276	2893	1.27	982
75	0.2	5	0.4	2277	2939	1.29	2276	3075	1.35	1076
90	0.6	2	0.4	2276	2697	1.18	2276	2697	1.18	908
90	0.6	3	0.4	2276	2958	1.30	2276	2958	1.30	977
90	—	4	0.4	—	—	—	—	—	—	—
90	0.2	5	0.4	2276	3186	1.40	2276	3186	1.40	1072
105	0.6	2	0.4	2276	2480	1.09	2277	2496	1.10	840
105	0.6	3	0.4	2276	3060	1.34	2277	2904	1.28	1013
105	0.4	4	0.4	2276	3156	1.39	2277	2917	1.28	1046
105	0.2	5	0.4	2276	3068	1.35	2277	2937	1.29	1151

管道速度和加速度结果(下放阶段 4)　　表 10-21

方向(°)	波高 H_s (m)	周期 T (s)	流速 v_c (m/s)	VelA 最大速度 (m/s)	VelA 最小速度 (m/s)	VelB 最大速度 (m/s)	VelB 最小速度 (m/s)	VelC 最大速度 (m/s)	VelC 最小速度 (m/s)	AccA 最大加速度 (m/s^2)	AccA 最小加速度 (m/s^2)	AccB 最大加速度 (m/s^2)	AccB 最小加速度 (m/s^2)	AccC 最大加速度 (m/s^2)	AccC 最小加速度 (m/s^2)
75	0.6	2	0.2	0.02	-0.02	0.03	-0.03	0.01	-0.01	0.05	-0.06	0.11	-0.11	0.04	-0.04
75	0.6	3	0.2	0.28	-0.24	0.29	-0.26	0.12	-0.12	0.47	-0.75	0.73	-0.46	0.25	-0.26
75	0.4	4	0.2	0.76	-0.64	0.38	-0.31	0.55	-0.53	1.37	-1.12	0.55	-0.66	0.86	-0.76
75	0.3	5	0.2	0.36	-0.28	0.27	-0.27	0.49	-0.47	0.56	-0.52	0.45	-0.45	0.68	-0.71
90	0.6	2	0.2	0.14	-0.14	0.14	-0.14	0.08	-0.08	0.43	-0.44	0.46	-0.45	0.25	-0.24
90	0.6	3	0.2	0.40	-0.40	0.04	-0.04	0.37	-0.36	0.83	-0.84	0.09	-0.09	0.77	-0.77
90	—	4	0.2	—	—	—	—	—	—	—	—	—	—	—	—
90	0.2	5	0.2	0.73	-0.79	0.38	-0.36	0.72	-0.66	1.21	-0.81	0.50	-0.65	0.79	-0.70
105	0.6	2	0.2	0.02	-0.02	0.03	-0.03	0.01	-0.01	0.05	-0.06	0.10	-0.10	0.04	-0.03
105	0.6	3	0.2	0.26	-0.17	0.27	-0.30	0.12	-0.12	0.52	-0.63	0.51	-0.74	0.25	-0.26
105	0.5	4	0.2	0.64	-0.74	0.45	-0.34	0.46	-0.35	1.60	-1.05	0.71	-0.64	0.41	-0.70
105	0.3	5	0.2	0.79	-0.78	0.36	-0.42	0.50	-0.47	1.47	-0.96	0.68	-0.55	0.68	-0.71
75	0.6	2	0.4	0.05	-0.05	0.06	-0.06	0.03	-0.03	0.17	-0.17	0.20	-0.20	0.09	-0.09
75	0.6	3	0.4	0.36	-0.24	0.20	-0.19	0.22	-0.22	0.79	-0.78	0.57	-0.31	0.47	-0.47
75	0.3	4	0.4	0.75	-0.63	0.38	-0.29	0.38	-0.33	1.70	-1.05	0.59	-0.62	0.60	-0.58
75	0.2	5	0.4	0.47	-0.43	0.27	-0.24	0.52	-0.49	0.54	-0.58	0.43	-0.38	0.55	-0.56
90	0.6	2	0.4	0.14	-0.14	0.15	-0.15	0.07	-0.07	0.44	-0.45	0.48	-0.47	0.23	-0.23
90	0.6	3	0.4	0.53	-0.53	0.03	-0.03	0.50	-0.50	1.11	-1.13	0.05	-0.06	1.05	-1.05
90	—	4	0.4	—	—	—	—	—	—	—	—	—	—	—	—
90	0.2	5	0.4	0.69	-0.73	0.34	-0.33	0.66	-0.60	0.92	-0.75	0.41	-0.51	0.67	-0.66
105	0.6	2	0.4	0.06	-0.06	0.06	-0.06	0.03	-0.03	0.19	-0.19	0.20	-0.20	0.09	-0.09
105	0.6	3	0.4	0.30	-0.27	0.20	-0.22	0.22	-0.22	0.49	-0.83	0.36	-0.59	0.46	-0.47
105	0.4	4	0.4	0.66	-0.71	0.47	-0.38	0.64	-0.58	1.91	-1.13	0.70	-0.77	0.63	-1.04
105	0.2	5	0.4	0.72	-0.62	0.31	-0.36	0.51	-0.49	1.23	-0.96	0.53	-0.51	0.54	-0.56

管道荷载和规范校核结果(下放阶段4) 表10-22

方向(°)	波高 H_s(m)	周期 T(s)	流速 v_c(m/s)	有效张力(kN)	弯矩(kN·m)	曲率(rad/m)	许用应力检查	弯矩检查	荷载组合检查
75	0.6	2	0.2	11	15838	0.0004	0.32	0.31	0.32
75	0.6	3	0.2	17	18638	0.0004	0.37	0.36	0.38
75	0.4	4	0.2	22	25288	0.0006	0.51	0.49	0.51
75	0.3	5	0.2	38	22983	0.0005	0.46	0.45	0.46
90	0.6	2	0.2	11	16984	0.0004	0.34	0.33	0.34
90	0.6	3	0.2	11	22430	0.0005	0.45	0.44	0.45
90	—	4	0.2	—	—	—	—	—	—
90	0.2	5	0.2	16	23783	0.0005	0.48	0.46	0.48
105	0.6	2	0.2	11	15840	0.0004	0.32	0.31	0.32
105	0.6	3	0.2	17	18614	0.0004	0.37	0.36	0.37
105	0.5	4	0.2	38	20395	0.0005	0.41	0.40	0.41
105	0.3	5	0.2	38	22875	0.0005	0.46	0.45	0.46
75	0.6	2	0.4	12	16197	0.0004	0.32	0.32	0.33
75	0.6	3	0.4	17	20771	0.0005	0.42	0.41	0.42
75	0.3	4	0.4	19	18861	0.0004	0.38	0.37	0.38
75	0.2	5	0.4	31	22905	0.0005	0.46	0.45	0.46
90	0.6	2	0.4	11	17036	0.0004	0.34	0.33	0.34
90	0.6	3	0.4	13	24554	0.0005	0.49	0.48	0.49
90	—	4	0.4	—	—	—	—	—	—
90	0.2	5	0.4	15	22634	0.0005	0.45	0.44	0.46
105	0.6	2	0.4	12	16196	0.0004	0.32	0.32	0.33
105	0.6	3	0.4	17	20792	0.0005	0.42	0.41	0.42
105	0.4	4	0.4	52	22144	0.0005	0.44	0.43	0.44
105	0.2	5	0.4	31	22910	0.0005	0.46	0.45	0.46

10.6.3 分析结果汇总

根据上述对各种阶段的分析，主要结论是：

(1)管道下放安装总体上能够满足目标区域的环境条件，在整个过程中最大限制波高不应超过0.6m，汇总结果详见表10-23～表10-25。

(2)当管道完全入水后，在艏迎浪0°时安装限制最大波高不足0.2m，因此需要避开该波浪周期作业，如表中"—"所示。

(3)整个下放安装过程中，艏斜浪0°±15°的最大限制波高要优于艏迎浪0°的结果。

(4)由于管道较长，下放过程中不同区域的速度和加速度差异较大，为了确保安装过程安全可控,提高安装精度,建议尽量在低海况的条件下进行安装。

安装作业环境条件限制(斜浪15°) 表10-23

下放阶段	波浪周期	s	2	3	4	5
0(空气中吊装)	允许最大波高 H_s	m	0.3	0.6	0.2	0.6
	Hook1 最大动张力	kN	2658	2669	2896	2798
	Hook2 最大动张力	kN	2630	2661	2886	2908
1(穿过水面)	允许最大波高 H_s	m	0.5	0.6	0.6	0.6
	Hook1 最大动张力	kN	2967	3310	3328	2987
	Hook2 最大动张力	kN	2998	2990	3283	2992
2(完全入水)	允许最大波高 H_s	m	0.6	0.6	0.6	0.3
	Hook1 最大动张力	kN	2512	2502	2871	2810
	Hook2 最大动张力	kN	2528	3109	3403	3359
3(中等水深)	允许最大波高 H_s	m	0.6	0.6	0.5	0.3
	Hook1 最大动张力	kN	2505	2902	3092	3200
	Hook2 最大动张力	kN	2496	3104	3351	3264
4(靠近海底)	允许最大波高 H_s	m	0.6	0.6	0.4	0.3
	Hook1 最大动张力	kN	2462	3139	3233	3199
	Hook2 最大动张力	kN	2453	3232	3374	3374

安装作业环境条件限制(迎浪0°) 表10-24

下放阶段	波浪周期	s	2	3	4	5
0(空气中吊装)	允许最大波高 H_s	m	0.3	0.5	0.4	0.5
	Hook1 最大动张力	kN	2703	2678	2698	2782
	Hook2 最大动张力	kN	2703	2678	2698	2782
1(穿过水面)	允许最大波高 H_s	m	0.2	0.2	0.5	0.5
	Hook1 最大动张力	kN	2796	2925	3358	3243
	Hook2 最大动张力	kN	2796	2925	3358	3243
2(完全入水)	允许最大波高 H_s	m	0.4	0.3	—	0.2
	Hook1 最大动张力	kN	3311	3167	—	3488
	Hook2 最大动张力	kN	3311	3167	—	3488
3(中等水深)	允许最大波高 H_s	m	0.6	0.6	—	0.2
	Hook1 最大动张力	kN	2690	3097	—	3317
	Hook2 最大动张力	kN	2690	3097	—	3317
4(靠近海底)	允许最大波高 H_s	m	0.6	0.6	—	0.2
	Hook1 最大动张力	kN	2687	2803	—	3273
	Hook2 最大动张力	kN	2687	2803	—	3273

安装作业环境条件限制(斜浪15°时) 表10-25

下放阶段	波浪周期	s	2	3	4	5
0(空气中吊装)	允许最大波高 H_s	m	0.3	0.6	0.2	0.5
	Hook1 最大动张力	kN	2630	2663	2884	2845
	Hook2 最大动张力	kN	2659	2671	2899	2759
1(穿过水面)	允许最大波高 H_s	m	0.2	0.6	0.6	0.6
	Hook1 最大动张力	kN	2932	2988	3283	2993
	Hook2 最大动张力	kN	2982	3312	3323	2989
2(完全入水)	允许最大波高 H_s	m	0.6	0.6	0.6	0.3
	Hook1 最大动张力	kN	2528	3108	3391	3361
	Hook2 最大动张力	kN	2514	2503	2877	2823
3(中等水深)	允许最大波高 H_s	m	0.6	0.6	0.5	0.3
	Hook1 最大动张力	kN	2495	3106	3350	3254
	Hook2 最大动张力	kN	2506	2903	3093	3204
4(靠近海底)	允许最大波高 H_s	m	0.6	0.6	0.5	0.3
	Hook1 最大动张力	kN	2453	3235	2986	3370
	Hook2 最大动张力	kN	2460	3141	2693	3207

根据数值计算结果,得出如下结论:

(1)在空气中吊装时,最大限制波高范围为0.2~0.6m。在艏斜浪0±15°的环境条件,波浪周期分别为2s和4s时,最大限制波高较低为0.2~0.4m。

(2)在管道半入水时,最大限制波高范围为0.2~0.6m。在波浪周期分别为3~4s时,最大限制波高最高,可达0.5~0.6m。

(3)当管道完全入水后,系统在竖向方向在4s左右有共振,而且在艏迎浪0°时安装船的纵摇响应也最大,数值分析显示该条件下系统整体运动响应较大,安装限制最大波高不足0.2m,因此需要避开该波浪周期作业。

(4)当管道完全入水后,在艏迎浪0°的环境条件,随着管道的继续下放,最大限制波高范围从0.4m提高到了0.6m。

(5)管道下放的过程来看,艏斜浪0±15°的最大限制波高要优于艏迎浪0°的结果。

(6)总体来看,流速增大会导致最大限制波高的降低,另外,流速的增大会导致管道受到的荷载增加,进而导致吊机顶端钢丝绳角度的增大,影响设备的作业能力。

10.7 本章小结

本章以排海管海域段海上吊装下放施工项目工程为依托,通过数值分析方法,研究符合吊装作业衡准条件下的最大限制环境条件。首先,根据工程区实测环境数据,建立了用于数值模拟的环境组合工况;其次,对管道下放过程中不同的荷载计算方法进行了介绍,并根据海管规范和安装设备能力定义了用于管道荷载校核的参数等安装衡准;然后,完成了用于吊装的索具设计研究,开展了起重船的频域水动力荷载分析;最后,基于商用软件 Orcaflex 建立了总体数值模拟模型和对应的时域模拟工况,开展了不同环境条件下管道下放的受力情况分析,评估管道的受力情况以及设备能力等,得到了符合吊装作业衡准条件下的最大限制环境条件。为保守考虑,在分析中假定环境条件中波浪和流均来自同一方向。

根据数值计算结果,主要结论如下:

(1)管道下放安装总体上能够满足目标区域的环境条件,在整个过程中最大限制波高不应超过 0.6m。

(2)当管道完全入水后,在艏迎浪 0°时安装限制最大波高不足 0.2m,因此需要避开该波浪周期作业。

(3)从整个下放安装过程来看,艏斜浪 0° ±15°的最大限制波高要明显优于艏迎浪 0°的结果。

(4)设计的吊索采用最小直径为 70mm 钢丝绳[6 ×37(a)类钢丝绳抗拉强度 1770MPa],其强度能够满足安装要求。

(5)在最大限制波高条件下,管道强度满足规范校核要求。

(6)由于管道较长,下放过程中不同区域的速度和加速度差异较大,为了确保安装过程安全可控,提高安装精度,建议尽量在低海况的条件下进行安装。

(7)安装分析不可能详尽无遗,建议在实际项目中,要根据船舶性能和环境条件等来进行安装作业的评估。

第 11 章
CHAPTER 11

大直径污水排海钢管海域段敷设施工技术

11.1 工程概况

11.1.1 管道安装主要施工方法

海上段各管道施工方式如下：

(1)沙滩围堰段(BK0 +000 ~ BK0 +030)采用明挖基坑、管道混凝土包封后回填。

(2)放流管段(BKO +030 ~ BK1 +797.219)管周采用中砂回填至管顶以上2.8m处,并采用模袋混凝土护砌,厚度250mm,如图11-1所示。

(3)扩散段(BK1 +797.219 ~ BK1 +907.219)管周采用中砂回填至管顶以上2.8m处,并采用袋装碎石保护,厚度300mm,顶部采用模袋在回填至现状海床高程,厚度1500mm。

海域段采用DN2800钢管,壁厚25mm,海上安装总长1907m,按施工方式进行划分,具体划分如图11-2所示。

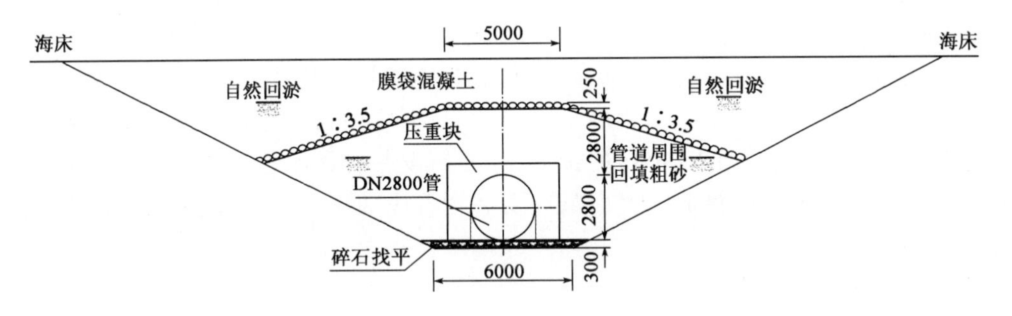

图11-1 放流管断面图(尺寸单位:mm)

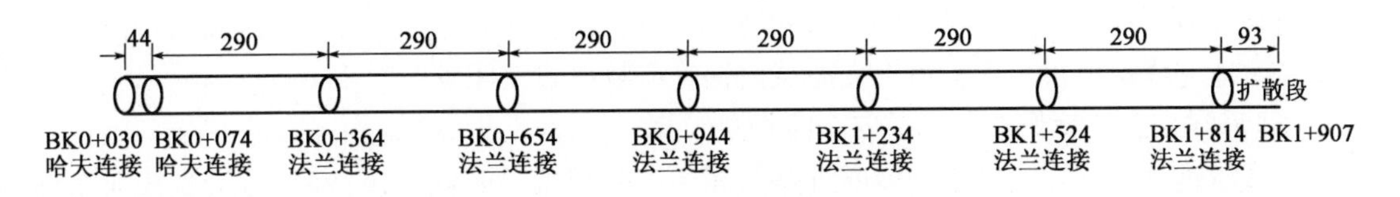

图11-2 海域段管道分段施工示意图(尺寸单位:m)

放流管安装：管长为290m的管节6根，44m长的海陆对接段管1根，合计1784m；扩散管将管节、三通在陆域连接成整根，水上安装长度93m，安装好扩散管后水下安装冲洗管及上升管。

海域放流管海上沉放里程为BK0+030~BK1+814，管道末端扩散管里程为BK1+814~BK1+907，管长93m，扩散管管径从2800mm递减到1200mm。在扩散器管上布置7根ϕ800mm的排放竖管、排放管顶面均布置5只排放鸭嘴阀，管道末端设一根冲洗管。

冲洗管、上升管采用DN800、壁厚12mm钢管，喷头及附属法兰和螺栓等材质为316L不锈钢材料。上升管内径为800mm。钢材的抗拉强度实测值与屈服强度实测值的比值不应小于1.2；钢材应有明显的屈服台阶，且伸长率应大于20%；钢材应有良好的可焊接和合格的冲击韧性。不锈钢材料管件内防腐采用无溶剂环氧防腐涂料，厚度≥600μm，外防腐采用环氧防腐涂料二底四面，厚度≥600μm。冲洗管、上升管钢管防腐同排海管海域段主管。

11.1.2 工程技术难点

(1)钢管铺设施工干扰大

海域段施工区域毗邻航道、通航船舶多，污水排海工程海域段钢管铺设施工包括基槽挖泥、抛填碎石、管道沉放、长钢管水下接头法兰拼接及水下混凝土包裹密封加固、回填砂、回填模袋混凝土、回填抛石等分项工程，施工工序多，工程量大，通航船舶对污水排海工程海域段钢管铺设施工干扰大。

(2)钢管浮运就位难度大

污水排海钢管在厦门市观音山海滨旅游商业街外侧沙滩上焊接组拼接长至290m后，需要由该场地采用拖轮、抛锚艇拖运至设计安装沉放位置。由于本次敷设的钢管道壁厚较厚，整根290m长大直径污水排海钢管重量较大，吊装、转运难度均较大，需要研究制定污水排海钢管道海上浮运拖运施工方案。

(3)铺设里程长，对安装质量要求高

本工程海域段排污钢管道铺装里程长，水下对接铺装工艺技术难度大、安装线形控制要求高，铺装工艺的制定决定了工程施工的成败，目前国内常采用的海上铺管船铺设方法无法实现如此大直径钢管(DN2800)的铺埋，需要研发一种污水排海工程海域段钢管道敷埋施工方法，使本工程污水排放工程海域段安装钢管段效率大幅提高，并确保海域钢管段安装质量。

(4)管道安装工序复杂

海域段排污钢管道敷埋需要通过对基槽挖泥、定位桩插打、管道基底碎石找平、钢管安装、压重块安装、管道周围回填粗砂、铺设模袋混凝土等各主要工序所需船机设备进行选型研究及优化组合，确定设备性能与经济性能良好的施工船机设备、船机设备参数及组合方案，以实现优质高效地完成本项目污水排海工程海域段钢管道敷埋施工任务。

(5)海洋生态环境保护及航道安全防护要求高

海域段排海管下海端位于会展南五路与环岛东路交叉口东侧人工沙滩，后沿直线向东铺设，穿越香山游艇码头航道至排放口。拟建污水排放管道海域施工段南侧150m外为厦门珍稀海洋物种文昌鱼国家级自然保护区，且BK1+400~BK1+540段穿越香山游艇码头航道，海洋生态环境保护及航道安全防护要求高。

11.2　超长大直径钢管整体溜放下水技术

11.2.1　溜放下水前的准备工作

管道焊接完成后，所有焊缝经检测符合设计和规范要求，完成水压试验，且经过验收合格后方可出运下水。管道下水拖运前提前绑好钢丝绳，钢丝绳按一圈半捆绑外露两个接头，并做好限位措施（焊接小钢板限位，钢板同管道防腐），钢丝绳外露接头靠管道处，端头处，及中间均用尼龙绳扎紧，钢丝绳扎紧后长度仍太长，拖运中可能存在风险，应将外露钢丝绳再用尼龙绳扎紧在管道上，钢丝绳端头吊点上设浮球，确保入水后因管道翻转也能较快找到接头，如图11-3所示。

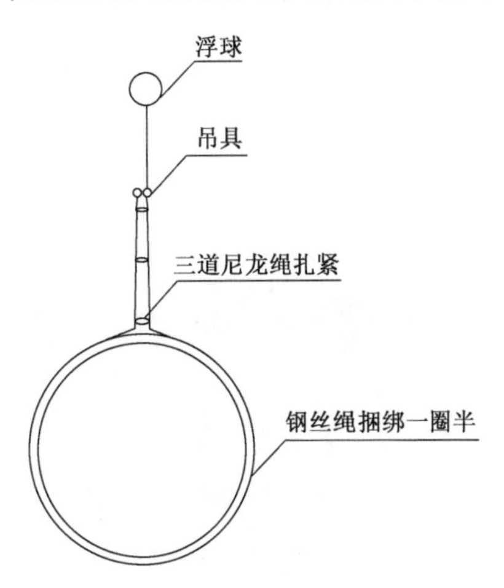

图11-3　管道吊点捆绑示意图

管道下水前提前在两侧盲板上焊接拖运吊耳两个，吊耳可至少承受500kN拖力，带好卸扣绑好尼龙绳，如图11-4所示。

管道出运下水采用滑道使管道滚动下水的方法进行。管道在香山加工场地上拼接成290m，下水选择水位在+1.5m（采用1985国家高程基准）时进行。下水时间选择在当天最高潮水位前1h左右进行，同时需视现场风力情况，风力在4级左右时方可进行溜放下水，现场风力超过6级时严禁下水。

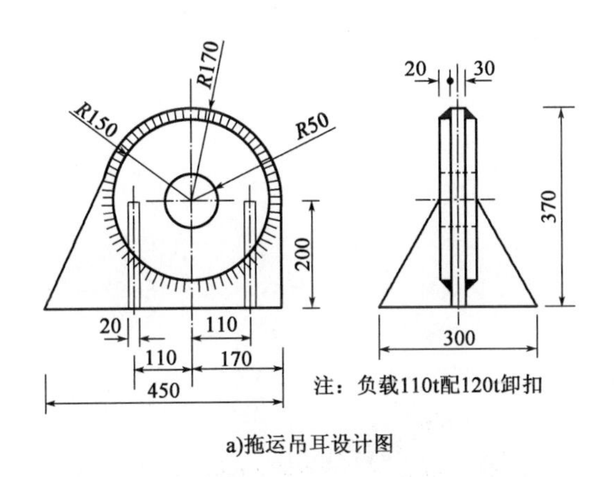

a)拖运吊耳设计图

b)拖运吊耳现场

图11-4　拖运吊耳设计图及现场照片（尺寸单位：mm）

下水前将13个滑道与沙滩面交接处用沙袋填充平整，沙袋袋口用绳子绑牢，捆绑在溜放平台下工字钢处，防止沙袋被潮水冲走。

管道出运下水采用液压千斤顶顶升，管道依靠重心顺滑道自由滑动至水上，溜放平台设

13 个滑道，共 13 台千斤顶，两侧两台千斤顶各一个液压系统控制，中间每三台千斤顶采用一套液压系统控制，共 5 套液压系统。管道下水前如图 11-5 所示。

图 11-5　管道下水前准备工作

11.2.2　溜放下水操作过程

管道下水设计图如图 11-6 所示，管道下水平台实物如图 11-7 所示。

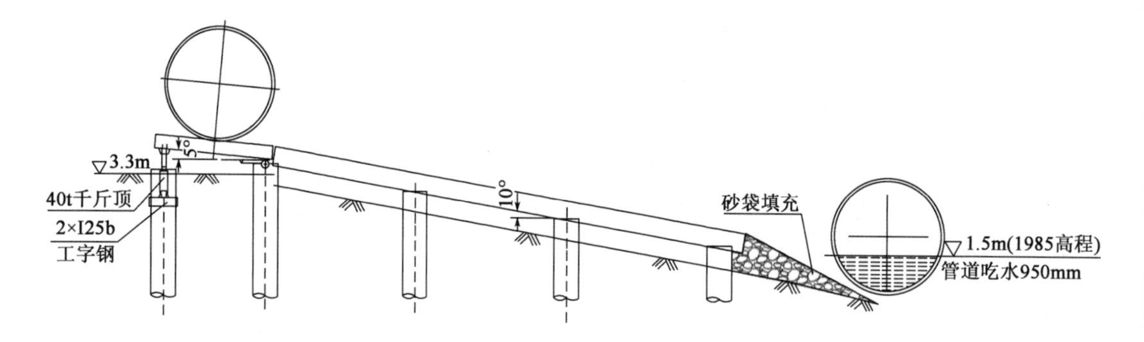

图 11-6　管道下水设计图

a)管道下水平台

b)管道在平台上

图 11-7　管道下水平台实物图

在各液压系统处安排一人负责操作千斤顶，由一名总负责人负责指挥协调，单次顶升约5cm。各操作人员同时将千斤顶顶升5cm，再用钢尺丈量各千斤顶的顶升高度，发现高度不一时及时调整到相同的高度。再次顶升千斤顶5cm，再次丈量各千斤顶的顶升高；通过多次反复顶升，使千斤顶行程达到20cm时，此时坡度倾角达5°，管道偏心质量差值为493kg/m，管道依靠偏心力使管道沿滑道滚动入水，管道在水位高程+1.5m(1985高程)时下水，如图11-8所示。根据以往经验，施工准备时间约1h(潮水至+1.5m前可以提前准备)，管道下水约30min。

图11-8　管道下水完成照片

管道出运下水过程中注意事项如下：

(1)13台千斤顶对应的5个液压系统顶升时必须听从总指挥的口令，做到顶升一致。

(2)开始顶升操作前应检查所有支垫三角方木全部撤除；所有滑道用橡胶包裹，防止滚动过程中造成防腐破损。

(3)管道下水过程中四周20m范围设置警戒区域，除操作管理人员外，所有无关人员不得进入施工区域。

(4)管道下水前应及时收听天气预报，风力大于6级风不得进行下水施工。

11.3　超长大直径钢管海上浮拖就位技术

11.3.1　管道拖运

管道下水前提前绑好拖带编队时连接锚艇的钢丝绳，形式同吊装用钢丝绳。两侧盲板吊耳处提前绑好拖缆绳，拖缆绳选用直径100mm的锦纶尼龙缆绳，并提前与抛锚艇连接，下水时抛锚艇在离管道约30m的位置待命，部分拖绳自然下垂，管道下水后抛锚艇立即拉紧拖缆绳稳住管道，防止管道滚落下水后突遇受风浪等不利情况影响撞至下水滑道，如图11-9所示。

接管平台靠南侧存在一根现有排污管，排污管与管道接管平台距离如图11-10所示，管道下水时选择在较高潮位时进行，理论上滚落水中后已经处于漂浮状态，不会对现有排污管造成影响，不过考虑保险起见，在管道下水前、低潮位的时候在现有排污管上面堆放沙袋进行保护，沙袋应有足够的重量防止被潮水冲走。

管道下水后，由抛锚艇将管道拖运至150m外深水区域交至拖轮，由拖轮将管道拖出深水区,并完成拖轮编队。

a)提前绑好缆绳

b)抛锚艇与管道位置图

图 11-9　管道提前绑好缆绳

图 11-10　排污管与管道接管平台关系

管道拖运采用 1 艘 2200hp(1670kW)半回转拖轮作为主拖轮,位于管道的前部;管道后部采用 1 艘 1200hp(900kW)全回转拖轮作为副拖轮,用于调整管道姿态。两艘拖轮及两艘抛锚艇组成拖运编队,拖运总指挥由主拖轮船长担任,其余编队船舶应听从总指挥指令,如图 11-11a)所示。

抛锚艇、交通艇船舷与管道接触部分均用旧汽车轮胎垫靠进行防护,严禁船舶直接绑靠在钢管上。抛锚艇用直径 80mm 的尼龙缆绳与管道上钢丝绳连接;在编队作业时,抛锚艇与管道保留 10°的倾角,如图 11-11b)所示。

按事先拖航路线进行拖带,将设定好的线路输入拖轮的电子海图中。拖轮航速按 3 ~ 5kn,在接近起重船约 0.5n mile(1n mile≈1852m)时减速,由管道的惯性向前,各船只需提供稳住管道航向的动力。整个拖航过程中,遇有动态不明船舶警戒船立即前往告知、劝离。

在拖航过程中,所有船舶驾驶人员均执行拖航总指挥的指令,如遇有横风时,由拖航指挥向抛锚艇、拖轮下达调整动力的指令,保证管道在设定的航线上运行。

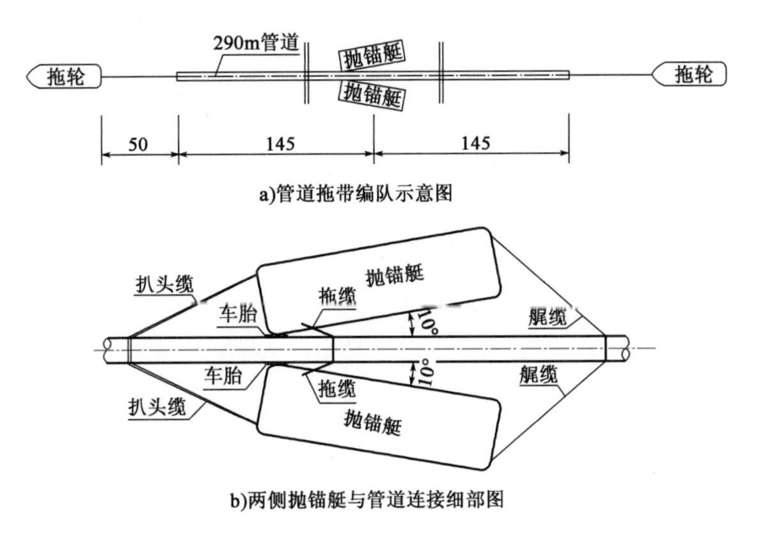

图 11-11 抛锚艇与管道连接示意图(尺寸单位:m)

拖运浅水区的管道时,要掌握拖带时间,保证管道到达现场时现场水位满足要求,在管道提前到达现场且水位仍未满足拖轮的吃水要求时,各船将管道稳在深水区或在海面上慢速转圈航行,直到水深达到要求后将管道交付起重船。

若拖运过程出现意外情况,导致拖运时间超过高平潮后 3h,潮水不满足拖轮交付起重船,则前拖轮抛锚固定,通过全回转后拖轮调整拖带方向至顺应水流方向,两侧抛锚艇配合控制管道稳定。发布航行警告,两艘警戒船做好警戒措施,待下个潮位再进行交付起重船。

拖运注意事项如下:

(1)拖运过程在航道侧设置两艘警戒船,随时关注航道船舶的动向,防止无关船舶进入施工水域。

(2)拖航时间应利用高平潮前完成,历时约 30min。

(3)副拖轮及抛锚艇应听从主拖轮船长指挥,严禁私自操作。

(4)拖航前应检查管道挂钩点的牢固性及拖缆的完好性,出现破损应及时更换。

(5)管道拖航前,已按要求 5m 间距布设一排阳极块,单个阳极块毛重 120kg,下水后阳极块处自然翻转至最低处起到配重作用,防止管道拖运过程中出现翻转。

11.3.2 交付起重船

当管道尾部拖带到距起重船约 100m 时,尾部拖轮调转方向,由主拖轮控制方向,撤离两侧抛锚艇,依靠高平潮后的退潮流及前后拖轮拉力,必要时增加起重船上的钢丝绳配合拖轮牵引管道至定位桩。

管道抵达定位桩侧后,抛起重船前锚及前中心锚,将起重船吊住管道吊点,拆除拖轮与管道连接并撤离,完成交付起重船。

(1)交付起重船步骤

交付起重船主要由以下 4 个步骤组成,如图 11-12 所示。

①步骤一:管道按设定方向由托运编队拖运至施工现场附近,撤离两侧抛锚艇。

②步骤二:首部主拖轮进行转向,绕过本项目设置的前埔警2号临时航标(仅第二节管段BK1+234~BK1+524特有),尾部副拖轮朝本项目方向继续航行,对管道进行初步转向及继续航行。

③步骤三:主副拖轮主要稳住管道,借用退潮流的作用力使管道不断靠近定位桩,拖轮不断进行纠偏。

④步骤四:管道靠至定位桩上,直至起重船吊住管道后方可撤离拖轮。

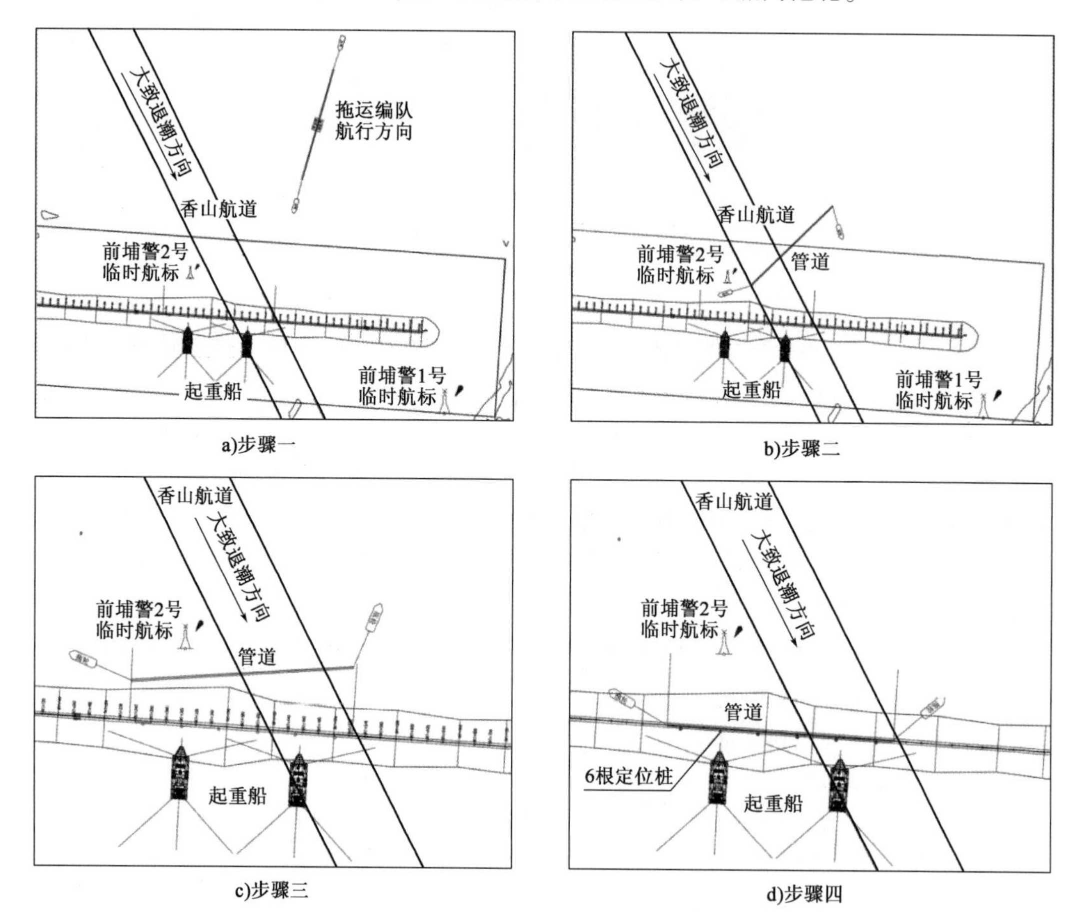

图11-12 交付起重船步骤

(2)交付起重船注意事项

①根据当地潮流水文资料,本工程施工海域最小流速发生于高、低平潮前后,最大流速出现于高、低平潮后3h左右,交付起重船应尽量选择在高平潮时完成,最迟不得超过高平潮后2h。

②交付起重船时,起重船驻位在基槽南侧,前后四个八字锚及后中心锚提前抛设,前锚暂时抛在定位桩前,前中心锚待管道移到位后再抛设。

③管道在高平潮前1h下水,按正常情况交付起重船时处于高平潮后0.5h,水流等均较为稳定,满足交付起重船的操作要求,交付起重船主要靠高平潮后2h内较为可控的退潮流,通过

拖轮及起重船上绞机的牵引进行控制。

④交付起重船后，由于潮水时间无法满足安装需求，起重船需候潮，待下一个高潮水进行管道安装作业。

11.3.3　拖轮施工情况分析

管道拖航采用2200hp拖轮施拖，拖轮吃水深度为2.8m，为确保拖轮安全，拖轮经过水域必须保证3.3m(2.8m+0.5m=3.3m)以上水深方可拖航。由于管道下水区域水深较浅，不具备拖轮进场的需求，拖轮施拖前应驻位在下水区域外150m外的深水区待命，根据海图显示，深水区最低潮位水深可达到6m以上水位，具备拖轮全天候待命。

管道下水完成后，拖轮用尼龙缆绳将管道缓慢脱离浅水区，在深水区进行转弯，并将另外1艘拖轮及2艘抛锚艇系绑至管道上，拖轮沿五通航道西侧拖运，东侧设置两艘警戒船，防止其他船舶影响拖航安全。根据海图显示，拖航路径原泥面高程最高为-5.1m，拖航选择在高潮位+1.5m以上进行拖航，拖航水深满足船舶水深要求。

管道拖航至距离施工区域1km附近时，缓慢减速，准备转向交付起重船，根据施工区域原泥面底高程显示，原泥面顶高程为-3.0~-2.0m，管道交付起重船潮水高程达到水位+1.5m交付可满足拖轮吃水要求，即在高潮前后2h内完成交付起重船，拖轮离开施工水域。

不利工况分析如下。

(1)交付起重船超过高潮后2h：由于交付工序耽误及管道下水及拖航时间耽误等原因导致交付起重船过程中超过高潮后2h，退潮水流较大或者施工水域水深即将无法满足拖轮吃水要求时，解除连接起重船的缆绳，后拖轮改为前拖轮，将管道拖运至提前规划的管道候潮区域等候下个高潮交付起重船。管道在候潮区域待命阶段，管道靠航道一侧设置两艘警戒船警戒，防止航道船舶进入候潮区，如图11-13所示。

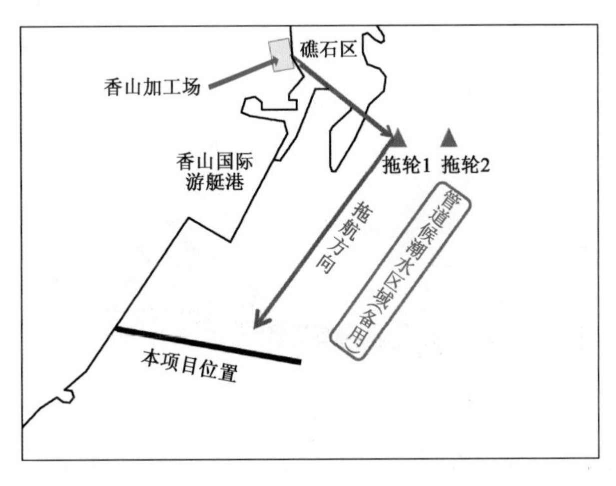

图11-13　拖运路线平面示意图

(2)由于管道出运下水及拖运时间耽误，导致错过交付起重船最佳时间；管道拖运至管道候潮区域候潮，待下一个潮水进入施工区域。

11.4 超长大直径钢管海上沉管安装技术

11.4.1 主管段 BK0 +074 ~ BK1 +814 段管道安装

(1)定位桩沉桩及拆除

为确保安装精度,管道拖运施工前在管道轴线上按 50m 的间距插打钢管定位桩,定位桩为 ϕ800mm × 16mm 的钢管桩,桩长 24m 的有 27 根,桩长 36m 的有 11 根。

①起重船定位

起重船由拖轮拖带到施工现场,在全球定位系统(GPS)的引导下,由抛锚艇的协助下进行抛锚定位。管道安装是从海侧向岸侧进行安装,即 BK1 +814 向岸侧安装,故起重船定位按此里程进行定位。

起重船定位前,由测量工计算锚位,用 GPS 跟踪测量抛锚艇抛锚位置,在起重船抛锚完成后同样由 GPS 引导起重绞锚移位,最终将各起重船调整到设定位置。

各起重船所抛侧锚锚重不小于 80kN,锚绳入水深度不小于 150m;前后抽芯锚缆锚重不小于 100kN,锚绳入水深度不小于 200m。

②定位桩沉桩

起重船定位后,为保证沉管轴线位置的准确,设计要求在管道轴线上按每 50m 打设一根直径 800mm 的定位桩,桩长为 24m 的 27 根,36m 的 11 根。为方便施工及尽量减少海面碍航物,故按每节管道所需施打定位桩,待管道安装完成后将该节管道所需的定位桩拔除,移到下一根待安装管道处继续施打所需定位桩,如图 11-14 所示。定位桩中心线位于管道轴线南侧 2m 位置(主管半径 1.4m + 定位桩半径 0.4m + 0.2m 预留空间),间距按照 50m 布设,为减小海上施工影响,每根 290m 管道打插 6 根钢管桩,管道安装完成后拔除。

图 11-14 定位桩施工现场

沉桩采用起重船吊振动锤进行沉桩作业,选用 DZJ-150 型电动振动锤配双夹具作为沉桩动力,同时在起重船船艏上安装简易导向龙口,以保证桩的位置及垂直度。

定位桩由驳船水运到施工现场并定位在起重船船艏,由起重船振冲锤夹具夹住桩头,再将桩竖直后插入至起重船船艏的简易龙口中。松放振动锤,重新调整振动锤下的夹具对准管口后插入,启动振动锤下方的液压夹具,将钢管桩沉桩到设定高程。

定位桩沉桩时应按《码头结构施工规范》(JTS 215—2018)中有关要求精心施工。定位准确,桩位、垂直及桩顶高程偏差控制在规范要求内。定位桩质量检验方法按《水运工程质量检验标准》(JTS 257—2008)进行验收,详见表 11-1。

定位桩验收表 表 11-1

序号	项目		允许偏差(mm)		检验数量	单元测点数量	检验方法
			直桩	斜桩			
1	设计高程处桩顶平面位置	内河和有掩护近岸水域沉桩	100	150	逐件检查	1	用经纬仪和钢尺测量两方向,取大值
		无掩护近岸水域沉桩	150	200			
		无掩护离岸水域沉桩	250	300			
2	桩身垂直度(每米)		10	—	抽查 10% 且不少于 10 根	1	吊线测量或用测斜仪测量

注:1. 序号 1、2 项偏差按夹桩铺底后所测的数值为准,但禁止拉桩纠偏。
2. 长江、闽江和掩护条件较差的河口港沉桩,桩顶偏位按“无掩护近岸水域沉桩”的标准执行。
3. 沉桩区有柴排、木笼、抛石棱体等障碍物和浅层风化岩,以及采用水冲桩或长替打送桩,其允许偏差会同设计单位研究确定。
4. 墩台中间桩平面位置的允许偏差应按上表放宽 50mm。

若遇地质原因定位桩施打不下去时,采用保持轴线位置不变,左右调整位置进行施打。

(2)系扣、拆除封板

①吊点布置

本工程钢管长度为 290m,根据管道的长度、起重船性能及钢管的特性,采用双抬吊的主方法进行施工,如图 11-15 所示。管道吊装前均开具吊装令,进行试吊。

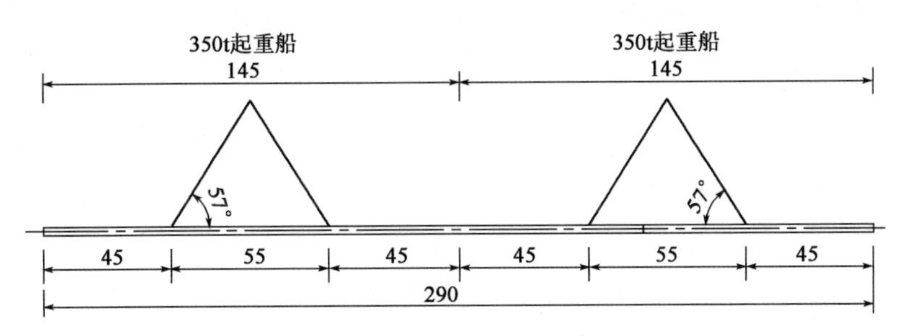

图 11-15 290m 主管吊点示意图(尺寸单位:m)

②钢丝绳选用

管道下水前将先将长度为 20m 的短钢丝吊索绕管道一圈半按设定的吊点位置对管道进行绑扎进行捆绑,并用短钢板焊接限位以防钢丝绳滑动,同时短钢丝绳设置泡沫浮标。管道拖运至安装现场后,将短钢丝绳用卸扣与起重船主吊钢丝绳连接,如图 11-16 所示。700t 起重船选择公称抗拉强度为 1770MPa、直径为 84mm 的钢芯钢丝绳,350t 起重船选择公称抗拉强度为 1770MPa、直径为 80mm 的钢芯钢丝绳。

③起吊钢管、拆除盲板

挂钩完成后,再次检查钢丝绳吊点位置,在确认无误后,进行试吊。由一名起重指挥负责指挥两船将管道吊离水面约 0.5m,起吊时通过起重船重量显示器显示的设定重量进行调整及分配各船吊重。

将拖运所用的抛锚艇停靠到管道端部，由抛锚艇小吊杆下的吊钩吊住盲板上预留的耳板，人工拆下盲板与法兰的连接螺丝，将封堵管道的盲板拆下后吊到起重船甲板上放置，如图11-17所示。

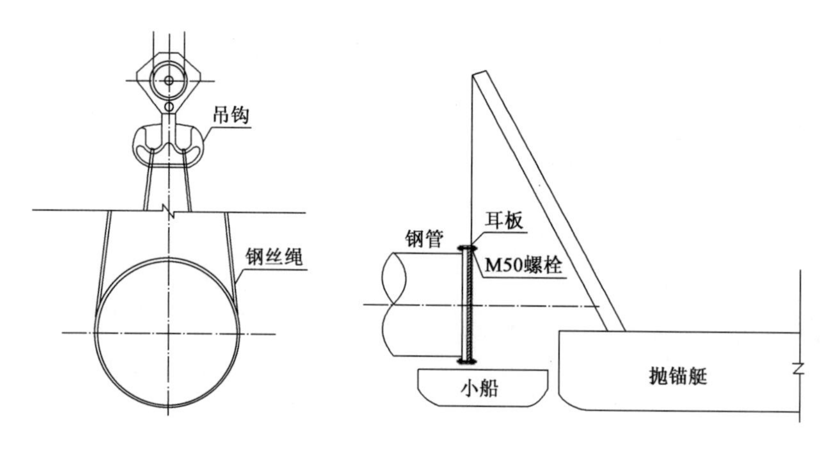

图11-16 管道捆绑示意图

图11-17 拆除盲板示意图

(3)管道安装及对接

试吊完成后，管道安装下放前，在管道两端系上测量绳，分别用机动艇拉住，以便随时测量管道入水深度。

所有准备工作完成后，将管道移到定位桩侧，由测量人员再次测量管道端头位置，当轴线及起点位置复测无误后开始沉管作业。

①管道注水

由一名经验丰富的起重工指挥两艘船进行沉放作业。

两艘船同时缓慢下钩使管底入水约20cm，使管道缓慢进水，当管口两端不再向管内进水时再次松放20cm，再次使管道进水，重复以上至管道吃水约1.5m时，将一艘起重船单船松放20cm，使管道形成一个斜坡，便于管道内的气体排出。

两艘船同时松放管道20cm，通过多次反复操作，将管道内完全注入海水，管内空气全部排出后将管道调平。

②管道沉放

水流较缓时，测量人员再次检查管道端头位置及轴线，在确认无误时两艘船同时松放管。

管道松放时，指挥人员根据管道两端测量的入水深度指挥两艘船的松放速度，通过调整两艘船的松放速度，使管道两端高差小于300mm，最后将管道沉入到基槽垫层上。

管道沉到基床后，由潜水员探摸管道是否贴靠在定位桩上，如有误差时移动管道，使管道贴靠定位桩后再次复测管道里程、高程后，在确认无误后拆除钢丝，进入下一根管道安装单元。

第二节及后续长管道安装时，按上述同样方法进行施工。但在法兰对接时需在将已安装管道接头处由潜水员采用水下高压水射流作业清理一个深度约800mm、长度为2000mm的槽，此槽原先已由抓斗船开挖成型，以便于潜水员水下对接法兰，同时作为浇筑封堵混凝土的空间。

当第二节管道松放到距基床约4m时，潜水员沿管道两端的测量绳入水，探摸管道接口情况，同时指挥水面起重船调整管道位置，将管道松放到距基床约50cm。

管道在拆除盲板后在管道内焊接两根定位用的槽钢，如图11-18所示。下放管节后，指挥起重船插入上一节管道内，进行初步定位。

潜水员下水采用直径48mm的钢丝绳穿入两个法兰孔内，通过起重船上的卷扬机略微带点牵引力，潜水员继续指挥起重船调整管道接头的位置，使两管接头的高程及轴线对齐后，用4根直径50mm、长度为500mm的圆钢柱穿入两个法兰的螺纹孔中进行导向，起重船移船将两管口贴紧，再将法兰螺丝穿入法兰孔并用风动扳手拧紧，最后拆除圆钢柱，换上法兰螺栓并拧紧。

图11-18　钢管内定位钢板施工

此项潜水作业需在风浪较小的情况进行，潜水员、起重船等随时待命，时刻监测海面波浪及海水流水，在较有利的情况下方可作业。

法兰端连接后，潜水员再次检查管道是否贴靠在定位桩上，如距离超出规定要求，起重船再次起吊管道，移船调整管道位置，直到管道贴靠定位桩后将管道松放到基床上，潜水员水下解扣，拆下起吊钢丝绳。

(4)沉管施工分析

本工程管道沉放采用的350t起重船最大空载吃水1.19m，满载吃水2.26m，以最不利情况第六节管道BK0+074～BK0+364为例，安装时350t起重船一艘位于BK0+146桩号处，海床高程-1.3m，管内底高程为-8.701m，保证船体吊装稳定水位高程为1.6m(-1.3m+2.26m+0.64m=1.6m)，一艘位于BK0+291桩号处，海床高程-2.1m，管内底高程为-9.178m，保证船体吊装稳定水位高程为0.8m(-2.1m+2.26m+0.64m=0.8m)。

管道安装时潮水高程达到水位+1.6m可满足起重船吃水要求，即在高潮前1h起管道多次缓慢沉放，最终沉入基槽内，如图11-19所示。完成该项工作后两艘起重船退至基槽内等待下一个潮位。

由于管道对正工序耽误等原因导致管道对接过程中仅安装几个螺栓或者一个都未安装完成，时间已超过高潮后1.5h，退潮水流较大或者施工水域水深即将无法满足起重船吃水要求时，起重船退至基槽内做好等待准备，待下个潮位时起重船再次移位上前做好收尾工作。350t起重船在多年年最低潮位均值-3m时，起重船满载吃水2.26m，离管道还有0.64m的安全距离。

待下一个潮位时，观察风力等情况，经评估具备对接条件时，起重船移位进行管道对接施工，如图11-20所示。理论上趁+1.6m以上水位在3h内全部完成螺栓对接，并做好收尾工作。

11.4.2　扩散器段安装

扩散管在香山加工厂整体拼装完成后，主管道端口及上升管、冲洗管出口均用临时盲板封堵，待水位高程为+2.5m(1985高程)时，由350t起重船将扩散管吊至水中，采用与主管道一样的拖运方式拖运至安装现场。

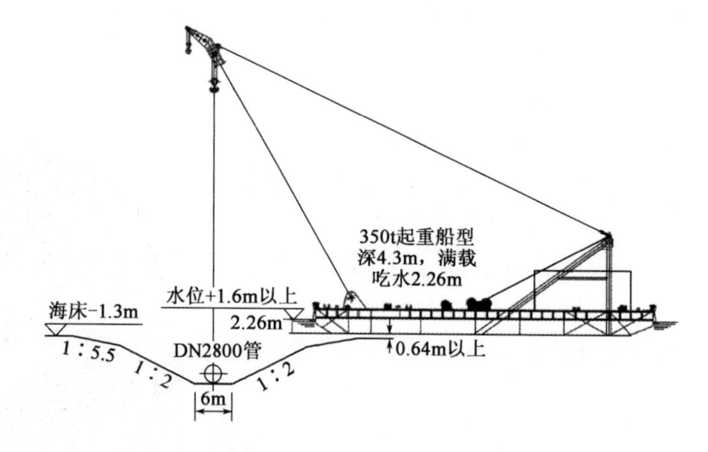

图 11-19 起重船吊装示意图

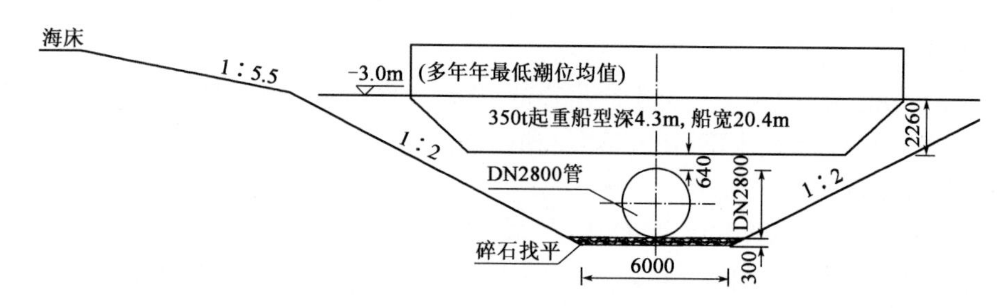

图 11-20 管道对接施工示意图(尺寸单位:mm)

扩散管主管节按整根沉放,上升管及冲洗管待主管安装完成后进行安装。安装方式参照主管由一艘 350t 起重船抬吊整根沉放。

(1)吊点布置

根据管道的长度、特性等相关参数,按图 11-21 布置吊点。

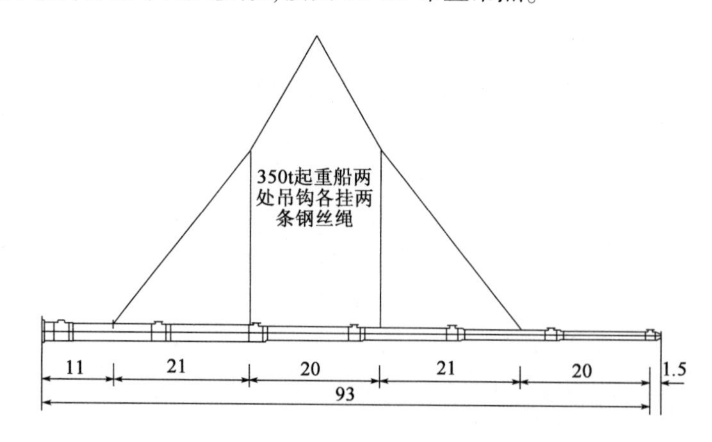

图 11-21 扩散段吊点示意图(尺寸单位:m)

(2)水下安装扩大散管

在管道沉放前,起重船将管道吊出水,拆下所有封堵盲板,再将管道缓慢下沉注水,按前述的管道安装方法将管道沉到海底,完成与主管道连接。

(3)上升管、鸭嘴阀及冲洗管安装

扩散管安装到位后,由平板驳船将陆域拼好的上升管、鸭嘴阀、冲洗管水运到施工现场,再由起重船吊放到水下,潜水员在水下对接法兰并连接到位。冲洗管同样连接成整体后吊放到水下进行安装。

冲洗管安装时直接用350t起重船两只主钩吊起吊冲洗管,通过调整两只吊钩的不同吊高来调整上升管倾角,在倾角为45°时进行沉放安装。水下埋管及水下架空管的安装允许偏差见表11-2。

水下埋管及水下架空管的安装允许偏差 表11-2

项目		允许偏差(mm)
轴线位置	水下埋管	200
	水下架空管	150
高程	水下埋管	±150
	水下架空管	±100

冲洗管安装完成后需对其后靠背回填砂,让其下半节通过回填砂贴靠在基槽上,上升管安装完后也需抓紧进行管道回填,防止管道悬臂于海上中受洋流影响而损坏接头处。

11.4.3 压重块安装

压重块由预制场预制装船并运到施工现场进行安装作业。

压重块安装由起抛锚艇进行吊装,潜水员水下配合。因块体为5m一块,在安装时由潜水员在水下用长度为4.5m的铝管水下丈量压重块的间距。

压重块安装时应与管道表面阳极块位置错开。

11.4.4 接头包封

(1)模板施工

模板采用钢模板,钢模板由起重船吊放到管道接头处并安放到位,潜水员水下锁上堵漏围板,检查周边与垫层接触情况,管底用袋装沙填实,防止漏浆,如图11-22所示。

在钢模板安装前,先由潜水员将管道接头的底部的碎石及泥土进行清理到距管底约800mm,再铺设300mm的碎石垫层,确保管底混凝土厚度达到500mm,以保证混凝土的封堵厚度。

主体模板由抛锚艇吊放入水中,卡住管道,封堵的小模板一侧尖角吊装入水后,另一根钢丝绳绕过管道绑在另一侧尖角上,通过潜水员配合移动模板,起吊模板试封堵模板与主体模板闭合,通过潜水员依据封堵模板的螺栓孔水下气割主模板,穿入螺栓,达到整体闭合模板的效果,模板安装完后,对模板外侧堆填部分沙袋进行额外封堵。

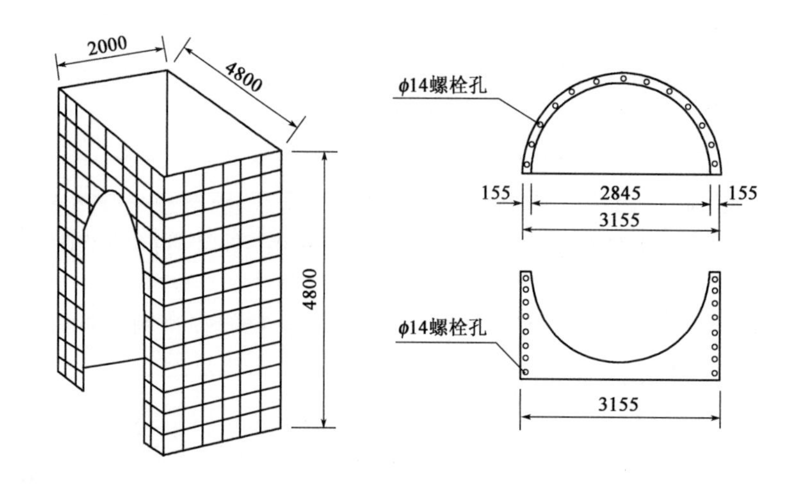

图11-22 接头包封模板示意图(尺寸单位:mm)

(2)混凝土浇筑

混凝土采用C25水下混凝土,一个接头混凝土方量为$33.8m^3$,即$(4.8\times4.8-3.14\times1.4\times1.4)\times2=33.8m^3$。混凝土由陆上购买商品混凝土,运到香山外侧的废弃码头,用泵车在高水位时泵送到运输船上的$2m^3$料斗中,运输船上设4个料斗,一次运输$8m^3$,水运到浇筑现场,再采用水下浇筑工艺将混凝土灌入钢模板中。

混凝土浇筑采用起重船吊住浇筑用的料斗及导管,通过抛锚艇将运输船上的$2m^3$料斗内混凝土导入浇筑料斗内进行浇筑。运输船不断往返运输混凝土。

在施工前先检查导管的水密性,在保证导管完成水密后方可施工。

考虑浇筑的密实性,对每处接头分三个部位进行浇筑,即管道两侧及管顶三部位分别连续浇筑。

由起重船将导管在潜水员的配合下插入钢模板并使导管底部距碎石垫层约200mm高,在料斗内橡皮球放入料斗底部并塞入导管内。导管内的橡皮球在混凝土自重的压力下向下运动,直到混凝土充满导管并使橡皮球从导管中挤出并浮出水面,完成混凝土初灌。

连续向导管料斗内放料,当导管内混凝土不再向下流动时提升导管约200mm,再次注料,直到该侧的混凝土浇筑到管道顶面。

完成一边浇筑后,按上述同样方法浇筑另一侧及浇筑管顶部混凝土。

由于水下混凝土不能振捣密实,混凝土采用水下自密实混凝土,该混凝土具有水下良好的不扩散型且能达到自然密实的效果。

钢模板为一次性构件,浇筑后不拆,同管道一样进行回填砂等。

11.5 本章小结

海域段施工区域毗邻航道、通航船舶多,污水排海工程海域段钢管铺设施工包括基槽挖泥、抛填碎石、管道沉放、长钢管水下接头法兰拼接及水下混凝土包裹密封加固、回填砂、回填模袋混凝土、回填抛石等分项工程,施工工序多,工程量大,通航船舶对污水排海工程海域段钢管铺设施工干扰大。

(1)管道出运下水采用液压千斤顶顶升,管道依靠重心顺滑道自由滑动至水上,溜放平台设13个滑道,共13个千斤顶,两侧两个千斤顶各一个液压系统控制,中间每三个千斤顶采用一个液压系统控制,共5个液压系统。经实践证明液压千斤顶顶升20cm时管道自然滚动下水,该下水方式安全可行。

(2)本工程管道拖航采用2200hp(1640kW)拖轮施拖,拖轮吃水深度为2.8m,为确保拖轮安全,拖轮经过水域必须保证3.3m(2.8m+0.5m=3.3m)以上水深方可拖航。管道下水完成后,拖轮用尼龙缆绳将管道缓慢脱离浅水区,在深水区进行转弯;将另外1艘拖轮及2艘抛锚艇系绑至管道上,拖轮沿五通航道西侧拖运,东侧设置两艘警戒船,防止其他船舶影响拖航安全。管道拖航至距离施工区域1km附近时,缓慢减速,准备转向交付起重船,根据施工区域原泥面底高程显示,原泥面顶高程为-3.0～-2.0m,管道交付起重船潮水高程达到水位+1.5m时交付可满足拖轮吃水要求,即在高潮前后2h内完成交付起重船,拖轮离开施工水域。通过拖带编队的管理及下水水位的控制,顺利完成了第一节管道的拖运安装,为后续管节积累了宝贵经验,证明了该施工工艺的可行性。

(3)管道安装前,在管道两端系上测量绳,分别用机动艇拉住,以便随时测量管道入水深度。所有准备工作完成后,由测量人员再次测量管道端头位置,同时将管道靠到定位桩侧,当轴线及起点位置复测无误后开始沉管作业。通过该步骤的控制,确保了管道的沉放精度。

Key Construction Technology

of Super Long and Large Diameter Sewage Discharge Steel Pipe in Complex Environment

复 杂 环 境 下 超 长 大 直 径 污 水 排 海 钢 管 施 工 关 键 技 术

第 4 篇

海洋环境保护

第 12 章
CHAPTER 12

污水排海工程的环境影响评价

前埔污水处理厂三期工程(排海管)新建规模为 30 万 m^3/d 的永久排放工程,工程采用顶管 + 沉管相结合的施工工艺。陆域段长度约 0.62km,环境影响评价行业类别按《建设项目环境影响评价分类管理名录》中的“四十九(175)”;海域段长度约 1.91km,环境影响评价行业类别按“四十八(156)”。

排海管工程建设及运营对环境造成一定的影响,施工期的主要环境问题为:新建段排海管陆域段施工的大气、噪声影响,以及海域段施工期悬浮泥沙对海域环境质量的影响;运营期的主要环境问题为:尾水排放对排放水域环境质量的影响。

因此,本工程需着重从工程建设计运营对环境可能产生的影响进行预测及评价。本章从环境影响预测与评价、环境风险评价与分析以及环境影响经济损益等几个方面,阐述污水排海工程的环境影响评价方法,以利于针对可能存在的问题提出相应的控制措施。

12.1 环境影响预测与评价

12.1.1 海水水质环境影响预测与评价

12.1.1.1 潮流场数学模型

(1)基本方程

本工程潮流动力影响分析基于 Delft-3D 软件,建立二维潮流数学模型。

①连续方程

$$\frac{\partial \zeta}{\partial t} + \frac{1}{\sqrt{G_{\xi\xi}}\sqrt{G_{\eta\eta}}}\frac{\partial[(d+\zeta)U\sqrt{G_{\eta\eta}}]}{\partial \xi} + \frac{1}{\sqrt{G_{\xi\xi}}\sqrt{G_{\eta\eta}}}\frac{\partial[(d+\zeta)V\sqrt{G_{\xi\xi}}]}{\partial \eta}$$

$$= H\int_{-1}^{0}(q_{\text{in}} - q_{\text{out}})\mathrm{d}\sigma + P - E \tag{12-1}$$

②控制方程

水平动量方程如下。

a. ξ 方向:

$$\frac{\partial u}{\partial t}+\frac{u}{\sqrt{G_{\xi\xi}}}\frac{\partial u}{\partial \xi}+\frac{v}{\sqrt{G_{\eta\eta}}}\frac{\partial u}{\partial \eta}+\frac{\omega}{d+\zeta}\frac{\partial u}{\partial \sigma}-\frac{v^2}{\sqrt{G_{\xi\xi}}\sqrt{G_{\eta\eta}}}\frac{\partial\sqrt{G_{\eta\eta}}}{\partial \xi}+\frac{uv}{\sqrt{G_{\xi\xi}}\sqrt{G_{\eta\eta}}}\frac{\partial\sqrt{G_{\xi\xi}}}{\partial \eta}-fv$$

$$=-\frac{1}{\rho_0\sqrt{G_{\xi\xi}}}P_{\xi}+F_{\xi}+\frac{1}{(d+\zeta)^2}\frac{\partial}{\partial\sigma}\left(\nu_V\frac{\partial u}{\partial\sigma}\right)+M_{\xi} \tag{12-2}$$

b. η 方向:

$$\frac{\partial v}{\partial t}+\frac{u}{\sqrt{G_{\xi\xi}}}\frac{\partial v}{\partial \xi}+\frac{v}{\sqrt{G_{\eta\eta}}}\frac{\partial v}{\partial \eta}+\frac{\omega}{d+\zeta}\frac{\partial v}{\partial \sigma}-\frac{u^2}{\sqrt{G_{\xi\xi}}\sqrt{G_{\eta\eta}}}\frac{\partial\sqrt{G_{\xi\xi}}}{\partial \eta}+\frac{uv}{\sqrt{G_{\xi\xi}}\sqrt{G_{\eta\eta}}}\frac{\partial\sqrt{G_{\eta\eta}}}{\partial \xi}+fu$$

$$=-\frac{1}{\rho_0\sqrt{G_{\eta\eta}}}P_{\eta}+F_{\eta}+\frac{1}{(d+\zeta)^2}\frac{\partial}{\partial\sigma}\left(\nu_V\frac{\partial v}{\partial\sigma}\right)+M_{\eta} \tag{12-3}$$

式中:ν_V ——垂直涡动黏滞系数,$\nu_V=\nu_{mol}+\max(\nu_{3D}\ \nu_V^{back})$;

ν_{mol} ——水位动力黏滞系数;

ν_{3D} ——三维湍流黏滞系数;

ν_V^{back} ——背景湍流黏滞系数,三维(3D)部分是通过3D紊动模型计算所得;

u——ξ方向上的水体流速;

v——η方向上的水体流速;

P_{ξ}、P_{η} ——压力梯度项;

F_{ξ}、F_{η} ——紊动一亲的雷诺应力项;

M_{ξ}、M_{η} ——外部动量;

ω——σ坐标系下的水体垂向流速。

而实际垂向流速 w 则需根据水平流速、水深、水位和 ω 按照下式求得:

$$w=\omega+\frac{1}{\sqrt{G_{\xi\xi}}\sqrt{G_{\eta\eta}}}\left[u\sqrt{G_{\eta\eta}}\left(\sigma\frac{\partial H}{\partial\xi}+\frac{\partial\zeta}{\partial\xi}\right)+v\sqrt{G_{\xi\xi}}\left(\sigma\frac{\partial H}{\partial\eta}+\frac{\partial\zeta}{\partial\mu}\right)\right]+\left(\sigma\frac{\partial H}{\partial t}+\frac{\partial\zeta}{\partial t}\right) \tag{12-4}$$

在浅水假设条件下,垂向动量方程可被简化为静水压力方程,此时,压力梯度项可表示为:

$$\frac{1}{\rho_0\sqrt{G_{\xi\xi}}}P_{\xi}=\frac{g}{\sqrt{G_{\xi\xi}}}\frac{\partial\zeta}{\partial\xi}+g\frac{d+\zeta}{\rho_0\sqrt{G_{\xi\xi}}}\int_{\sigma}^{0}\left(\frac{\partial\rho}{\partial\xi}+\frac{\partial\rho}{\partial\sigma}\frac{\partial\sigma}{\partial\xi}\right)\mathrm{d}\sigma' \tag{12-5}$$

$$\frac{1}{\rho_0\sqrt{G_{\eta\eta}}}P_{\eta}=\frac{g}{\sqrt{G_{\eta\eta}}}\frac{\partial\zeta}{\partial\eta}+g\frac{d+\zeta}{\rho_0\sqrt{G_{\eta\eta}}}\int_{\sigma}^{0}\left(\frac{\partial\rho}{\partial\eta}+\frac{\partial\rho}{\partial\sigma}\frac{\partial\sigma}{\partial\eta}\right)\mathrm{d}\sigma' \tag{12-6}$$

式中,右边第一项为正压梯度力(不包括大气压梯度力),第二项为密度变化引起的斜压梯度力。通过 σ 坐标转换在水平压力梯度中引入了垂向导数。在河口和海岸环境中,较大的底坡度可破坏垂向网格。为避免人工水流,斜压梯度力项的数值计算需要通过特殊的数学近似来获得,其具体过程可参见 Delft-Flow 手册 10.10。

③边界条件

动力边界条件(水体表面:$\sigma=0,z=\zeta$;水底:$\sigma=1,z=-d$):

$\omega|_{\sigma=-1}=0,\omega|_{\sigma=0}=0$, $\omega|_{\sigma=-d}=0,\omega|_{\sigma=\zeta}=0$。

海底动力边界条件：$\left.\frac{\nu_{\mathrm{V}}}{H}\frac{\partial u}{\partial \sigma}\right|_{\sigma=-1}=\frac{1}{\rho_0}\tau_{\mathrm{b}\xi}$，$\left.\frac{\nu_{\mathrm{V}}}{H}\frac{\partial v}{\partial \sigma}\right|_{\sigma=-1}=\frac{1}{\rho_0}\tau_{\mathrm{b}\eta}$。

固边界(岸边界)在现状模拟中采用了不滑动边界条件（$u=0$）。岸边界采用修测岸线，并参照现状填海工程。

(2)模型参数

①水深资料

根据中华人民共和国海事局出版编号为C1414240、C1514251、C1514261、C1614262等的最新海图,结合海岸地形内插求得其余海域各计算格点的水深。模型采用动边界,参照最新的遥感影像资料,以最高潮时海岸等高线作为计算域的边界。

②模型范围和网格

为正确反映工程区潮汐潮流特征,并能够用于研究尾水排海后如何排向外海,选择围头湾—厦门湾作为模拟区域,计算区域包含了九龙江河口区、西海域、东海域、同安湾、围头湾及大小金门岛等众多岛屿,并在项目海域进行网格加密。

③边界条件

潮流模型外边界潮位选取OTIS全球潮汐模型在我国东海的模拟结果,以确定开边界分潮调和常数。选取围头至后石之间的开阔海域作为模型开边界,以M2、S2、K2、N2、K1、O1、P1、Q1八个主要分潮生成模型开边界各个节点处的潮位时间序列。

(3)模型验证

选取福建海洋研究所于2018年07月(大潮和小潮潮流、潮位)在厦门东海域进行的水文调查结果作为潮位、潮流的率定验证。C1、C2为实测潮位站,A1、A2、B1、B2、C1、C2为实测海流站。图12-1为临时验潮站2018年7月13—14日期间模拟潮位与观测潮位的对比图。

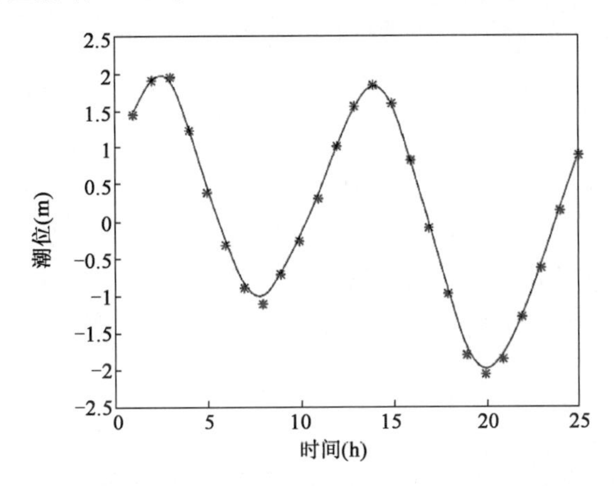

图12-1　模拟潮位与实测潮位对比图(曲线为计算值,点为实测值)

从图12-1可以看出,模拟值与观测值结果总体吻合良好,变化规律一致,各站均表现出明显的半日潮性质,平均相对误差应符合《内河航道与港口水流泥沙模拟技术规范》(JTS/T 231-4—2018[1])的要求。

[1] 该规范现已被《水运工程模拟试验技术规范》(JTS/T 231-4—2021)替代。

图 12-2 为选取 2018 年 7 月 13—15 日(大潮)实测垂直平均的流速、流向资料的潮流验证结果。

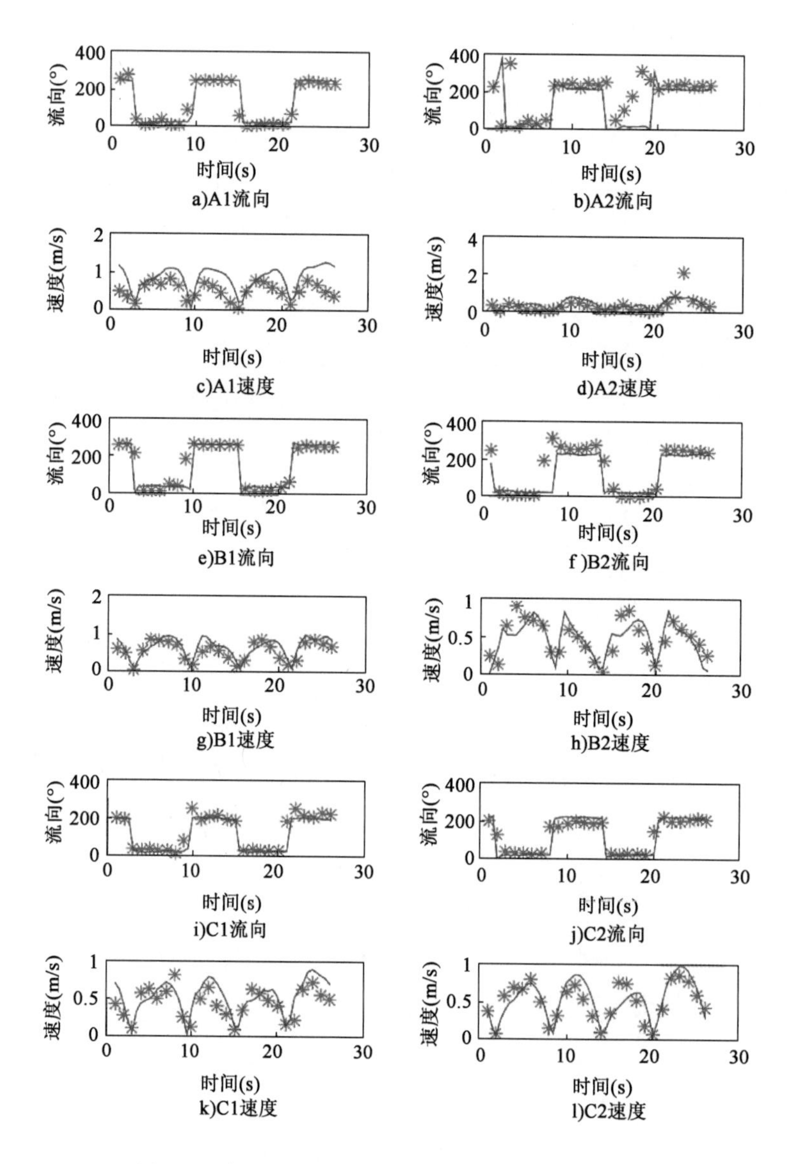

图 12-2 大潮垂向平均流速流向模拟值与实测值对比结果

从图 12-2 可以看出,各站一天内都存在 4 次转流时刻,该海域以半日潮为主,模拟得到的转流发送时刻与实测基本一致。各站基本上在半潮面时候出现流速最大值,在高潮或低潮时刻发生转流,说明模型很好地模拟出项目海域驻波的潮波特性。从潮位、潮流验证结果可知,总体而言潮位模拟值和实测值吻合较好,高、低潮位出现时间也比较一致,验证结果表明本模型采用的物理参数和计算参数基本合理,计算方法可靠,能够再现研究海域的潮流运动特性,计算精度符合《内河航道与港口水流泥沙模拟技术规程》(JTS/T 231-4—2018)的要求,可用于项目海域的水动力环境影响分析研究。

计算区域的潮波受两支潮波共同控制。太平洋潮波在向福建沿岸传播过程中,受我国台湾岛阻挡分成南北两支潮波,北支绕过基隆从北侧进入我国台湾海峡,并以前进波形式向西南方向行进;南支则由我国台湾浅滩东侧进入我国台湾海峡,在澎湖列岛的深水区分布向闽南和闽中沿岸传播,且平行于海岸线前进,北支潮波的能量远大于南支,北支潮波可影响至我国台湾浅滩北段。从潮流运动来看,湾口附近涨潮流被厦门岛以及大、小金门岛分成五股。北侧涨潮流绕过金门岛向西北进入围头湾、安海湾水域,其中大部分水流沿岛屿岸线继续向西运动。我国台湾海峡的潮波从开边界传入计算区域后,经金门—围头之间的水道进入项目海域,并分成三股海流分别进入安海湾、大嶝北侧水道、南侧水道。来自安海湾、大嶝北侧、南侧水道的三股在项目海域汇合后经金门—围头之间的水道流出湾外。金门岛以南、以西海域潮流以旋转流为主,通道水域及项目海域以往复流性质为主。项目海域的涨落潮主轴方向与岸线、潮沟大致平行。

12.1.1.2 施工期悬浮泥沙入海对海水水质的影响

(1)数学模型

①基本方程

泥沙在海水中的沉降、迁移、扩散过程可用对流、扩散方程表示:

$$\frac{\partial S}{\partial t}+\frac{1}{C_\xi}u\frac{\partial S}{\partial \xi}+\frac{1}{C_\eta}v\frac{\partial S}{\partial \eta}$$

$$=\frac{1}{D}\left[\frac{1}{C_\eta}\frac{\partial}{\partial \xi}\left(K_{\xi\xi}\frac{D}{C_\eta}\frac{\partial S}{\partial \xi}+K_{\xi\eta}\frac{D}{C_\xi}\frac{\partial S}{\partial \eta}\right)+\frac{1}{C_\xi}\frac{\partial}{\partial \eta}\left(K_{\eta\eta}\frac{D}{C_\xi}\frac{\partial S}{\partial \eta}+K_{\xi\eta}\frac{D}{C_\eta}\frac{\partial S}{\partial \xi}\right)\right]-\alpha\omega S+Q \tag{12-7}$$

式中:S——含沙量;

Q——悬浮泥沙输入源强;

α——泥沙沉降概率;

其他符号含义同前。

②初始条件

施工期不考虑本底值,均设置为0,仅考虑悬浮泥沙增量。

③边界条件

a. 陆边界:陆地边界条件采用通量为0的条件,即 $\frac{\partial s}{\partial n}=0$,其中 n 为陆地边界法线方向。

b. 开边界:在计算海域的开边界条件时,浓度计算按流入、流出的情况分别处理。开边界处满足 $\frac{\partial S}{\partial t}+V_n\frac{\partial S}{\partial n}=0$。

(2)计算源强

施工期入海悬浮泥沙主要产生于排海管道沟槽开挖。原施工方案采用20m^3抓斗挖泥船,源强为4.44kg/s。5艘船同时施工,参考管道路由,选取5个典型施工位置点(1号~5号)计算悬浮泥沙扩散的影响范围。根据各点的影响范围综合考虑,计算得到施工期悬浮泥沙扩散的包络线图。

经数学模型预测，如采用20m³抓斗挖泥船，施工期悬浮泥沙将对文昌鱼保护区核心区造成一定影响，悬浮泥沙增量超10mg/L的影响范围进入文昌鱼保护区核心区面积约0.35km²。为减缓施工期悬浮泥沙对文昌鱼保护区核心区的影响，对施工方案进行了优化，优化方案为：

①对水深3m以上（理论最低潮面）的管道开挖范围，采用4m³抓斗挖泥船进行施工；对水深3m以下的管道开挖范围，采用8m³抓斗挖泥船进行施工。源强分别为1.11kg/s、2.08kg/s。

②5艘船同时施工，参考管道路由选取5个典型施工位置点计算悬浮泥沙扩散的影响范围。其中1号、2号计算点源强为1.11kg/s；3号～5号计算点源强为2.08kg/s，如图12-3所示。

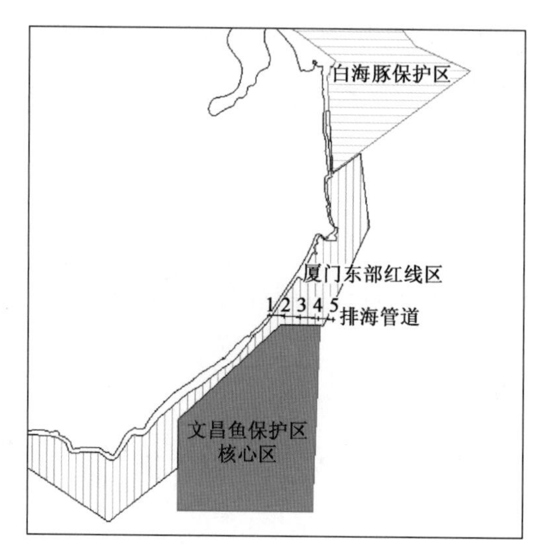

图12-3　悬浮泥沙计算代表点示意图

（3）原方案悬浮泥沙影响

图12-4为原方案施工时引起的悬浮泥沙增量影响范围。

从图12-4可以看出，5个施工位置点同时施工时，悬沙在沿岸水域扩散，施工引起的悬浮泥沙增量超过10mg/L的影响面积约1.32km²，超20mg/L的影响面积约0.31km²，超50mg/L的影响面积约0.06km²。从图12-5b）中可以看出，排海管道沟槽开挖引起悬浮泥沙增量超过10mg/L的包络面积约1.90km²，超20mg/L的包络面积约0.74km²，超50mg/L的包络面积约0.23km²。施工后约一个潮周期内，海水水质可恢复原状。

其中，施工期悬浮泥沙增量超过10mg/L的影响范围进入文昌鱼保护区核心区面积约0.35km²，进入厦门东部海洋保护区生态保护红线区面积约1.31km²。

（4）优化方案悬浮泥沙影响

采用优化方案施工时引起的悬浮泥沙增量影响范围如图12-5所示。

从图12-5可以看出，优化方案5个施工位置点同时施工时，悬浮泥沙增量较原方案有较大幅度减小，施工引起的悬浮泥沙增量超过10mg/L的影响面积约0.06km²；排海管道沟槽开挖引起悬浮泥沙增量超过10mg/L的包络面积约0.44km²。施工后约一个潮周期内，海水水质可恢复原状。

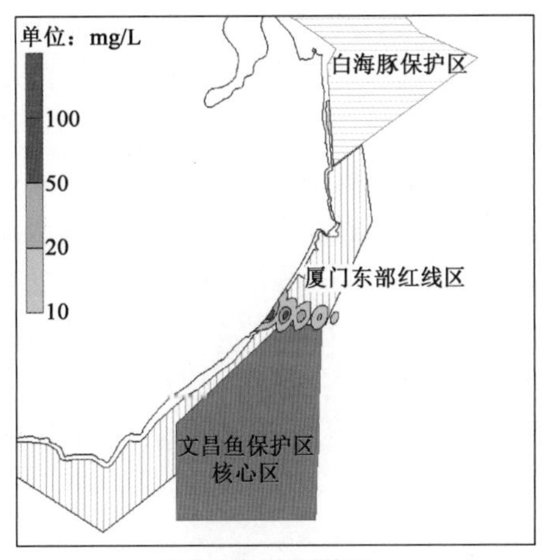

a)5个计算点同时施工

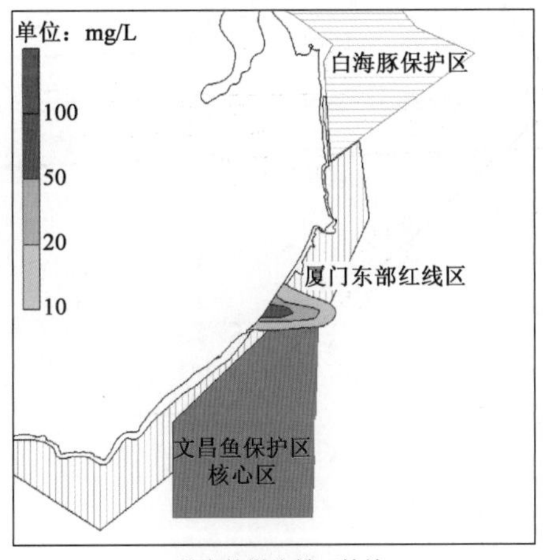

b)排海管道沟槽开挖施工

图 12-4　采用原方案施工时引起的悬浮泥沙增量影响范围

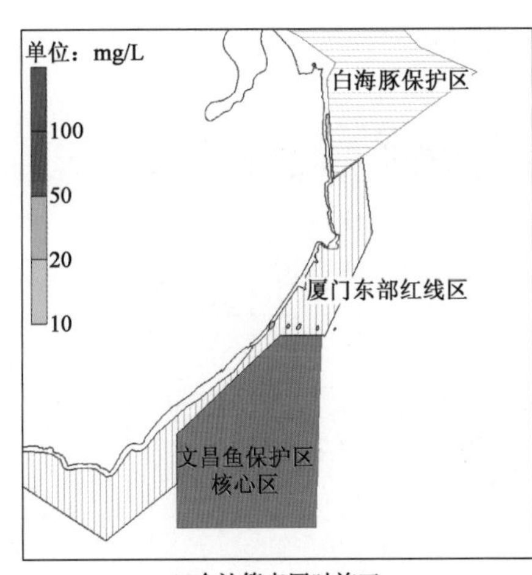

a)5个计算点同时施工

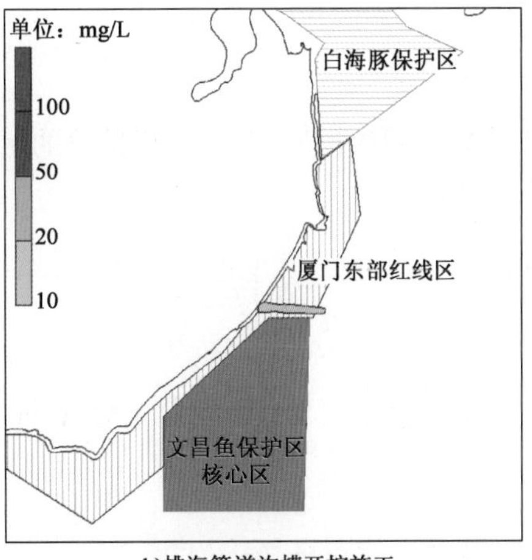

b)排海管道沟槽开挖施工

图 12-5　采用优化方案施工时引起的悬浮泥沙增量影响范围

其中,优化方案施工期悬浮泥沙增量超过 10mg/L 的范围未影响文昌鱼保护区核心区,最近距离约 50m;优化方案施工期悬浮泥沙增量超过 10mg/L 的范围进入厦门东部海洋保护区生态保护红线区面积约 0.38km²。

在上述优化方案的基础上,施工期间在排海管南侧约 100m 处设置防污帘。类比福建海洋研究所 2012 年 1 月对大嶝中转坑卸泥过程和卸泥完成后绞吸施工中的防污帘效果的跟踪监测结果,防污帘外的悬浮泥沙与防污帘内的卸泥中心位置悬浮泥沙浓度 141mg/L 对比,降低了 78.4 ~91.5mg/L,降低幅度为 55.6% ~64.9%。可见设置防污帘后,悬浮泥沙影响范围距离文昌鱼保护区核心区的距离更远,悬浮泥沙对文昌鱼保护区核心区的影响更小,可得优化方案并设置防污帘后的施工期悬浮泥沙增量超过 10mg/L 的范围约 0.41km²,如图 12-6 所示。

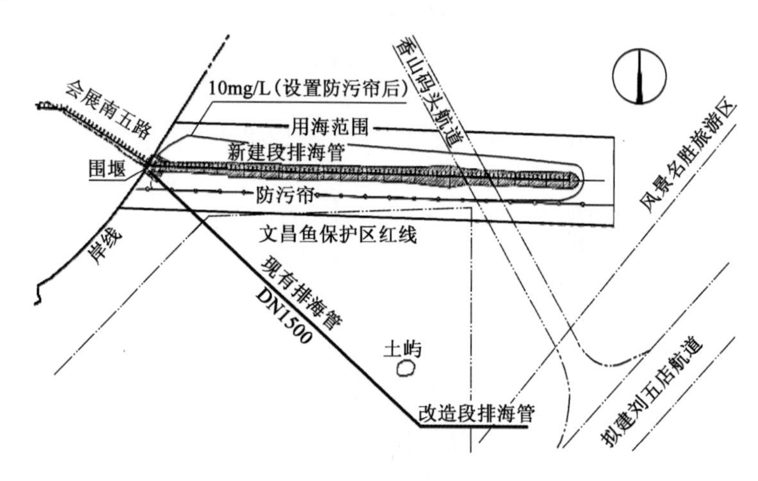

图 12-6 采用优化方案并设置防污帘后的悬浮泥沙增量影响包络范围与保护区的位置关系

此外,沟槽回填主要回填中粗砂,粒径大,入海后将很快就沉入海底。沟槽回填过程产生的入海泥沙相对于沟槽开挖作业而言要小得多,因此,沟槽回填对海域水质的影响较小。

12.1.1.3 运营期尾水排放对海水水质的影响分析

(1)数学模型

基于建立的潮流模型,对本工程排放的尾水输运扩散进行模拟研究。

扩散方程:

$$\frac{\partial(d+\zeta)c}{\partial t}+\frac{1}{\sqrt{G_{\xi\xi}}\sqrt{G_{\eta\eta}}}\left\{\frac{\partial[\sqrt{G_{\eta\eta}}(d+\zeta)uc]}{\partial\xi}+\frac{\partial[\sqrt{G_{\xi\xi}}(d+\zeta)vc]}{\partial\eta}\right\}+\frac{\partial\omega c}{\partial\sigma}$$
$$=\frac{d+\zeta}{\sqrt{G_{\xi\xi}}\sqrt{G_{\eta\eta}}}\left\{\frac{\partial}{\partial\xi}\left(D_{\mathrm{H}}\frac{\sqrt{G_{\eta\eta}}}{\sqrt{G_{\xi\xi}}}\frac{\partial c}{\partial\xi}\right)+\frac{\partial}{\partial\eta}\left(D_{\mathrm{H}}\frac{\sqrt{G_{\xi\xi}}}{\sqrt{G_{\eta\eta}}}\frac{\partial c}{\partial\eta}\right)\right\}+\frac{1}{d+\zeta}\frac{\partial}{\partial\sigma}\left(D_{\mathrm{V}}\frac{\partial c}{\partial\sigma}\right)$$
$$-\lambda_{\mathrm{d}}(d+\zeta)c+S \tag{12-8}$$

式中:c——海水中污染物浓度;

D_{H}——水平扩散系数;

D_V——垂向扩散系数；

λ_d——衰减过程；

S——输入和沉降源；

d——水深；

其他符号含义同前。

二维水深平均的对流扩散模型为：

$$\frac{\partial[(d+\zeta)c]}{\partial t}+\frac{1}{\sqrt{G_{\xi\xi}}\sqrt{G_{\eta\eta}}}\left[\frac{\partial(d+\zeta)u\sqrt{G_{\eta\eta}}C}{\partial\xi}-\frac{\partial(d+\zeta)v\sqrt{G_{\xi\xi}}C}{\partial\eta}\right]$$

$$=\frac{d+\zeta}{\sqrt{G_{\xi\xi}}\sqrt{G_{\eta\eta}}}\left[\frac{\partial}{\partial\xi}\left(D_h\frac{\sqrt{G_{\eta\eta}}}{\sqrt{G_{\xi\xi}}}\frac{\partial c}{\partial\xi}\right)+\frac{\partial}{\partial\eta}\left(D_h\frac{\sqrt{G_{\xi\xi}}}{\sqrt{G_{\eta\eta}}}\frac{\partial c}{\partial\eta}\right)\right]+(d+\zeta)Q_m-S \tag{12-9}$$

式中：c——污染物沿水深平均浓度；

D_h——水平扩散系数；

Q_m——源项；

S——降解项；

其他符号含义同前。

水平涡动黏性系数采用Smagorinsky(1963)的方案：

$$A_m=0.5C\Omega^u\sqrt{\left(\frac{\partial u}{\partial x}\right)^2+0.5\left(\frac{\partial v}{\partial x}+\frac{\partial u}{\partial y}\right)^2+\left(\frac{\partial v}{\partial y}\right)^2} \tag{12-10}$$

式中：C——常数，取0.20，为流速控制单元的面积；

其他符号含义同前。

垂直紊动黏性系数采用Mellor Yamada-2.5湍流闭合模型计算。

初始条件：根据尾水水质特点及海域水质污染现状，确定研究海域的本底值，作为水质的初始值。

本工程位于生态敏感区域，从保守角度考虑，扩散系数为$10m^2/s$，污染物扩散过程中不考虑降解过程，降解系数为0，计算步长为1min，模型平衡时间为45d，以模型运行第45d时的最后一个潮周期的污染物扩散范围作为计算对象，将潮周期内25个整点的污染物扩散范围进行叠加，获得污染物的最大影响范围。

(2)计算因子与源强

本工程尾水排放执行《城镇污水处理厂污染物排放标准》(GB 18918—2002)表1中一级A标准，根据污水处理厂尾水水质及海水水质标准要求，计算因子选取为用高锰酸钾作化学氧化剂测定的COD_{Mn}、无机氮和活性磷酸盐。尾水中COD指标为用重铬酸钾作氧化剂测定的COD_{Cr}，根据通常的换算方法，计算时取$COD_{Cr}=2.5COD_{Mn}$；对于氮(N)、磷(P)，尾水排放指标为总氮、总磷，而海水水质评价指标为无机氮和活性磷酸盐。

尾水排放量按30万t/d计，则正常排放条件下污染物源强见表12-1。

本工程水污染物排放源强一览表

表 12-1

污染物	尾水排放量	排放浓度(mg/L)	正常排放源强(g/s)
COD_{Mn}	30 万 m^3/d	20	69.44
无机氮		9.15	31.77
活性磷酸盐		0.425	1.48

(3)排放口背景值及阈值

根据2018年11月(秋季)、2019年1月(冬季)、2019年3月(春季)和2019年7月(夏季)在工程海域进行的海水水质调查结果,排污口对应站位现状值见表12-2。

排污口对应现状监测值(单位:mg/L)

表 12-2

项目	污染物排放浓度		
	COD_{Mn}	无机氮	活性磷酸盐
一类水质	2	0.2	0.015
二类水质	3	0.3	0.03
三类水质	4	0.4	0.03
四类水质	5	0.5	0.045
背景值	1.3	0.71	0.042

结合现状监测值,从保守角度,COD_{Mn}、无机氮、活性磷酸盐背景值分别为1.3mg/L、0.71mg/L、0.042mg/L。

根据《福建省海洋功能区划》《福建省近岸海域环境功能区划》,排污口所在海域执行二类海水水质标准。结合《海水水质标准》(GB 3097—1997),COD_{Mn}、无机氮、活性磷酸盐阈值分别取3mg/L、0.3mg/L、0.03mg/L。从排污口背景值和阈值来看,无机氮、活性磷酸盐水质现状均已超标,因此在数模预测时,无机氮、活性磷酸盐只做增量预测。COD_{Mn}也做增量预测,其增量超标限值为阈值与背景值之差。COD_{Mn}增量超标限值为1.7mg/L。

(4)污染物排放影响分析

①COD_{Mn}影响分析

图12-7为尾水排放量为30万t/d时,正常排放条件下的COD_{Mn}浓度增量分布。

从图12-7可以看出,COD_{Mn}浓度增量最大值约为0.252mg/L,叠加本底后海域的COD_{Mn}最大浓度约为1.552mg/L。COD_{Mn}浓度超过第二类海水水质标准的范围在一个计算网格内(20m×20m)。

②无机氮影响分析

图12-8为尾水排放量为30万t/d,正常排放条件下无机氮浓度增量分布,由于无机氮水质现状均已超阈值,因此在数模预测时,无机氮只做增量预测,不对超标范围进行评价。

从图12-8可以看出,无机氮浓度增量最大值约为0.122mg/L,占无机氮现状水质(0.71mg/L)的17%。在局部区域无机氮有一定增量,但污水处理厂为区域减排工程,工程的建设总体上将消减无机氮的排放约66.7%(以污水处理程度计)。从区域上,本工程将改善厦门海域整体水质状况。

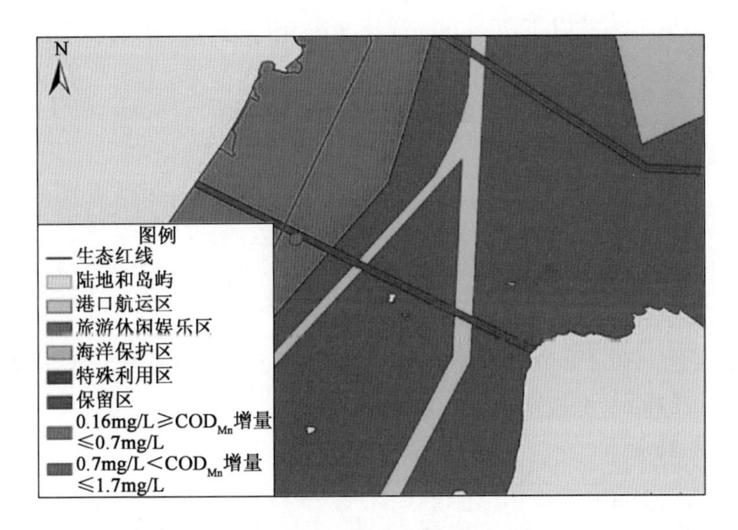

图12-7　正常排放情况下COD_{Mn}浓度增量范围包络图

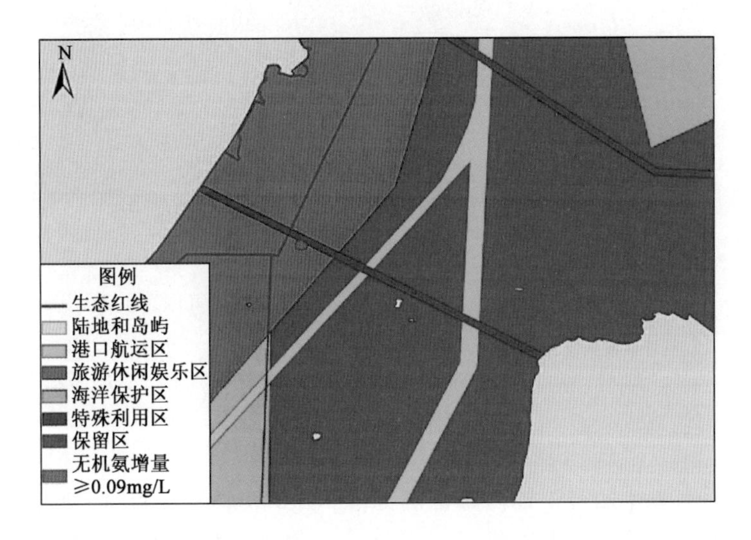

图12-8　正常排放情况下无机氮浓度增量范围包络图

③活性磷酸盐影响分析

图12-9为尾水排放量为30万t/d时，正常排放条件下活性磷酸盐浓度增量分布，由于活性磷酸盐水质现状均已超阈值或达到阈值，因此在数模预测时，活性磷酸盐只做增量预测，不对超标范围进行评价。

从图12-9可以看出，活性磷酸盐浓度增量最大值约为0.0055mg/L，占活性磷酸盐现状水质(0.042mg/L)的13%。在局部区域活性磷酸盐有一定增量，但工程的建设总体上将消减活性磷酸盐的排放约88.9%(以污水处理程度计)。从区域上，本工程将改善厦门海域整体水质状况。

(5)混合区范围

根据《污水海洋处置工程污染控制标准》(GB 18486—2001)，若污水排往小于600km^{2}的海湾，混合区面积必须小于按以下两种方法计算所得允许值(A_n)中的较小值：

①第一种方法

$$A_n = 2400 \times (L + 200)(\mathrm{m}^2) \tag{12-11}$$

式中：L——扩散器长度(m)，取 90m。

计算得到 A_n 为 0.696km²。

②第二种方法

$$A_n = \frac{A_0}{200} \times 10^6(\mathrm{m}^2) \tag{12-12}$$

式中：A_0——计算至湾口位置的海湾面积(m²)，本工程位于厦门湾厦门岛东部海域，厦门湾面积约 1281km²，A_0 按最大值 600km² 赋值。

计算得到 A_n 为 3km²。

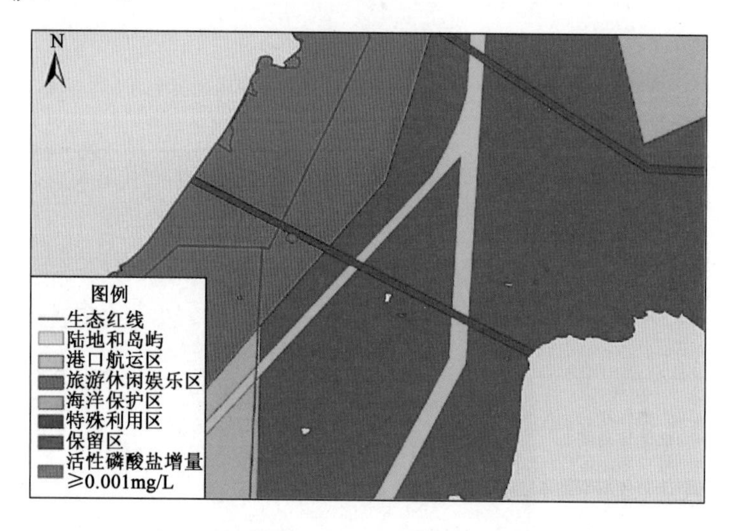

图 12-9　正常排放情况下活性磷酸盐浓度增量范围包络图

综上，根据《污水海洋处置工程污染控制标准》(GB 18486—2001)，混合区面积必须小于 0.696km²。对于重点海域和敏感海域，划定污水海洋处置工程污染物的混合区时还需考虑排放点所在海域的水流交换条件、海洋水生生态等。

依据上述所确定的污/海水混合区的约束条件(混合区范围必须小于 0.696km²)，并考虑拟建排污口的水动力条件，由于海域无机氮、活性磷酸盐已普遍超标，因此以 30 万 t/d 正常排放 COD_{Mn} 的计算结果作为确定排污口混合区范围的基本框架。

根据预测结果可知，本工程正常排放情况下，单点排污口的 COD_{Mn} 浓度超过第二类海水水质标准的范围在一个计算网格内(网格节点为 20m)。

根据《海洋工程环境影响评价技术导则》(GB/T 19485—2014)中的关于混合区的定义：向海洋排放的达标污染物稀释扩散后达到周围海域环境质量标准要求时所占用的海域面积(注：以排水口为中心，以污染物稀释扩散后达到周围海域环境质量标准的最大距离为半径表示的圆面积)，并在数模预测结果的基础上对影响范围进行适当扩大，从保守角度，本工程混合区是以 65m 为半径的圆面积。

综上，本评价确定的混合区为以排污口（118°11′47.2596″E，24°27′39.0600″N）为中心、以65m为半径的圆，面积约$1.33hm^2$（$1hm^2=1\times10^4m^2$），如图12-10所示。该范围内水域的水质不执行任何水质标准。

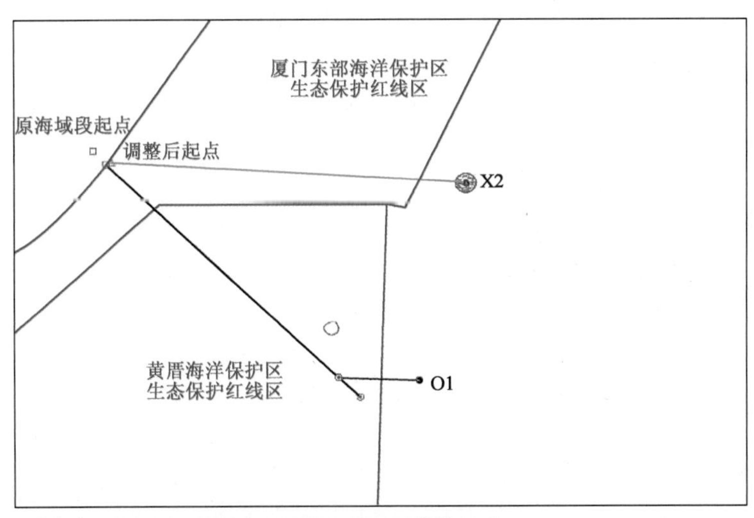

图12-10　混合区示意图（CGCS2000，中央经线118°E）

12.1.2　海洋沉积物环境影响分析

12.1.2.1　施工期沉积物影响分析

本工程施工期对海域沉积环境的影响主要为管道沟槽开挖产生的悬浮泥沙扩散和沉降，颗粒较大的悬浮泥沙直接沉降在清淤区内，形成新的表层沉积物环境，颗粒较小的悬浮泥沙迁移扩散，最终覆盖工程周边海域原有表层沉积物，引起局部海域表层沉积物环境的变化。

调查资料表明，本工程所在厦门东海域的海洋沉积物质量良好；施工期间悬浮泥沙浓度增量超过10mg/L范围仅$0.41km^2$。由于工程区及其周边海域沉积物的环境背景值相近，一般情况下，悬浮泥沙扩散与沉降对工程区及周边海域既有沉积物环境的影响甚微。在落实环保措施的情况下，悬浮泥沙扩散和沉降不会引起海域总体沉积物环境的变化。

12.1.2.2　运营期沉积物影响分析

（1）尾水排放对沉积物质量的影响

现有尾水排放口已经累计排放尾水16年，根据现有排放口周边海域的沉积物和大型底栖生物调查结果，现有排放口周边水动力扩散条件较好，底质以中细砂颗粒为主，对污染物的富集作用相对较弱，排放口周边表层沉积物环境质量较好，也未发现耐污底栖生物。

2018年监测结果与1998年、2007年两次调查临近站位的监测结果的对比分析可见，2018年监测结果3个指标的含量比1998年略有增加，但仍在同一数量级，有些指标含量比2007年有所降低;排放口附近沉积物有机碳、硫化物和石油类均符合第一类海洋沉积物质量标准。海域沉积物质量总体尚无明显变化。

本工程新建排海管的尾水排放执行《城镇污水处理厂污染物排放标准》(GB 18918—2002)表1中一级A标准。类比现有尾水排放口,可以推断,本工程新建排海管的尾水深海排放对表层沉积物质量(如硫化物、石油类等)影响很小,主要影响范围集中在排放口周边有限区域。长远来看,前埔污水处理厂新建排海管的建设能有效减少陆域污染源直接排入海域,有利于减少陆域污染源对海域沉积物的影响。

(2)尾水排放对沉积物粒径的影响

从现有尾水排放口周边沉积物现状调查的结果来看,沉积物样品外观没有发现絮凝物,进一步说明了现有尾水排放中的污染物未在排放口周边海域絮凝沉积。

本工程新建尾水排放口周边海域水深大、水动力扩散条件好,尾水排放后将很快随海水扩散,类比现有尾水排放口,对沉积物粒径的影响很小,不会导致沉积物类型发生改变。

(3)运营期间铝基牺牲阳极保护装置对沉积物的影响

《厦金海底光缆(CSCN)路由勘察报告书》(国家海洋局第三海洋研究所,2011年11月)对调查区沉积物有机质、碳酸盐、盐度、铁离子/亚铁离子(Fe^{3+}/Fe^{2+})、硫化物、pH、溶液氧化性或还原性强弱的衡量指标(Eh)及电阻率等代表性评价腐蚀因子的测试与评价结果表明:本工程附近海域的整个调查区沉积物为中等强度的腐蚀环境。

海域段管道外防腐采用加强级三层挤压聚乙烯层(3PE,即底涂环氧粉末、中间层黏结剂、面层高密度聚乙烯防护层)+牺牲阳极法阴极保护。阳极采用铝-锌-铟系合金阳极,等间距布置,一字形分布焊接于钢管外壁。

本工程的阴极保护用牺牲阳极单套质量114kg,锌含量最高为7%,使用寿命按50年计算,则锌的最大年释放量为0.16kg/年,保守估计,释放的锌全部进入海域沉积物中。海底土重度按2650kg/m^3计,单个阳极每年释放的锌在1m深度内纵横向迁移扩散,预计其周围100m^2范围内的沉积物中的锌含量增量约每年0.60×10^{-6}。按50年计算,锌含量累积增量约30.11×10^{-6},叠加海域沉积物的锌含量现状平均值72.10×10^{-6},则50年后的锌含量最高值为102.21×10^{-6},仍低于第一类海洋沉积物质量标准150×10^{-6}。因此,本工程采用的铝基牺牲阳极保护装置所释放的锌对海洋沉积物环境无明显不利影响,所在海域的水文动力条件较好,可见,牺牲阳极保护装置所释放的锌对海洋生物及其栖息环境的影响很小。

12.1.3 固体废弃物环境影响分析

(1)陆域段施工垃圾

实施过程所产生的固体废物主要为施工弃土、施工人员生活垃圾等。陆域段挖方量为2561m^3,回填土石方量为1389m^3,回填土石方为外购,弃方量为2561m^3。根据《厦门市建筑废土管理办法》(厦门市人民政府令第162号),建设单位应在开工前10d向建筑废土管理机构申报,建筑废土管理机构收到申报后,应当在5日内安排处置场地和运输路线。弃方收集后最终按照有关部门批复的运输路线运输至指定的建筑废土消纳场处置,拟暂定海沧东孚消纳场,对周边环境影响较小。顶管施工过程产生的泥浆约6703m^3,灌注桩泥浆约3853m^3,顶管施工配套有泥浆循环系统,清水回用,污泥运至前埔污水处理厂处理。

(2)海域沟槽开挖淤泥

排海管沟槽挖泥约 69.7 万 m^3,均运至福建东碇临时性海洋倾倒区抛填;沙滩挖方 2.17 万 m^3 就近堆放,重复利用;需回填砂约 20.7 万 m^3,回填土石约 7.6 万 m^3,土、砂、石均外购。

生态环境部于 2019 年 5 月 22 日《关于发布 2019 年全国可继续使用倾倒区和暂停使用倾倒区名录的公告》中公布了《2019 年全国可继续使用倾倒区名录》。本工程拟外抛的淤泥应按相关规定办理外抛手续后方可外抛处置。此外,疏浚物外抛应当按行政主管部门批准的时间、条件和地点倾倒,且从事海上疏浚、清淤活动的单位应当如实记录疏浚、清淤情况,向行政主管部门报告并接受其监督检查。

因此,在采取上述措施的前提下,施工期各类固体废物正常情况下不会对陆域及海域环境造成直接影响。

12.1.4 海洋生态环境影响分析

12.1.4.1 对海洋生态环境的影响

(1)对浮游生物的影响

排海管道沟槽开挖施工使得水中悬浮泥沙增多,增加海水浑浊度,减弱水体的真光层厚度,从而降低海洋初级生产力、浮游植物生物量,进而影响以浮游植物为饵料的浮游动物。过量悬浮泥沙使浮游动物食物过滤系统和消化器官受到阻塞,悬浮泥沙含量达到 300mg/L 以上时影响特别明显,高浓度增量甚至会导致其死亡,对浮游动物生长率、摄食率、丰度、生产量及群落结构等造成影响。

根据数模预测结果,施工产生的悬浮泥沙增量超过 10mg/L 的面积约 0.41km^2,会对区内的浮游生物的生长繁殖产生一定的干扰,导致生物量下降,但悬浮泥沙最多在持续 6 ~ 7h 后基本落淤完毕,持续影响时间不长。每天停止作业后,由于潮汐作用,会将外海的浮游动植物带入工程区及其附近海域,使工程区浮游动植物得以补充。因此,产生的入海悬浮泥沙不会对浮游生物造成长期、显著的不利影响。

(2)对底栖生物的影响

排海管道沟槽开挖施工过程对底栖生物的直接影响为施工范围内的底栖生物及其生境被彻底损伤破坏。施工结束后,工程区及附近海域的底栖生物群落会逐渐恢复、重建。因此,产生的入海悬浮泥沙对底栖生物的影响较小。

(3)对游泳生物的影响

游泳生物主要包括鱼类、虾蟹类、头足类等,不同种类的游泳生物对悬浮物浓度的忍受限度不同,海水中悬浮物对虾蟹类的影响较小,但对鱼类会产生多方面的影响。

一般地,幼鱼对悬浮泥沙浓度的忍受限度比成鱼低得多。悬浮颗粒会影响胚胎、鱼卵和幼鱼发育、堵塞生物的鳃部而使其窒息死亡、造成水体严重缺氧而使生物死亡、有害物质的二次污染造成生物死亡等。水中大量存在的悬浮泥沙微粒会随鱼类的呼吸进入其鳃部,损伤鳃组织,隔断气体交换,影响鱼类的存活和生长;细颗粒也会黏附在鱼卵的表面,妨碍鱼卵的呼吸与水体之间的氧和二氧化碳的交换,从而影响鱼类的繁殖。悬浮微粒过多时,也不利于天然饵料的繁殖生长。通常认为悬浮泥沙含量在 200mg/L 以下及影响较短时,不会导致鱼类直接死亡。此外,悬浮泥沙扩散场等会导致鱼类的回避反应,产生“驱散效应”。

根据数模预测结果,施工造成的入海悬浮泥沙增量大于 10mg/L 的面积约 0.41km^2,该范围内的鱼卵及仔稚鱼受到影响,但这种影响是暂时的,持续时间不长,随着每天停止作业而消失。工程施工水域相对较开阔,鱼类的规避空间大,成鱼具有相对较强的避害能力,海水混浊时,成鱼一般会自动避开。而虾蟹类因其生活习性,大多对悬浮泥沙具有较强的抗性。

12.1.4.2 海洋生物资源损失

本工程导致的海洋生物量的损失主要包括:一是施工占用导致的生物量损失;二是施工悬浮泥沙导致的生物量损失;三是运营期污水排海导致的海洋生物量损失。

(1)施工占用导致的生物量损失

排海管道沟槽开挖、围堰施工、临时场地占用对底栖生物影响表现在施工范围内的底栖生物将被彻底地损伤破坏,根据《建设项目对海洋生物资源影响评价技术规程》(SC/T 9110—2007),本工程排海管道沟槽开挖、围堰施工、临时场地占用面积约 25.91 万 m^2,该区域内的底栖生物将遭到破坏。评价海域现状调查得到工程区附近底栖生物量为 20.77g/m^2。

排海管道沟槽开挖、围堰施工、临时场地占用引起的底栖生物损失量为:

$$\text{损失量} = \text{施工面积} \times \text{底栖生物生物量}$$

代入数据

$$\text{损失量} = 25.91\ \text{万}\ m^2 \times 20.77 g/m^2 = 5.38(t)$$

(2)悬浮泥沙导致的生物量损失

根据《建设项目对海洋生物资源影响评价技术规程》(SC/T 9110—2007)中的规定,通过生物资源密度、浓度增量区的面积、生物资源损失率进行计算。计算公式如下:

$$\text{一次性损害量} = \text{生物资源密度} \times \text{污染物增量区面积} \times \text{生物资源损失率}$$

$$\text{累积损害量} = \text{一次性损害量} \times \text{浓度增量影响的持续周期数}$$

结合现状调查资料计算得出本工程施工期海洋生物资源一次性平均损失量和持续性损害受损量,结果见表 12-3。

悬浮泥沙导致的海洋生物资源受损量 表 12-3

项目	海洋生物类型				
	鱼卵	仔稚鱼	成体	浮游动物	浮游植物
各类生物损失率	30%	30%	10%	30%	30%
生物资源密度	1.08 ind./m^3	0.07 ind./m^3	298.45kg/km^2	81.9mg/m^3	47.33×10^3 cells/L
一次性平均受损量	7.97×10^5粒	5.17×10^4尾	12.24kg	60.44kg	3.49×10^{13} cells
持续性损害受损量	9.03×10^6粒	5.85×10^5尾	138.64kg	684.81kg	3.96×101^4 cells

注:1. 项目所在海域平均水深取 6m。海底沟槽开挖和回填 170d,则持续周期数为 11.33。

2. ind./m^3(individual/m^3)为生物密度单位,即每升(液体)里的(生物)个体数量。cells/L 表示每升液体里的细胞数量。

3. 悬浮泥沙含量超过 10mg/L 的面积为 0.41km^2。

(3)运营期污水排海导致的海洋生物量损失

根据《建设项目对海洋生物资源影响评价技术规程》(SC/T 9110—2007)中的规定,通过生物资源密度,浓度增量区的面积,生物资源损失率进行计算。计算公式如下:

一次性损害量 = 生物资源密度 × 污染物增量区面积 × 生物资源损失率

累积损害量 = 一次性损害量 × 浓度增量影响的持续周期数

结合现状调查资料计算得出本工程运营期海洋生物资源一次性平均损失量和持续性损害受损量,结果见表12-4。

运营期污水排海导致的海洋生物资源受损量　　表12-4

项目	海洋生物类型				
	鱼卵	仔稚鱼	成体	浮游动物	浮游植物
各类生物损失率	30%	30%	10%	30%	30%
生物资源密度	1.08 ind./m^3	0.07 ind./m^3	298.45kg/km^2	81.9mg/m^3	47.33×10^3 cells/L
一次性平均受损量	5.17×10^6粒	3.35×10^5尾	39.69 kg	392.14kg	2.27×10^{14}cells
持续性损害受损量	1.24×10^8粒	8.04×10^6尾	9.53×10^2 kg	9.41×10^3 kg	5.44×10^{15} cells

注:1. 混合区附近海域平均水深取12m。运营期50年,以年实际影响天数除以15,则持续周期数为24。

2. 混合区面积为1.33hm^2。

12.1.5 大气环境影响分析

施工期间对大气的影响主要表现为施工扬尘和机械设备废气,其污染源强和影响范围与施工条件、管理水平、机械化程度及施工季节、土质及天气等诸多因素有关,是一个复杂、较难定量的问题。

12.1.5.1 施工扬尘影响

施工扬尘的产生情况随着施工阶段的不同而不同,其造成的污染影响是局部和短期的,施工结束后就会消失。扬尘在空气中的扩散稀释与风速等气象条件有关,也与粉尘本身的沉降速度有关。

由表12-5可知,粉尘的沉降速度随粒径的增大而迅速增大,当粒径为250μm时,沉降速度为1.005m/s,因此可认为当尘粒大于250μm时,主要影响范围在扬尘点下风向近距离范围内,而真正对外环境产生影响的是一些微小粒径的粉尘。

不同粒径尘粒的沉降速度一览表　　表12-5

粉尘粒径(μm)	10	20	30	40	50	60	70
沉降速度(m/s)	0.003	0.012	0.027	0.048	0.075	0108	0.147
粉尘粒径(μm)	80	90	100	150	200	250	350
沉降速度(m/s)	0.158	0.170	0.182	0.239	0.804	1.005	1.829
粉尘粒径(μm)	450	550	650	750	850	950	1050
沉降速度(m/s)	2.211	2.614	3.016	3.418	3.820	4.222	4.624

总的来说,施工场地扬尘对大气的影响范围主要在工地围墙外100m以内,由于距离的不

同,其污染影响程度亦不同,在扬尘点下风向 0 ~ 50m 为重污染带,50 ~ 100m 为较重污染带,100 ~ 200m 为轻污染带,200m 以外对大气影响甚微。根据类比调查,在一般气象条件,施工扬尘的影响范围为其下风向 150m 内,被影响的区域 TSP 浓度平均值为 0.49mg/m^{3}左右。

本工程设置 3 座顶管工作井/接收井,1 号顶管工作井位于前埔污水处理厂红线内,2 号顶管接收井位于会展南七路和会展南五路交叉口,3 号顶管工作井位于会展南五路与环岛路交叉口东侧,并在会展南三路和会展南五路交叉口设有地下清障区域;临时场地设置于观音山商业街东侧空地。项目施工围挡设置在会展南五路、环岛东路和观音山东侧空地。因此,在施工期间,应严格采取喷淋等抑尘措施,降低粉尘影响,使粉尘对环境敏感目标的影响在可以接受的范围内。

12.1.5.2 施工道路扬尘影响

在特定气象条件下,施工道路扬尘与路面积尘量、车辆行驶速度有关,车速越快,路面积尘量越大,扬尘量越大。

车辆在施工道路上行驶产生的扬尘,在路面完全干燥情况下,可按下列经验公式计算:

$$Q = 0.123\frac{v}{5}\cdot\left(\frac{W}{6.8}\right)^{0.85}\cdot\left(\frac{P}{0.5}\right)^{0.75} \tag{12-13}$$

式中:Q ——汽车行驶产生的扬尘[kg/(辆·km)];

v ——汽车速度(km/h);

W ——汽车载质量(t);

P ——道路表面粉尘量(kg/m^2)。

表 12-6 给出了一辆载质量为 10t 载货汽车在不同路面积尘量、不同行驶速度情况下的扬尘量。

不同车速和地面积尘量的汽车扬尘量[单位:kg/(辆·km)] 表 12-6

车速(km/h)	积尘量(kg/m^2)					
	0.1	0.2	0.3	0.4	0.5	1.0
5	0.0511	0.0859	0.1164	0.1444	0.1707	0.2871
10	0.1021	0.1717	0.2328	0.2888	0.3414	0.5742
15	0.1532	0.2576	0.3491	0.4332	0.5121	0.8613
25	0.2553	0.4293	0.5819	0.7220	0.8536	1.4355

由表 12-6 可见,在同样积尘量的路面条件下,车速越快,扬尘量越大;而在同样车速情况下,路面积尘量越大,则扬尘量越大。因此,限制车辆行驶速度及保持路面的清洁是减少汽车扬尘的最有效手段。如果施工阶段对汽车行驶路面勤洒水(每天 4 ~ 5 次),可以使汽车道路行驶扬尘量减少 70% 左右,扬尘造成的 TSP 污染距离可缩小到道路两侧 20 ~ 50m 范围内。

本工程与外界连接的道路主要为会展南五路和环岛东路、观音山商业街,路面积尘量较小。在采取限速、加盖、洒水等抑尘措施的情况下,当运输车辆经过时产生的道路扬尘量较小,对沿线的爱琴海等居住小区的环境空气质量影响较小,且施工道路扬尘影响是短期、暂时的影响。

12.1.5.3 施工机械设备废气

施工废气主要来自施工机械设备的废气、运输车辆和船舶尾气，主要污染物是二氧化氮（NO_2）、一氧化碳（CO）、非甲烷烃（NMHC）。施工机械数量较少、较为分散、废气产生量有限，运输车辆、船舶为流动性，且该区域空气扩散条件良好。施工机械设备、车辆和船舶废气对大气环境影响较小，是短期、暂时的，施工结束后，影响随即消失。

12.1.6 声环境影响分析

本工程施工期噪声主要来自施工现场的各类机械设备作业噪声、车辆交通噪声以及海上施工船舶作业噪声，可能对工程区附近的声环境造成一定的影响，但其影响是暂时的，将随施工结束而消失。

12.1.6.1 陆域施工的声环境影响分析

陆域施工主要沿会展南五路分布，包括1号顶管工作井，2号顶管接收井，3号顶管工作井，地下清障区域。陆域施工噪声源主要有挖掘机、起重机、运输车辆等，主要为固定声源，昼间施工，严禁夜间路面作业。陆域施工区域周边主要声环境敏感目标为小区、学校。

根据噪声源特点，采用《环境影响评价技术导则　声环境》（HJ 2.4—2021）推荐的点声源衰减模式进行预测。

$$L_A(r) = L_A(r_0) - 20\lg\left(\frac{r}{r_0}\right) - \Delta L \tag{12-14}$$

式中：$L_A(r)$——距离某设备 r 处时设备的辐射声级[dB(A)]；

$L_A(r_0)$——距离某设备 r_0 处测得的设备辐射声级[dB(A)]；

r——预测点到声源的距离(m)；

r_0——$L_A(r_0)$的监测距离(m)；

ΔL——在 r_0 与 r 间，墙体、屏障及其他因素引起的声能衰减量，包括由于云、雾、温度梯度、风等引起的声能量衰减，地面效应引起的声能量衰减，以及空气吸收引起的衰减。

由于施工区场地比较开阔，施工机械及车辆在室外作业，故评价时不考虑墙体等障碍物引起的衰减、大气衰减等衰减作用，只考虑几何衰减。

类比预测施工机械噪声的距离衰减情况见表12-7。

施工期机械设备和车辆噪声影响预测结果[单位：dB(A)]　　表12-7

噪声源	监测距离 r_0 (m)	$L_A(r_0)$	预测结果					
			20m	30m	50m	60m	100m	150m
挖掘机	10	85	79	75	71	69	65	61.5
混凝土输送车	5	83	71	67	63	61	57	53.5
土石方运输车	5	81	69	65	61	59	55	51.5

根据《建筑施工场界环境噪声排放标准》（GB 12523—2011），施工场界时间平均声级 L_{Aeq} 昼间为70dB(A)。从表12-7可见，当在距施工场界60m以上进行昼间施工时，施工场界噪声

贡献值基本可符合场界噪声限值。当施工点距离场界60m以内，施工场界噪声贡献值均超标。施工单位应采取减噪、降噪措施，将高噪声设备尽量安排在距离场界较远的地方运行，安排好施工时间，严禁夜间路面作业。做好施工周边围挡等，将高噪声设备尽量安排在距离声环境敏感目标较远的区域运行。

12.1.6.2 海域施工的声环境影响分析

（1）海域施工主要位于排海管道线位两侧一定范围内的海域开挖面。

（2）海域施工噪声源主要有施工船舶，为流动声源，施工时间主要在昼间。

（3）海域开挖面与西侧最近的雍景湾、金海豪园小区相距约200m，两者之间从东至西依次分布沙滩、环岛东路、绿化带。

（4）类比同类工程施工现场监测资料，距挖泥船60m监测的噪声级约为68dB（A），采用点声源衰减模式预测噪声影响，仅考虑距离衰减，计算结果见表12-8。

施工期船舶噪声影响预测结果［单位：dB（A）］ 表12-8

监测距离 r_0	$L_A(r_0)$	预测结果								
		100m	200m	300m	400m	500m	800m	1000m	1500m	2000m
60m	68	65	58	54	52	50	46	44	40	40

从表12-8中可以看出，仅考虑距离衰减，在距离挖泥船200m时，施工船舶噪声贡献值为58dB（A），低于《建筑施工场界环境噪声排放标准》（GB 12523—2011）的昼间排放标准70dB（A）；再考虑海域施工区与声环境敏感目标之间约35m宽绿化带的隔声降噪作用，船舶昼间作业对声环境质量的影响较小。

12.1.7 对文昌鱼、中华白海豚及保护区影响分析

本工程位于中华白海豚外围保护地带，与厦门珍稀海洋物种国家级自然保护区的文昌鱼保护区最近距离约0.15km，工程施工期产生的悬浮泥沙会对文昌鱼、中华白海豚的饵料及其栖息地质量产生短期影响，施工噪声及施工船舶航行对中华白海豚影响较小，施工不会对中华白海豚东西部种群交流通道造成阻隔影响，运营期尾水排放对文昌鱼、中华白海豚及其栖息地影响较小。随着前埔污水厂三期工程和本排海管的建成，片区内部分未经处理直接排放的污水将被截污纳管，输送至前埔污水厂经处理达到一级A排放标准后，引至水深条件和水动力条件均较好的海域排放，整体上大大削减了陆源入海污染物负荷，并有利于污染物的稀释扩散。在采取严格的保护措施和生态补偿措施的前提下，对中华白海豚、文昌鱼及其栖息地的影响也是可以接受的。

12.2 环境风险评价与分析

12.2.1 环境风险识别

环境事故风险主要包括施工期船舶事故溢油环境风险、运营期尾水事故排放的环境风险，

事故原因可能来自以下几个方面：

(1)施工船舶事故性溢油的环境风险

排海管施工会用到挖泥船、泥驳等施工船舶，施工过程中存在船舶碰撞导致的事故性溢油风险，溢油对海洋环境有很大危害。

(2)污水处理设施运行不正常造成尾水事故排放

①电力及机械故障导致污水事故排放

污水厂一旦出现停电或机械故障，将造成污水处理设施不能正常运行，出现事故排放。若长时间停电，还可能导致活性污泥缺氧窒息死亡，导致工艺处理不正常。

②进水水质不达标导致尾水事故性排放

城市污水处理厂服务范围广，如出现局部污染性事故或个别企业进管水质不达标，可能会导致污水厂进水水质、水量不稳定，对污水厂污水处理工艺造成冲击，使处理效率下降，可能导致出水水质不达标。

③污水厂检修导致出水水质不达标

当污水厂进行检修时，可能会导致污水系统某一条生产线运行异常，导致出水水质不达标。

④污泥膨胀导致出水水质不达标

根据国内外活性污泥系统调查结果，无论是普通活性污泥系统，还是生物脱氮除磷系统都会发生污泥膨胀。污泥膨胀是自活性污泥法问世以来在运行管理上一直困扰人们的难题之一。污泥膨胀一般是由丝状菌和真菌引起的，其中由丝状菌过量繁殖引起的污泥膨胀最为常见。目前已知的近30种丝状菌中，与污泥膨胀问题密切相关的有十几种。有的丝状菌引起的污泥膨胀发展迅速，2～4d就可达到非常严重的结果，而且非常持久。当发生污泥膨胀时，会严重影响污水处理设施的处理效果，甚至完全失效，污水排放对排放水体将产生严重影响。

(3)排海管破裂或断裂造成尾水事故排放

海底管道的失效种类较多，图12-11列出了主要的失效形式。根据国内外海底管道的失效统计，不同原因所导致的失效比例为：腐蚀占35%，外力损伤占30%，管道设计占15%，操作失误占12%，其他占8%；其中内腐蚀与外力损伤导致的失效所占比例最大。

根据工程特点及工程所在场地特征，本工程潜在的管道事故诱因有：

①冲刷损坏。根据工程设计方案与现状海域的关系，工程设计时需考虑地表水流、波浪对管道产生冲刷、侵蚀或掏蚀的影响，采取相应的地基加固和岸坡防护措施，以确保拟建工程的安全运营。排海管可能由于腐蚀或外力损伤等原因导致破裂或断裂，污水无法到达选定尾水排放口处排放，而是直接在破裂处排放将对周边海洋环境造成一定的影响。

②锚害风险。本工程管道穿越香山游艇码头航道，附近还分布有刘五店通航航道，船只若在工程区附近应急抛锚可能引起海底管道的损坏，因此存在船舶抛锚抓损对海底排污管道的破坏的用海风险。因此，建设单位应积极协调相关单位，避免船舶在管道区附近海域抛锚，做好海底管道保护的宣传工作。

③管道使用年限过久、管道腐蚀以及地质灾害(如地震或塌陷)等都可能引起管道破损或破裂。

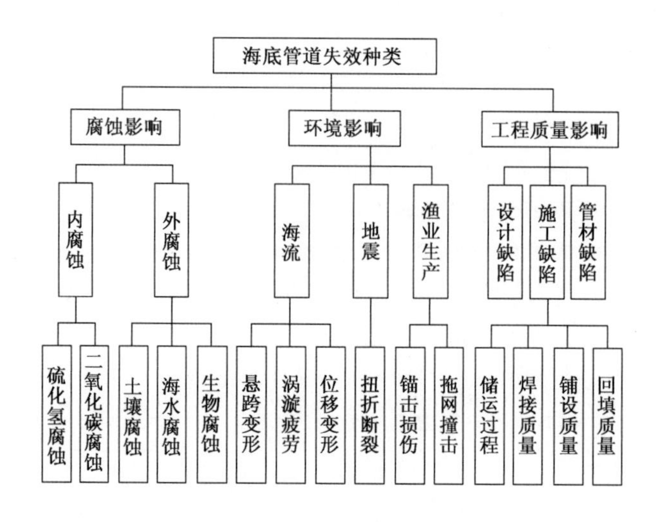

图 12-11　海底管道的失效形式

12.2.2　风险事故情形设定

12.2.2.1　风险事故情形设定

风险事故情形分析是在风险识别的基础上,选择对环境影响较大并具有代表性的事故类型,设定风险事故情形。选取事故类型为:

(1)排海管施工船舶碰撞导致的事故性溢油,危险单元为施工期海上施工船舶,危险物质为油类物质,影响途径为船舶油类物质泄漏到海域对海洋环境造成危害。

(2)污水厂处理设施运行不正常造成的污水未经处理事故排放属于物质泄漏风险,危险单元为污水厂污水处理单元,危险物质为未经处理的污水,影响途径为未经处理的污水通过排海管排放到海域对海洋环境造成危害。

(3)排海管断裂造成的尾水事故排放。

12.2.2.2　源强分析

(1)施工船舶碰撞导致的事故性溢油源强

本工程施工的较大船舶为2000t,油舱分两个:一个5t,一个30t。因此,施工期船舶溢油风险溢油量取30t,溢油点选择在排海管道与香山游艇码头航道交叉处,如图12-12所示。

(2)尾水事故排放源强

污水厂处理设施运行不正常造成的事故排放,按前埔污水厂其中最大的一条生产线(7.5万 m^3/d)出现非正常工况,其他生产线(22.5万 m^3/d)正常排放进行设定,尾水从推荐排放口排放,扩散器共7个扩散口,间隔15m,每个扩散口出口流量为0.496m^3/s。事故排放源强见表12-9。计算因子选取为 COD_{Mn}、无机氮和活性磷酸盐。计算结果换算时取 $COD_{Cr}=2.5COD_{Mn}$;无机氮占总氮比例、活性磷酸盐占总磷比例分别取61%、85%。

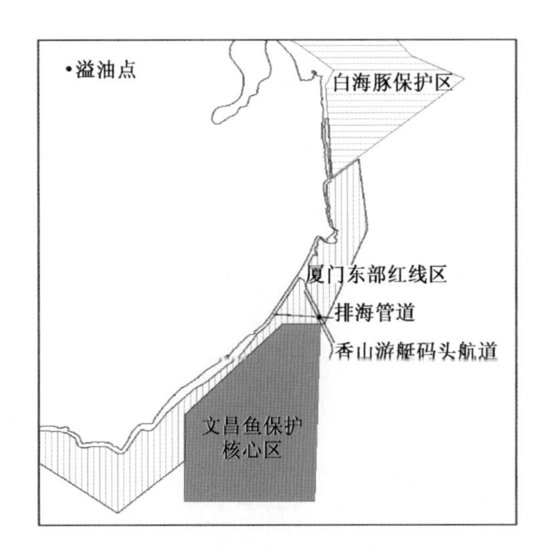

图 12-12 溢油点位置示意图

事故排放情景设定 表 12-9

情景设定	预测因子	预测排放浓度(mg/L)	预测源强(g/s)
污水厂处理设施运行不正常:7.5 万 m^3/d(一条生产线)事故排放 + 22.5 万 m^3/d 正常排放	COD_{Mn}	38	131.94
	无机氮	11.895	41.30
	活性磷酸盐	0.935	3.25
管道断裂事故排放:30 万 m^3/d 以非正常形式、在非排放口位置排放(但排放浓度正常)	COD_{Mn}	20	选取无机氮预测
	无机氮	9.15	
	活性磷酸盐	0.425	

(3)管道断裂的事故排放

假设断裂处位于管道与香山游艇码头航道的交会处,尾水排放浓度为正常排放浓度。

12.2.3 风险预测与评价

12.2.3.1 施工船舶事故性溢油影响预测

(1)溢油模型预测

溢油进入水体后发生扩展、漂移、扩散等油膜组分保持恒定的输移过程和蒸发、溶解、乳化等油膜组分发生变化的风化过程,在溢油的输移过程和风化过程中还伴随着水体、油膜和大气三相间的热量迁移过程,而黏度、表面张力等油膜属性也随着油膜组分和温度的变化发生不断变化。采用的是国际上得到广泛应用的油粒子模型。油粒子模型就是把溢油离散为大量的油粒子,每个油粒子代表一定的油量,油膜就是由这些大量的油粒子所组成的云团,可以很好地模拟上述物理化学过程。

①扩展运动

溢油扩展是指溢油在重力、惯性力、黏性力和表面张力作用下在水平方向上不断扩大。根据油膜扩展三阶段理论，考虑上述因素的作用，并忽略油膜因挥发、降解引起的质量损失，可成功用于解决溢油进入水体后随时间推移面积估算问题，具体计算公式如下：

$$\frac{dA_{oil}}{dt} = K_a A_{oil}^{1/3} \left(\frac{V_{oil}}{A_{oil}}\right)^{4/3} \tag{12-15}$$

式中：A_{oil} ——油膜面积，$A_{oil} = \pi R_{oil}^2$；

R_{oil} ——油膜直径；

K_a ——系数；

t——时间。

油膜体积为：

$$V_{oil} = R_{oil}^2 \pi h_s \tag{12-16}$$

②漂移运动

油粒子漂移的作用力是水流和风拽力，油粒子总漂移速度由以下权重公式计算：

$$U_{tot} = c_w(z) U_w + U_s \tag{12-17}$$

式中：U_w ——水面以上 10m 处的风速；

U_s ——表面流速；

c_w ——风漂移速度，一般在 0.02 ~0.04 之间。

③紊动扩散

假定水平扩散各向同性，一个时间步长内 α 方向上可能的扩散距离 S_α 可以表示为：

$$S_\alpha = [R]_{-1}^{1} \sqrt{6 D_\alpha \Delta t_p} \tag{12-18}$$

式中：$[R]_{-1}^{1}$ —— -1 ~1 的随机数；

D_α ——α 方向上的扩散系数。

④蒸发

油膜蒸发受油分、气温和水温、溢油面积、风速、太阳辐射和油膜厚度等因素的影响。假定：在油膜内部扩散不受限制；油膜完全混合。

蒸发率可由下式表示：

$$N_i = \frac{k_{ei} P_i^{SAT}}{RT \frac{M_i}{\rho_i}} X \tag{12-19}$$

式中：N_i ——蒸发率；

k_{ei} ——物质输移速度；

P_i^{SAT} ——蒸气压力；

R——气体常数；

T——温度；

M_i ——分子量；

ρ_i ——油组分的密度；

i——各种油组分。

k_{ei} 可由下式估算：

$$k_{ei} = k A_{oil}^{0.045} Sc_i^{-2/3} U_w^{0.78} \tag{12-20}$$

式中：k——蒸发系数；

Sc_i——组分 i 的蒸汽 Schmidts 数。

⑤乳化

油向水体中的运动机理包括溶解、扩散、沉淀等。扩散是溢油发生后最初几星期内最重要的过程。扩散是一种机械过程，水流的紊动能量将油膜撕裂成油滴，形成水包油的乳化。这些乳化物可以被表面活性剂稳定，防止油滴返回到油膜。在恶劣天气状况下最主要的扩散作用力是波浪破碎，而在平静的天气状况下最主要的扩散作应力是油膜的伸展压缩运动。从油膜扩散到水体中的油分损失量计算：

$$D = D_a D_b \tag{12-21}$$

式中：D_a——进入水体的分量；

D_b——进入水体后没有返回的分量。

$$D_a = \frac{0.11(1 + U_w)^2}{3600} \tag{12-22}$$

$$D_b = \frac{1}{1 + 50\mu_{oil} h_s \gamma_{ow}} \tag{12-23}$$

式中：μ_{oil}——油的黏度；

γ_{ow}——油-水界面张力。

油滴返回油膜的速率为：

$$\frac{dV_{oil}}{dt} = D_a(1 - D_b) \tag{12-24}$$

油中含水率变化可由下式平衡方程表示：

$$\frac{dy_w}{dt} = R_1 - R_2 \tag{12-25}$$

R_1 和 R_2 分别为水的吸收速率和释放速率，其计算公式分别为：

$$R_1 = K_1 \frac{(1 + U_w)^2}{\mu_{oil}}(y_w^{max} - y_w) \tag{12-26}$$

$$R_2 = K_2 \frac{1}{A_s \cdot W_{ax} \cdot \mu_{oil}} y_w \tag{12-27}$$

式中：y_w^{max}——最大含水率；

y_w——实际含水率；

A_s——油中沥青含量；

W_{ax}——油中石蜡含量；

K_1——吸收系数；

K_2——释放系数。

⑥溶解

溶解率用下式表示：

$$\frac{dV_{dsi}}{dt} = K_{si} C_i^{sat} X_{imol} \frac{M_i}{\rho_i} A_{oil} \tag{12-28}$$

式中：C_i^{sat} ——组分 i 的溶解度；

X_{imol} ——组分 i 的摩尔分数；

M_i ——组分 i 的摩尔质量；

K_{si} ——溶解传质系数，由下式估算。

$$K_{si} = 2.36 \times 10^{-6} e_i \tag{12-29}$$

其中：

$$e_i = \begin{cases} 1.4 & 烷烃 \\ 2.2 & 芳香烃 \\ 1.8 & 精制油 \end{cases}$$

(2)计算参数设置

①风险评价范围

环境风险计算范围为石码以东，围头以西，流会以北，包括整个厦门海域在内的区域，东西向长约84km，南北向长约50km。

②事故发生点选取

溢油风险主要考虑施工期施工船舶溢油事故，溢油点选择见图12-13。

③计算风况

厦门地区风向季节性变化明显，年风频最大的风向为东风，夏季多为东偏南风，秋冬季盛行东偏北风。各季中静风频率为5%～10.7%。根据《船舶污染物海洋环境风险评价技术规范(试行)》，船舶溢油风险泄漏典型风向应为冬季主导风、夏季主导风和不利风向，风速为对应的平均风速。结合厦门地区风况、周边敏感目标及地形情况，东北风(4.0m/s)、东南风(4m/s)、静风作为计算风况。

④其他参数设置

其他参数设置见表12-10。

溢油模型主要参数表　　表12-10

参数名称	取　值
源强	30t
模拟时间	72h
开始溢油典型潮时	涨急、高平潮、落急、低平潮
风漂移系数 c_w	0.02
油的最大含水率	0.85
吸收系数(K_1)	5×10^{-7}
释出系数(K_2)	1.2×10^{-5}
传质系数	2.36×10^{-6}
蒸发系数	0.029

续上表

参数名称	取值
油辐射率 l_{oil}	0.82
水辐射率 l_{water}	0.95
大气辐射率 l_{ai}	0.82
漫射系数 α	0.1

注:以上模型参数取值采用相关文献推荐值。

(3)计算结果分析

①静风条件下

静风条件下油膜到达敏感目标的最快时间见表12-11,不同时间点的油膜扫海范围如图12-13所示。

静风条件下发生溢油事故到达敏感目标时间　　表12-11

敏感目标	涨急	高潮	落急	低潮
文昌鱼保护核心区	10min	10min	10min	10min
文昌鱼保护区外围保护地带	27h	未到达	10h	7h
白海豚保护区(同安湾口)	1.5h	22.5h	6h	1.5h
厦门东部海洋生态保护红线区	10min	10min	10min	10min
小金门岛	29.5h	33h	71.5h	57.5h
大金门岛	未到达	70h	64.5h	未到达
鼓浪屿红线区	54h	22.5h	未到达	未到达
白鹭保护区	未到达	未到达	未到达	未到达

由表12-11和图12-13可以看出,静风条件下涨急时刻开始溢油72h内扫海面积约144.89km^2,由于溢油风险点距离较近,油膜10min内就将到达文昌鱼保护区核心区和厦门东部海洋生态保护红线区,到达同安湾口白海豚保护区的最快时间约1.5h,到达文昌鱼保护区外围保护地带的最快时间约27h。高平潮时刻开始溢油,72h内扫海面积约193.62km^2;油膜10min内就将到达文昌鱼保护区核心区和厦门东部海洋生态保护红线区,到达同安湾口白海豚保护区的最快时间约22.5h,72h油膜未到达文昌鱼保护区外围保护地带。落急时刻开始溢油72h内扫海面积约112.18km^2,油膜10min内就将到达文昌鱼保护区核心区和厦门东部海洋生态保护红线区,到达同安湾口白海豚保护区的最快时间约6h,到达文昌鱼保护区外围保护地带的最快时间约10h。低平潮时刻开始溢油72h内扫海面积约120.10km^2,油膜10min内就将到达文昌鱼保护区核心区和厦门东部海洋生态保护红线区,到达同安湾口白海豚保护区的最快时间约1.5h,到达文昌鱼保护区外围保护地带的最快时间约7h。

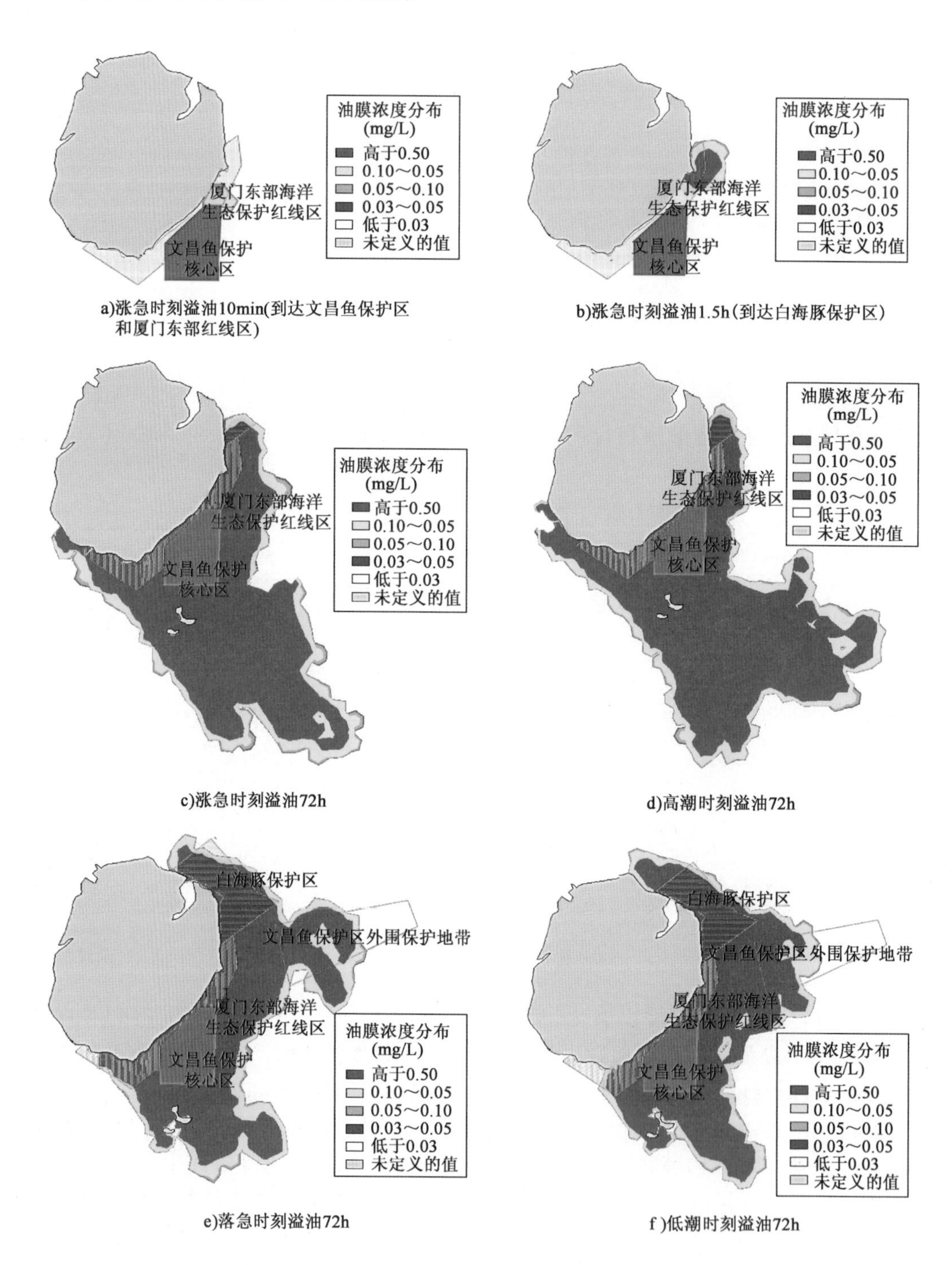

a)涨急时刻溢油10min(到达文昌鱼保护区和厦门东部红线区)

b)涨急时刻溢油1.5h(到达白海豚保护区)

c)涨急时刻溢油72h

d)高潮时刻溢油72h

e)落急时刻溢油72h

f)低潮时刻溢油72h

图12-13　静风条件下油膜扫海范围

②东北风条件下

东北风条件下油膜到达其他敏感目标的最快时间见表12-12,不同时间点的油膜扫海范围如图12-14所示。

东北风条件下发生溢油事故到达敏感目标时间　　　表 12-12

敏感目标	涨急	高潮	落急	低潮
文昌鱼保护区核心区	10min	10min	10min	10min
文昌鱼保护区外围保护地带	未到达	未到达	未到达	未到达
白海豚保护区(同安湾口)	2h	未到达	7h	2h
厦门东部海洋生态保护红线区	10min	10min	10min	10min
小金门岛	未到达	未到达	未到达	未到达
大金门岛	未到达	未到达	未到达	未到达
鼓浪屿红线区	25.5h	22.5h	20.5h	未到达
白鹭保护区	未到达	未到达	未到达	未到达

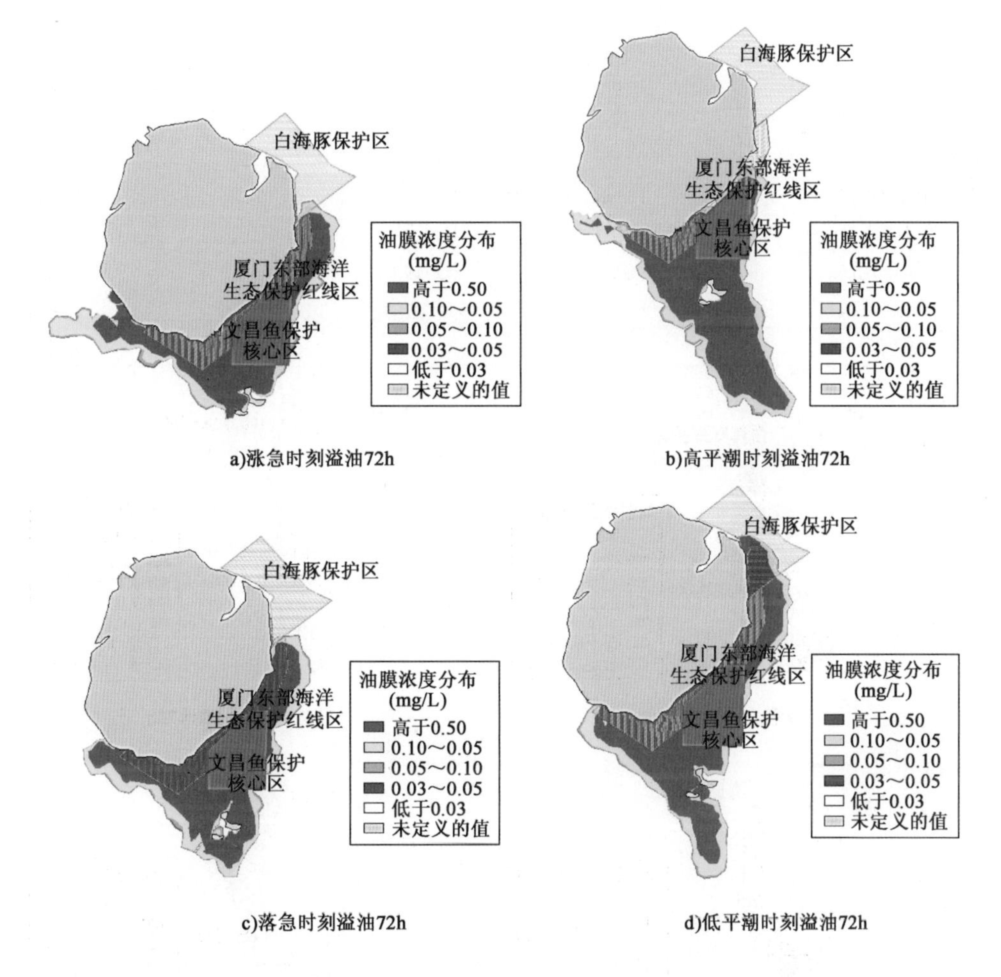

图 12-14　东北风条件下油膜扫海范围

由表 12-12 和图 12-14 可以看出，东北风条件下涨急时刻开始溢油 72h 内扫海面积约 48.08km²，油膜 10min 内就将到达文昌鱼保护区核心区和厦门东部海洋生态保护红线区，到达同安湾口白海豚的最快时间约 2h，72h 油膜未到达文昌鱼保护区外围保护地带。高平潮时刻开始溢油 72h 内扫海面积约 61.35km²,油膜 10min 内就将到达文昌鱼保护区核心区和厦门东部海洋生态保护红线区,72h 油膜未到达同安湾口白海豚保护区和文昌鱼保护区外围保护地带。落急时刻开始溢油 72h 内扫海面积约 46.80km²,油膜 10min 内就将到达文昌鱼保护区核心区和厦门东部海洋生态保护红线区,到达同安湾口白海豚保护区的最快时间约 7h,72h 油膜未到达文昌鱼保护区外围保护地带。低平潮时刻开始溢油 72h 内扫海面积约 50.49km²,油膜 10min 内就将到达文昌鱼保护区核心区和厦门东部海洋生态保护红线区,到达同安湾口白海豚保护区的最快时间约 2h,72h 油膜未到达文昌鱼保护区外围保护地带。

③东南风条件下

东南风条件下油膜到达其他敏感目标的最快时间见表 12-13,不同时间点的油膜扫海范围如图 12-15 所示。

东南风条件下发生溢油事故到达敏感目标时间　表 12-13

敏 感 目 标	涨急	高潮	落急	低潮
文昌鱼保护区核心区	10min	10min	10min	10min
文昌鱼保护区外围保护地带	未到达	未到达	未到达	8h
白海豚保护区(同安湾口)	1.5h	未到达	5.5h	1.5h
厦门东部海洋生态保护红线区	10min	10min	10min	10min
小金门岛	未到达	未到达	未到达	未到达
大金门岛	未到达	未到达	未到达	未到达
鼓浪屿红线区	未到达	未到达	未到达	未到达
白鹭保护区	未到达	未到达	未到达	未到达

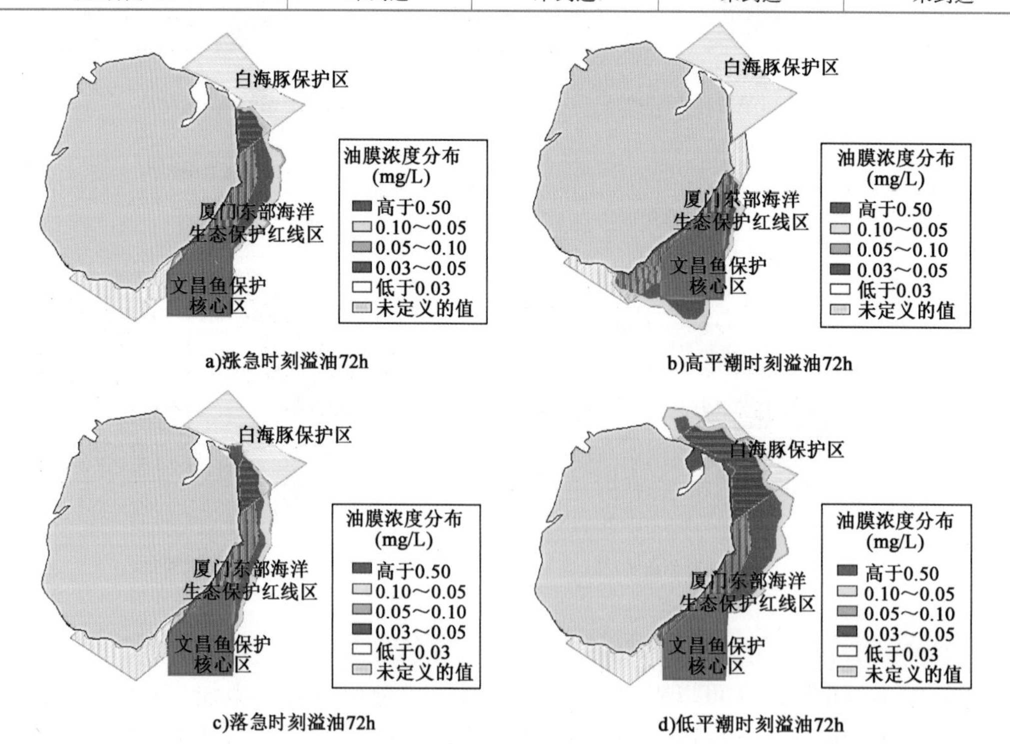

图 12-15　东南风条件下油膜扫海范围

由表12-13和图12-15可以看出,东南风条件下涨急时刻开始溢油72h内扫海面积约18.05km^2,油膜10min内就将到达文昌鱼保护区核心区和厦门东部海洋生态保护红线区,到达同安湾口白海豚保护区的最快时间约1.5h,72h油膜未到达文昌鱼保护区外围保护地带。高平潮时刻开始溢油72h内扫海面积约22.34km^2,油膜10min内就将到达文昌鱼保护区核心区和厦门东部海洋生态保护红线区,72h油膜未到达同安湾口白海豚保护区和文昌鱼保护区外围保护地带。落急时刻开始溢油72h内扫海面积约16.24km^2,油膜10min内就将到达文昌鱼保护区核心区和厦门东部海洋生态保护红线区,到达同安湾口白海豚保护区的最快时间约5.5h,72h油膜未到达文昌鱼保护区外围保护地带。低平潮时刻开始溢油72h内扫海面积约27.86km^2,油膜10min内就将到达文昌鱼保护区核心区和厦门东部海洋生态保护红线区,到达同安湾口白海豚保护区的最快时间约1.5h,到达文昌鱼保护区外围保护地带的最快时间约8h。

12.2.3.2　尾水事故排放影响分析

(1)模型参数设置

由于工程邻近生态敏感区域,因此模型设定从保守角度考虑,扩散系数为10m^2/s,污染物扩散过程中不考虑降解过程,降解系数为0,计算步长为1mins,模型平衡时间为45d,以模型运行第45d时最后一个潮周期的污染物扩散范围计算对象,将潮周期内25个整点的污染物扩散范围进行叠加,获得污染物最大影响范围。本模型采用的水体污染物背景值及各级水质限值见表12-14。COD_{Mn}、无机氮、活性磷酸盐背景值分别为1.3mg/L、0.71mg/L、0.042mg/L。尾水排放口周边海域(除文昌鱼保护区黄厝海域按一类水质标准外)COD_{Mn}、无机氮、活性磷酸盐阈值(二类水质标准限值)分别取3mg/L、0.3mg/L、0.03mg/L。尾水排放口根据现状监测结果,尾水排放口周边海域COD_{Mn}可满足一类水质标准,无机氮、活性磷酸盐水质现状均已超过二类标准。因此在数模预测时,COD_{Mn}、无机氮、活性磷酸盐只做增量预测。

本模型采用的水体污染物背景值及各级水质限值(单位:mg/L)　　表12-14

水质标准及背景浓度	污染物		
	COD_{Mn}	无机氮	活性磷酸盐
一类水质	2.0	0.2	0.015
二类水质	3.0	0.3	0.03
三类水质	4.0	0.4	0.03
四类水质	5.0	0.5	0.045
背景浓度	1.3	0.71	0.042

本工程排污口设计有90m扩散器,扩散器上设置7根上升管及喷头,间隔15m,单个出口平均流量为0.496m^3/s。断裂事故排放工况下,断裂口为单点排放,流量为3.472m^3/s。计算时取$COD_{Mn}=0.4COD_{Cr}$,N源强取无机氮=0.61TN(TN表示总氮量),P源强取活性磷酸盐=0.85TP(TP表示总磷量)。

(2)大潮事故排放预测结果

模型根据污染物源强,最后给出污染物浓度稳定平衡后大潮期间全潮过程中污染物的最大浓度分布,等值线分布图为各点最高浓度瞬时值的包络线。大潮事故排放情况下各污染物最大浓度统计见表12-15;大潮事故排放情况下各污染物浓度增量见表12-16;事故排放情况下大潮各污染物包络线如图12-16所示。数值模拟计算表明:污染物入海后的迁移扩散状态主要受潮流分布变化、水深分布、污染物排放点源、污染物源强等影响。

大潮事故排放情况下各污染物最大浓度统计表　　表12-15

污染物	背景值(mg/L)	背景水质	大潮模型计算最大浓度值(mg/L)	排放后水质	面　积(m^2)
COD_{Mn}	1.3	一类	1.8	一类	一个计算网格(20m×20m)
无机氮	0.71	劣四类	0.877	劣四类	
活性磷酸盐	0.042	四类	0.0547	劣四类	

大潮事故排放情况下各污染物浓度增量表　　表12-16

污　染　物	最大浓度增量(mg/L)	最大浓度增量占现状浓度的比例(%)	增量等值线计算浓度(mg/L)	面　积(km^2)
COD_{Mn}	0.5	38.5	0.16	2.961606
无机氮	0.167	23.5	0.09	0.069086
活性磷酸盐	0.0127	30.2	0.004	2.953046

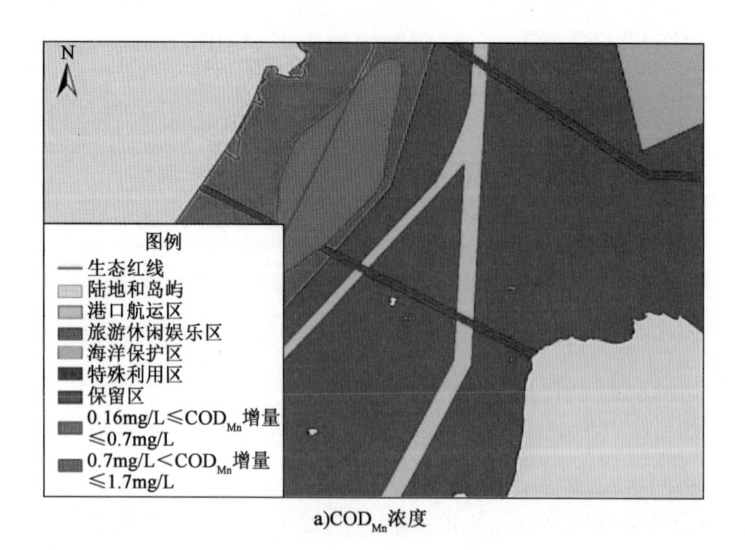

a)COD_{Mn}浓度

图　12-16

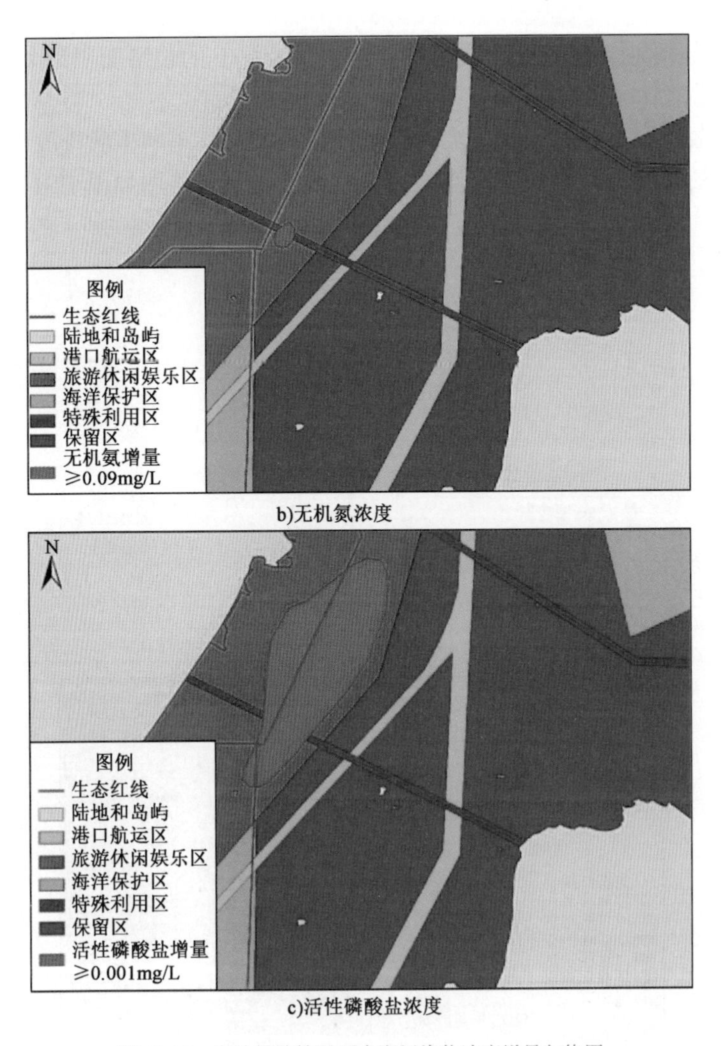

b)无机氮浓度

c)活性磷酸盐浓度

图 12-16　事故排放情况下大潮污染物浓度增量包络图

①COD_{Mn}排放预测分析结果

大潮事故排放情况下，尾水排放口 COD_{Mn} 最大浓度增量约为 0.5mg/L，叠加背景值后 COD_{Mn}最大浓度 1.8mg/L，该浓度包络范围小于一个计算网格（20m×20m），可见事故排放情况下尾水排放口周边海域 COD_{Mn}浓度有所上升（最大浓度增量占现状浓度的 38.5%），但仍能满足一类海水水质标准。如图 12-16a）所示，浓度增量 0.16mg/L 的包络面积约 2.961606km^2。

②无机氮排放预测分析结果

大潮事故排放情况下，尾水排放口无机氮最大浓度增量为 0.167mg/l，叠加背景值后最大浓度值 0.877mg/L，其包络范围小于一个计算网格（20m×20m），最大浓度增量占现状浓度的 23.5%。如图 12-16b）所示，浓度增量值 0.09mg/L 的包络面积约 0.069086km^2。

③活性磷酸盐排放预测分析结果

大潮事故排放情况下，尾水排放口活性磷酸盐最大浓度增量为 0.0127mg/L，叠加背景值后最大浓度为 0.0542mg/L，其包络范围小于一个计算网格（20m×20m），最大浓度增量占现状浓度的30.2%。如图12-16c)所示,浓度增量值0.004mg/L的包络面积为2.953046km²。

(3)小潮事故排放预测结果

小潮事故排放情况下各污染物最大浓度统计见表12-17,小潮事故排放情况下各污染物浓度增量见表12-18,事故排放情况下小潮各污染物浓度增量包络图如图12-17所示。

小潮事故排放情况下各污染物最大浓度统计表　　表12-17

污染物	背景值(mg/L)	背景水质	大潮模型计算最大浓度值(mg/L)	排放后水质	面　积(m^2)
COD_{Mn}	1.3	一类	1.808	一类	一个计算网格(20m×20m)
无机氮	0.71	劣四类	0.869	劣四类	
活性磷酸盐	0.042	四类	0.0542	劣四类	

小潮事故排放情况下各污染物浓度增量统计表　　表12-18

污　染　物	最大浓度增量(mg/L)	最大浓度增量占现状浓度的比例(%)	增量等值线计算浓度(mg/L)	面积(km^2)
COD_{Mn}	0.508	39.1	0.16	3.293574
无机氮	0.159	22.4	0.09	0.076613
活性磷酸盐	0.0122	29.0	0.004	3.214075

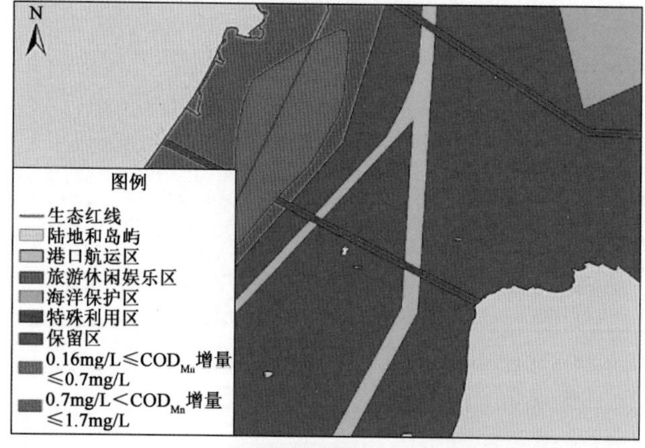

a)COD_{Mn}浓度

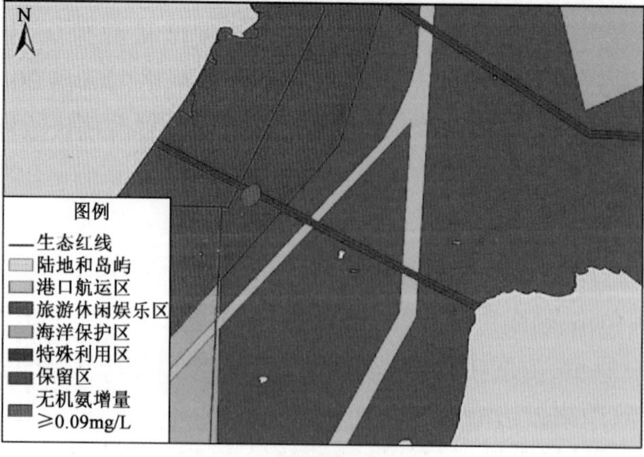

b)无机氮浓度

图　12-17

c)活性磷酸盐浓度

图 12-17　事故排放情况下小潮各污染物浓度增量包络图

①COD_{Mn}排放预测分析结果

小潮事故排放情况下，尾水排放口 COD_{Mn} 最大浓度增量约为 0.508mg/L，叠加背景值后 COD_{Mn}最大浓度 1.808mg/L，该浓度包络范围小于一个计算网格（20m × 20m），可见事故排放情况下尾水排放口周边海域 COD_{Mn}浓度有所上升（最大浓度增量占现状浓度的 39.1%），但仍能满足一类海水水质标准。如图 12-17a）所示，浓度增量值 0.16mg/L 的包络面积约 3.293574km^2。

②无机氮排放预测分析结果

小潮事故排放情况下，尾水排放口无机氮最大浓度增量约为 0.159mg/L，叠加背景值后无机氮最大浓度 0.869mg/L，该浓度包络范围小于一个计算网格（20m × 20m），最大浓度增量占现状浓度的 22.4%。如图 12-17b）所示，浓度增量值 0.09mg/L 的包络面积约 0.076613km^2。

③活性磷酸盐排放预测分析结果

小潮事故排放情况下，尾水排放口活性磷酸盐最大浓度增量约为 0.0122mg/L，叠加背景值后活性磷酸盐最大浓度 0.0542mg/L，该浓度包络范围小于一个计算网格（20m × 20m），最大浓度增量占现状浓度的 29.0%。如图 12-17c）所示，浓度增量值 0.004mg/L 的包络面积约 3.214075km^2。

12.2.3.3　排海管断裂的环境风险分析

根据工程特点及所在场地特征，管道破裂引起尾水泄漏为本工程最主要的风险之一，潜在的管道事故诱因主要是外来力（包括自然因素和外来人为因素）、腐蚀（包括内腐蚀和外腐蚀）、机械失效（包括由施工缺陷或材料缺陷造成的）和操作失误造成。

（1）冲刷损坏：根据工程设计方案与现状海域的关系，工程设计时需考虑地表水流、波浪对管道产生冲刷、侵蚀或掏蚀的影响，采取相应的地基加固和岸坡防护措施，以确保拟建工程的安全运营。排海管可能由于腐蚀或外力损伤等原因导致破裂或断裂，尾水无法到达选定尾水排放口处排放，而是直接在破裂处排放将对周边海洋环境造成一定的影响。

(2)锚害风险:考虑到工程附近水域有一定数量的货船和游艇船活动,存在一定的抛锚概率,根据相关资料,1m左右堆石保护层能保证5t锚在拖拽时偏离原有指向管道的拖拽轨迹,以安全间距越过管道,本工程根据实际情况,采用2m厚堆石保护层,保护层面高程取香山游艇航道规划底高程-7.50m,并在排放口四周设置警示标识,以降低船舶锚害的风险。

(3)排放口堵塞的风险:尾水排海管设计流速按规模设计,流量不足时也可能导致排放口堵塞,甚至引发管道爆裂等风险。排放口经常采取冲洗或者间歇排放的措施,可有效避免因排放口堵塞导致的管道爆裂等用海风险。

(4)其他:管道使用年限过久、管道腐蚀以及地质灾害(如地震或塌陷)等都可能引起管道破损或破裂。

尽管海底排水管道破裂或断裂事故发生的概率很低,但一旦发生对周边海域环境影响较大。排海管道破裂或断裂将导致尾水浅海甚至漫滩排放,会对局部海域造成冲刷,如果是尾水达标排放,管道破裂排放尽管影响不大,但也违反国家有关规定;如果是管道破裂加上事故排放,那么对周边海域水质和生态环境尤其是滩涂沉积物质量影响较大。为此,污水处理厂及尾水排海管道工程应按规范配置风险防范设施,并编制应急预案,做好风险防范工作。

综上,本工程在设计过程中间即考虑到管道的安全稳定,对所在场地进行基础处理,并采取与习惯性航道保持一定距离等措施来保证与航道的安全距离;同时按规范配置风险防范设施,编制应急预案,做好风险防范工作后,管道事故引起污水泄漏的风险较小。

12.3 环境影响经济损益分析

随着城市化进程的加快,城市污水处理对改善环境质量、更好地满足人民群众物质生活需要具有十分重要的意义。城市污水处理工程是一项市政工程,也是一项环保工程。以服务于社会为主要目的,污水处理厂的改造将进一步改善厦门市海域的水质状况,改善人民的生产生活环境,保护区域水资源,满足经济社会发展要求。

环境经济损益分析是建设项目环境影响评价的一个重要组成部分,它是综合评判建设项目的环保投资是否能够补偿,或在某种程度上补偿由此可能造成的环境损失的重要依据。环境经济损益分析不仅需要计算用于环境治理、控制污染所需的投资和费用,还要同时核算可能的经济效益、社会效益。目前多采用定性与半定量的方法来讨论,以判断项目在环境效益、社会经济效益和控制环境污染等方面的得失。

12.3.1 社会经济效益

城市污水处理厂是城市基础设施的重要组成部分,直接影响到城市的各种功能发挥。本工程的建设与厦门市人民的生活息息相关,可进一步改善厦门市的投资环境和旅游环境,对地区的经济和社会发展影响巨大。

前埔污水处理厂服务范围为厦门本岛整个东部地区。目前实际平均接纳的污水量20.0万m^3/d。随着厦门岛东部开发力度不断加大,前埔污水处理厂已满负荷甚至超负荷运行。同时,筼筜厂收集范围已建的新滨北1号泵站将污水“西水东调”输送至前埔污水处理厂片区,现状日均输送水量已达到3.2万m^3/d(设计规模为旱季7.0万m^3/d,雨季11万m^3/d),以及岛内截污工程的实施带来新的污水增长量。

为提升前埔污水处理厂的污水处理能力，削减污染物的直接排放量，前埔污水处理厂三期工程(扩建)拟扩建20万m^3/d规模(预留10万m^3/d土建规模)污水处理设施，扩建后前埔污水处理厂总规模达到40万m^3/d，远期最终规模将达到50万m^3/d，出水执行《城镇污水处理厂污染物排放标准》(GB 18918—2002)一级A排放标准。现有的排海管道已经无法满足前埔污水厂的排放需求。

针对上述情况，本工程新建30万m^3/d排海管，并将排放口设置于黄厝文昌鱼保护区之外。

综上所述，本工程的社会经济效益显著。

12.3.2 环境效益

本工程施工期、运营期将不可避免地对作业区附近的海水水质、海洋沉积物环境、海洋生态环境等造成影响。实施中将对施工、运营过程造成的海洋生物资源损害进行补偿，通过生态恢复的方式，补偿生态的损失，能够逐步恢复原来的生态状况，保持区域海洋生态的平衡。

施工期和运营期采取了多项环保措施，以减小污染因子产生的强度，并进行必要的污染治理。通过估算，环保总投资额约671.50万元，约占总投资(39134.09万元)的1.72%，见表12-19，主要用于施工船舶污染物接收处理费用、施工污水处理费用、固废弃物处理费用、大气抑尘措施费用、降噪措施费用、环境监测费用、施工期环境监理费用、海洋生态补偿费用等。通过治理，工程区附近海域环境和陆域环境已得到有效保护。

环保投资一览表　　表12-19

时　　段	环境保护工程措施	投资(万元)
施工期	施工船舶污染物接收处理	30
	隔油池、沉淀池等	5
	洒水抑尘、施工场地围挡，运输车辆加盖等	10
	选用低噪声设备、设置临时隔声屏障	5
	固废弃物运至城市建筑垃圾处置场所	5
	施工期环境监测	50
	施工期环境监理	20
	生态补偿	466.5
运营期	运营期环境监测	80
合计		671.5

工程实施后，可有效减轻厦门岛东部陆源污染物排放对近海海洋环境的影响，降低对厦门珍稀海洋物种国家级自然保护区的影响，有利于保护区内的海洋生物生境的保护，促进海域生态系统功能健康发展。同时，作为一项重要的城市基础设施，对实现城市总体规划中的环境保护总目标起着重大作用，污水处理工程的建设将有效地改善城市的环境条件，改善居民生活条件。

综上所述,本工程对当地周边陆域环境和海域环境可带来正面的环境效益。

12.4 本章小结

厦门市前埔污水处理厂三期工程(排海管)属于市政基础设施建设项目。工程的建设符合《中华人民共和国环境保护法》《中华人民共和国海洋环境保护法》和《中华人民共和国防治海岸工程建设项目污染损害海洋环境管理条例》的要求,符合国家产业政策要求和厦门市污水布局研究及处理系统规划。工程的建设符合《福建省近岸海域环境功能区划(2011—2020年)》《福建省海洋功能区划(2011—2020年)》《福建省海洋生态保护红线划定成果》等相关区划、规划,能够满足"三线一单"的要求。项目建成对于改善厦门岛东部海域环境质量、改善区域市政基础设施条件方面具有积极意义。

工程施工期对工程区附近海域水环境、生态环境及工程所在区域声环境、大气环境等的影响较小;运营期间,尾水通过排海管道排海将对排放口周边海域海洋环境造成一定影响。在严格采取本报告提出的各项污染防治对策措施、生态保护与补偿对策以及环境风险防范与应急措施的前提下,从环境保护角度考虑,工程建设是可行的。

第 13 章
CHAPTER 13

污水排海工程海洋生态环境保护措施

13.1 概述

由第 12 章可知，工程施工期间对工程区附近海域水环境、生态环境及工程所在区域声环境、大气环境等产生一定的影响，但总体影响较小；运营期间，尾水通过排海管道排海将对排放口周边海域环境造成一定影响。为确保对环境的影响减少到最低，需要采取一定的污染防治措施。施工期间，由于施工材料运输、淤泥外抛等影响，将对航线交通流产生一定有影响，因此，也需要制订施工期通航的安全保障措施。

本章针对施工期可能产生的环境问题，从水、大气、声环境保护，船舶污染物、固体废物处置，以及固体废物污染防治、海洋生态环境保护，沙滩影响的减缓和恢复措施等，提出环境防治措施；针对运营期的环境问题，提出相应的保护措施。

针对环境风险事故问题，从尾水事故、管道断裂事故、船舶溢油事故等方面提出相应的风险防范措施。对于海域段施工期间的通航安全问题，分析施工区对水域的影响，并施工材料运输、淤泥外抛、块石、碎石运输对航向的影响，对碍航性进行分析，最后提出相应的通航安全保障措施。

最后，从污染物排放清单及管理要求、施工期监测及运营期环境监测等方面，提出环境影响跟踪监测的主要内容及监测方法。

13.2 海洋环境保护措施

13.2.1 施工期环境保护措施

13.2.1.1 水环境保护措施

(1)在开工前应对所有的施工设备，尤其是泥仓的仓门进行严格检查，如发现有可能泄漏污染物(包括船用油和开挖泥沙)的地方，必须先修复后才能施工。

(2)管道开挖敷设应选择海况条件好的季节施工。施工船舶严格按照设定路由范围区进行施工，开挖范围严格控制在设计范围内，严格控制开挖宽度和深度，减少悬浮泥沙的产生。

(3)挖泥采用导标法及差分全球定位系统(Differential Global Position System，DGPS)配合，

定位精度高，在施工过程中应勤打水，控制挖泥厚度，特别是边坡及斗位连接处，防止超挖，分段开挖部分应有足够的搭接长度，防止施工回淤。

(4)沟槽开挖前在距离施工区域南侧100m左右的距离设置土工布防污帘。

(5)疏浚物外抛到制定的海洋倾倒区。严禁抛泥船只未到达指定区域便在中途倾倒，并防止船运疏浚物外溢现象发生，必要时可安排相应人员，配置必要的监测仪器[如全球导航卫星系统(GNSS)]进行监控，以免对海水水质、海洋生态系统造成严重的影响。

(6)挖泥船在倾倒区抛泥完毕后，应及时关闭仓门，并确定仓门关闭无误后方可返航；同时在疏浚物倾倒作业期间，应加强同当地气象预报部门的联系，在恶劣天气条件，应提前做好防护准备并停止挖泥和倾倒作业。

13.2.1.2 大气环境保护措施

(1)陆域段施工现场应设置封闭围挡，围挡高度不得低于2.5m；物料堆场要完全密闭，禁止露天堆放，不能完全密闭的，要采用防尘网(布)全覆盖，并配备必要的喷淋设施。

(2)道路运输扬尘防治措施。

①向有关行政主管部门申请运输路线，车辆应当按照批准的路线和时间进行粉质建筑材料的运输。

②运输车辆应当采取密闭、覆盖方式进行运输，装车物料最高点不得高出车厢上沿；运输车辆不应超载，防止路面破损引起运输过程颠簸遗撒。

③运输车辆在施工场地的出入口内侧设置洗车平台，车辆驶离工地前，应在洗车平台冲洗轮胎及车身，其表面不得附着污泥。

(3)机械设备废气的控制：施工过程中还应经常对机械设备进行维修保养，避免其非正常排放废气；应加强船舶管理，使各项性能参数和运行工况均处于最佳状态，使用低硫分的燃油，以减少二氧化硫(SO_2)等尾气的排放，减少大气污染物排放。

13.2.1.3 声环境保护措施

(1)施工时应进行良好的施工管理，严格按现行《建筑施工场界环境噪声排放标准》(GB 12523)的要求控制施工场界噪声排放。

(2)合理选择施工机械、施工方法，优先选用性能良好的低噪施工设备，日常注意对施工设备的维修保养，使各种施工机械保持良好的运行状态。

(3)合理安排施工工序，会展南五路、环岛东路等路面上禁止高噪声设备夜间施工，通过车辆减速、禁鸣喇叭，必要时采取施工时段避让等措施降低施工噪声影响。

13.2.1.4 船舶污染物处置措施

(1)应按照交通部海事局《沿海海域船舶排污设备铅封管理规定》(交海发〔2007〕165号)的要求，实行船舶污水的铅封管理。施工船舶必须设有专用容器，船舶产生的油类、油性混合物及其他污水、船舶垃圾及其他有毒有害物质收集后，由具备相应接收能力的船舶污染物接收单位接收处理，严禁排放入海。加强舱底检查，防止舱底漏水。

(2)应加强施工船舶的管理，经常检查机械设备性能，严禁跑、冒、滴、漏严重的船只参加作业，防止发生机油溢漏事故。甲板上的机械设备出现漏、冒油时，立即停机处理，使用吸油棉及时吸取，并迅速堵塞泄水口，防止油水流入海中。在易发生泄漏的设备底部铺防漏油布，并在重点地方设置接油盘等，同时及时清理漏油。

(3)施工污水通过临时排水系统进入市政污水管道系统，不得直接排入周边海域。

(4)加强施工过程的环境管理，避免施工污水随意排放，污染海域环境。

13.2.1.5 固体废物污染防治措施

(1)船舶污染物应由已向港口部门备案、具备相应接收能力的船舶污染物接收单位接收处理。

(2)陆域生活垃圾设垃圾桶收集，由当地环卫部门统一清运处理；顶管施工配套泥浆循环系统，顶管施工过程产生的泥浆、灌注桩泥浆运至前埔污水处理厂的污泥处理系统处理；施工疏浚物全部外抛至福建东碇临时性海洋倾倒区。

13.2.1.6 沙滩影响的减缓和恢复措施

(1)科学合理地布置施工临时用地，最大限度地减少在观音山、环岛东路沙滩的临时占地或占道范围。

(2)根据3号顶管井所在区域特点，制定有针对性的相对安全可靠、切实可行的施工方案，采用沙袋围堰以及铺设临时路基钢套箱作为施工便道，降低对沙滩的影响。

(3)施工结束后，及时清理施工现场，拆除废弃临时设施，清运多余材料及建筑垃圾，严禁乱倒乱卸；对施工场地表层沙滩进行清表置换，恢复沙滩使用功能。

13.2.2 运营期环境保护措施

(1)建设单位应根据不同需求(或将尾水处理达到相应标准后)进行中水回用，提高尾水的中水回用率，减少尾水排放量，从而进一步减轻尾水排放对海洋生态环境的影响。

(2)尾水排放口处应设立明显的警示标志，标明管口离岸距离，防止小船撞击事故。

(3)污水厂出水水量达不到排海管设计规模时，应关闭部分鸭嘴阀门，增加管道流速，防止管道堵塞。

(4)在项目运行过程中，应加强巡查，按计划定期对排海管道及扩散器进行检修，防止管道因被腐蚀、破损而发生泄漏事故。

(5)加强尾水排放口在线监测、对排放口附近海域生态环境质量及赤潮的跟踪监测。

13.2.3 环境风险事故防范与应急措施

13.2.3.1 尾水事故排放风险防范措施

(1)为了避免或减少污水厂风险，要求污水厂在构筑物设计以及设备选用上留有余地，采用性能可靠优质产品，在工程经济允许前提下，留有备用设备，平时加以维护保养。如在用设备发生事故时，能及时替代。

(2)污水处理厂必须采用双回路供电，加强电站管理，保证供电设施及线路正常运行。

(3)建设有效的在线监测系统。将检测系统数据上传至中控系统,并定期对监测系统进行比对和校准,保证检测结果的准确性。保证出现超标时能第一时间做出反应。

(4)建立有效的预警应急机制。为了有效防范废水的事故排放,发现废水的超标后,应在第一时间发出警报,并切断尾水排放口阀门。

(5)设置应急池,一旦发生故障,项目产生的废水可暂时储存于应急池中,确保未经处理的废水不外排。

13.2.3.2 管道断裂事故风险防范措施

(1)管道的焊接要严格执行有关的技术标准,保证焊接质量;管道材质应正确选用;排海管及其附属构筑物应采取相应的防腐措施;并定期进行维护和检修,发现问题及时处理,避免管道爆管、穿孔和破裂而引发污水泄漏。

(2)在海底管道两侧各50m的保护带范围建立警示标志,禁止船舶抛锚、钻探、挖砂等危害海底管道安全的海洋开发利用活动,同时在管道下海端的陆上适当位置设置醒目警示标志,主管机关要定期对保护区进行检查,对违反规定的行为进行查处。

(3)为避免海底管道掏空断裂风险,在施工过程中应避免在管道和海床之间形成空间,以防止海区内较为强劲的潮流和波浪作业造成局部冲刷现象;对于局部冲刷的保护则应在设计中预留必要的冲刷余量,必要时采取压护覆盖等措施。

(4)禁止在管道保护区范围内进行挖掘、采砂等作业。项目建成后应开展定期的巡查观测潮滩冲刷变化情况,在风暴潮等恶劣气象条件过后加以必要的检查,如发生局部冲刷要及时进行回填保护。

13.2.3.3 船舶溢油事故风险防范措施

(1)管路漏泄

①船舶油管路发生漏泄时,立即降低该管内油压力、关闭控制阀。在装油接驳过船时,如果连通管出现漏泄,加油船立即停滞泵油,关闭油泵及连通阀。

②船舶有关漏泄程度较小时,可用消油剂清洗,如出现较大油污染海面时应按报告制度程序控制。

(2)油舱溢油

①船内加油时如发生满舱溢油,应立即停止油泵运行,关闭送油管进口阀,停止供油作业。

②立即用泵将油舱内的油转送到有空舱的油舱内。

(3)船体发生泄漏

①当泄漏发生在水线以上时,应立即采取堵漏措施并将发生漏油的储舱转驳至其他舱储,使该舱储油位降到破损部位以下,但要注意船体应力和稳定性。

②当泄漏发生在水线以下船体时,首先立即关闭该舱所有开口(包括透气阀),使该舱内产生负压减少溢油量。利用潜水泵从舱顶部将该舱的油抽到其他舱,在处理泄漏的过程中迅速向上级报告和当地海事、公安、环保单位报告处理措施。

③当泄漏发生在船底时,应立即关闭所有开口(包括透气阀),同时迅速将油驳至其他舱,使该舱内油位降到水线以下,同时迅速报告和联系其他船只救灾。

④考虑船体应力、稳定性及吃水在船内接驳有困难时，应将油接驳到其他船或陆地油罐的控制措施；如不能确定泄漏部位时，应派潜水员查明漏油原因及部位，再按上述要求相应地采取控制溢油措施；如有可能及时布设围油栏或其他等效器材（如可漂浮的缆绳等），以防止溢油扩散并尽可能利用吸油材料回收设备等将油收回。

⑤当使用消油剂或凝聚剂时，应考虑周围环境，使用符合技术标准要求的物品，还应取得消防、环保局的批准。

13.2.4　减小对生态保护区影响的措施

(1)合理安排工期。在文昌鱼繁殖期和中华白海豚繁育期（每年3—4月）安排对海洋环境影响较小的工序处理，在离文昌鱼保护区较远的区域进行施工。

(2)沟槽开挖前在黄厝文昌鱼保护区北侧、距离施工区域100m左右的距离自东向西设置土工布防污帘，并在黄厝文昌鱼保护区北侧界线开展施工期跟踪监测。主要监测黄厝文昌鱼保护区海域特别是底层的悬浮物含量；沉管完成后，回填的覆盖物应采用中粗砂、贝壳等，营造、恢复适合文昌鱼生存的生境。

(3)加强文昌鱼人工繁育和养殖技术的研究，实施人工增殖放流。在黄厝文昌鱼保护区、南线—十八线海域和小嶝海域文昌鱼自然保护区附近海域对文昌鱼进行增殖放流，促进资源恢复。

(4)施工时，应密切观察施工船舶周围海域是否有中华白海豚出没，若有，应立即停止施工，注意避让，避免施工船舶机械对中华白海豚造成直接伤害等。一旦发现中华白海豚的异常情况，应立即向主管部门报告，并积极配合保护区主管部门等采取应急救助措施。

(5)根据《厦门市中华白海豚保护规定》，在厦门中华白海豚自然保护区内活动时，内港航速不得超过8kn，同安湾海域航速不得超过10kn。施工船舶在工程区附近海域航速不得超过10kn，航行时应注意观察周边海域的中华白海豚的活动情况。若发现有中华白海豚活动，则应注意避让，以免对中华白海豚造成伤害。

13.3　海域段施工通航安全保障措施

13.3.1　与通航相关的施工环节

13.3.1.1　施工区水域

排海管敷设施工，将先后投入挖泥船、泥驳、平板运输船和起重船等，其中挖泥船及起重船施工涉及抛锚作业，占用的水域范围最大。因此考虑施工区范围时，以最大船型的施工船舶抛锚所需的安全范围，作为工程的施工区范围。

本工程涉及抛锚定位作业的船舶有抓斗船及起重船。抓斗挖泥船抛锚时采用在船艏、艉抛交叉八字锚的方法；起重船在沉管等施工作业时，将在抛锚艇的配合下抛锚定位，每船抛6只锚，分别为八字锚及前后抽芯锚。根据施工船舶的最大船型尺度(58m×23m)以及上述的抛锚方式，施工船舶抛锚时，占用的最大水域范围为200m×150m的水域。

考虑到起重船抛锚时，锚位只能控制在排海管路由一侧。因此，以排海管路由的轴线为中心，垂直该轴线向北延伸100m、向南延伸200m所形成的区域，作为施工区的范围，即图13-1中A、B、C、D四点连线所围成的范围。

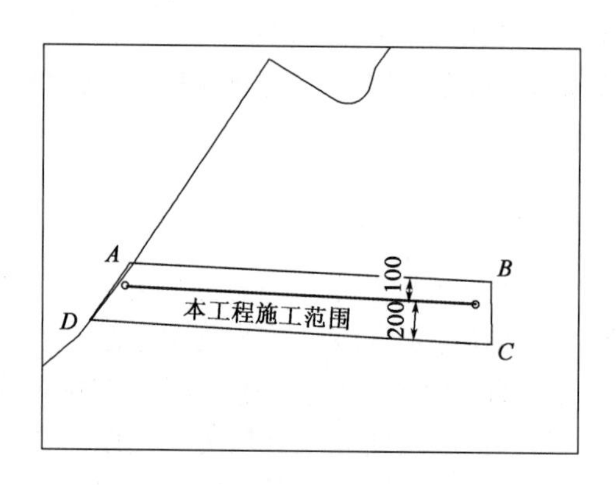

图13-1　施工区范围示意图(尺寸单位:m)

13.3.1.2　施工材料运输航线

本工程利用刘五店港区的中交第三航务工程局有限公司预制场作为压重块的预加工和出运码头。运输平板驳船从预制场码头出发，将横穿金通航道进入刘五店航道，沿刘五店航道航行至施工水域。

13.3.1.3　块石、碎石运输航线

工程施工所需的块石、碎石运输船舶从泉州南安石井龙祥码头，沿着石井航道航行，在围头湾口门处接入围头湾10万t级航道向南行驶。通过北碇岛后转向西，沿金门岛南部水域航行，直至进入厦门岛东部水域，沿刘五店航道航行直至施工区。

13.3.1.4　淤泥外抛航线

基槽开挖淤泥外抛时，运泥驳船将航行于厦门东部水道，横穿厦门港主航道，前往东碇岛附近的临时海洋抛泥区抛泥。

13.3.2　施工存在的影响通航的问题分析

13.3.2.1　碍航性分析

根据上述分析可知，排海管施工需占用一定通航水域，对周围船舶的航行将产生一定的影响，其碍航性主要表现在：

(1)排海管路由横穿香山游艇码头进出厦门东海域的航道，施工对游艇的进出港航行造成一定的影响。施工船舶进出施工区水域，占用了游艇习惯航路和活动水域，对游艇的航行和活动也将产生一定的影响。

(2)排海管施工区占用部分可航水域，具有一定的排他性，对周围航行船舶尤其是小型船

舶造成一定的影响。

(3)施工区水域距离刘五店航道的边线虽然较远,但施工船舶进出施工区水域,也将对刘五店航道上航行船舶的驾驶员产生一定的心理压力。特别是部分船舶并未保持在刘五店航道边线内航行,这增加了施工船舶与越界航行船舶之间的相互影响。

13.3.2.2 拖带作业与浮标设施影响分析

(1)工程原有周边航标

与工程有影响关系的浮标主要有C3号灯浮、C2号灯浮、C1号灯浮、212号灯浮和214号灯浮、土屿灯桩,如图13-2所示。以上灯浮均在施工红线及拖带路线范围外,拖带及安装作业不会对其造成影响。

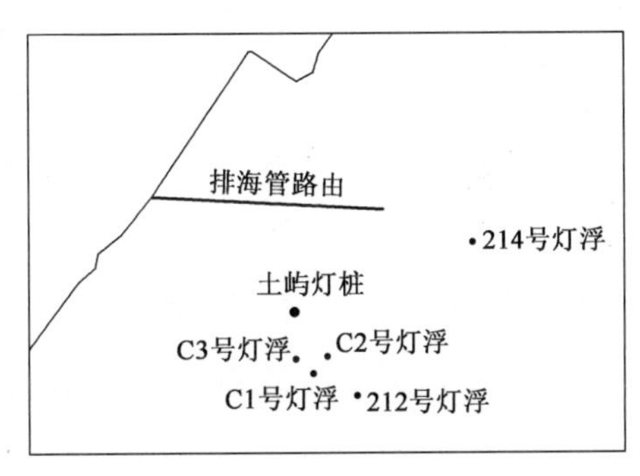

图13-2 工程附近水域航标分布图

(2)工程新增施工期航标

工程施工期增设两座浮标,前埔警2号(带AIS航标)设置在施工范围北侧边线上,香山码头航道西侧边线以西50m处,前埔警1号前设置在施工范围南侧边线上,香山码头航道东侧边线以东。管道拖运过程中应注意避免碰撞浮标。

管道安装时起重船驻位在南侧,距离前埔警1号浮标距离约较远,最近的距离为安装扩散管时,起重船距前埔警1号浮标约111m,如图13-3所示。右侧锚链长120~150m,抛锚时注意抛锚角度,避开前埔警1号浮标。

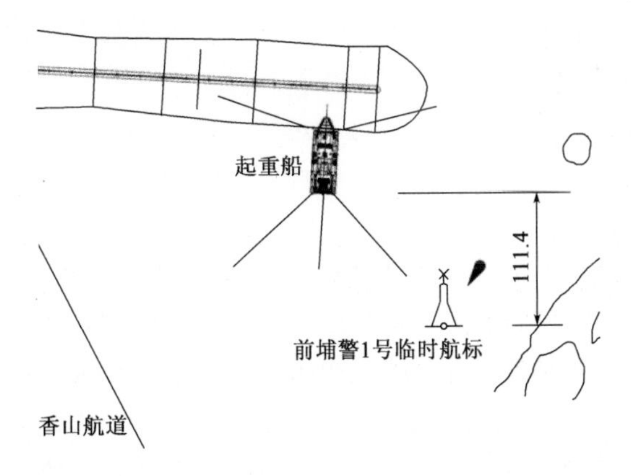

图13-3 施工对前埔警1浮标的影响示意图(尺寸单位:m)

安装第一节、第三节至第六节的放流管,以及44m海陆对接段管时,拖轮均在埔警1号浮标外进行拖运管道及转向等操作,不会对浮标造成影响。

最不利情况为管道安装第二节(BK1 +234 ~ BK1 +524)时,前埔警1号浮标距离管道安装位置约95m,如图13-4所示。拖轮需在其中穿越,退潮流方向向南,需注意拖轮与浮标的安全距离。

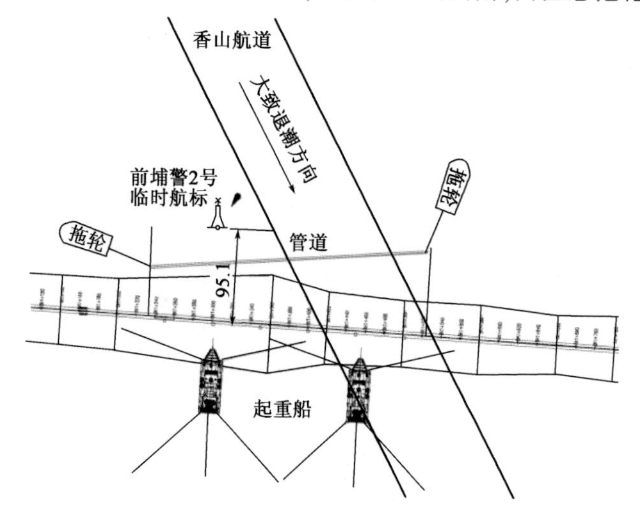

图13-4 该节管施工时与前埔警2号浮标的相对位置图(尺寸单位:m)

13.3.2.3 拖带作业与沿岸交通流影响分析

本工程管道拖带路线与沉放施工附近水域有砂船、渔船、工程船、公务船和游艇等小型船舶出没,施工区附近水域部分船舶没有严格控制在刘五店航道内航行,其航行轨迹已超出了刘五店航道边界。工程施工时,施工船舶应加强值班值守,特别注意附近水域过往或活动的船舶动态,做好避让提醒,以保证安全。

13.3.3 施工期通航安全保障措施

(1)提前三个工作日向海事部门提交整体航行警告发布申请;在窗口期当天,起拖前2h,报请厦门船舶交通服务(VTS)中心播发甚高频(VHF)航行警告及交通组织;待沉放安装作业结束后,向厦门VTS中心报告。

(2)及时关注天气情况,并根据下列条件确定拖带窗口期:

白天、能见度≥3000m、风力≤5级(管道下水时,风力按≤4级控制,通过“知天气”等App实时查看土屿风力播报情况)。

(3)管道拖带前,安排警戒船对拖带线路进行清障,确保畅通安全。

(4)施工单位在拖轮及警戒船均安排一名联络员负责沟通联系,并由主拖轮上的联络员担任拖带作业现场指挥。每艘船配备对讲机并保持手机通信畅通,发现不安全情况及时报告现场指挥。

(5)在管道的前1/3处焊一可环带琵琶头的钢丝,以备应急时带上横缆使用(一旦前后拖轮不可控时,可利用一拖轮带上这一横缆协助把控)。

(6)为保证水深条件以及减小水流影响,管道起拖选择在高潮前 1h 进行。起拖前,船岸加强配合,完成各项准备工作,确保按计划起拖。

(7)必要时,向海事部门申请调派海巡艇进行现场交通维护。

13.4　环境影响跟踪监测

13.4.1　施工期监测内容

施工期主要监测对象包括施工噪声、施工扬尘、海洋水质及海洋生物生态等,见表 13-1。

施工期环境监测内容　表 13-1

序号	污染类型	监测对象点位	监测项目	监测频次	调查取样与分析方法
1	施工扬尘	施工场地上下风向	总悬浮微粒(TSP)	土方开挖阶段	按照现行《环境影响评价技术导则　大气环境》(HJ 2.2)执行
2	施工噪声	施工区外围	等效 A 声级	每月一次	按照现行《环境影响评价技术导则　声环境》(HJ 2.4)执行
3	海水水质	在离施工点顺涨潮、落潮方向的 100m、500m、1000m 海域各布置横断面,每断面各设置 3 个测站;并在挖泥影响区外设置 1 个对照站位	悬浮物、COD、石油类	在挖泥施工过程中监测一次	按现行《海洋调查规范》(GB/T 12763)、《海洋监测规范》(GB 17378)等执行
4	海洋生物	在离施工点顺涨潮、落潮方向的 100m、500m、1000m 海域各布置横断面,每断面各设置 3 个测站,并在挖泥影响区外设置 3 个对照站位	叶绿素 a、浮游植物、浮游动物、潮下带底栖生物	在挖泥施工过程中监测一次	

13.4.2　运营期环境监测内容

运营期尾水排放标准见表 13-2。

运营期尾水排放标准　表 13-2

主要污染物排放情况			环境保护措施	排放口信息及设计参数	环境标准(mg/L)
污染物种类	排放浓度(mg/L)	新建段排放量(t/年)			
废水量	—	1.095×10^8	采用深度处理工艺	(1)排污口位置:(24°27′39.0600″N、118°11′47.2596″E)。 (2)排放方式:连续。 (3)排放去向:厦门东海域。 (4)设计排放能力:30 万 m^3/d	—
COD_{Cr}	≤50	5475			50
SS	≤10	1095			10
BOD_5	≤10	1095			10
NH_3-N	≤5	547.5			5
TP	≤0.5	54.75			0.5
TN	≤15	1642.5			15

运营期环境监测内容见表13-3。

运营期环境监测内容　　表13-3

序号	类别	监测站点	监测项目	监测频次	调查取样与分析方法
1	污水处理系统	出水口	水量、COD_{Cr}、BOD_5、SS、pH、TP、氨氮、粪大肠菌群数	在线监测	—
2	排污口附近海域水质、沉积物和生物质量	以排放口为圆心，在混合区边界均匀布设3~5个监测站位，混合区内、外分别布设1或2个监测站位	(1)海域水质：pH、化学需氧量、溶解氧、石油类、硝酸盐、亚硝酸盐、氨氮、活性磷酸盐、硫化物、重金属(铜、铅、镉、锌、总铬、汞、砷)、粪大肠菌群数。 (2)沉积物：有机碳、硫化物、石油类、汞、铅、锌、铜、镉、铬和砷。 (3)生物质量：铜、铅、锌、镉、总铬、汞、砷、石油烃	运营前三年，每季度一次；三年后，每半年一次	按现行《海洋调查规范》(GB/T 12763)、《海洋监测规范》(GB 17378)等执行
3	海洋生物	以排放口为圆心，在混合区边界均匀布设3~5个监测站位，混合区内、外分别布设1或2个监测站位	浮游植物、潮下带底栖生物	运营前三年，每季度一次；三年后，每半年一次	

13.5 本章小结

(1)排海管敷设施工期间与过往船舶及附近水工建筑物将产生一定相互影响，材料运输和淤泥外抛运输与交通环境也将产生相互影响。

(2)施工船舶上严禁装运和携带易爆易燃、有毒有害等危险品。船舶上的垃圾要集中回收和处理，禁止随意抛掷河里，船上的油污水必须分离装置集中处理，并应有书面记录。

(3)管道拖带前，安排警戒船对拖带线路进行清障，确保畅通安全。为保证水深条件以及减小水流影响，管道起拖选择在高潮前1h进行。起拖前，船岸加强配合，完成各项准备工作，确保按计划起拖。

(4)在施工安排上，对于拆迁规模大、工期紧的车站，以及需为盾构法区间提供工作面、满足盾构区间始发条件的车站作为管理重点，优先组织，提前完成各施工接口端的结构施工，确保区间隧道按时开工。矿山法区间重点做好场地的合理规划和洞内施工设备的合理选配，盾构区间重点保障盾构机及配套设备按时到场。

参考文献

[1] 余锡苏. 污水排海的现状和发展趋势[J]. 环境科学丛刊,1986,7(10):13-17.

[2] 杨建维. 大连港大窑湾污水排海工程设计[J]. 港工技术, 1993,(3):28-34.

[3] 赵毅山. 污水排海工程中的泵站和扩散器水力试验、建模及仿真[D]. 上海:同济大学,2009.

[4] 黄河宁. 污水排海工程导论[M]. 大连:大连理工大学出版社,1991.

[5] 彭士涛,王心海. 达标污水离岸排海末端处置技术研究综述[J]. 生态学报,2014,34(1):231-237.

[6] 王超. 城市污水扩散器排放技术的发展和应用[J]. 河南科学进展,1994,14(2):40-47.

[7] 张永良,等. 污水海洋处置技术指南[M]. 北京:中国环境科学出版社,1996.

[8] 夏青. 污水海洋处置设计理论与方法[M]. 北京:中国环境科学出版社,1996.

[9] 国家环境保护总局. 污水海洋处置工程污染控制标准:GB 18486—2001[S]. 北京:中国质检出版社,2001.

[10] 中华人民共和国生态环境部. 核动力厂取排水环境影响评价指南:HJ 1037—2019[S]. 北京:中国环境出版集团,2019.

[11] 中华人民共和国生态环境部. 近岸海域污染防治方案[EB/OL]. 2017.

[12] Ahmed K. Getting to green- A sourcebook of pollution management policy tools for growth and competitiveness [M]. Washington:The International Bank for Reconstruction and Development,2012.

[13] 韩瑞,赵懿珺. 菲律宾 GN Power Dinginin 2 ×660MW 燃煤电站温排水数模计算成果报告[R]. 中国水利水电科学研究院,2017.

[14] 康建华. 污水排海大有可为[J]. 水处理技术,1997(5):309-310.

[15] Yong B,Qiang B. Subsea pipelines and risers[M]. Waltham:Gulf Professional Publishing,2014.

[16] Bai Q,Bai Y. Subsea pipeline design,analysis and installation[M]. Waltham:Gulf Professional Publishing,2014.

[17] 彭洋洋. 浅谈海洋管道铺设方法[J]. 化工管理,2014(29):203 +205.

[18] 杨东宇,张世富,张冬梅,等. 海洋管道铺设技术研究现状[J]. 当代化工,2017,46(12):2551-2555.

[19] 党学博,龚顺风,金伟良,等. 海底管道铺设技术研究进展[J]. 中国海洋平台,2010,25(05):5-10.

[20] Zhao D,Yu J,Li X. Study and analysis of submarine pipeline laying using tow method [J]. Ocean Technology,2008,3.

[21] Fernandez M L. Tow techniques for marine pipeline installation[C]//Energy Technology Conference & Exhibition,1981.

[22] Binns J R,Marcollo H,Hinwood J,et al. Dynamics of a near-surface pipeline tow[C]//27th Annual Offshore Technology Conference,1995.

[23] Tatsuta M, Kimura H. Offshore pipeline construction by a near-surface tow[C]//Offshore Technology Conference,1986.

[24] 林森. 海底管道浮拖法铺设中若干关键问题研究[D]. 大连:大连理工大学,2014.

[25] 成红武. 浮拖法铺设海底管道的关键问题研究[D]. 大连:大连理工大学,2011.

[26] 张宝林. 海底管道浮拖法施工工艺及其管道铺设受力性能分析[D]. 西安:长安大学,2010.

[27] 孙国民,郎一鸣,冯现洪,等. 海底管道浮拖法安装分析研究[C]//第十四届中国海洋(岸)工程学术讨论会论文集. 北京:海洋出版社,2009:331-335.

[28] 余志兵,郝双户,刘极莉,等. Orcaflex 在海管浮拖式安装分析中的应用[J]. 管道技术与设备,2020(04):28-31.

[29] 赵兴民,张磊. 海底 PE 管道铺设施工技术研究[J]. 工程技术研究,2019,4(24):54-55.

[30] 陈思,孙国民. 边际油田海底管道设计方法优化研究[J]. 石油和化工设备,2016,19(06):25-27.

[31] 张先锋,巴建彬. 海底管线浮拖安装有限元分析[J]. 山西建筑,2014,40(32):98-100.

[32] 赵冬岩,余建星,李秀锋. 海底管道拖管法分析和研究[J]. 海洋技术,2008,27(03):84-89.

[33] 杨宝真. 海工工程吊装技术探讨[C]//2009 年度海洋工程学术会议论文集. 2009:532-536.

[34] 孙晋华. 设计标准在海洋平台吊装中的应用研究[J]. 石油和化工设备,2016,19(5):70-74.

[35] Vigneswaran N, Wu J, Sacks P, et al. Recommended practice for planning, designing and construction of fixed offshore platforms[M]. Washington: American Petroleum Institute,1976.

[36] London Offshore Consultant Limited. Guidelines for marine operations-marine lifting[S]. London: London Offshore Consultant Limited,2003.

[37] DNV G L. Marine operations and marine warranty: DNVGL-ST-N001[S]. Norway: DNV,2016.

[38] The International Marine Contractors Association. Guidelines for lifting operations: IMCA SEL 019, IMCA M 187[S]. London: The International Marine Contractors Association,2007.

[39] 中国国家标准化管理委员会. 埋地钢质管道聚乙烯防腐层:GB/T 23257—2017[S]. 北京:中国标准出版社,2017.

[40] 施有志,林树枝,车爱兰. 基于深基坑监测数据的土体小应变刚度参数优化分析[J]. 应用力学学报,2017,34(4):654-660.

[41] 魏纲,徐日庆,宋金良. SMW 工法圆形工作井土体反力计算方法的研究[J]. 浙江大学学报(工学版),2005,39(01):99-103.

[42] 毛海和. 顶管矩形工作井复合式后背墙反力分布研究[J]. 岩土力学,2007,28(06):1212-1216.

[43] 武永华. 顶管施工时后背土体抗力理论计算[J]. 施工技术,2013,42(S2):88-89.

[44] 中国非开挖技术协会. 顶管施工技术及验收规范[S]. 北京:人民交通出版社,2007.

[45] 葛春辉. 顶管工程设计与施工[M]. 北京:中国建筑工业出版社,2012.

[46] 孙鹤明. 大直径顶管施工技术[M]. 北京:中国建筑工业出版社,2016.

[47] 曾员,银英姿. 大断面矩形顶管施工引起的管线沉降特性研究[J]. 建筑技术,2019,50

(5):554-557.

[48] 中华人民共和国水利部. 水工金属结构防腐蚀规范:SL 105—2007[S]. 北京:中国水利水电出版社,2008.

[49] DNV. Submarine pipeline systems:DNVGL-ST-F101 [S]. Norway:DNV,2017.

[50] BSI. Code of practice for pipelines-Part 2:subsea pipelines:PD 8010-2:2004[S]. London:British Standards Institution,2004.

[51] DNV. Environmental conditions and environmental loads:DNVGL-RP-C205 [S]. Norway:DNV,2017.

[52] DNV. Environmental conditions and environmental loads:DNVGL-RP-C205 [S]. Norway:DNV,2017.

[53] 中国气象局. 热带气旋等级:GB/T 19201—2006[S]. 北京:中国标准出版社,2006.

[54] 中国船级社. 海上拖航指南:GD 02—2011[S]. 北京:人民交通出版社,2011.

[55] 中国钢铁工业协会. 粗直径钢丝绳:GB/T 20067—2017[S]. 北京:中国标准出版社,2017.

[56] 中华人民共和国交通运输部. 码头结构施工规范:JTS 215—2018[S]. 北京:人民交通出版社股份有限公司,2018.

[57] 中华人民共和国交通运输部. 水运工程质量检验标准:JTS 257—2008 [S]. 北京:人民交通出版社,2009.

[58] 中华人民共和国交通运输部. 水运工程模拟试验技术规范:JTS/T 231-4—2021[S]. 北京:人民交通出版社股份有限公司,2021.

[59] 国家环境保护总局. 城镇污水处理厂污染物排放标准:GB 18918—2002 [S]. 北京:中国环境出版社,2002.

[60] 崔江瑞. 污染物在海洋中的迁移转化及其在海湾环境容量研究中的应用[D]. 厦门:厦门大学,2009.

[61] 国家海洋局. 海洋工程环境影响评价技术导则:GB/T 19485—2014[S]. 北京:中国标准出版社,2014.

[62] 中华人民共和国农业部. 建设项目对海洋生物资源影响评价技术规程:SC/T 9110—2007[S]. 北京:中国农业出版社,2008.

[63] 中华人民共和国生态环境部. 环境影响评价技术导则　声环境:HJ 2.4—2021[S]. 北京:中国环境科学出版社,2021.

[64] 中华人民共和国环境保护部. 建筑施工场界环境噪声排放标准:GB 12523—2011[S]. 北京:中国环境科学出版社,2012.

[65] 国家海事局. 船舶污染物海洋环境风险评价技术规范(试行)[EB/OL]. 2011.

[66] 中华人民共和国交通运输部. 沿海海域船舶排污设备铅封管理规定[EB/OL]. 2007.

[67] Mellor G L, Yamada T. Development of a turbulence closure model for geophysical fluid problems[J]. Review of Geophysics and Space Physics,1982,20:851-875.